普通高等教育"十四五"规划教材

上海理工大学
一流本科系列教材

机械原理

吴恩启　王新华　董　琴　等
·编著·

上海科学技术出版社

国家一级出版社
全国百佳图书出版单位

内 容 提 要

本书共分为 13 章,内容包括绪论、机构的结构分析、平面连杆机构、平面机构的运动分析、凸轮机构、齿轮机构、轮系、其他常用机构、机械的效率和自锁、机械的平衡、机械系统动力学分析、机械系统方案设计、机械创新设计实例等。全书各章节知识点阐述清楚、深入浅出,学习成果达成要求明确,而且注重理论和实际的结合。教材做了数字资源融合、交互的创新尝试,读者扫描书中二维码可以直接看到机构的动画演示。

本书可作为高等院校机械类各专业本科生的教材,也可供相关专业的科研人员与工程技术人员参考。

图书在版编目(CIP)数据

机械原理 / 吴恩启等编著. -- 上海:上海科学技术出版社,2024.1
普通高等教育"十四五"规划教材
ISBN 978-7-5478-6399-2

Ⅰ. ①机… Ⅱ. ①吴… Ⅲ. ①机构学－高等学校－教材 Ⅳ. ①TH111

中国国家版本馆CIP数据核字(2023)第210516号

机械原理

吴恩启　王新华　董　琴　等　编著

上海世纪出版(集团)有限公司
上 海 科 学 技 术 出 版 社　出版、发行
(上海市闵行区号景路159弄A座9F-10F)
邮政编码 201101　www.sstp.cn
江阴金马印刷有限公司印刷
开本 787×1092　1/16　印张 15.75
字数:400 千字
2024 年 1 月第 1 版　2024 年 1 月第 1 次印刷
ISBN 978-7-5478-6399-2/TH・103
定价:75.00元

本书如有缺页、错装或坏损等严重质量问题,请向工厂联系调换

编委会

主　编　吴恩启

副主编　王新华　董　琴

编　委（按姓氏笔画排序）
　　　　　丁晓红　王　飞　王　瀚　刘　芳
　　　　　孙福佳　李　千　李天箭　吴　薇
　　　　　汪昌盛　顾春兴　钱　炜

前 言

本书是根据教育部高等学校工科基础课程教学基本要求，结合编者多年来教学改革的实践经验以及当前中国机械工业发展的需求编写而成的。

机械原理是高等学校机械类各专业的一门核心基础课程，作为前期基础理论知识和后续专业课程的一个桥梁纽带，其在机械类人才培养中具有重要的地位。机械原理课程知识点多、面广，在教学中需要将这些知识点进行有效衔接，形成系统的知识体系。在新工科背景下，要更加注重培养学生的工程实践能力和创新能力，以提升他们的综合素质。

本书图解法和解析法并重，加强了机械原理、计算机知识及相关基础理论的结合。针对机构的运动分析、平面四杆机构设计和凸轮轮廓曲线设计等知识点，根据解析法特点重新设计作业题目，增强学生对各种知识的融合，拓宽学生理论学习的深度和广度，搭建各门课程间的桥梁，形成不同课程知识点间的纽带。

本书特色之处还在于：做了数字资源融合、交互的创新尝试。通过手机或平板电脑扫描教材中的二维码，可以直接看到相应机构的动画演示，从而促进学生对知识点的掌握和理解。这样做的目的是：让静止的机构动起来，使学生对各机构运动的感性认识更为直观，从而提升课程教学的质量和效果。

本书挖掘了机械原理学科在中国的发展历史，让学生乃至广大读者更深入地了解到中华民族在机械发展史上取得的伟大成就。同时引入了机械创新设计实例，第13章中的两个实例是编者指导学生在上海市机械工程创新设计大赛中的获奖作品。另外，各章开始列出了学习成果达成要求，以和工程教育专业认证相适应。

参加本书编写的有李千（第1章）、董琴（第2章）、吴恩启（第3、4章）、李天箭（第5、9章）、孙福佳（第6、7章）、汪昌盛（第8、10章）、顾春兴（第11章）、王新华（第12章）、王飞（第13章），吴薇、王瀚和刘芳负责练习题的整理及程序的调试。全书各章节由吴恩启、王新华、董琴、钱炜和丁晓红等进行统稿和整理。本书编写过程中参考了国内外一些同类教材及著作，引用了一些著者的插图和资料，在参考文献中已尽可能逐一列出，在此一并表示真诚的感谢！

由于编者水平所限，书中难免存在错误和不当之处，敬请各位机械原理授课教师及广大读者批评指正。

编者
2023年9月于上海理工大学

本书配套数字资源使用说明

针对本书配套数字资源的使用方式和资源分布,特做如下说明:

用户(或读者)可持移动设备打开移动端扫码软件(如微信等),扫描教材中有关内容位置的二维码,即可在线阅读数字资源、动画演示机构动作。

具体教材中有关内容位置和数字资源对应关系参见下表:

	扫描对象位置	数字资源类型	数字资源内容
第2章	图2-2	动画视频	运动副
	图2-5	动画视频	螺旋副和球面副
	图2-6	动画视频	多个构件在同一处构成的运动副
第3章	图3-6	动画视频	铰链四杆机构
	图3-9	动画视频	惯性筛机构运动简图
	图3-10a	动画视频	平行四边形机构
	图3-11b	动画视频	公交车开门机构
	图3-12	动画视频	汽车前轮转向机构
第5章	图5-3	动画视频	凸轮机构
第6章	图6-5	动画视频	按照齿轮啮合方式分类
	图6-6	动画视频	锥齿轮机构
	图6-7	动画视频	蜗轮蜗杆
	图6-29a	动画视频	盘形铣刀
	图6-30	动画视频	插齿法加工齿轮
	图6-31	动画视频	齿轮滚刀加工齿轮
第7章	图7-2	动画视频	周转轮系
	图7-3	动画视频	行星轮系
	图7-5	动画视频	复合轮系
	图7-15	动画视频	分路传动

续表

扫描对象位置		数字资源类型	数字资源内容
第 8 章	图 8-1	动画视频	外接式棘轮机构
	图 8-2	动画视频	内接式棘轮机构
	图 8-3b	动画视频	钩头棘爪
	图 8-5a	动画视频	外接式摩擦棘轮机构
	图 8-12	动画视频	槽轮机构
	图 8-14	动画视频	球面槽轮机构
	图 8-17	动画视频	不完全齿轮机构
	图 8-22	动画视频	凸轮式间歇运动机构
	图 8-23	动画视频	螺旋机构

目 录

第1章 绪论 1
1.1 机械原理的研究对象和内容 1
1.2 机构的发展历史及现状 3
1.3 学习机械原理的目的及方法 11
思考与练习 12

第2章 机构的结构分析 13
2.1 机构的组成及分类 13
2.2 机构运动简图及其绘制 19
2.3 机构自由度的计算 23
2.4 平面机构的组成原理、结构分类及分析 29
思考与练习 34

第3章 平面连杆机构 39
3.1 平面连杆机构概述 39
3.2 平面四杆机构的类型 41
3.3 平面四杆机构的特性 46
3.4 平面四杆机构的设计 48
思考与练习 54

第4章 平面机构的运动分析 60
4.1 平面机构运动分析概述 60
4.2 用瞬心法对机构进行速度分析 61
4.3 用相对运动图解法对机构进行运动分析 63
4.4 用解析法对机构进行运动分析 68

思考与练习 ·· 73

第 5 章　凸轮机构　79

　　5.1　凸轮机构概述 ·· 79
　　5.2　凸轮机构的分类及常用参数 ·· 80
　　5.3　推杆的运动规律 ·· 84
　　5.4　凸轮轮廓曲线的设计 ··· 89
　　5.5　凸轮机构基本尺寸和参数的确定 ·· 93
　　思考与练习 ·· 96

第 6 章　齿轮机构　100

　　6.1　齿轮机构概述 ·· 100
　　6.2　齿廓啮合基本定律及共轭齿廓选择 ·· 103
　　6.3　渐开线及渐开线齿廓 ··· 104
　　6.4　渐开线标准齿轮的基本参数和几何尺寸 ·· 106
　　6.5　渐开线标准直齿圆柱齿轮的啮合传动 ··· 109
　　6.6　渐开线齿廓的加工及根切现象 ·· 115
　　6.7　渐开线变位齿轮 ··· 117
　　6.8　斜齿圆柱齿轮机构 ·· 122
　　6.9　直齿圆锥齿轮机构 ·· 129
　　6.10　蜗轮蜗杆传动机构 ·· 133
　　思考与练习 ··· 136

第 7 章　轮系　139

　　7.1　齿轮系及其分类 ··· 139
　　7.2　定轴轮系的传动比 ·· 140
　　7.3　周转轮系的传动比 ·· 142
　　7.4　复合轮系的传动比 ·· 144
　　7.5　轮系的应用 ··· 146
　　7.6　轮系的效率 ··· 148
　　7.7　轮系的设计 ··· 150
　　7.8　轮系的变异 ··· 153
　　思考与练习 ··· 155

第 8 章　其他常用机构　159

　　8.1　棘轮机构 ·· 159
　　8.2　槽轮机构 ·· 163

8.3　不完全齿轮机构 ··· 166
8.4　凸轮式间歇运动机构 ·· 168
8.5　螺旋机构 ··· 169
思考与练习 ·· 170

第9章　机械的效率和自锁　172

9.1　机械效率 ··· 172
9.2　摩擦 ·· 175
9.3　自锁 ·· 180
思考与练习 ·· 182

第10章　机械的平衡　184

10.1　机械平衡概述 ··· 184
10.2　刚性转子的平衡计算 ·· 185
10.3　刚性转子的平衡实验 ·· 189
10.4　平面机构的平衡 ·· 191
思考与练习 ·· 193

第11章　机械系统动力学分析　195

11.1　机械动力学分析概述 ·· 195
11.2　机械的力分析 ··· 195
11.3　机械运转过程分析 ··· 198
11.4　机械系统的等效动力学模型 ··· 199
11.5　机械系统运动方程的求解 ·· 203
11.6　机械运转的速度波动 ·· 204
11.7　机械周期性速度波动的调节 ··· 205
思考与练习 ·· 210

第12章　机械系统方案设计　213

12.1　机械系统方案设计概述 ··· 213
12.2　机械系统运动方案设计 ··· 213
12.3　机构的选型及组合方式 ··· 216
12.4　机械运动方案拟定示例 ··· 224
思考与练习 ·· 229

第 13 章　机械创新设计实例　230

　　13.1　实例 1　小鸡破壳 ··· 230
　　13.2　实例 2　仿生甲虫 ··· 235
　　思考与练习 ··· 239

参考文献　240

第 1 章

绪　　论

◎ 学习成果达成要求
1. 掌握机械原理的研究对象和内容。
2. 了解机构的发展历史及现状。
3. 了解学习机械原理课程的目的及方法。

1.1 机械原理的研究对象和内容

1.1.1 机械原理的研究对象

机械原理是研究机器与机构基础理论及方法的一门学科，一般把机器和机构总称机械。因此，机械原理的研究对象就是机械，或者说是机器和机构。

机器无处不在，日常生活中的洗衣机、豆浆机、扫地机器人，交通运输中的汽车、火车、飞机，工业中的数控机床、工业机械臂，以及神舟飞船、人造卫星等，都是机器。

图1-1所示单缸四冲程内燃机是一种典型的机器，它可以将热能转化为机械能。其工作原理如下：燃气由进气管通过进气阀6被下行的活塞8吸入气缸7，然后进气阀6关闭，活塞8上行压缩燃气，点火使得燃气在气缸中燃烧，膨胀产生压力，推动活塞8下行，通过连杆9带动曲轴10转动，向外输出机械能。当活塞8再次上行时，排气阀5打开，废气通过排气管排出。顶杆3、4用来启闭排气阀和进气阀；齿轮11、12则用来保证进气阀、排气阀和活塞之间形成一定规律的动作。以上各部分协同配合动作，将燃气燃烧的热能转化为曲轴转动的机械能。可见，内燃机能够进行能量转换，并执行机械运动。

如图1-2所示是工厂中常用的小型冲床，它将电能转化为机械能。电机的旋转运动经过小带轮4、皮带3、大带轮2、小齿轮9、大齿轮7，传动到曲轴6、连杆8，然后带动上模具10做上下平移运动，完成冲压的过程，从而代替人类劳动来完成有用的机械功。

这种根据某种使用要求而设计的，用来变换或传递能量、物料及信息的可动装置称为机器。虽然机器的构造、用途和性能各不相同，但是从它们的组成、运动确定性和功能关系来看，具有下面三个共同特征：

(1) 它们都是一种人为的实物（构件）的组合体；
(2) 组成它们的各部分之间具有确定相对运动；
(3) 能够用来转换机械能，完成有用功或信息的处理。

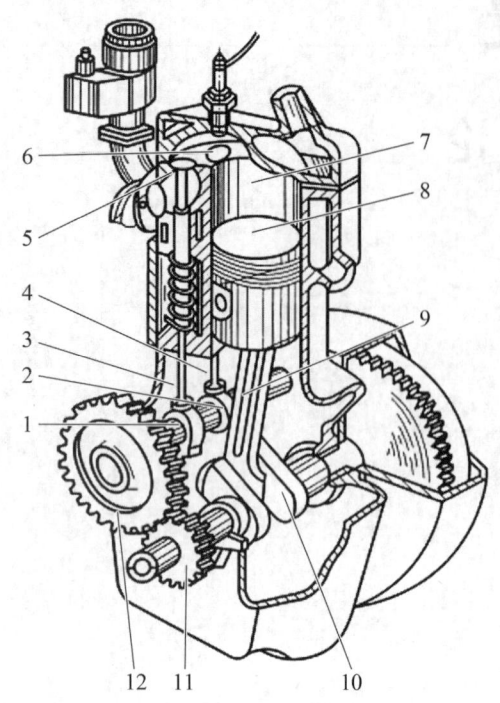 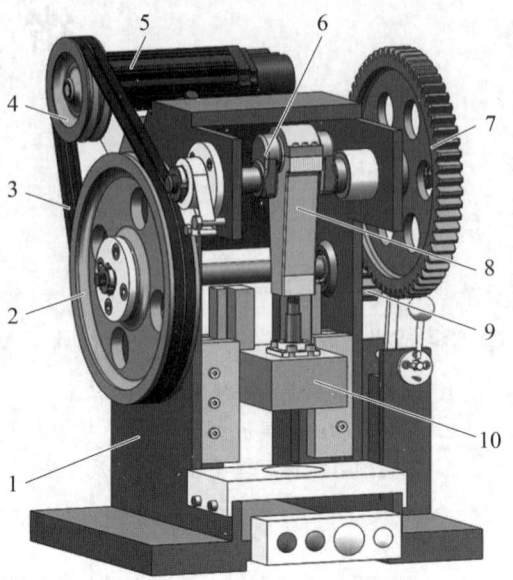

1、2—凸轮；3、4—顶杆；5—排气阀；6—进气阀；
7—气缸；8—活塞；9—连杆；10—曲轴；
11—小齿轮；12—大齿轮

图 1-1　单缸四冲程内燃机

1—机座；2—大带轮；3—皮带；4—小带轮；
5—电机；6—曲轴；7—大齿轮；8—连杆；
9—小齿轮；10—上模具

图 1-2　小型冲床

机构是由一些构件通过可动的连接方式组成的构件系统，它只能传递运动或转换运动，所以只具有机器三大特征的前两个。图1-1中，气缸7、活塞8、连杆9和曲轴10组成的曲柄滑块机构，可将活塞8的往复移动转化为曲轴10的连续转动；凸轮1、顶杆3和气缸7组成的凸轮机构，可将凸轮轴的连续转动转化为推杆的有规律的移动；曲轴和凸轮轴上的小齿轮11、大齿轮12与气缸7组成的齿轮机构，可使两轴保持一定的速度比；同样，图1-2中，小带轮4、皮带3和大带轮2组成了带轮机构，小齿轮9和大齿轮7组成了齿轮机构，曲轴6、连杆8和上模具10也组成了曲柄滑块机构。

通过以上分析，从结构和运动角度，机器和机构是没有区别的。一台机器可以包括一个或多个机构。机器中常用的机构有连杆机构、凸轮机构、齿轮机构和间歇机构等。

1.1.2　机械原理的研究内容

机械原理的研究内容主要包括以下几个部分：

1) 机构的结构分析

研究机构的组成和机构运动简图的绘制方法，分析机构具有确定运动的条件及机构自由度计算，研究机构组成原理，并将机构进行结构分类等。

2) 机构的运动分析

分析常用机构的类型、运动特点及设计方法。机器的种类虽然很多，但这些机器的基本机构无非是由齿轮、连杆、凸轮等一些常用的基本机构组成的。对常用机构进行运动及设计方法研究，可为动力分析及机械系统方案设计打下坚实的理论基础。

3) 常用机构的分析与设计

对四杆机构、凸轮机构、齿轮机构和间歇机构等各种常用机构的运动及工作特性进行分析,并探索其设计过程。

4) 机械的动力学分析

机械动力学分析主要包括机械系统的等效动力学模型、机械系统运动方程的求解以及机械运转及速度波动的调节问题等。

5) 机械系统方案设计

介绍机械系统方案的拟定、执行系统及传动系统的设计。机械系统方案的设计,包括根据工艺要求,确定机械的工作原理、运动方案,合理选择机构类型并恰当地将几个机构组合在一起,使各机构动作协调配合以实现机械的预期动作等。

1.2 机构的发展历史及现状

机构学是研究机构原理、运动学和动力学的一门学科,包括机构的分析与综合两方面。作为机械工程学科下的二级学科,机构学是机械设计中不可替代的基础研究内容。机构研究伴随着人类社会的发展而不断进步,其发展大致经历了古代机构、近代机构再到现代机构的过程。

1.2.1 机构发展史

1.2.1.1 古代机构发展史

古代机构发展史主要是指从人类进入铜器时代到14—16世纪的欧洲文艺复兴运动之间大约6 000年的历史时期,该阶段机械发明和创造主要集中在埃及、西亚、中国、欧洲(主要为古希腊、古罗马)等地。公元前4700年,埃及巴达里文化进入青铜器时代,那时出现了搬运重物的工具如滚子、撬棒、滑轮和滑橇等,在建造金字塔时就是使用这类工具。

介绍古代机构发展史不得不介绍中国,14世纪以前,中国的发明和创造在数量、质量以及发明时间上都是领先的。人类社会从石器时代进入青铜器时代,再到铁器时代,用于吹炉火的鼓风机起到了重要的作用,足够强大的鼓风机能够使得冶金炉获得足够高的炉温,从而进行金属的冶炼。

公元前900年,中国出现了冶铸用的鼓风机,手动鼓风机(俗称皮老虎,图1-3)是现代空气压缩机的远祖。东汉时,张衡(78—139)制作的水运浑象仪用精铜铸成,主体是一个球体模

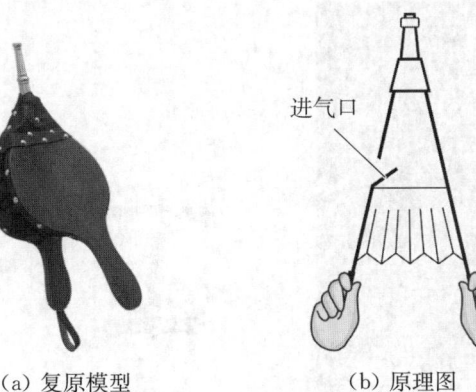

(a) 复原模型　　　　(b) 原理图

图1-3　古代鼓风机

型,代表天球,球体可以绕天轴转动,到宋代苏颂(11世纪末)在其基础上制作了"水运仪象台",为集观测天象、演示天象、计量时间和报告时刻的机械装置于一体的综合性观测仪器,其复原模型及原理如图1-4所示。

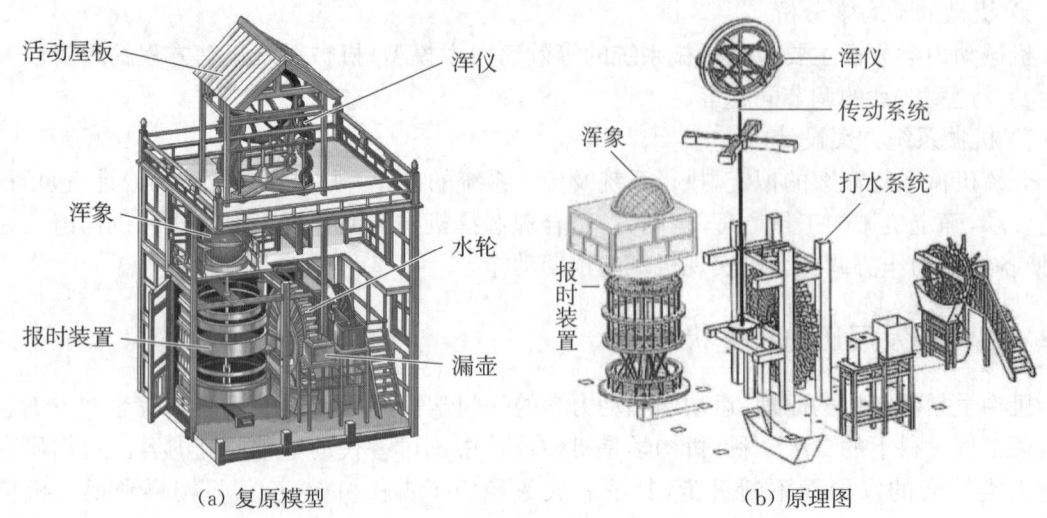

图1-4 水运仪象台

公元220—230年三国时期出现的记里鼓车(图1-5)就有一套减速齿轮系统,该鼓车分为上下两层,上层设一钟,下层设一表,车行十里,木人击鼓一次,击鼓十次,就击钟一次。公元235年,马钧所制成的指南车(图1-6),除有齿轮传动外还有离合装置,说明当时齿轮系统已发展到了一定程度。指南车的发明,标志着中国古代对齿轮系统的应用在当时世界上居于遥遥领先的地位,实际上,它是现代车辆上离合器的先驱。晋代杜预发明的水轮驱动的水转连磨,是由水轮、轴和齿轮联合传动的机械,水轮转动通过齿轮带动磨转动,如图1-7所示。

宋末元初,著名的纺织专家黄道婆发明的脚踏三锭纺车(图1-8),手摇把机构和踏板机构组成曲柄摇杆机构。这是曲柄连杆机构的先驱,在各文明古国都有悠久的历史,但是曲柄连杆机构的形式、运动及动力的分析和综合则是到近代才发展起来的。1276年,元代郭守敬制成的用来自动报时的"大明灯漏"钟,已经使用了复杂的凸轮机构,一个世纪后,凸轮机构才在欧洲出现。

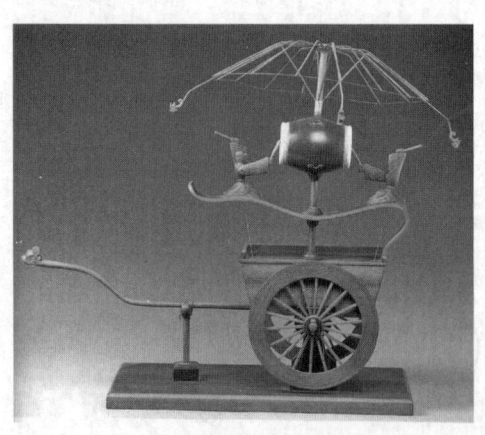
图1-5 记里鼓车

图1-6 指南车

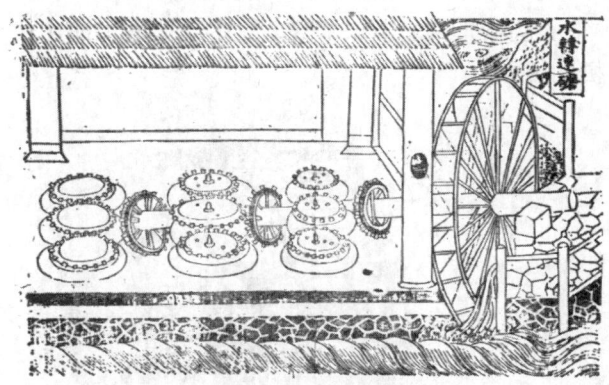 

图 1-7　水转连磨　　　　　　图 1-8　三锭纺车

15 世纪后，中国仍然处于封建社会，而以英国、法国为代表的西方国家开始发展自然科学，兴办大学，培养人才，西方的机械科学开始超过中国。

1.2.1.2　近代机构发展史

近代机构发展史是从文艺复兴至 20 世纪中叶。文艺复兴运动以复兴古典文化为手段和口号，但是其本质是一场思想解放运动，为近代经济发展和近代自然科学的诞生创造了有利的文化氛围，也促进了机构学的极大发展。

1283 年，英格兰的一座修道院中出现了历史上首座以砝码带动的机械钟；1336 年，英国人沃林福德制造了欧洲最早的天文钟；1656 年，荷兰科学家惠更斯发明了摆式钟，将提高钟表精度的焦点转到擒纵机构上来，随后的两个世纪大约有 300 种擒纵机构被发明出来，而流传下来的只有 10 种左右。16 世纪中叶，瑞士的日内瓦出现了钟表制造业，推动以人力为动力的加工螺纹和齿轮的机床的发展。

1733 年，英国钟表匠凯伊发明了飞梭（图 1-9a），大大提高了织布机的效率。到 18 世纪 60 年代，飞梭织布机获得大量应用，促进了珍妮纺纱机（图 1-9b）的诞生，这成为第一次工业革命开始的标志。1785 年，牧师艾德蒙特·卡特莱特发明了水力织布机，并且在 1791 年建造了第一座动力织布机工厂，实现了纺织行业的机械化生产。

（a）飞梭　　　　　　　　　　（b）珍妮纺纱机

图 1-9　飞梭和珍妮纺纱机

1775年，英国的约翰·威尔金森发明了世界上第一台镗床——炮筒镗床（图1-10），这是一种能够精密加工大炮的钻孔机，是一种空心圆筒形镗杆，两端都安装在轴承上。他用这台炮筒镗床镗出的气缸满足了后来瓦特蒸汽机的要求。

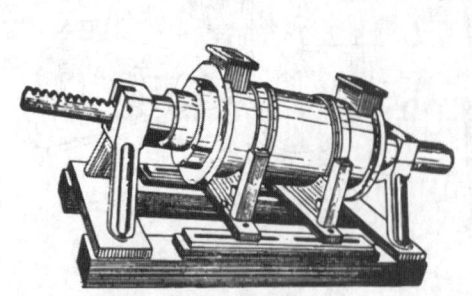 

图1-10 炮筒镗床　　　　　　　　图1-11 瓦特蒸汽机

自1759年开始，瓦特开始了一系列在纽可门蒸汽机上的改进实验（图1-11），包括设置单独的冷凝器保持主气缸高温、利用行星齿轮机构实现输出旋转运动、设置双向气缸提高效率、加设飞轮进行速度波动调节和安装离心调速器控制蒸汽机的速度。

蒸汽机技术的不断完善推动交通运输的发展，同时也促进了工程机械与矿山机械的进步。1807年，富尔顿发明了蒸汽船；1814年，史蒂文森设计了第一台蒸汽机车；1805年，伦敦船坞建造出第一批蒸汽驱动的起重机，并于19世纪前期开发出桥式起重机；1825年，布鲁内尔发明了盾构机，第一台实用的盾构机于1846年制造出来；1835年，美国人威廉·奥蒂斯设计和制造了第一台蒸汽驱动的挖掘机；1852年，美国企业家和发明家艾利沙·奥蒂斯为了解决使用缆绳的升降机安全问题，在升降机两侧的导轨上安装棘轮齿，后又将与此棘轮齿啮合的闸钩装在升降机上，保证了安全性。

第二次工业革命从19世纪60—70年代开始，在19世纪末20世纪初基本完成。工业进入大规模机械化的时代后，蒸汽动力的缺点变得越来越突出，天轴这类传动装置降低了机械效率，而且传动的距离也有限；使用机械传动的方式传递能量不能实现流水作业。这些问题成为第二次工业革命的突破口。西门子发明发电机是进入电气时代的标志，也是第二次工业革命开始的标志。在这个阶段，磨床、齿轮加工机床等各种精密机床趋于完善。"动力"内燃机的发明引领了新的交通运输革命。1862年，法国工程师地德罗夏给出了四冲程内燃机的原理，利用的是曲柄滑块机构。德国工程师奥托立即付诸实施，开始研制，于1876年制造出第一台以煤气作为燃料的四冲程内燃机；然而其转速只有80～150 r/min，热效率只有12%～14%。1885年，德国工程师戴姆勒利用他发明的汽化器形成的汽油雾为燃料，使内燃机转速提高到800 r/min；次年，德国工程师本茨又发明混合器和电点火装置，使得内燃机走向完整。

1885年，本茨研制成功第一辆三轮汽车（图1-12a），次年，戴姆勒制成了世界上第一辆四轮汽车（图1-12b），两人被称为"汽车之父"。1903年，莱特兄弟制造的飞机试飞成功。此后各国的航空工业陆续建立起来。

历史见证了自行车的演变过程。1791年，法国人西夫拉克造出了木制自行车（图1-13a），没有驱动和转动装置，靠双脚蹬地前行；1816年，德国人德莱斯在前轮上加了控制方向的车把（图1-13b）；1869年，苏格兰人麦考尔在后轮的车轴上装上曲柄，再用连杆把曲柄和前

(a) 本茨的第一辆三轮汽车

(b) 戴姆勒的第一辆四轮汽车

图 1-12　第一辆汽车

面的脚蹬连起来；1874 年，英国人劳森用链条传动代替了连杆机构（图 1-13c）；1886 年，英国工程师斯塔利又装上前叉和车闸，前后轮大小相同，用钢管制成了菱形车架（图 1-13d），基本与今天自行车样子差不多了。

(a) 西夫拉克的自行车

(b) 德莱斯的自行车

(c) 劳森的自行车

(d) 斯塔利的自行车

图 1-13　自行车的演变

1858 年，美国人布雷克设计了世界上第一台颚式破碎机，后来发展出复摆式颚式破碎机（图 1-14）。1881 年，美国人盖茨发明了旋回破碎机。

经过两次工业革命，机构发展展现出高速、大功率化、自动化、精密化和轻量化等趋势，并且这趋势一直持续至现在。然而，这两次工业革命都发生在西方，而东方大国其间却停滞不前。

工业革命期间，数学、力学等基础学科获得较快的发展。18 世纪下半叶，法国科学进步发展很快，取代英国成为世界科学发展的中心，受到英国工业革命的推动，在法国大革命期间的

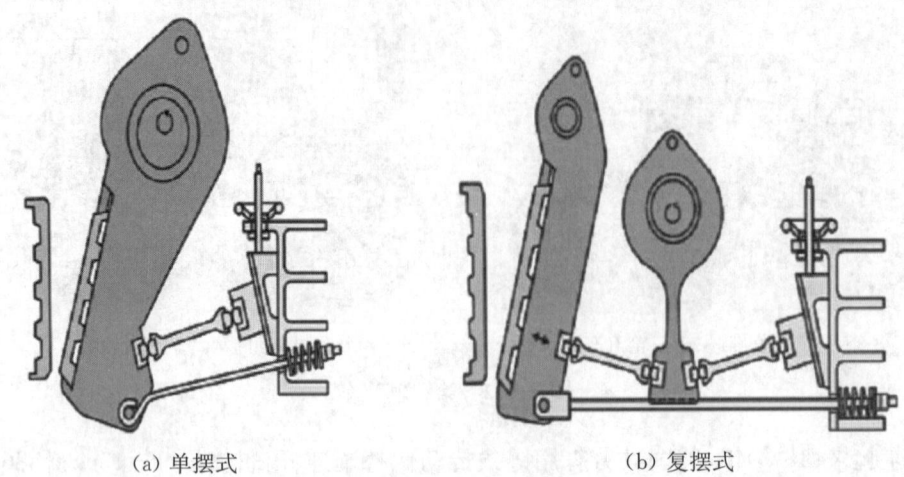

(a) 单摆式　　　　　　　　　　(b) 复摆式

图 1-14　颚式破碎机

1794年,成立了世界上第一所专门的高等工程学校——巴黎技术学院,并且开设了机械方面的课程,推动机构学成为一个独立学科而被承认。能工巧匠的构思上升为科学理论,理论与实践日益紧密结合,加速了机构演进与创新的进程。

在连杆机构的应用和理论方面,近代连杆机构应用被认为始于瓦特在制作最初蒸汽机时设计的引导活塞的直线运动机构。除此之外,俄国学者切比雪夫也曾提出过直线运动机构,并且在1869年提出了平面机构自由度的公式,后来建立了机构综合的代数方法和衡量机构综合误差的理论。从1872年起,德累斯顿工业大学布尔梅斯特开始机构运动学研究,归纳了低副机构的特定轨迹综合、特定刚体位置综合和再现连续函数的综合的三个综合问题,开创了机构分析与综合的运动几何学学派。德国学者格拉晓夫在1883年提出铰链四杆机构的曲柄存在条件,即著名的Grashof定理。1916年,俄国学者阿苏尔提出了机构组成和分类的理论。

在凸轮机构的演进和分析方面,19世纪末,关于凸轮的力分析已经出现,到20世纪上半叶,凸轮设计采用的是静态设计方法。

关于机构动力平衡的问题,1902年,德国人菲希尔是研究平衡理论第一人,然而,关于一般连杆机构的完全平衡的理论问题,直到20世纪60年代才得到解决。此后,齿轮传动、蜗杆传动、链传动和带传动等传动机构都开始在广泛应用,出现了变速箱等在今天汽车中普遍应用的机构。

18—19世纪产生的纺织机械、蒸汽机和内燃机等对机构的完善起到了很大的推动作用,这样传统的机构学形成一个完整的体系,此时机器被定义为由原动机、传动机和工作机组成,相应的机构看作由刚性构件组成的具有确定运动的运动链,而且除了忽略构件的弹性外,对于运动副之间的摩擦也不考虑,在原动件输入的运动一定时,其输出构件必然做确定的相对运动。这种传统的机构学一直延续到20世纪中叶。

1.2.1.3　现代机构发展史

现代机构发展史是从20世纪中叶到现在的阶段。以电子信息技术为基础的工业3.0深入人心,工业自动化技术将机构赋予信息化自主运动的功能,进一步减轻人类的劳动。以机械手为代表的工厂自动化技术实现了机器流水化作业,大大提高了工业效率。1958年美国联合控制公司研制出第一台机械手。它的结构是在机体上安装一个回转长臂,顶部装有电磁块的工件抓放机构,控制系统是示教型的。1962年,美国联合控制公司在上述方案的基础上又试制成一台数控示教再现型机械手。自此,各国纷纷开始了工业机械手(图1-15)的研究。

20世纪60年代以来,一大批逐步形成的高技术群体,如微电子技术、信息技术、自动化技术、新能源技术、空间技术等与之前发展的机械结合起来,渗透到经济、军事等领域。1976年,日本发那科(FANUC)公司首次展出由4台加工中心和1台工业机器人组成的柔性制造单元。而这一时期,最重要的发明无疑是电脑,电脑出现并应用到生产中,使机械的生产效率、精确度提高到了一个前所未有的高度。此时,日本研究人员首先提出了机械电子学的新概念。他们认为,机电一体化仍是在机械的主功能、动力功能、信息功能和控制功能上引进微电子技术,并将机械装置与电子装置用相关软件结合而构成的系统,与此同时,美国机械工程师协会(ASME)则认为,机械系统是由计算机信息网络协调与控制的,用于完成包括机械力、运动和能量源等多动力学任务的机械和机电部件相互联系的系统。由此可见,现代机械的主要特征是计算机协调和控制,现代机械概念的形成是机构学发展的一个崭新的里程碑,使得传统的机构学逐步发展成为现代的机构学。

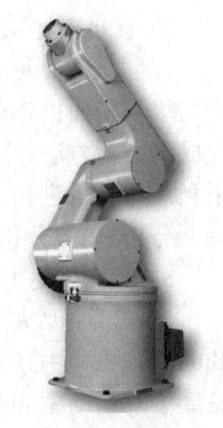

图1-15 工业机械手

此后数年间,计算机信息技术迅猛发展,机构学的发展踏上了信息化的道路,机构开始被集成为各种机器人,包括扫地机器人、餐厅服务机器人、送快递机器人等,信息化让机构更好地服务于人。2013年,德国提出"工业4.0",中国则提出"中国制造2025",标志着信息技术与制造技术已经深度融合,通过信息化手段实现机械真正服务于人的理念已经成为社会发展的方向。2017年,在世界物联网博览会上,中国科学院院士、华中科技大学机械科学与工程学院院长丁汉提出"人机共融,是未来机器人发展的新方向",机器人与人的关系更进一步和谐共融,相互融合。这也正是机构学在现代社会发展的应有之义。

1.2.2 机构研究现状

近年来,随着电子计算机的飞速发展,计算机辅助设计(CAD)对机构学的发展产生了非常重要的影响。国内外的机构学专家通过计算机辅助设计把机构设计的理论方法和参数选取等设计者的智慧融入计算系统中,基于强大的逻辑推理、分析判断、数据处理、运算速度、二维、三维图形显示等功能,形成全新的现代机构设计理念和手段。国外已经开发了多种平面和空间机构运动学及动力学分析与综合的通用程序库和软件包,例如DRAM、IMP、ADAMS、KINSYN、LINKAGES等。有的软件包已经达到十分完备的程度,包括运动学、动力学分析、弹性变形计算、动力学性能评价及模型优化仿真等程序。当前,计算机图像显示技术早已实用化,让人们能够更高效地进行交互式的完成设计工作。

目前,机构研究主要有以下几个方向:

1) 在机构结构理论方面

该领域主要是机构的类型综合、杆数综合和机构自由度的计算。对平面机构来说,虽然机构结构的分析与综合研究得比较成熟,但仍然有一些新发展。例如,将关联矩阵、图论、拓扑学、网络理论等引入对结构的研究;用拆副、拆杆,甚至拆运动链的方法将复杂杆组转化为简单杆组,以简化机构的运动分析和力分析;仿照机构组成原理对机构功能原理的研究、关于机构中虚约束的研究及无虚约束机制的综合、组合机构的类型综合,等等。近年来,对空间机构结构分析与综合的研究也有不少的进展,特别是在机器人机构学方面取得了较多成就。

2) 在机构运动分析和力分析方面

该领域主要是大力发展计算机辅助分析方法的研究,并且已经开发了一些应用软件。对于高级别平面机构的运动分析及力分析问题,可以采用降低机构级别的方法,也可以采用分解合成的分析方法。对空间机构的运动分析及力分析,则多采用杆组分析的方法。另外,为了便于利用计算机进行分析,建立机构运动分析及力分析的逻辑体系,并期望将机构的结构分析、运动分析、动力分析构成一个整体的系统。

3) 在机器动力学方面

该领域主要大力发展机构弹性动力学的研究,包括低副机构和高副机构。在某些高速重载的高副机构中还考虑热变形问题,对机械中的摩擦、机械效率以及功率传递等问题的研究。发展了对运动副间隙引起的冲击、动载荷、振动、噪声及疲劳失效等问题的研究,对机构运动精度及误差的研究。对平面机构和空间机构平衡问题的研究,已经获得不少成果。此外,还研究了具有变质量构件和在运动过程中结构有变化机构的平衡问题,机构在非平稳状态及瞬变过程中的时间、位移、速度和加速度等的动力响应计算问题。

4) 在机构学方面

该领域对平面连杆机构的研究仍在继续深入,并转而注重多杆多自由度平面连杆机构的研究,提出了这类机构分析和综合的一些方法。研究了提高机构动力性能为目标的综合方法、点位缩减法等。

5) 在凸轮机构方面

该领域高速凸轮的弹性动力学是一个受到普遍重视的研究课题,推杆运动规律的选择和拟合、凸轮机构尺度参数的优化设计、凸轮机构运动过程中的振动、减振和稳定性的研究都受到了重视,并取得了不少研究成果。

6) 在轮系方面

该领域一些新型齿轮机构(如内齿行星轮传动、活齿齿轮传动、摩擦式谐波传动等)的研制,周转轮系均载装置的研究,应用图论、其他一些新的数学工具和计算机技术来研究轮系的类型综合及运动分析问题,得到了大力开展。

近年来,中国在机构学理论研究、产品机构系统分析方面取得了较快的发展。在机构综合及其计算机自动生成方法、机构运动弹性动力学、机构平衡、机构多刚体系统动力学等方面已经接近国际领先水平,但仍需不断努力和进步。

1.2.3 机构研究前沿

机构学与微电子学、计算机科学、控制技术、信息科学、生物科学、材料科学的交叉、融汇和综合,促进了机构学许多新分支的出现,也出现了各种新型机构,如微型机构、仿生机构以及在特殊条件下的新型机构,如失重状态下的机构、深海作业的机构、航空航天的机构、柔顺机构、动定机构等,这些新型机构的不断涌现,突破了机构学的一些传统观念,应用前景十分广泛,对其工作原理和设计方法都需要进一步的研究。另外,机构中的构件不只局限于刚性构件,包括光、电、液压、气动、激光和红外线的广义机构也不断涌现,广泛应用在各种自动化机器中。

1) 微型机构

微型机构不是传统机构在尺度上简单地微小型化。当特征尺寸达到微米级别后,微型机构的力学特征、材料的物理性质及其对环境的响应,与传统机构都有很大不同。微型机构具有广阔的应用前景,能在诸如环境控制、医学等不同领域工作。瑞士苏黎世联邦理工学院的研究人员研发出一种技术,通过复杂的方式将多种材料构造在一起,制造出微米级的机器

(图1-16),可以通过人体的血管,将药物送到身体的特定部位。微型机构的未来应用还包括治疗动脉瘤或进行其他外科手术。

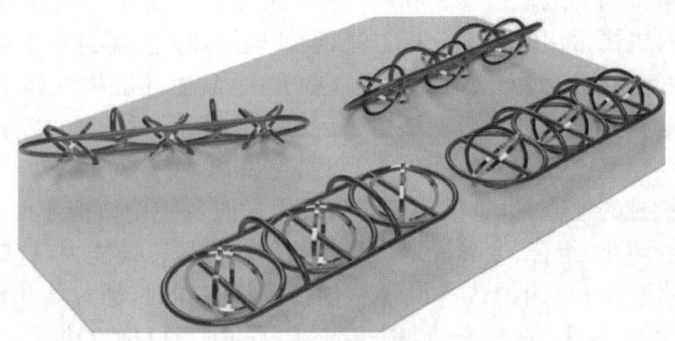

图1-16 微型机构

2) 仿生机构

仿生机构学是20世纪60年代末期由生物学、生物力学、医学、机械工程、控制论和电子技术等学科相互渗透、结合而形成的一门边缘学科,介于仿生学和机构学之间。仿生机构是指人们模仿生物的形态、结构、材料、运动机制和控制原理,设计制造出的功能更强、效率更高并具有生物特征的机构。在仿生抓取机构中起代表作用的是仿人形机械手,其复杂的自由度不但能够精确定位还能做出复杂精细的动作。仿生机械手可以广泛应用于化学实验、生物合成、排爆、扫雷等作业。此外,还有仿生飞行和仿生移动机构,如图1-17a所示为可自主飞行的蝙蝠机器人,专门研制的翼膜通过约45 000个点紧密焊接在一起,所以具有足够的弹性,即使在收起双翼时,也几乎没有褶皱;如图1-17b所示为蝾螈机器人,能像两栖动物一样爬行,穿过草地。因此,仿生移动机械有很强的针对性,能够在复杂恶劣的环境中具有极强的适应性。

(a) 可自主飞行的蝙蝠机器人　　　　(b) 蝾螈机器人

图1-17 仿生机构

1.3 学习机械原理的目的及方法

1.3.1 学习机械原理的目的

1) 认识机构

学习机械原理课程的首要目的是认识和了解机构。本教材对机构的组成、工作原理和常见机构的运动做了基本介绍,这些对于工科学生在生产实践中快速了解和认识机械起着重要作用,同时也可为学生今后开展相应课程内容的学习打下良好基础。

2) 研究机构

为了更好地理解机构的运动过程和利用机构展开生产生活中的应用,需要对机构进行分析和研究。本教材对机构常用的运动分析方法、设计理论和方法都进行了详细介绍,同时还介绍了图解法、反转法等一些工程方法。掌握了这些方法,学生才能树立起工程设计的观念,并在学习中自觉应用这些方法来进行机械结构和运动的分析,不断提升研究分析机械的能力。

3) 创新机构

创新是产生新机械的摇篮,也是推动机器和机构功能及使用效能不断进步和提升的源动力,通过机构的类比、演化、组合、变异等培养学生的创新机械思维能力,打破现有机构的局限,推陈出新、想方设法地进行机构的改进设计和创新设计。同时,通过将传统机械与其他学科(例如微电子学、医学等)紧密结合,推动解决传统难题的创新机构方法。

1.3.2 学习机械原理的方法

机械原理是一门与工程实际紧密相关的课程,因此需要注意理论联系实际。机械原理课程要综合运用力学、数学、物理、工程材料、机械制图等先修课程知识,然而其并非前述知识的简单重复,而是引导学生通过这些知识的灵活运用解决实际工程中的问题。因此,学习本课程时应注意从实际问题出发,掌握机构分析与综合的方法,回顾先修内容知识加深对本课程知识的理解,充分发挥空间想象能力在脑海中勾画出机构在各时刻的运动状态,还可以利用 ProE、Solidworks、ANSYS 等三维建模和仿真分析软件辅助分析,通过绘制机构运动简图分解复杂机构中的核心运动简化传动步骤,同时要以实际机械为切入点,通过开展课程设计项目实践、机械创新设计大赛等,按照实际要求设计出有用的机械。

思考与练习

1. 机构和机器有何异同?
2. 简述机械原理的主要研究内容。
3. 简述机构的发展历史。
4. 简述学习机械原理的目的。

第 2 章

机构的结构分析

◎ 学习成果达成要求

1. 熟悉机构的组成及分类。
2. 掌握机构运动简图的绘制方法,能够正确计算机构自由度。
3. 了解并掌握机构的组成原理及结构分析。

不同的机器虽然具有不同的形式、结构和用途,但就其组成来说,都是由各种机构组合而成的。由第 1 章可知,机构是一种用来传递与变换运动和力的可动装置,但是在对机构进行运动和动力分析之前,必须要对机构进行结构分析。机构的结构分析研究的主要内容包括:

1) 研究机构的组成、分类及机构运动简图的画法

研究机构是怎样组成和如何分类的,以及为了解机构,对机构进行分析和综合,研究如何用简单的图形即机构运动简图,把机构的结构和运动状况表示出来。

2) 研究机构具有确定运动的条件及其自由度分析

机构要能正常工作,一般必须具有确定的运动,因而必须知道机构的自由度及其具有确定运动的条件。

3) 研究机构的组成原理及结构分类与分析

研究机构的组成原理,有利于机构的结构分类与分析以及新机构的创造。根据组成原理,将各种机构进行结构分类,有利于对机构进行运动及动力分析和结构的合理设计。

2.1 机构的组成及分类

2.1.1 机构的组成

如第 1 章所述,机构是由一些构件通过可动的连接方式组成的构件系统。两构件之间直接接触并能做相对运动的可动连接,称为运动副。因此可以说,机构是由构件和运动副组成的。

2.1.1.1 构件

从加工制造的角度看,任何机器都是由许多零件组合而成的。如图 1-1 所示内燃机就是由气缸、活塞、连杆体、连杆头、曲轴、齿轮等一系列零件组成的。而从运动的观点来看,任何机器都是由若干个独立运动的单元体——构件(link)组合而成的。机器中的构件包括刚性构件、弹性构件(如弹簧)、挠性构件(如绳、索、带)、气体构件(如气体)等,在本课程中着重讨论刚

性构件。

构件是由一个或若干个刚性连接后能够独立运动的零件构成的。也就是说,构件可能是一个零件,也可能是几个零件的刚性组合。如图 2-1 所示内燃机连杆,就是由连杆体、连杆头、螺栓、螺母、垫圈等零件构成。可见,构件是组成机构的最小运动单元,而零件是最小制造单元。

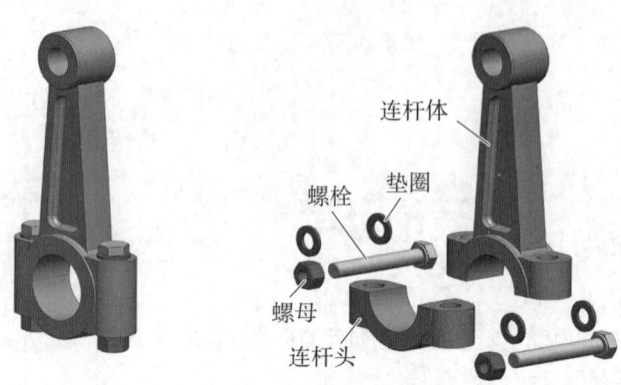

图 2-1 内燃机连杆

2.1.1.2 运动副

为了使构件组成具有确定运动的机构,构件之间需要以一定的方式连接起来,并应保证彼此之间具有一定的相对运动。两个构件直接接触所形成的可动连接称为运动副。其中"两构件""直接接触""可动连接"是构成运动副不可缺少的三个条件。两构件构成运动副的接触表面(相互接触的点、线、面)则称为运动副元素。例如,轴 2 与轴承 1 的连接(图 2-2a)、滑块 2 与导轨 1 的连接(图 2-2b)、两齿轮轮齿的啮合(图 2-2c)等均为运动副,它们的运动副元素分别是圆柱面和圆柱孔面、棱槽面和棱柱面以及两齿廓曲面。

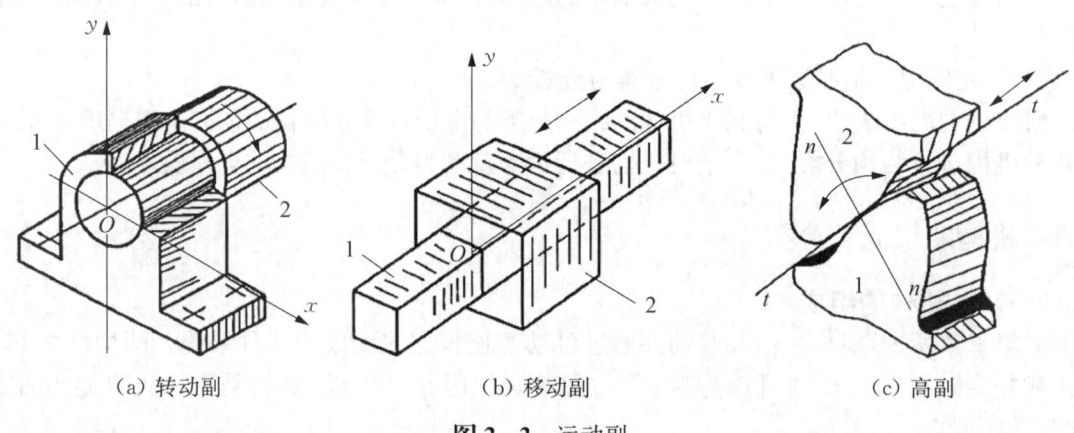

(a) 转动副 (b) 移动副 (c) 高副

图 2-2 运动副

运动副的分类如下:

1) 根据运动副引入的约束度,可分为Ⅰ级副、Ⅱ级副、Ⅲ级副、Ⅳ级副和Ⅴ级副

两构件在未构成运动副连接之前,在空间中它们共有 6 个相对自由度,而当两构件构成运动副之后,它们之间的相对运动将受到约束。设运动副的自由度以 F 表示,而其所受到的约

束度以 s 表示,则两者的关系为:$F=6-s$。运动副每引入 1 个约束,构件便失去 1 个自由度。两构件形成运动副后引入的约束数取决于运动副的类型。把约束数为 1 的运动副称为Ⅰ级副,约束数为 2 的运动副称为Ⅱ级副,以此类推,如图 2-3 所示Ⅰ级副(空间点高副)、Ⅱ级副(空间线高副)、Ⅲ级副(平面副)、Ⅳ级副(圆柱副)和图 2-2a、b 所示Ⅴ级副(转动副和移动副)。

2)根据运动副元素的接触形式,可分为低副和高副

两构件通过面接触而构成的运动副称为低副,如图 2-2a 所示转动副和图 2-2b 所示移动副;通过点或线接触而构成的运动副称为高副,如图 2-2c 所示运动副。

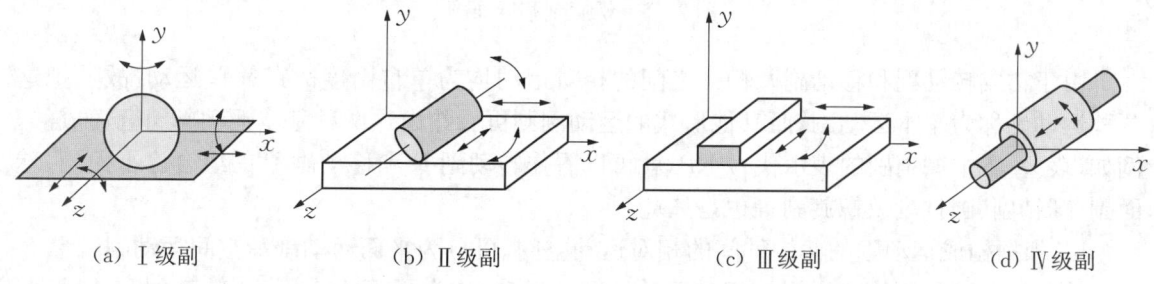

(a) Ⅰ级副　　　(b) Ⅱ级副　　　(c) Ⅲ级副　　　(d) Ⅳ级副

图 2-3　根据运动副引入约束数的分类

3)根据两构件间保持运动副元素接触的形式,可分为几何封闭运动副和力封闭运动副

凡借助于构件的结构形状所产生的几何约束来封闭的运动副称为几何封闭或形封闭运动副,如图 2-2a、b 所示转动副、移动副和图 2-4a 所示凹槽凸轮机构;借助于推力、重力、弹簧力、气液压力等来封闭的运动副称为力封闭运动副,如图 2-4b 所示靠重力封闭和图 2-4c 所示靠弹簧力封闭的凸轮机构。

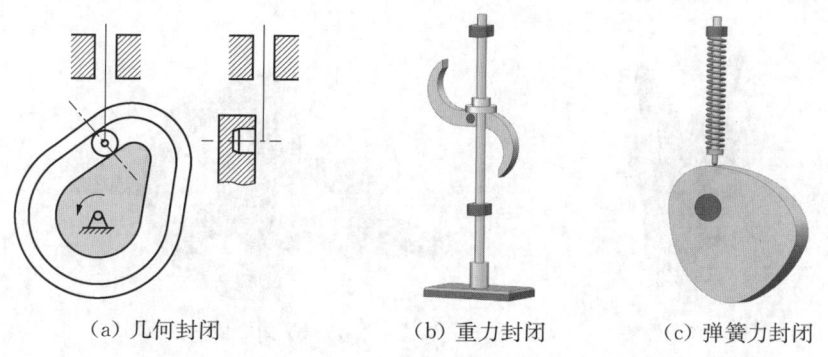

(a) 几何封闭　　　(b) 重力封闭　　　(c) 弹簧力封闭

图 2-4　两构件间保持运动副元素接触形式的分类

4)根据构成运动副的两构件间的相对运动形式,可分为转动副、移动副、螺旋副、球面副、球销副、圆柱副、平面副等

转动副又称为回转副或铰链,两构件之间的相对运动为转动(图 2-2a);两构件之间的相对运动为移动的运动副称为移动副(图 2-2b);两构件之间的相对运动为螺旋运动的运动副称为螺旋副(如图 2-5a 所示螺杆 1 和螺母 2 所组成的螺旋副);两构件之间的相对运动为球面运动的运动副称为球面副(如图 2-5b 所示球头 1 和球碗 2 所组成的球面副)。

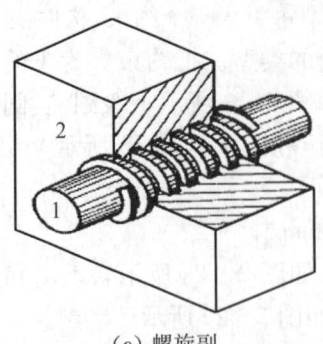 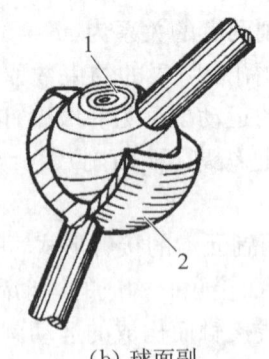

(a) 螺旋副　　　　　　　　(b) 球面副

图 2-5　螺旋副和球面副

由于构成转动副和移动副两构件之间的相对运动均为单自由度的最简单运动，故又把这两种运动副称为基本运动副，而其他形式的运动副则可看作由这两种基本运动副组合而成的。例如，表 2-1 中槽销副的表示代号 RP，就可以看作转动副 R 和移动副 P 的组合。平面副、球面副、球销副、圆柱副及螺旋副等也是如此。

5) 根据构成运动副的两构件间的相对运动空间，可分为平面运动副和空间运动副

构成运动副的两构件之间的相对运动是平面运动，称为平面运动副，如转动副和移动副；构成运动副的两构件之间的相对运动是空间运动，称为空间运动副，如螺旋副、球面副、圆柱副、球销副等。

在机构中还常可见到三个或三个以上的构件在同一处构成转动副，这种运动副称为复合铰链。如图 2-6a 所示复合铰链，便是由三个构件组成的同轴线的转动副；而图 2-6b 所示胡克铰链(或称万向铰链)，则是由三个构件(轴叉 1、2 和十字轴 3)组成的垂直交汇轴线的转动副。前者是平面复合运动副，是若干普通铰链的聚集；而后者是空间复合运动副，是可以在两个方向上转动的一种特殊铰链。

 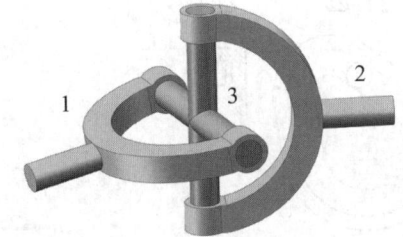

(a) 复合铰链　　　　　　　　(b) 胡克铰链

图 2-6　多个构件在同一处构成的运动副

机构运动简图符号已有国家标准，可查《机械制图　机构运动简图用图形符号》(GB/T 4460—2013)。表 2-1 为常用运动副的模型及其表示符号(图中阴影线的构件代表固定构件)。

由于机械在工作过程中，其构件间运动和动力的传递是通过运动副进行的，所以运动副互相接触的两元素间总是处于承受载荷和遭受磨损的状态，而运动副的承载和磨损情况将直接影响到机械的工作性能、工作质量、机械效率和使用寿命，所以在设计新机械时要注意选择运动副类型和配置。

表 2-1 常用运动副的模型及其表示符号

运动副名称及代号		运动副模型	运动副级别及封闭方式	运动副符号	
				平面表示符号	空间表示符号
平面运动副	转动副 R		V级副 几何封闭		三维　轴面　端面
	移动副 P				
	平面高副 (RP)		IV级副 力封闭		
	槽销副 (RP)		IV级副 几何封闭		
	复合铰链 R		2-V级副 几何封闭		
空间运动副	点高副 (RRRPP)		I级副 力封闭		
	线面副 (RRPP)		II级副 力封闭		
	平面副 F (RPP)		III级副 力封闭		

续表

运动副名称及代号	运动副模型	运动副级别及封闭方式	运动副符号 平面表示符号	运动副符号 空间表示符号
空间运动副 球面副 S (RRR)		Ⅲ级副 几何封闭		
球销副 S′ (RR)		Ⅳ级副 几何封闭		
圆柱副 C (RP)		Ⅳ级副 几何封闭		
螺旋副 H (RP)		Ⅴ级副 几何封闭	（开合螺母）	
胡克铰链 U (RR)		Ⅳ级副 几何封闭		

2.1.2 运动链与机构

1) 运动链

若干个构件通过运动副连接而构成的可相对运动的系统称为运动链。若运动链中的各构件构成首尾封闭的系统，如图 2-7a、b 所示，则称为闭式运动链，简称闭链。若运动链中的各构件未构成首尾封闭的系统，如图 2-7c、d 所示，则称为开式运动链，简称开链。在一般机械中大多采用闭链，而开链多应用在机器人领域。

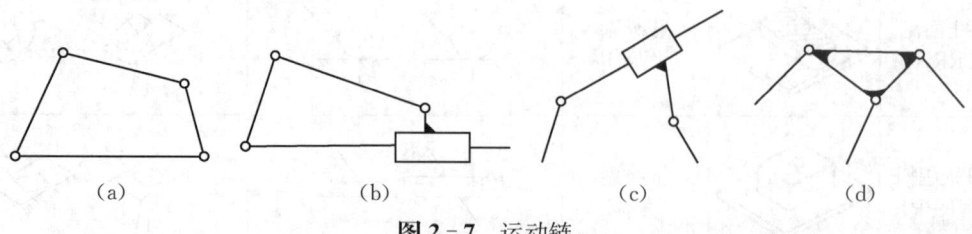

图 2-7 运动链

此外,根据运动链中各构件间的相对运动为平面运动还是空间运动,可把运动链分为平面运动链和空间运动链两类。

2) 机构

在运动链中,如果将其中某一构件加以固定而成为机架,而其余构件都具有确定的运动,则运动链便成为机构,如图 2-8 所示铰链四杆机构。一般情况下,机架相对于地面是固定不动的,但若是安装在车辆、船舶、飞机等运动物体上的机构,其机架相对于该运动物体是固定不动的。

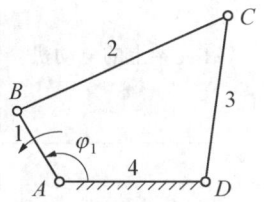

图 2-8 铰链四杆机构

机构中按给定运动规律相对于机架独立运动的构件称为原动件,也称主动件,在机构运动简图中常以箭头示出其运动方向,而其余活动构件则称为从动件(图 2-8)。一个机构中只能有一个机架,从动件的运动规律取决于原动件的运动规律和机构的结构及构件的尺寸。

2.1.3 机构的分类

机构可从不同的角度或研究目的进行分类。常用的机构分类方法如下:

(1) 根据机构中运动副的组成情况,可将机构分为低副机构和高副机构两大类。完全由低副连接而成的机构,称为低副机构,连杆机构是常用的低副机构。机构中只要含有一个高副,就称该机构为高副机构,齿轮机构、凸轮机构是常用的高副机构。

(2) 根据机构的运动情况,可将机构分为平面机构和空间机构两大类,其中平面机构应用最为广泛。机构中各构件的运动平面若互相平行,则称为平面机构;若机构中至少有一个构件不在相互平行的平面上运动,或至少有一个构件能在三维空间中运动,则称之为空间机构。

(3) 根据组成机构的构件的情况和机构工作原理的不同,可将机构分为连杆机构、凸轮机构、齿轮机构、棘轮机构、槽轮机构、螺旋机构等类型的机构。这些类型的机构都是在各种实际机械中经常见到的,机械原理课程也将按这一分类介绍上述常用机构的分析与设计问题。

(4) 根据组成机构的构件性质的不同,还可以将机构分为刚性机构、柔性机构、挠性机构、气动机构、液压机构以及其他广义机构等。机械原理课程主要介绍刚性机构。

2.2 机构运动简图及其绘制

2.2.1 机构运动简图

实际机构往往是由外形和结构都很复杂的构件组成的。但从运动的观点看,机构是由构件通过运动副的连接而形成的,机构各部分的运动取决于原动件的运动规律、各运动副的类型和机构的运动尺寸(确定各运动副相对位置的尺寸),而与构件的外形(高副除外)、断面尺寸、组成构件的零件数目、固连方式及运动副的具体结构等因素无关。因此,为了便于分析和研究机构的运动,只需根据机构的运动尺寸,按照一定的比例尺定出各运动副的相对位置,以简单的线条和图形符号表示构件和运动副,而保持机构的运动特征不变。这种表示机构运动特征的简单图形称为机构运动简图。

常用机构运动简图符号见表 2-2,一般构件的表示方法见表 2-3,常用运动副的表示符号见表 2-1。

表 2-2 常用机构运动简图符号(摘自 GB/T 4460—2013)

机构运动类型	简图符号	机构运动类型	简图符号
在支架上的电动机		齿轮齿条传动	
带传动		圆锥齿轮传动	
链传动		圆柱蜗杆传动	
摩擦轮传动		凸轮机构	
外啮合圆柱齿轮传动		槽轮机构	外啮合　内啮合
内啮合圆柱齿轮传动		棘轮机构	外啮合　内啮合

表 2-3 一般构件的表示方法

杆、轴类构件	表 示 方 法
固定构件(机架)	固定杆、轴　固定铰链杆　固定滑块　固定轴、杆　固定齿轮

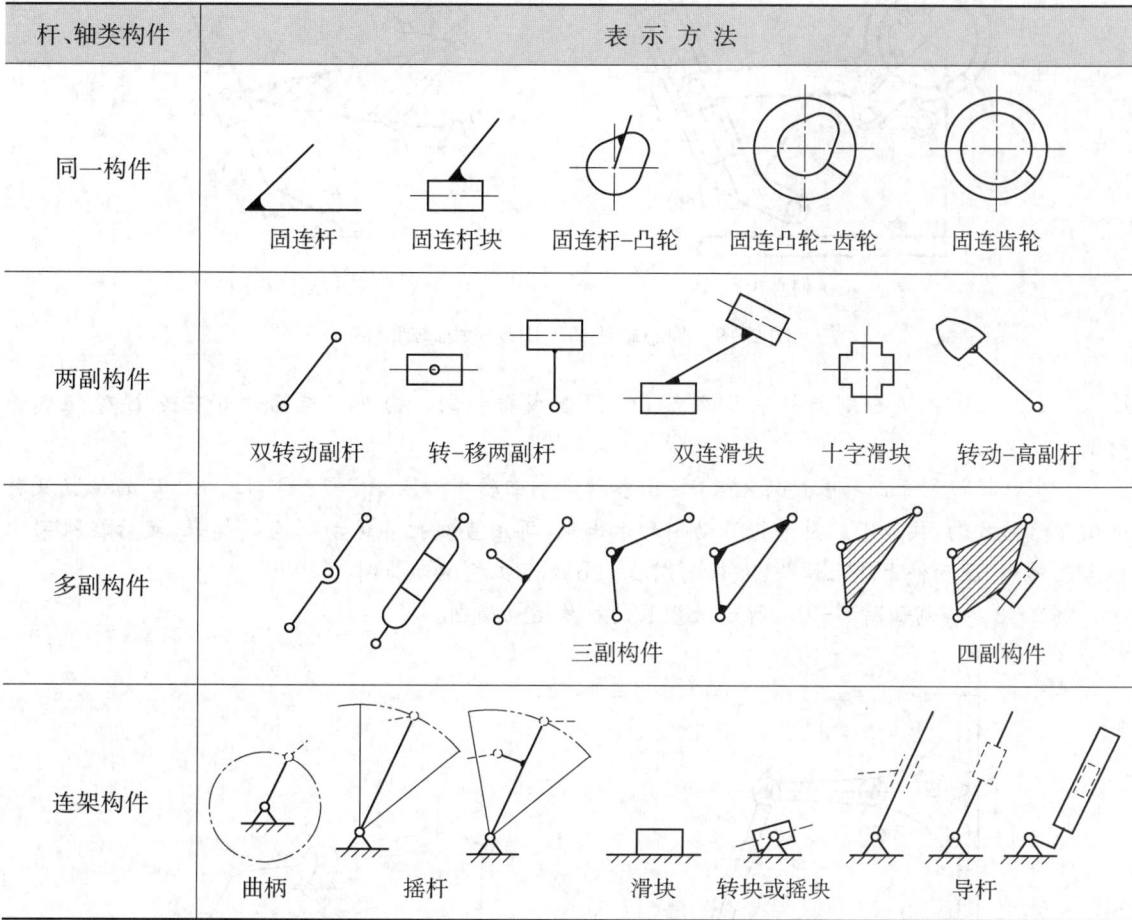

2.2.2 机构运动简图的绘制

在对现有机械进行分析或设计新机械时,首先必须绘制能表明机械运动特征和运动传递情况的机构运动简图。绘制机构运动简图的步骤可归结为:

(1) 研究机构的工作原理。确定机构中的构件数目及机架、原动件、传动部分和执行部分;根据各构件间的相对运动确定运动副的类型和数目。

(2) 恰当地选择视图。一般选择多数构件的运动平面为视图平面,必要时还可选择另外局部视图绘制。

(3) 选择适当的比例尺。根据各构件的实际尺寸和准备绘制图示的尺寸确定长度比例尺 μ_l,μ_l=实际尺寸/图示尺寸,然后定出各运动副之间的相对位置,用规定的简单线条和各种运动副符号,将机构运动简图画出来。

(4) 标明机架、原动件和绘图比例。

以上步骤可以总结为一个便于记忆的顺口溜:"先两头,后中间,从头到尾数一遍,看看构件是多少,再看它们怎相连。"

例 2-1 绘制如图 2-9a 所示偏心轮传动机构的运动简图。

解:该机构由机架 5、原动件 1 及从动件 2、3、4、6 组成。原动件 1 为偏心轮,它与机架 5 组成转动副,其回转中心为点 A。三副构件 2 与构件 1、3、4 同样也组成转动副,其回转中心分别为点

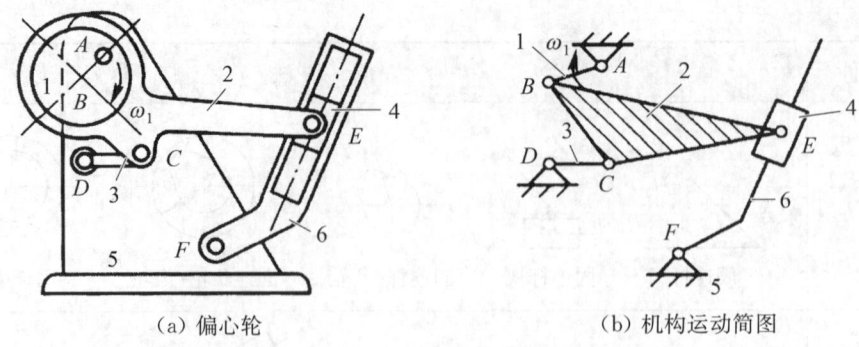

(a) 偏心轮　　　　　　　(b) 机构运动简图

图 2-9　偏心轮传动机构及机构运动简图

B、C、E。构件 3、6 分别与机架 5 在点 D、F 组成转动副。构件 4 与构件 6 在点 E 处组成移动副。

合理选择投影平面和长度比例尺,定出各转动副回转中心点 A、B、C、D、E、F 的位置及移动副导路的方向,按规定的符号将运动副表示出来,再用直线把各运动副连接起来,然后在机架上加上阴影线、原动件上加上箭头,即得如图 2-9b 所示机构运动简图。

例 2-2　绘制如图 2-10a 所示活塞泵的机构运动简图。

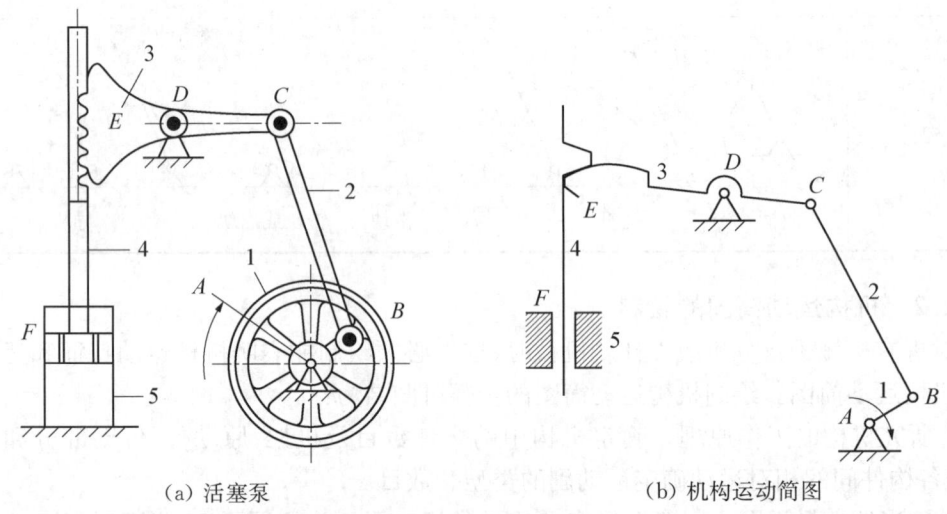

(a) 活塞泵　　　　　　　(b) 机构运动简图

图 2-10　活塞泵及机构运动简图

解:该机构主要由机架 5(泵壳)、主动曲柄 1(圆盘)、连杆 2、摆杆 3 和活塞 4 组成。当主动曲柄 1 按给定的运动规律转动时,从动连杆 2 拖动摆杆 3 绕点 D 转动,而摆杆 3 又通过其上的齿轮与活塞 4 上的齿条啮合,带动活塞 4 上下移动,从而达到抽吸和排出气体或液体的效果。

从机构中各构件之间的相对运动关系可以看出,主动曲柄 1 通过转动副 A 和 B 分别与机架 5 和连杆 2 连接,连杆 2 与摆杆 3 通过转动副 C 连接,而摆杆 3 一方面通过转动副 D 与机架 5 连接,另一方面又通过齿轮副与活塞 4 连接。

由于视图面就是该机构各构件的运动平面,故选其为机构运动简图的投影面,适当选取比例尺,从构件 1 与构件 5 连接的运动副 A 开始,按照机构运动传递的路线及相对位置关系依次画出各个运动副,并以简单的线条连接同一构件上的运动副,即可作出机构运动简图,如图 2-10b 所示。

为了更形象地认识和了解机构的运动情况，可以利用 ADAMS 等计算机辅助工程软件对所绘制的机构运动简图进行动态仿真。

除了用机构运动简图表达机构外，有时只是为了表明机构的组成和结构特征，而不必严格按照比例绘制简图，通常将这样的简图称为机构示意图。机构示意图多用于机构的构型分析与构型综合中。

2.3 机构自由度的计算

机构只有实现确定的运动，才能完成特定的功能要求。机构具有确定运动时所具有的独立运动参数的数目（亦即为了使机构的位置得以确定，必须给定的独立的广义坐标的数目），称为机构的自由度，常以 F 表示。

2.3.1 平面机构自由度的计算

平面机构中各构件只做平面运动。一个构件在尚未与其他构件组成运动副之前为自由构件，与一个自由运动的平面刚体一样，有 3 个自由度，即沿 x 轴和 y 轴的移动，以及在 xOy 平面内的转动，如图 2-11a 所示。而当两个构件组成运动副之后，它们的相对运动就受到约束，自由度就随之减少。

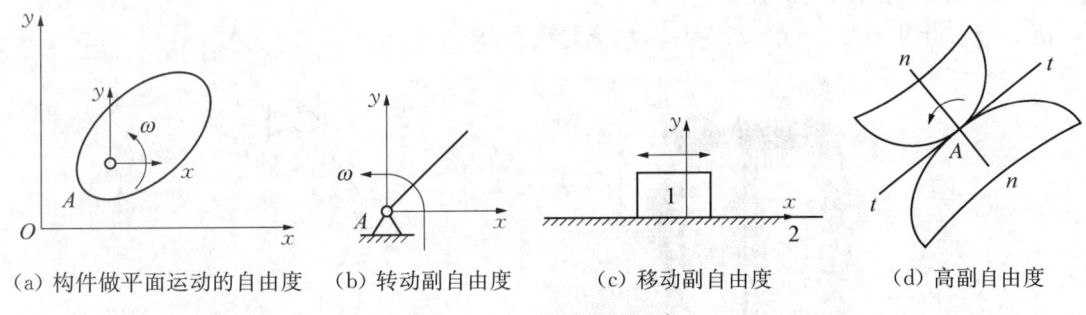

(a) 构件做平面运动的自由度　　(b) 转动副自由度　　(c) 移动副自由度　　(d) 高副自由度

图 2-11　运动副的约束

平面低副引入两个约束，保留一个自由度。如图 2-11b 所示转动副中约束了两个构件的相对移动，保留了两构件间的相对转动；如图 2-11c 所示移动副中约束了滑块沿垂直于导路方向的移动和相对转动，保留了沿导路方向的移动。平面高副引入一个约束，保留两个自由度，如图 2-11d 所示高副中约束了两个构件沿接触线公法线方向的移动，保留了沿接触处公切线方向的移动和相对转动。

设平面机构中共有 n 个活动构件（机架除外），在各构件未组成运动副之前，它们共有 $3n$ 个自由度。当各构件组成运动副之后，设机构中低副数目为 p_L 个，高副数目为 p_H 个，则机构中运动副引入的约束总数为 $2p_L+p_H$。所以平面机构的自由度 F 为

$$F = 3n - 2p_L - p_H \tag{2-1}$$

由式（2-1）可知，机构的自由度取决于活动构件的数目以及运动副的类型和数目。

例 2-3　计算图 2-9 所示偏心轮传动机构的自由度。

解：由其机构运动简图不难看出，此机构中共有 5 个活动构件（原动件 1 及从动件 2、3、4、6），7 个低副（转动副 A、B、C、D、E、F 和由构件 4 与构件 6 构成的移动副），0 个高副，故机构的自由度为

$$F = 3n - 2p_L - p_H = 3 \times 5 - 2 \times 7 - 0 = 1$$

例 2-4 计算如图 2-10a 所示活塞泵的自由度。

解：由其机构运动简图（图 2-10b）不难看出，此机构中共有 4 个活动构件（主动曲柄 1、连杆 2、摆杆 3 和活塞 4），5 个低副（转动副 A、B、C、D 和由活塞 4 与机架 5 构成的移动副），1 个高副（由摆杆 3 和活塞 4 构成的齿轮高副），故机构的自由度为

$$F = 3n - 2p_L - p_H = 3 \times 4 - 2 \times 5 - 1 = 1$$

2.3.2 空间机构自由度的计算

设一个空间机构中共有 n 个活动构件，当未用运动副将所有构件连接之前，这些活动构件在空间共具有 $6n$ 个自由度，如果用 p_1 个 I 级副、p_2 个 II 级副、p_3 个 III 级副、p_4 个 IV 级副和 p_5 个 V 级副将其连接成空间机构之后，这些运动副就会产生 $5p_5 + 4p_4 + 3p_3 + 2p_2 + p_1$ 个约束，由于机构的自由度应为活动构件自由度的总数与运动副引入的约束总数之差，故空间机构的自由度为

$$F = 6n - 5p_5 - 4p_4 - 3p_3 - 2p_2 - p_1 = 6n - \sum_{i=1}^{5} i p_i \qquad (2-2)$$

式中，i 为 i 级运动副的约束数。

例 2-5 计算如图 2-12a 所示仿人机械臂的自由度。

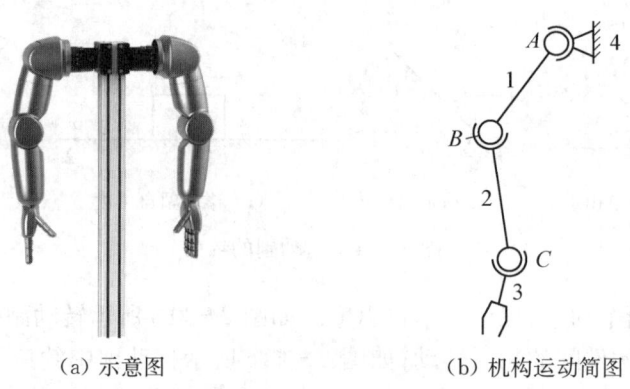

(a) 示意图　　　　　　(b) 机构运动简图

图 2-12　仿人机械臂

解：由人的身体结构可知，肩关节和腕关节可视为球面副，肘关节为球销副。若取人体肩部为机架，可画出其仿生手臂机构运动简图如图 2-12b 所示，其中 A 和 C 为球面副（III 级副），B 为球销副（IV 级副），所以 $n=3$，$p_4=1$，$p_3=2$。故由式（2-2）可得其自由度为

$$F = 6n - 4p_4 - 3p_3 = 6 \times 3 - 4 \times 1 - 3 \times 2 = 8$$

2.3.3 机构具有确定运动的条件

机构具有确定运动是指当给定机构原动件的运动时，该机构中的其余运动构件也都随之做相应的确定运动。如果机构中的自由度等于原动件的数目，则该机构具有确定运动。因此，机构是否具有确定的运动，与机构的自由度及给定的原动件数目有关。

如图 2-13a 所示四杆机构，其机构自由度为 1，若给定 1 个原动件，如构件 1 的角位移 φ，则其余构件的位置便都完全确定了。而图 2-13b 所示五杆机构，其机构自由度为 2，若也只

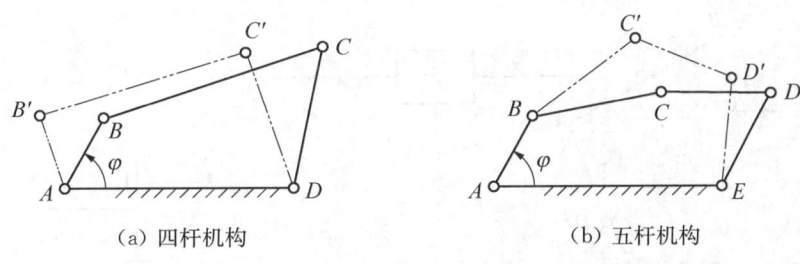

(a) 四杆机构 (b) 五杆机构

图 2-13 机构具有确定运动的条件

给定 1 个原动件,如构件 1 的角位移 φ,此时构件 2、3、4 的运动并不确定,但若再给定一个原动件,如构件 4 的角位置,即同时给定 2 个原动件,则不难看出,该机构各构件的运动便完全确定了。

从以上两例可以看出,为了使机构具有确定的运动,则机构的原动件数目应等于机构的自由度数目,这就是机构具有确定运动的条件。当机构不满足这一条件时,如果机构的原动件数目小于机构的自由度,则机构的运动将不确定;如果原动件数目大于机构的自由度,则将导致机构中最薄弱环节的损坏。

诚然,机构具有确定运动的前提条件是该机构的自由度必须大于零。如果机构自由度大于零,能否具有确定运动,则取决于原动件数目是否等于自由度数目。当自由度等于零时,该机构蜕变为桁架,此时已经不是机构了。

机构的自由度是机构所固有的属性,仅与组成机构的构件数目、运动副数目及运动副的类型有关,而机构的原动件则是人为选定的,要使机构有确定运动,在设计时必须保证其自由度数目与给定的原动件数目相等。

2.3.4 计算平面机构自由度时的注意事项

在应用式(2-1)计算平面机构自由度时,还有一些需要注意的事项必须正确地加以处理才能得到正确的计算结果,否则会得到与机构运动不相符的情况。具体如下:

1) 复合铰链

如图 2-6a 所示 3 个构件组成的复合铰链,它实际上有 2 个转动副。由 m 个构件组成的复合铰链,则有 $(m-1)$ 个转动副。在计算机构的自由度时,应注意机构中是否存在复合铰链,图 2-14 给出了一些典型的连接三个构件的复合铰链示意图。

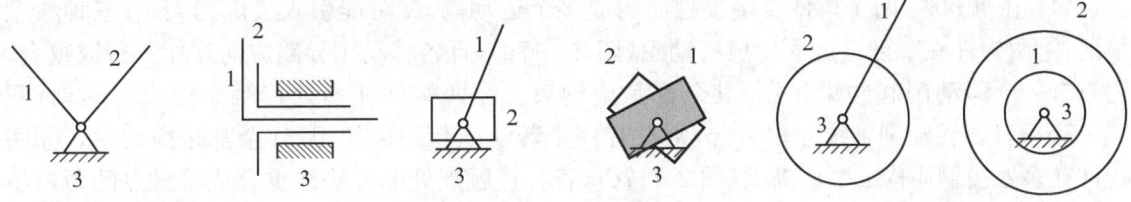

图 2-14 连接三个构件的复合铰链

例 2-6 计算如图 2-15a 所示六杆机构的自由度。

解:此机构在 C 处是由 3 个构件组成的复合铰链(图 2-15b),具有 2 个转动副。故其 $n=5$,$p_L=7$,$p_H=0$,机构的自由度为

$$F = 3n - 2p_L - p_H = 3 \times 5 - 2 \times 7 - 0 = 1$$

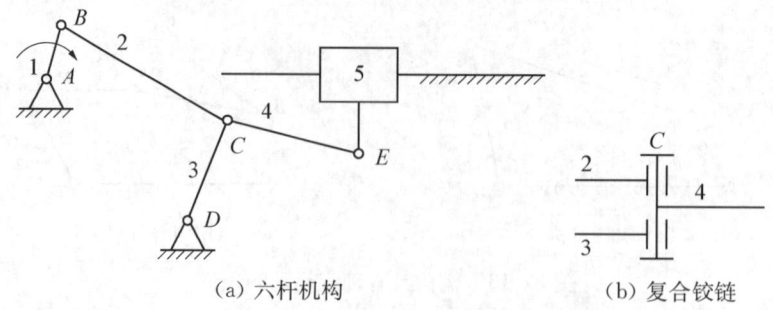

(a) 六杆机构　　　　　　　　(b) 复合铰链

图 2-15　六杆机构及其组成的复合铰链

2) 局部自由度

在一些机构中，某个构件所产生的局部运动并不影响其他构件的运动，把这种不影响其他构件运动的自由度称为局部自由度。

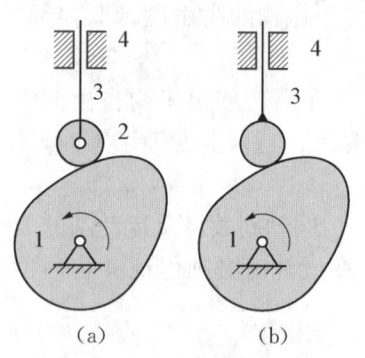

图 2-16　凸轮机构

如图 2-16a 所示凸轮机构中，为了减少高副元素的磨损，常在从动件 3 上安装一个滚子 2，可将滑动摩擦变成滚动摩擦。如果直接按式(2-1)计算，则可得其自由度为

$$F = 3n - 2p_L - p_H = 3\times 3 - 2\times 3 - 1 = 2$$

显然，该机构只需要一个主动件就有确定的运动，滚子绕自身轴线的转动不影响推杆的运动，其作用仅仅是把滑动摩擦转换为滚动摩擦，所以它只是一种局部自由度。在计算机构自由度时，对局部自由度的处理方法是将其去掉，可设想将滚子 2 与推杆 3 焊成一体，如图 2-16b 所示，先排除局部自由度后再计算机构的自由度，即

$$F = 3n - 2p_L - p_H = 3\times 2 - 2\times 2 - 1 = 1$$

3) 虚约束

在一些机构中，有些运动副带入的约束对机构的运动只起重复约束作用，故把这类约束称为虚约束。虚约束是在特定的几何条件下才存在的。因此，根据几何条件的不同，平面机构中虚约束常见于以下四种情况：

(1) 在机构中，两个构件直接接触而构成多个运动副，就可能引入了虚约束，有三种典型情况：①两构件在多处接触而构成移动副(图 2-17a)，且各移动副导路方向互相平行或重合，则只有一个移动副起约束作用，其余都是虚约束。②两构件在多处接触而构成转动副(图 2-17b)，且各转动副轴线互相重合，则只有一个转动副起约束作用，其余都是虚约束。③两构件在多处接触而构成平面高副(图 2-17c)，若各接触点处的公法线重合或接触点的距离始终保持不变，只能算作一个高副，其余为虚约束；若各接触点处的公法线方向彼此不重合(图 2-18)，则构成了复合高副，它相当于一个低副(图 2-18a 为转动副，图 2-18b 为移动副)。

(2) 在机构中，如果两构件上两点之间的距离在运动过程中始终保持不变，当用运动副和构件连接该两点时，则构成虚约束。如图 2-19a、c 所示机构即属此类。

(3) 在机构中，如果用转动副连接的是两构件上运动轨迹重合的点，则该连接将产生虚约束。如图 2-20 所示椭圆机构即属此类。

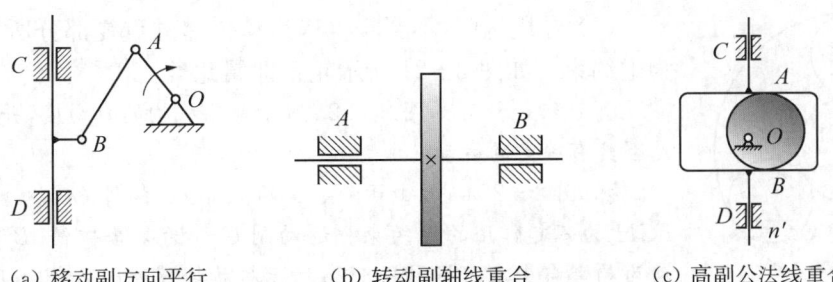

(a) 移动副方向平行　　(b) 转动副轴线重合　　(c) 高副公法线重合

图 2-17　两构件直接接触构成多个运动副

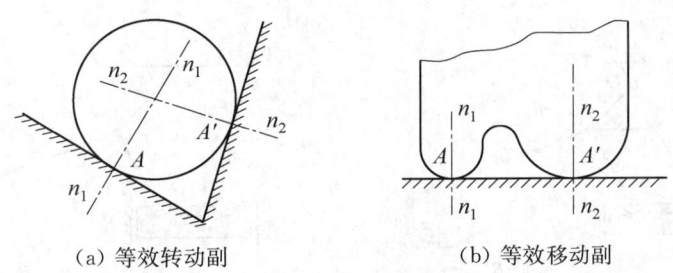

(a) 等效转动副　　　　　(b) 等效移动副

图 2-18　复合高副

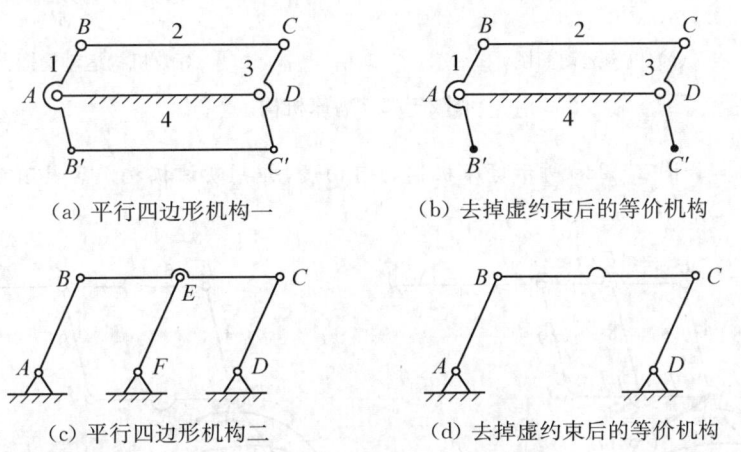

(a) 平行四边形机构一　　　　(b) 去掉虚约束后的等价机构

(c) 平行四边形机构二　　　　(d) 去掉虚约束后的等价机构

图 2-19　连接等距点产生的虚约束

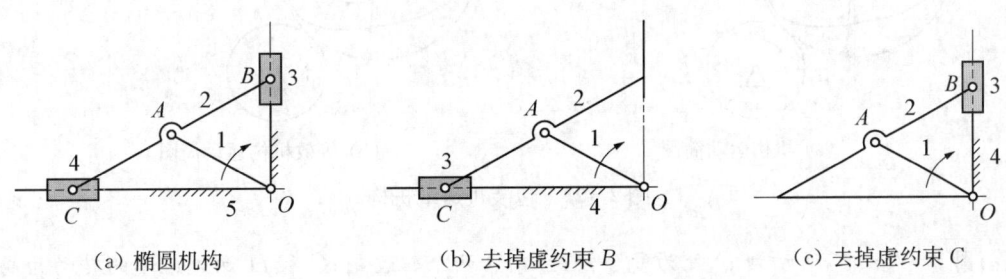

(a) 椭圆机构　　　(b) 去掉虚约束 B　　(c) 去掉虚约束 C

图 2-20　椭圆机构和去掉虚约束的情况

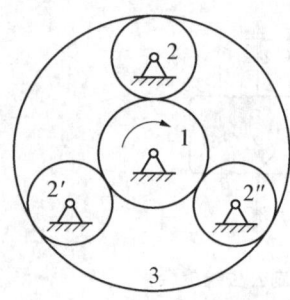

图 2-21 具有重复部分的轮系机构

（4）在机构中，不影响机构运动传递的重复部分所带入的约束为虚约束。如图 2-21 所示轮系即属此类。

例 2-7 计算如图 2-22a 所示剪床机构的自由度，并判断该机构是否具有确定的运动。

解：图 2-22a 中，由于 C、G 两点等距，构件 GC 为虚约束；杆组 FGH 为不起作用的虚约束。运动副 C 处为复合铰链，B' 处滚子的转动为局部自由度。将图 2-22a 所示机构等效为图 2-22b 所示机构后，该机构的自由度为

$$F = 3n - 2p_L - p_H = 3\times 8 - 2\times 11 - 1 = 1$$

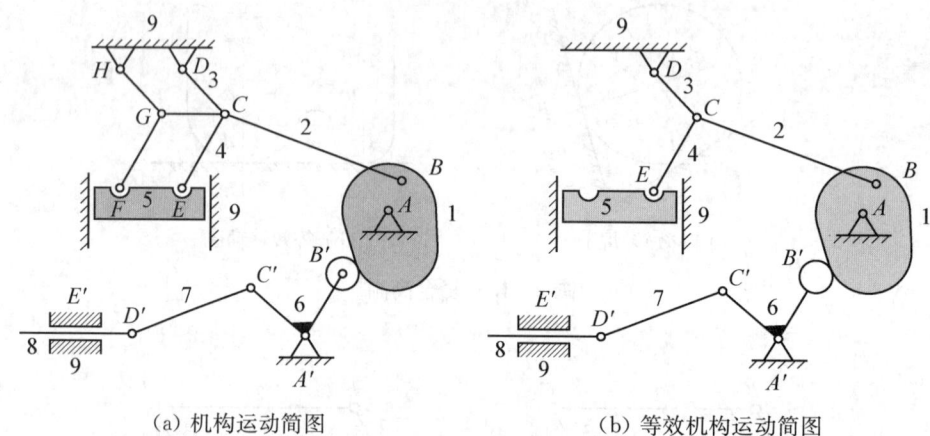

(a) 机构运动简图　　　　(b) 等效机构运动简图

图 2-22　剪床机构

例 2-8 计算如图 2-23a 所示剪床机构的自由度，并判断该机构是否具有确定的运动。

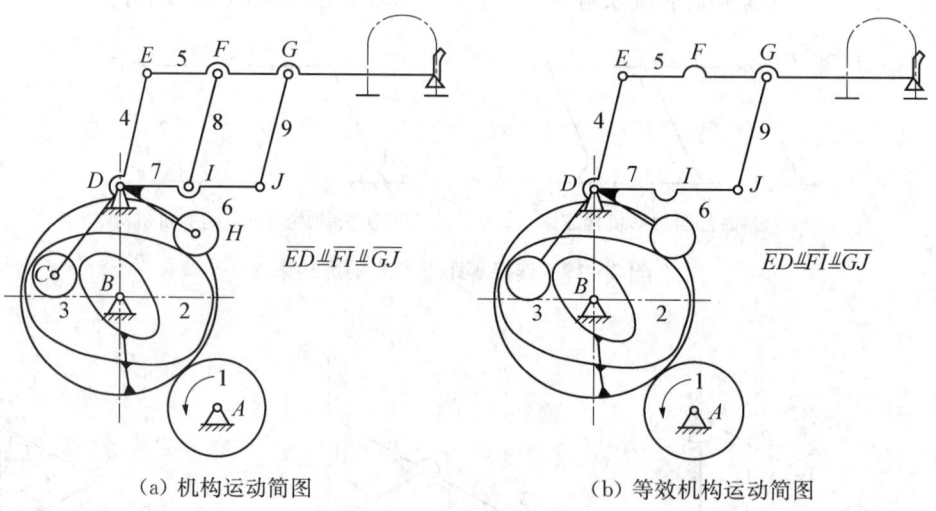

(a) 机构运动简图　　　　(b) 等效机构运动简图

图 2-23　包装机送纸机构

解：图 2-23a 中，运动副 D 处为复合铰链，包含两个转动副；C 和 H 两处滚子的转动为局部自由度；由于机构在运动过程中 F、I 两点间的距离始终保持不变，因而构件 FI 为虚约束。将图 2-23a 所示机构等效为图 2-23b 所示机构后，该机构的自由度为

$$F = 3n - 2p_L - p_H = 3 \times 6 - 2 \times 7 - 3 = 1$$

2.3.5 最小阻力定律

对于实际应用机构,由于摩擦等运动阻力的存在,当机构的原动件数目小于机构的自由度时,机构的运动也并不是毫无规律地随意乱动,而是遵循最小阻力定律,即优先沿阻力最小的方向运动。

例如图 2-24 所示送料机构,其自由度为 2,而原动件只有曲柄 1 一个。根据最小阻力定律,机构将沿阻力最小的方向运动。因此在推程时摇杆 3 将首先沿逆时针方向转动(因转动副中摩擦力小于移动副中摩擦力),直到推爪臂 3′ 碰上挡销 a′ 为止,这一过程使推爪向下运动,并插入工件

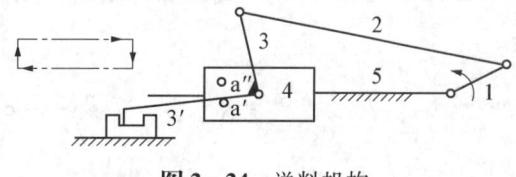

图 2-24 送料机构

的凹槽中。此后,摇杆 3 与滑块 4 成为一体,一起向左推送工件。在回程时,摇杆 3 要先沿顺时针方向转动,直到推爪臂 3′ 碰上挡销 a″ 为止,这一过程,使推爪向上抬起脱离工作。此后,摇杆 3 又与滑块 4 成为一体一起返回。如此继续进行,就可将工件一个个推送向前。

2.4 平面机构的组成原理、结构分类及分析

2.4.1 平面机构的组成原理

如前所述,机构具有确定运动的条件是原动件数目等于其所具有的自由度数目。因此,如果将机构的机架及与机架相连的原动件从机构中拆分开来,则由其余构件构成的构件组必然是一个自由度为零的构件组。而这个自由度为零的构件组,有时还可以再拆成更简单的自由度为零的构件组。把最后不能再拆的最简单的自由度为零的构件组称为基本杆组或阿苏尔杆组,简称杆组。根据上述分析可知,任何机构都可以看作由若干个基本杆组依次连接于原动件和机架上而构成。这就是机构的组成原理。

根据上述原理,当对现有机构进行运动或动力分析时,可将机构分解为机架和原动件及若干个基本杆组,然后对相同的基本杆组以相同的方法进行分析。例如,图 2-25a 所示机构中,其自由度为 1。去掉原动件 AB 及机架后,相当于减少一个自由度,图 2-25b 所示剩余杆件系统 BCDEF 的自由度一定为零。自由度为零的杆件系统 BCDEF 还可以进一步拆分为图 2-25c 所示自由度为零的杆组 BCD 和 EF。这两个杆组都是由两个构件和三个低副组成的杆组,已不能再进行拆分。

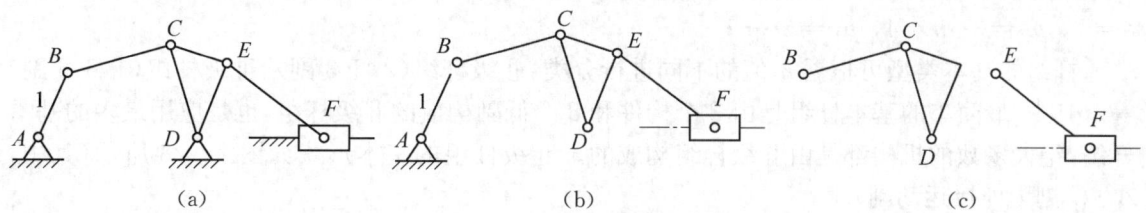

图 2-25 杆组拆分示意图

反之,当设计一个新机构的机构运动简图时,可先选定一个机架,并将数目等于机构自由度数的 F 个原动件用运动副连于机架上,然后再将一个个基本杆组依次连接于机架和原动件

上，从而就构成一个新机构。例如，将图2-26b、d所示基本杆组按照机构组成原理组成机构的过程，先将图2-26b中的杆组BCD通过外接副B、D连接到图2-26a所示原动件1和机架上，形成四杆机构ABCD（图2-26c），然后再将图2-26d所示杆组EFGHIJ通过外接副E、I、J依次与杆组BCD及机架相连构成图2-26e所示八杆机构。但应注意，在杆组并接时，不能将同一杆组的各个外接运动副接于同一构件上（如图2-27所示杆组5、6中的转动副E、F），否则将起不到增加杆组的作用。

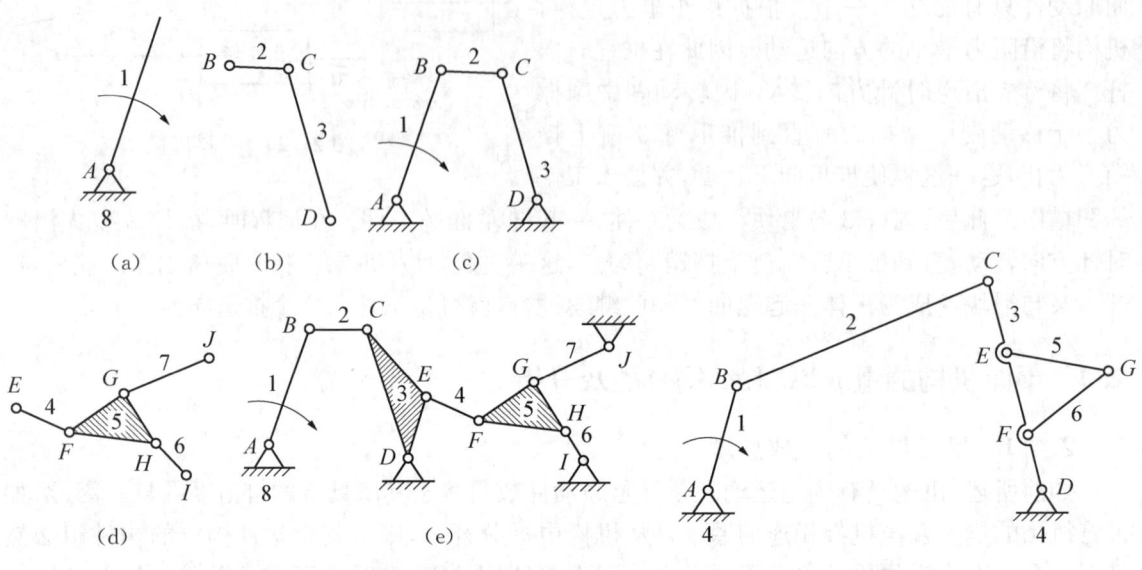

图2-26 杆组组成示意图　　　图2-27 杆组的错误连接

2.4.2 平面机构的结构分类

机构的结构是根据机构中基本杆组的不同组成形态进行分类的。组成平面机构的基本杆组应满足自由度为零，根据式(2-1)，则有

$$3n - 2p_L - p_H = 0 \tag{2-3}$$

式中，n为基本杆组中的构件数，p_L和p_H分别为基本杆组中的低副数和高副数。如果在基本杆组中运动副全部为低副，则式(2-3)变为

$$3n - 2p_L = 0 \text{ 或 } n/2 = p_L/3 \tag{2-4}$$

由于构件数和运动副数必须是整数，故n应是2的倍数，p_L是3的倍数，它们的组合有$n=2$，$p_L=3$；$n=4$，$p_L=6$……

杆组的基本类型可根据n值的不同进行分类：Ⅱ级杆组（2杆3副）、Ⅲ级杆组（4杆6副）等。其中，最简单的基本杆组是由2个构件和3个低副构成的Ⅱ级杆组，也是应用最多的基本杆组，绝大多数的机构都是由Ⅱ级杆组构成的。Ⅱ级杆组的基本形式如图2-28所示（其中，A、C副为外接运动副）。

在少数结构比较复杂的机构中，除了Ⅱ级杆组外，可能还有其他较高级别的基本杆组。如图2-29所示Ⅲ级杆组均由4个构件和6个低副所组成，而且都有一个包含3个低副的构件，并由3个外接运动副A、D及F。高于Ⅲ级杆组的基本杆组在实际机构中很少出现，故不再加以介绍。

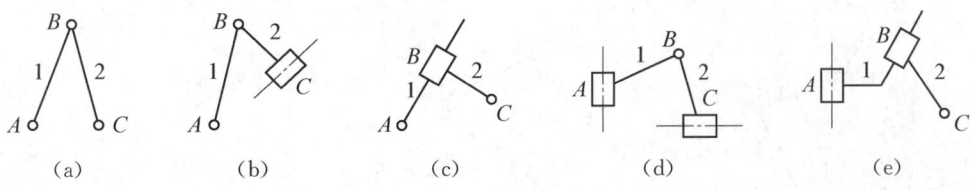

图 2-28 Ⅱ级杆组的类型

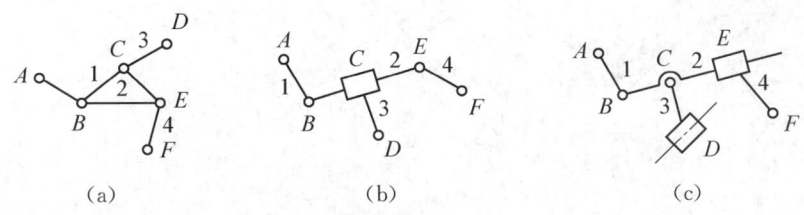

图 2-29 Ⅲ级杆组的类型

在同一机构中可以同时包含不同级别的基本杆组,把机构中包含的基本杆组的最高级数称为该机构的级数。比如,把最高级别为Ⅱ级组的基本杆组构成的机构称为Ⅱ级机构;把最高级别为Ⅲ级组的基本杆组构成的机构称为Ⅲ级机构;而把只由机架和原动件构成的机构(如杠杆机构、斜面机构等)称为Ⅰ级机构。

2.4.3 平面机构的结构分析

机构结构分析的目的是了解机构的组成,将已知机构分解成机架、原动件、自由度为零的基本杆组,并由此确定机构的级别。机构分析的过程正好与机构的扩展即由杆组依次组成机构的过程相反,因此,通常也将它称为拆杆组。

从机构中拆出杆组应符合下述规则:

(1) 首先应正确计算机构的自由度(注意去掉机构中的局部自由度和虚约束),并确定原动件。

(2) 然后从远离原动件的从动端开始拆杆组。先拆出Ⅱ级杆组,若不成,再拆Ⅲ级杆组。

(3) 杆组拆下时,拆开的运动副认为是带在拆下的构件上。每拆出一个杆组后,留下的部分仍应是一个与原机构有相同自由度的机构。

(4) 依次拆下杆组,直至留下机架和与自由度数相等的原动件为止。只含有原动件和机架的机构称为Ⅰ级机构。Ⅰ级机构的数目要与原机构的自由度数相等。

(5) 最后确定机构的级别。机构的级别是由杆组中的最高级别来决定的。

例 2-9 试分别对图 2-30a 所示机构的两种情况进行结构分析:(1)构件 1 为原动件;(2)构件 5 为原动件。

解:(1) 构件 1 为原动件(图 2-30b)时:依次拆下Ⅱ级杆组 4-5、2-3,剩下原动件 1 和机架 6 组成的Ⅰ级机构,故该机构为Ⅱ级机构。

(2) 构件 5 为原动件(图 2-30c)时:试拆构件组 1-2 或 2-3,则剩下除原动件和机架以外的两个构件其运动已不再确定,故试拆失败。此时不能拆成Ⅱ级机构,只能拆下由构件 1、2、3、4 及六个转动副组成的Ⅲ级杆组,剩下原动件 5 和机架 6 组成Ⅰ级机构。因此,此时该机构为Ⅲ级机构。

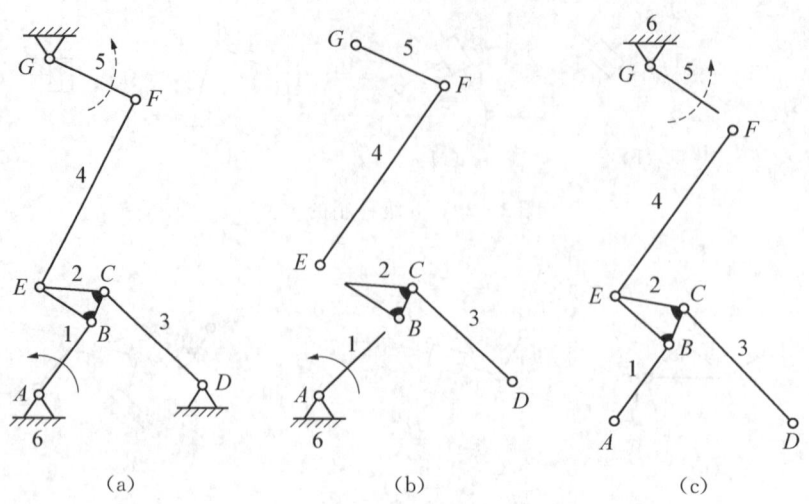

图 2-30　平面机构的结构分析(更换原动件)

从例 2-9 可以看出,同一机构,若更换原动件,拆出的杆组不同,机构的级别也有可能加以改变。

上面所介绍的是设机构中的运动副全部为低副的情况。如果机构中含有高副,则为了分析研究方便,可用高副低代的方法先将机构中的高副变为低副,然后再按上述方法进行结构分析和分类。

2.4.4　平面机构中的高副低代

为了使平面低副机构的结构分析和运动分析方法能适用于含有高副的平面机构,可根据一定的约束条件将平面机构中的高副虚拟地用低副代替,即为高副低代。进行高副低代必须满足以下两个条件:

(1) 代替前后机构的自由度完全相同。

(2) 代替前后机构的运动状况(位移、速度、加速度)完全相同。

一个平面高副仅提供一个约束,而一个平面低副却提供两个约束,欲使代替前后运动副所提供的约束数目不变,最简单的代换方法是用带有两个低副的一个构件来代换一个平面高副,即用"一杆两低副"来代替"一高副",便可满足条件(1)。又因为平面高副所引入的约束是限制两高副元素沿接触点的公法线方向做相对移动,所以,高副低代的要点是正确地找出两高副元素接触点处的公法线和两高副曲线在接触点的曲率中心。只要将代换后的两个低副分别置于两曲率中心,便可满足条件(2)。下面通过具体的实例来说明平面机构高副低代的方法。

如果高副两元素均为圆弧,用一虚拟构件分别与两圆弧中心以转动副相连。如图 2-31a 所示两个偏心圆盘组成的高副机构,构件 1、2 分别绕点 A、B 转动,两圆连心线 $\overline{O_1O_2}$ 的长度始终保持不变,同时 $\overline{AO_1}$ 和 $\overline{BO_2}$ 的长度也保持不变。因此,可以用图 2-31b 所示的铰链四杆机构 AO_1O_2B 代替原机构,显然通过双转动副构件 O_1O_2 所传递的运动与通过原高副 C 所传递的运动是完全一样的,即替代机构中构件 AO_1 和 BO_2 的运动规律与原机构中的构件 1 和 2 的运动规律完全相同,机构的自由度也未发生改变,即用铰链四杆机构代替高副机构完全满足高副低代的两个条件。

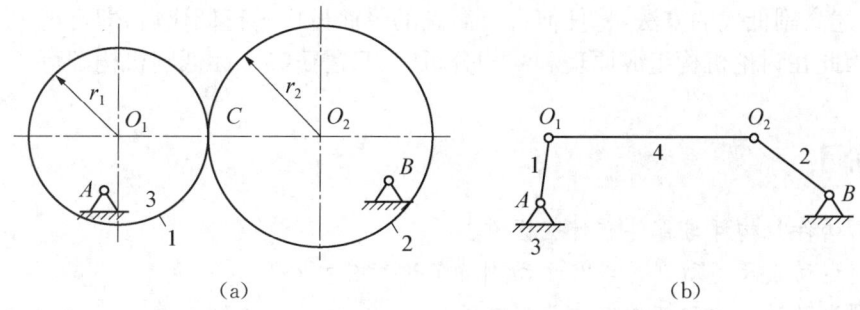

图 2-31 圆轮廓高副机构及其替代机构

如果高副两元素为非圆曲线，同样可以用一个有两个转动副的虚拟构件代替，两低副位置分别在高副两元素接触点处的曲率中心。如图 2-32 所示机构，其高副元素为两个非圆曲线，它们在接触点 C 处的曲率中心分别为 K_1 和 K_2 点。在对此高副进行低代时，同样可以用铰链四杆机构 $O_1K_1O_2K_2$ 代替原机构，也能满足高副低代的两个条件，所不同的是此两曲线轮廓各处的曲率半径 ρ_1 和 ρ_2 不同，其曲率中心至构件回转轴的距离也随之不同，所以这种代替只是瞬时代替，其替代机构的尺寸也将随机构的位置不同而不同。

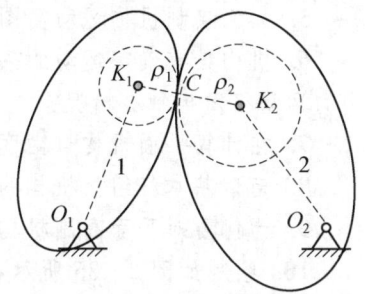

图 2-32 非圆曲线轮廓高副机构及其替代机构

如果高副两元素之一为一点（图 2-33a 所示凸轮机构的尖顶推杆），则因其曲率半径为零，故曲率中心就在高副接触点 C 处，则虚拟的高副瞬时替代机构如图 2-33b 所示。

如果高副两元素之一为一直线（图 2-34a 所示凸轮机构的平底推杆），则因直线的曲率中心位于无穷远处，所以低代时虚拟构件这一端的转动副演化为移动副，其瞬时替代机构如图 2-34b 所示。

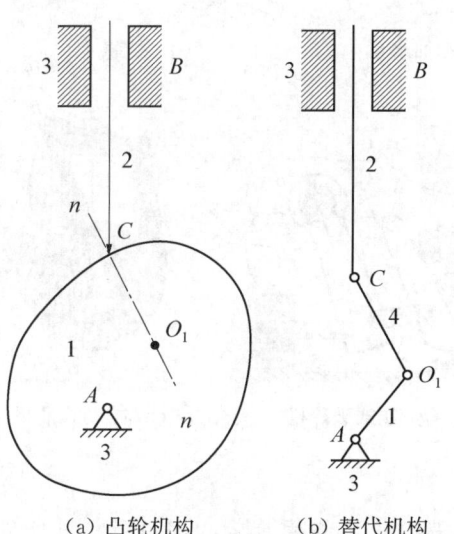

图 2-33 带有尖点轮廓的高副机构及其替代机构

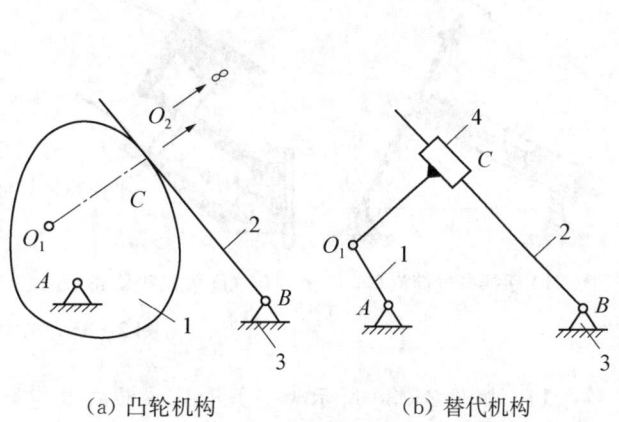

图 2-34 带有平底轮廓的高副机构及其替代机构

根据上述高副低代的方法,将任何含有高副的平面机构进行低代后,即可视为只含低副的平面机构,因此在讨论机构组成原理和结构分析时,只需研究平面低副机构即可。

思考与练习

1. 何谓构件?构件与零件有什么区别?
2. 何谓运动副及运动副元素?运动副如何进行分类?
3. 何谓运动链?运动链如何成为机构?
4. 何谓机构运动简图?机构运动简图与实际机构有哪些相同之处,有哪些不同之处?
5. 如何绘制机构运动简图?
6. 机构具有确定运动的条件是什么?当机构的原动件数少于或多于机构的自由度时,机构的运动将发生什么情况?
7. 在计算平面机构自由度时,应注意哪些事项?
8. 何谓基本杆组?机构的组成原理是什么?如何确定机构的级别?
9. 为何要对平面高副机构进行高副低代?高副低代应满足什么条件?
10. 绘制如图 2-35 所示各个平面机械实体的机构运动简图。(提示:无精确尺寸的比例要求)

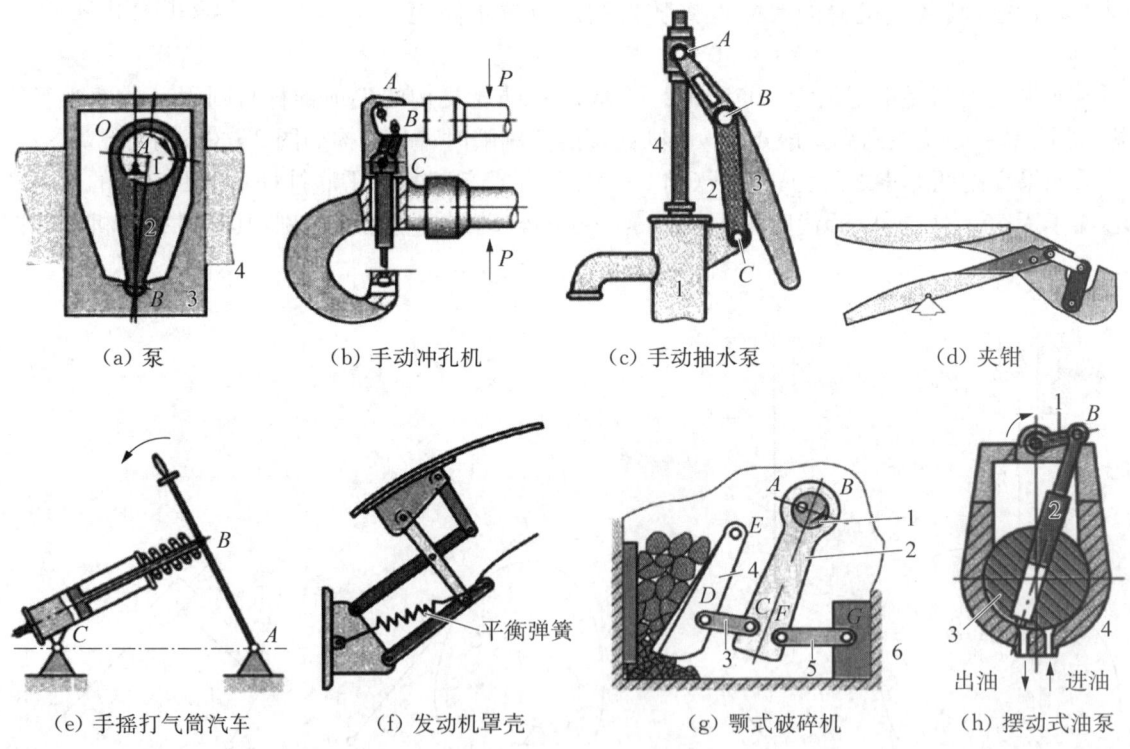

(a) 泵　　(b) 手动冲孔机　　(c) 手动抽水泵　　(d) 夹钳

(e) 手摇打气筒汽车　　(f) 发动机罩壳　　(g) 颚式破碎机　　(h) 摆动式油泵

图 2-35　第 10 题图

11. 如图 2-36 所示为一偏心轮滑阀式真空泵。其偏心轮 1 绕固定轴心 A 转动,与外环 2 固连在一起的滑阀 3 在可绕固定轴心 C 转动的圆柱 4 中滑动。当偏心轮 1 按图示方向连续回转时,可将设备中的空气吸入,并将空气从阀 5 中排出,从而形成真空。试绘制其机构运动简图。

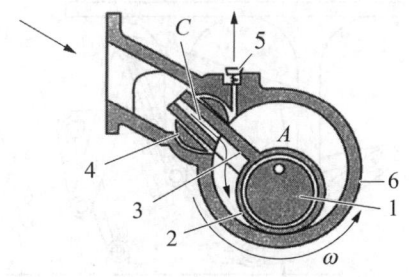
图 2-36 第 11 题图

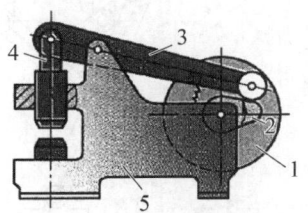
图 2-37 第 12 题图

12. 如图 2-37 所示为一简易压力机。其工作原理为动力由齿轮 1 输入,带动同轴上的凸轮 2,推动杆 3,从而使推杆 4 上下移动以达到冲压的目的。试绘制其机构运动简图,并计算其自由度。

13. 如图 2-38 所示为一刹车机构。刹车时操纵杆 1 向右拉,通过由构件 2、3、4、5、6 使两闸瓦刹住车轮。试计算该机构的自由度,并就刹车过程说明机构自由度的变化情况。

14. 如图 2-39 所示是为高位截肢者所设计的一种假肢膝关节机构。该机构能保持人行走的稳定性。若以腔管 1 为机架,试绘制其机构运动简图,计算其自由度。

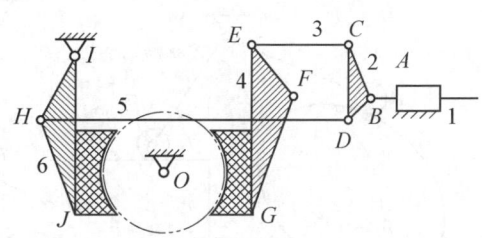
图 2-38 第 13 题图

15. 试绘制如图 2-40 所示夹持型机械手的机构运动简图,并计算其自由度。

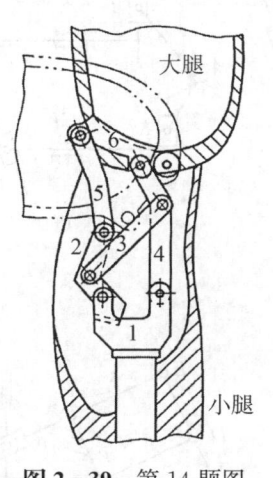
图 2-39 第 14 题图

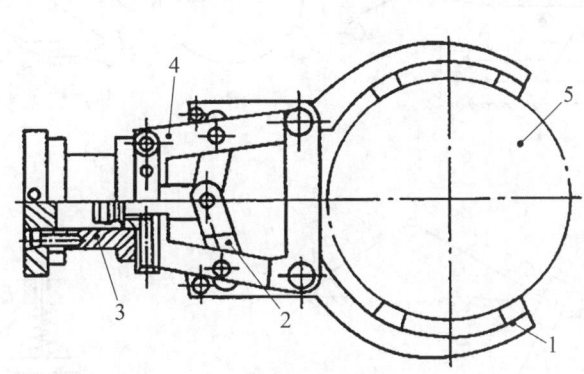
图 2-40 第 15 题图

16. 试绘制如图 2-41 所示两种直线导引机构的运动简图,并计算其自由度。图(a)为一六杆直线导引机构;图(b)为一八杆直线导引机构。

17. 计算如图 2-42 所示机构的自由度。若存在复合铰链、局部自由度和虚约束,请指出。

18. 如图 2-43 所示为自动驾驶仪操纵装置内的空间四杆机构。活塞 2 相对气缸运动后通过连杆 3 使摇杆 4 做定轴转动。构件 1、2 组成圆柱副,构件 2、3 和构件 4、1 分别组成转动副,构件 3、4 组成球面副。试绘制其机构运动简图,并计算其自由度。

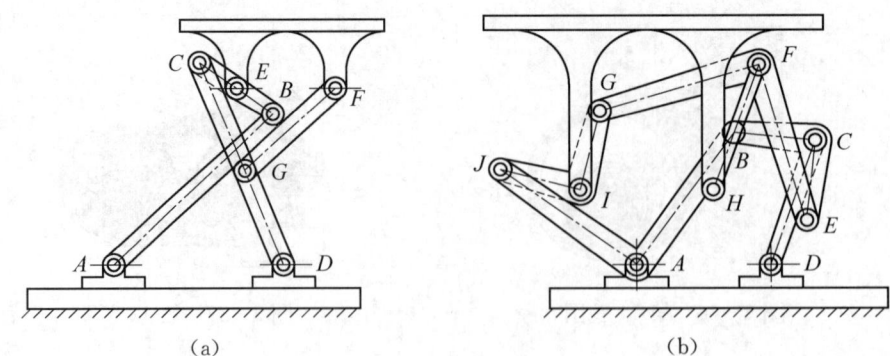

(a)　　　　　　　　　(b)

图 2-41　第 16 题图

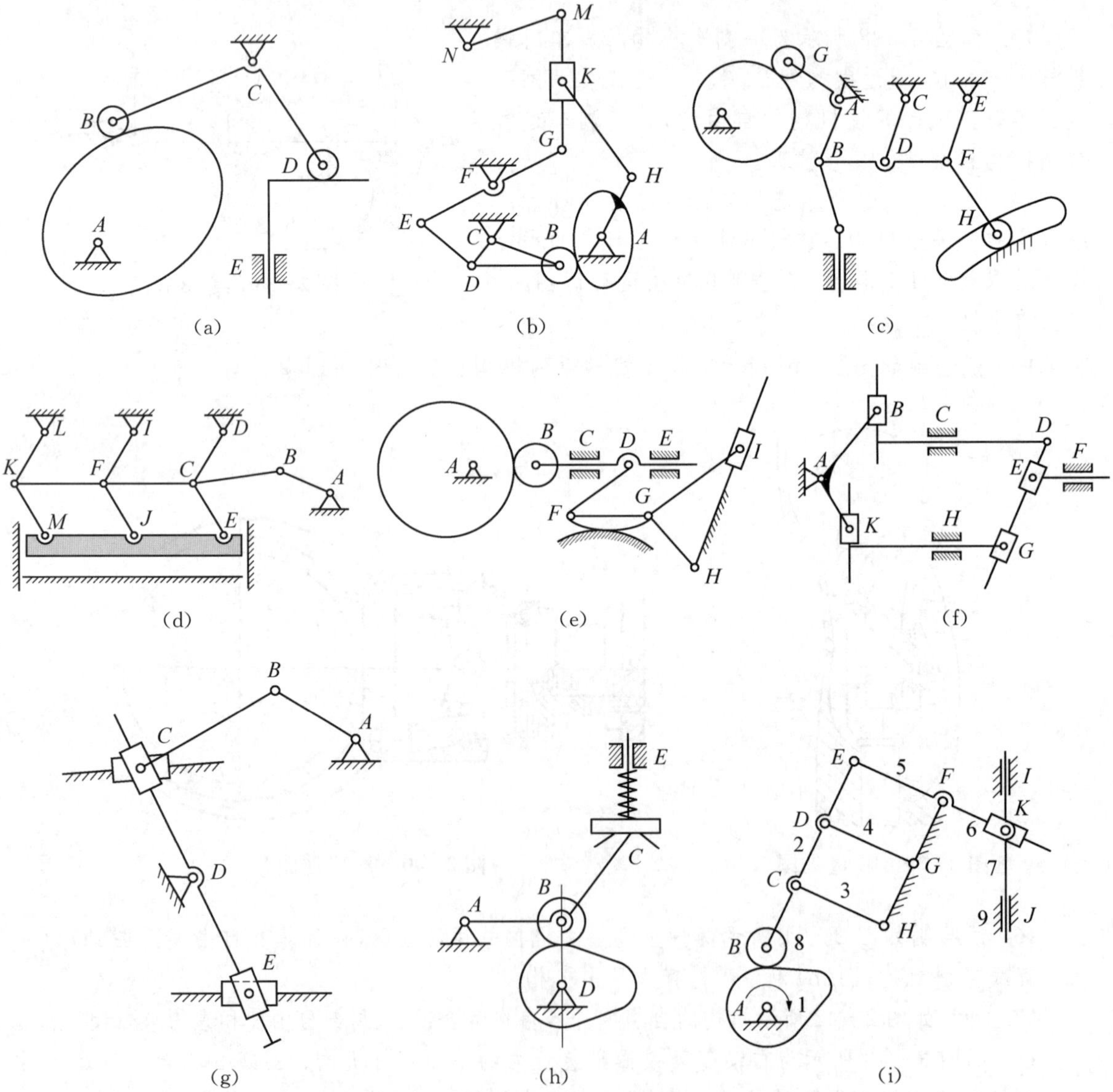

图 2-42　第 17 题图

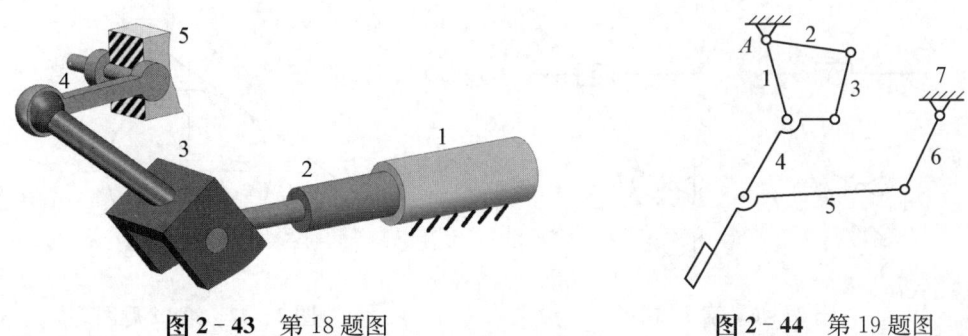

图 2-43 第 18 题图　　　　图 2-44 第 19 题图

19. 计算如图 2-44 所示平面机构的自由度,并进行机构组成分析,确定杆组和机构的级别。

20. 计算图 2-45 中各机构的自由度,拆杆组并确定机构的级别。

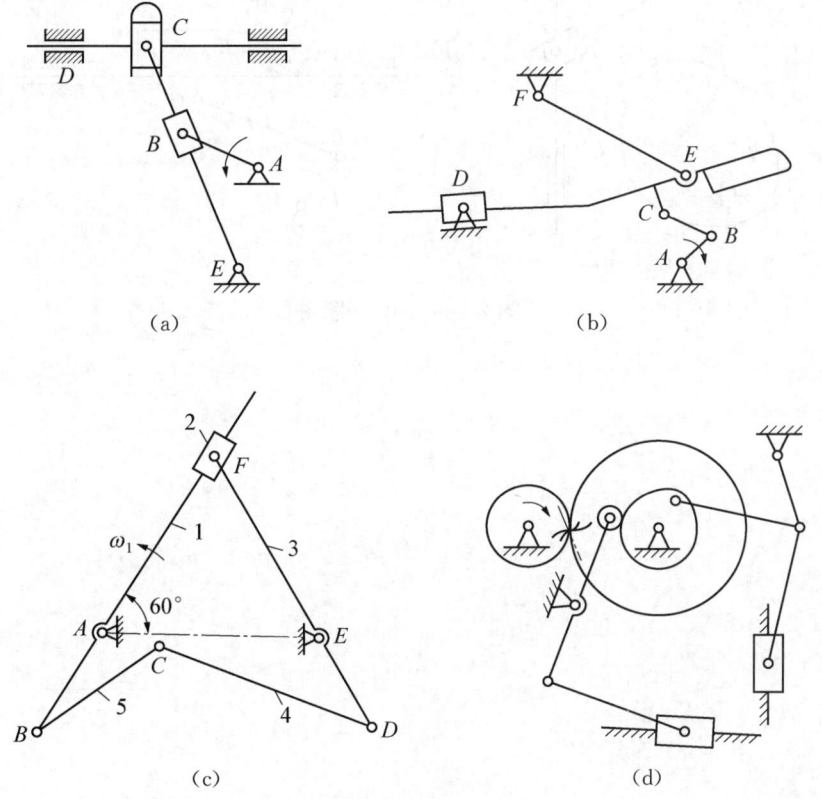

图 2-45 第 20 题图

21. 如图 2-46 所示为两种常用的牛头刨床机构。从机构组成的观点,说明它们的主要区别。

22. 如图 2-47 所示为一平底摆动从动件盘形凸轮机构。试绘制机构在高副低代后瞬时的替代机构,并计算代换前和代换后的机构自由度。

23. 试计算如图 2-48 所示平面高副机构的自由度,并给出各平面高副机构的替代机构。

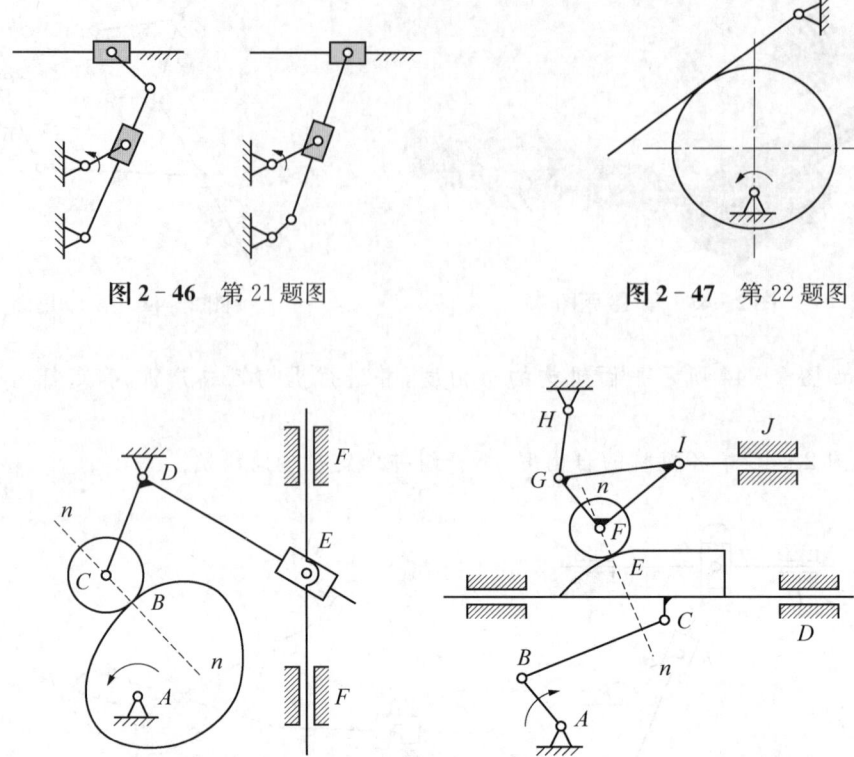

图 2-46 第 21 题图　　图 2-47 第 22 题图

图 2-48 第 23 题图

第 3 章

平面连杆机构

◎ 学习成果达成要求

1. 了解平面四杆机构的特点,掌握平面连杆机构的基本形式及演化。
2. 理解并掌握平面四杆机构的曲柄存在的条件。
3. 掌握平面四杆机构的运动特性。
4. 理解反转法原理,能够利用图解法设计平面四杆机构。

连杆机构是应用最早、最广泛的机构之一。早在两三千年前,中国劳动人民就已经在农业生产、粮食加工、冶炼锻造等方面,广泛地应用了连杆机构。汉代水排(图3-1)是世界上最早利用曲柄连杆机构的机械。《后汉书·杜诗传》记载,"建武七年(公元31年),(杜诗)迁南阳太守,造作水排,铸为农器,用力少,而见功多,百姓便之","冶铸者为排以吹炭,令激水以鼓之也"。水排以水力为

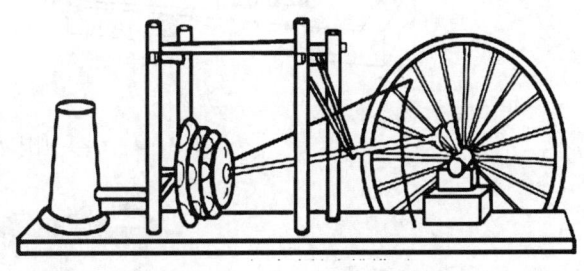

图 3-1 汉代水排

原动力,通过曲柄连杆机构将回转运动转变为连杆的往复运动。元代王帧在《农书》中对水排进行了详细的描述:"其制,当选湍流之侧,架木立轴,作二卧轮;用水激下轮。则上轮所用弦通缴轮前旋鼓,棹枝一侧随转。其棹枝所贯行桄而推挽卧轴左右攀耳,以及排前直木,则排随来去,搧治甚速,过于人力。"汉代水排是世界机械工程史上的一大发明,早于欧洲1000多年。

随着人类的发展和科技的进步,连杆机构广泛应用于各类机械,如汽车、机床、机器人等。

3.1 平面连杆机构概述

3.1.1 工程中的典型连杆机构

鹤式起重机(图3-2)常用于大型船厂、港口等,可以实现货物的水平移动和回转,其机构运动简图由四个杆件通过旋转副连接而成,所以又称四连杆门座式起重机,是一种典型的连杆机构。

自动卸货车(图3-3)、牛头刨床(图3-4)、Delta并联机器人(图3-5)等都是由若干刚性构件通过低副连接而组成的机构,这些机构统称连杆机构。

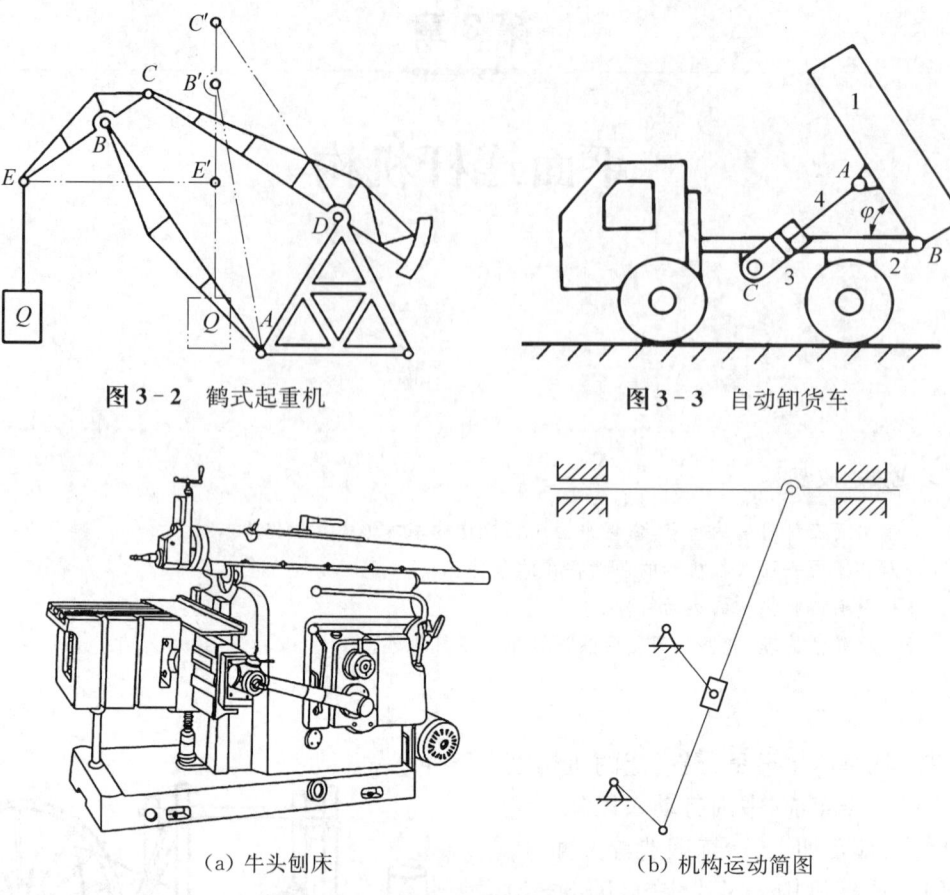

图 3-2 鹤式起重机

图 3-3 自动卸货车

(a) 牛头刨床　　(b) 机构运动简图

图 3-4 牛头刨床及其机构运动简图

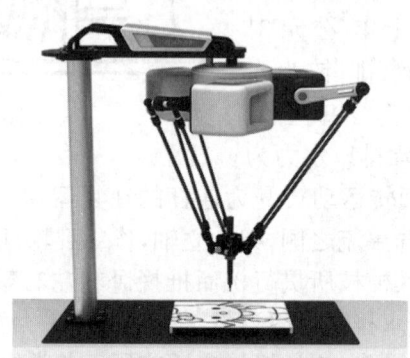

图 3-5 Delta 并联机器人

3.1.2 平面连杆机构的特点

图 3-2～图 3-4 所示连杆机构各运动构件在同一平面或相互平行的平面内运动，称为平面连杆机构；图 3-5 所示并联机器人各运动构件不都在相互平行的平面内运动，称为空间连杆机构。本书主要介绍平面连杆机构。

平面连杆机构具有以下特点：

(1) 构件之间通过低副连接。由于低副是面接触，所以承载能力较大。

(2) 低副连接一般为圆柱面或平面，所以加工、制造较容易。

(3) 在原动件运动规律不变的情况下,改变各构件的尺寸,可得到不同的运动规律。

(4) 连杆上个各点的轨迹是各种形状不同的曲线(连杆曲线),其形状随着各构件相对长度的改变而不同,所以连杆曲线形式多样,可以满足不同的设计需求。

(5) 惯性力难以平衡,不适于高速运动。

(6) 随着中间运动构件的增多,容易产生较大的累积误差,影响运动精度,同时会降低机械效率。

连杆机构常根据杆件的数目命名,如四杆机构、五杆机构、六杆机构等。平面四杆机构是最常用的一种形式,其余连杆机构都可以看作在平面四杆机构的基础上演化或组合形成。本章重点介绍平面四杆机构。

3.2 平面四杆机构的类型

3.2.1 平面四杆机构的基本形式

铰链四杆机构是平面四杆机构的基本形式,各杆之间由转动副连接,如图 3-6 所示。其中,固定的杆 4 称为机架,不直接与机架相连的杆 2 称为连杆,与机架相连的杆 1 和杆 3 称为连架杆。

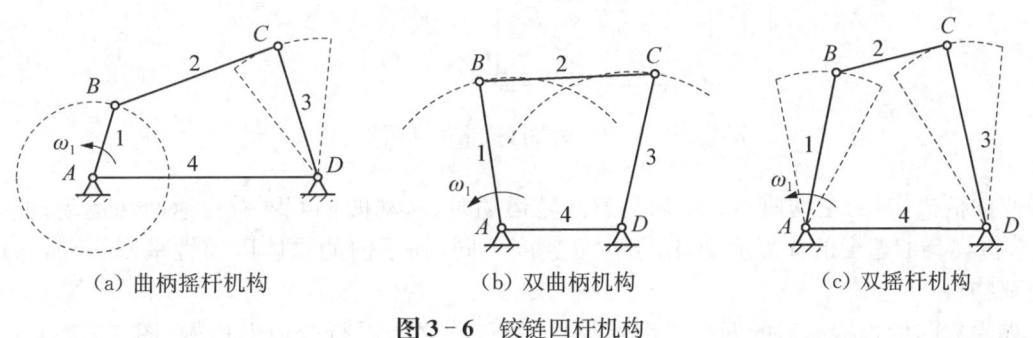

(a) 曲柄摇杆机构　　　　(b) 双曲柄机构　　　　(c) 双摇杆机构

图 3-6　铰链四杆机构

能做整周回转运动的连架杆称为曲柄,如图 3-6a 中所示杆 1 以及图 3-6b 中的杆 1 和杆 3,都是曲柄;而只能在一定范围内往复摆动的连架杆称为摇杆,如图 3-6a 中所示杆 3 及图 3-6c 中所示杆 1 和杆 3 都为摇杆。

铰链四杆机构中,如果组成转动副的两构件能做整周转动,称之为周转副,如图 3-6a 中的 A 副和 B 副;不能做整周转动的,则称之为摆转副,如图 3-6a 中的 C 副和 D 副。

根据曲柄的数目,铰链四杆机构可以分为曲柄摇杆机构、双曲柄机构和双摇杆机构。

1) 曲柄摇杆机构

在铰链四杆机构两连架杆中,如果一个是曲柄,另一个是摇杆,则称其为曲柄摇杆机构(图 3-6a)。在曲柄摇杆机构中,如果以曲柄为原动件,则可以将曲柄的连续旋转运动转化为摇杆的往复摆动。如图 3-7 所示为雷达天线俯仰机构,曲柄旋转可以带动摇杆摆动,从而可以实现天线俯仰角度的调整。如果以摇杆为原动件,则可以将摇杆的往复摆动,转化为曲柄的连续旋转运动(图 3-8)。

2) 双曲柄机构

如果铰链四杆机构两连架杆都是曲柄,则称其为双曲柄机构(图 3-6b)。在此机构中,AB 做旋转运动时,CD 也随之做旋转运动。如图 3-9 所示为惯性筛机构运动简图,其主体部

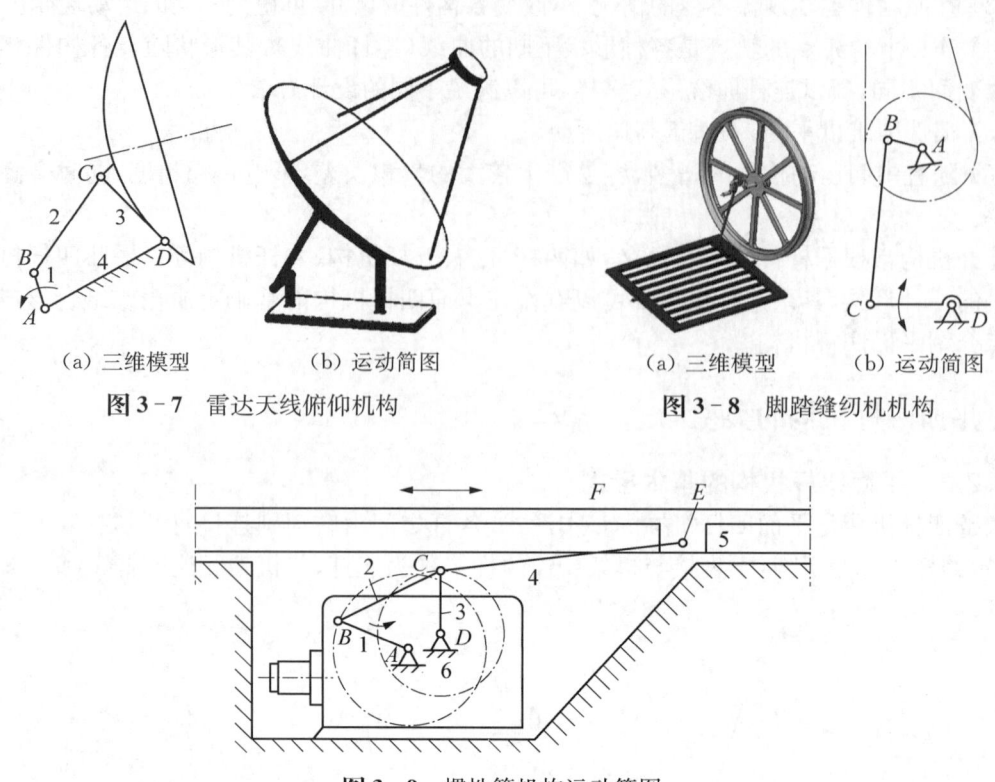

(a) 三维模型　　(b) 运动简图　　　　　　　　(a) 三维模型　　(b) 运动简图
　　图 3-7　雷达天线俯仰机构　　　　　　　　　　图 3-8　脚踏缝纫机机构

图 3-9　惯性筛机构运动简图

分为双曲柄机构,当主动曲柄 AB 做匀速回转运动时,从动曲柄 CD 做变速回转运动,使筛子 EF 获得具有加速度的往复运动,由于往复速度不同,筛子内的物体因惯性来回抖动,从而筛选分离物料。

如果双曲柄机构相对的两杆长度相等且平行,称之为平行四边形机构(图 3-10a);平行四边形机构的两曲柄以相同速度同向转动,连杆做平动且连杆上任一点的轨迹均为以曲柄长度为半径的圆。火车的车轮就是一种平行四边形机构(图 3-10b)。

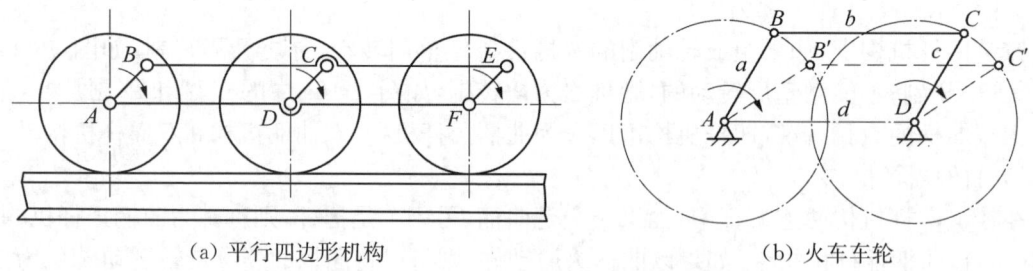

(a) 平行四边形机构　　　　　　　　　　　(b) 火车车轮
图 3-10　平行四边形机构及其应用

当相对的两杆相等,但不平行时,称之为逆平行四边形机构或反平行四边形机构(图 3-11a)。当以长边为机架时,两曲柄转向相反,转速不等;当以短边为机架时,两曲柄转向相同,性能和一般双曲柄类似。如图 3-11b 所示为公交车开门机构,长边 AD 为机架,当曲柄 AB 转动时,带动两扇门 AE 和 DF 反向旋转,从而实现车门的开闭。

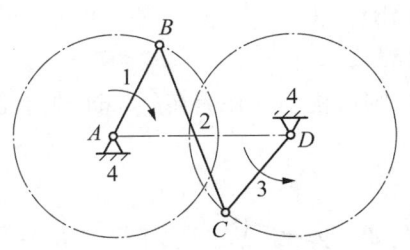 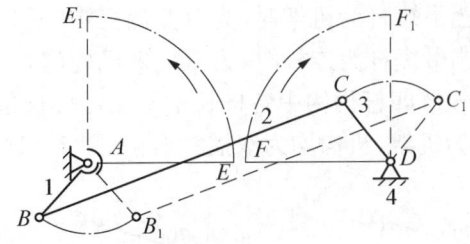

(a) 反平行四边形机构　　　　(b) 公交车开门机构

图 3-11　反平行四边形机构及其应用

3) 双摇杆机构

如果铰链四杆机构的两连架杆都是摇杆,则称其为双摇杆机构(图 3-6c)。双摇杆机构是将一种摆动,转化为另一种摆动。如图 3-12 所示汽车前轮转向机构,就是一种双摇杆机构。

3.2.2　曲柄存在的条件

由 3.2.1 节知,在图 3-13 中,若要构件 AB 为曲柄,则转动副 A 必须为周转副,即 AB 杆应该能够处于整个圆周的任何位置。AB 与 AD 的两个共线位置 $A'B'$ 和 $A''B''$,分别形成两个三角形即 $\triangle B'DC'$ 和 $\triangle B''DC''$。设机构四个杆长度分别为 a、b、c、d,则在 $\triangle B'DC'$ 中,有

$$a + d \leqslant b + c \tag{3-1}$$

在 $\triangle B''DC''$ 中,有

$$\left.\begin{array}{l} b \leqslant c + (d-a) \\ c \leqslant b + (d-a) \end{array}\right\} \tag{3-2}$$

图 3-12　汽车前轮转向机构

上两式可转化为

$$\left.\begin{array}{l} a + b \leqslant c + d \\ a + c \leqslant b + d \\ a + d \leqslant b + c \end{array}\right\} \tag{3-3}$$

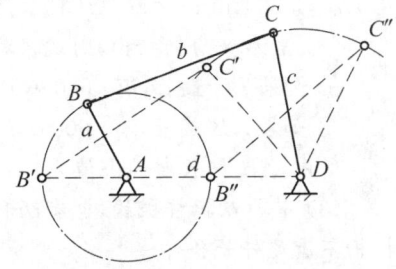

图 3-13　曲柄存在的条件

可得

$$a \leqslant b,\ a \leqslant c,\ a \leqslant d \tag{3-4}$$

因此,该机构的四杆中曲柄 AB 杆最短。

综合式(3-3)和式(3-4),可得出转动副 A 为周转副的条件:

(1) 最短杆长度和最长杆长度之和小于等于其余两杆的长度之和。

(2) 组成周转副的两杆中必有一杆为最短杆。

其中,第一个条件又称为杆长条件。所以,铰链四杆机构有曲柄的条件为:各杆长度应满足杆长条件,而且最短杆为连架杆或机架。

铰链四杆机构中,如果各杆长度满足杆长条件,取不同构件作为机架,会得到不同的机构:

(1) 若最短杆的相邻杆件为机架,得到曲柄摇杆机构,此时最短杆为连架杆(图 3-14a);

(2) 当最短杆为机架时,为双曲柄机构(图 3-14b);

(3) 当最短杆为连杆时,为双摇杆机构(图 3-14c)。

如果铰链四杆机构中各杆长度不满足杆长条件,则机构不存在周转副。这种情况下,不论以哪个杆为机架,机构均为双摇杆机构(图 3-14d)。

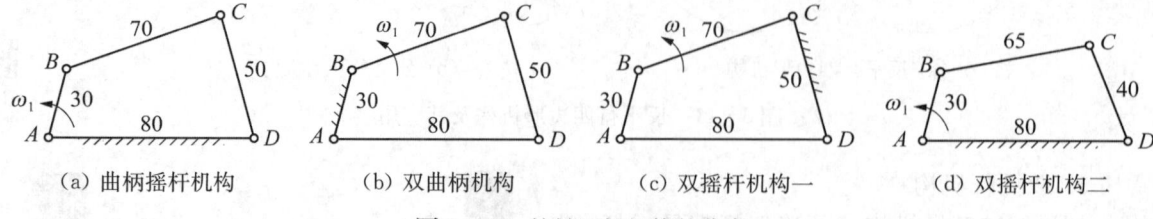

(a) 曲柄摇杆机构　　(b) 双曲柄机构　　(c) 双摇杆机构一　　(d) 双摇杆机构二

图 3-14 铰链四杆机构的分类

例 3-1 如图 3-15 所示铰链四杆机构中,已知各杆长度 $L_{BC}=1\,000$ mm、$L_{CD}=700$ mm、$L_{AD}=600$ mm,AD 为机架。试问:

(1) 若此机构为曲柄摇杆机构,且 AB 为曲柄,求 L_{AB} 的最大值;

(2) 若此机构为双曲柄机构,求 L_{AB} 最小值;

(3) 若此机构为双摇杆机构,求 L_{AB} 的取值范围。

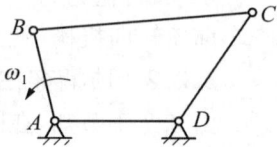

图 3-15 铰链四杆机构

解: (1) 若机构为曲柄摇杆机构,AB 为曲柄,则该机构满足杆长条件,且 AB 为最短杆,有

$$L_{AB}+1\,000 \leqslant 600+700 \text{ 且 } L_{AB} \leqslant 600$$

得 $L_{AB} \leqslant 300$ mm,所以 AB 杆长度最大值为 300 mm。

(2) 若为双曲柄机构,则该机构满足杆长条件,且 AD 为最短杆。有两种情况:

① 如果 BC 最长,有: $600+1\,000 \leqslant 700+L_{AB}$,得 $L_{AB} \geqslant 900$ mm;

② 如果 AB 最长,有: $600+L_{AB} \leqslant 700+1\,000$,得 $L_{AB} \leqslant 1\,100$ mm;

所以,AB 杆长度最小值为 900 mm。

(3) 若为双摇杆机构,也有两种可能:一是满足杆长条件下,最短杆为连杆;另一种情况就是该机构不满足杆长条件。

该机构中,由于连杆 BC 不是最短杆,可以排除第一种情况,所以判定该机构不满足杆长条件,分三种情况讨论:

① 若 AB 是最短杆,即 $L_{AB} \leqslant 600$,则有: $L_{AB}+1\,000 > 700+600$,得 $L_{AB} > 300$,所以

$$600 \geqslant L_{AB} > 300$$

② 若 AB 不是最短杆也不是最长杆,即 $1\,000 > L_{AB} > 600$,则 AD 为最短杆,有

$$600+1\,000 > 700+L_{AB}$$

得 $L_{AB} < 900$,则

$$900 > L_{AB} > 600$$

③ AB 是最长杆,即 $L_{AB} \geqslant 1\,000$,有

$$L_{AB}+600 > 1\,000+700 \text{ 且 } L_{AB} < L_{BC}+L_{CD}+L_{AD}=2\,300$$

得 $2\,300 > L_{AB} > 1\,100$。

综上所述，L_{AB} 的取值范围为：$L_{AB} \in (300, 900) \cup (1100, 2300)$。

3.2.3 平面四杆机构的演化

除曲柄摇杆机构、双曲柄机构、双摇杆机构外，其他形式的铰链四杆机构，可以看作由这些基本形式的演化而来的。机构演化的目的是满足运动的要求、改善受力状况或者满足机构设计的需要等。常见的演化方法包括：改变构件的形状及运动尺寸、改变运动副的尺寸、选用不同的构件作为机架、运动副元素的逆换等。

1) 改变构件的形状及运动尺寸

曲柄摇杆机构运动时（图 3-16a），铰链 C 沿着以 D 为圆心、DC 为半径的圆弧做往复运动，可以看作一滑块沿着曲线导轨滑动，此时铰链四杆机构演化为曲柄滑块机构（图 3-16b）。将摇杆 3 的长度增加到无穷大，曲线导轨就变成直线导轨，机构就演化成偏距为 e 的偏置曲柄滑块机构（图 3-16c）。当 $e=0$ 时，就成为无偏距的对心曲柄滑块机构（图 3-16d）。

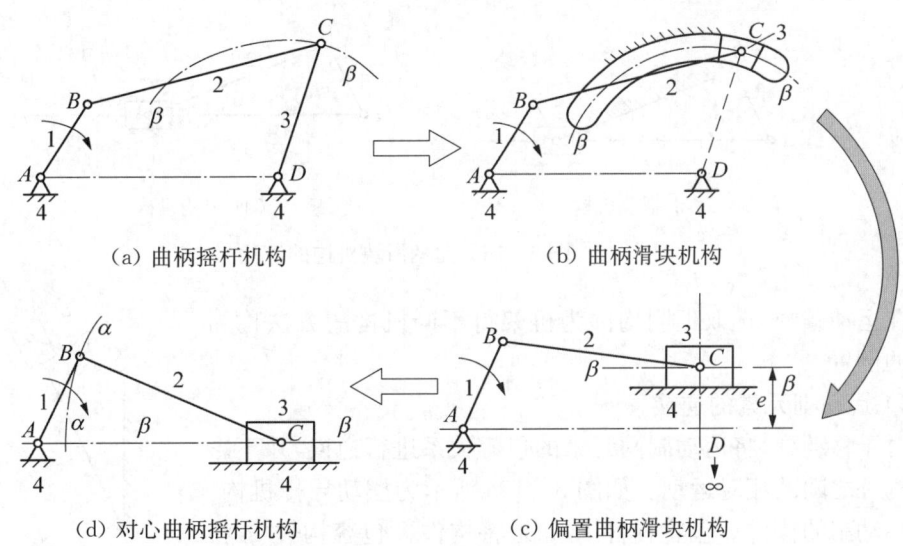

图 3-16　曲柄摇杆机构的演化

2) 改变运动副的尺寸

当曲柄 AB 的尺寸较小时，由于结构需要，常将曲柄改成几何中心与回转中心不重合的圆盘，称此圆盘为偏心轮（图 3-17）。几何中心与回转中心间的距离称为偏心距 e，e 等于曲柄 AB 的长度。很明显可以看出，图 3-17a 即为图 3-17b 的机构运动简图。

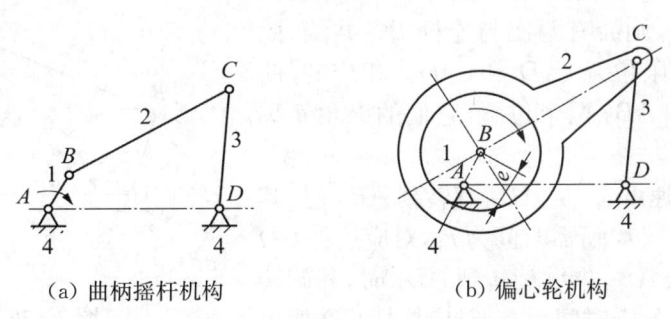

图 3-17　曲柄摇杆机构的简化

3) 选用不同的构件作为机架

从 3.2.2 节可知,对于满足杆长条件的四杆机构,通过选取不同的杆件作为机架,就可以分别得到曲柄摇杆机构、双曲柄机构和双摇杆机构。

同样,曲柄滑块机构通过变更机架,也可以得到不同的机构。图 3-18 中,当构件 1 为机架时,演化为导杆机构(图 3-18b);当构件 2 为机架时,演化为摇块机构(图 3-18c);当构件 3 为机架时,演化为定块机构(图 3-18d)。

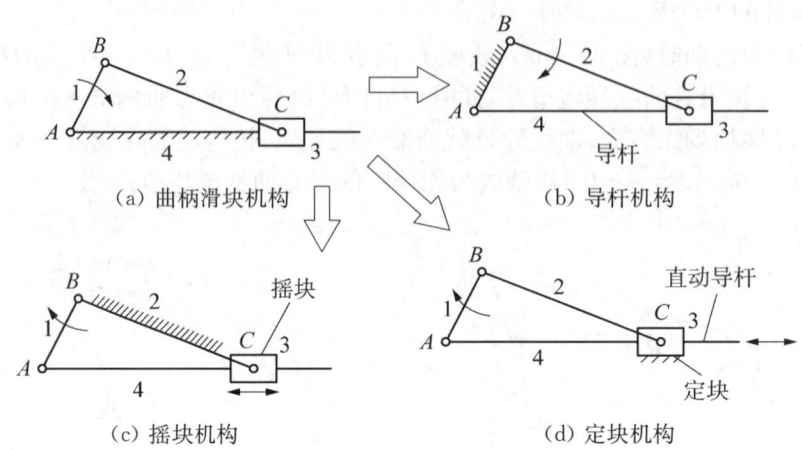

图 3-18 曲柄滑块机构的演化

在运动链中,选取不同构件为机架得不同机构的方法称为机构的倒置。

4) 运动副元素的逆换

对于移动副,将运动副两元素的包容关系进行逆换,并不影响两构件之间的相对运动。如图 3-19a 所示为摆动导杆机构,组成移动副的构件 2 包容构件 3,如果将构件 3 包容构件 2,将演化成曲柄摇块机构(图 3-19b),但是构架 2 和构件 3 之间仍然是相对运动。

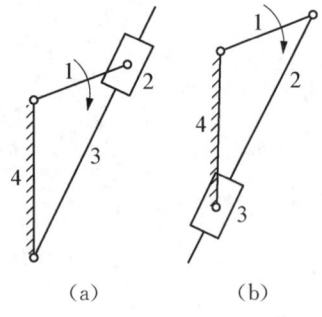

图 3-19 运动副元素的逆换

3.3 平面四杆机构的特性

1) 急回特性

在如图 3-20 所示曲柄摇杆机构中,如果原动件曲柄 AB 旋转一周,则会有两次与连杆 BC 共线,此时摇杆分别位于极限位置 C_1D 和 C_2D。相应的,曲柄分别位于 AB_1 和 AB_2 两个位置,它们的夹角 θ 称为极位夹角。

当曲柄以等角速度 ω_1 从 AB_1 旋转到 AB_2 时,其旋转的角度为 $180°+\theta$,所需时间为 t_1,对应摇杆 CD 摆角为 φ;当曲柄从 AB_2 继续旋转到 AB_1 时,其旋转的角度为 $180°-\theta$,所需时间为 t_2,对应摇杆 CD 摆角仍为 φ。

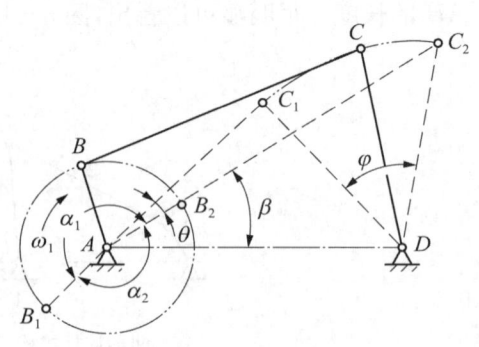

图 3-20 急回特性

设摇杆从 C_1D 到 C_2D 的摆出平均角速度为 ω_{21}，C 点平均速度为 v_1；从 C_2D 和 C_1D 的摆回平均角速度为 ω_{22}，C 点平均速度为 v_2，则

$$\omega_{21}=\frac{\varphi}{t_1}=\frac{\varphi\omega_1}{180°+\theta},\ \omega_{22}=\frac{\varphi}{t_2}=\frac{\varphi\omega_1}{180°-\theta}$$

如果 $\theta>0$，则 $\omega_{22}>\omega_{21}$，$v_2>v_1$。

当主动件曲柄等速转动时，从动件摇杆摆回的平均速度大于摆出的平均速度，摇杆的这种运动特性称为急回运动。

为了描述急回运动的急回程度，采用行程速比系数 K 来衡量：

$$K=\frac{v_2}{v_1}=\frac{\omega_{22}}{\omega_{21}}=\frac{180°+\theta}{180°-\theta} \tag{3-5}$$

上式表明，当机构存在极位夹角 θ 时，机构就具有急回特性，而且 θ 越大，K 值越大，机构的急回特性就越明显。

如果已知行程速比系数 K，根据式(3-5)，可求出机构极位夹角：

$$\theta=180°\frac{K-1}{K+1} \tag{3-6}$$

四杆机构急回特性具有方向性的，可以用来节省空回行程的时间，提高工作效率。图 3-4 所示牛头刨床就利用了这一特性。

2) 压力角和传动角

图 3-21 所示曲柄摇杆机构中，如果不考虑各杆的质量及运动副的摩擦，则连杆 BC 作用在从动件 CD 上的力 F 将沿着 BC 方向。从动件 CD 所受力 F 的方向与作用点 C 的速度方向之间所夹的锐角 α 称为压力角，连杆 BC 与从动件 CD 所夹锐角 γ 称为传动角，$\alpha+\gamma=90°$。传动角越大，则压力角越小，机构的传力性能越好。所以，传动角 γ 的大小可以用来衡量机构传力性能的好坏。为了保证机构正常工作，通常应使最小传动角 $\gamma_{\min}\geqslant 40°$。

对于曲柄摇杆机构，$\gamma_{\min}$ 出现在主动件曲柄与机架共线的两位置之一。设各杆长度分别为 a、b、c、d，有

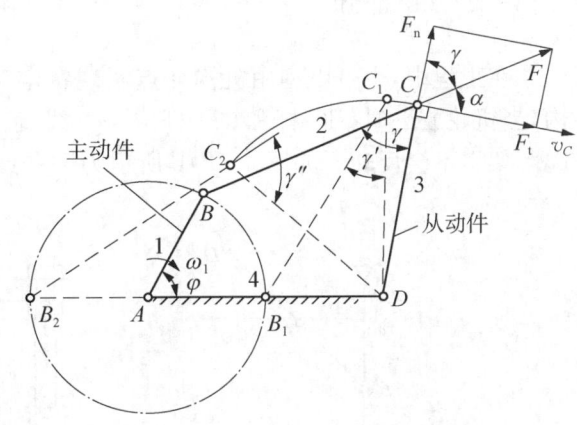

图 3-21 压力角和传动角

$$\gamma_1=\arccos\frac{b^2+c^2-(d-a)^2}{2bc} \tag{3-7}$$

$$\gamma_2=\arccos\frac{b^2+c^2-(d+a)^2}{2bc}\quad (\angle B_2C_2D<90°)$$

或

$$\gamma_2=180°-\arccos\frac{b^2+c^2-(d+a)^2}{2bc}\quad (\angle B_2C_2D>90°) \tag{3-8}$$

$$\gamma_{\min} = (\gamma_1, \gamma_2) \tag{3-9}$$

3) 死点

对于曲柄摇杆机构,以摇杆 CD 为主动件,则当连杆与从动件曲柄共线时,机构的传动角 $\gamma=0°$,这时主动件 CD 通过连杆作用于从动件 AB 上的力恰好通过其回转中心,出现了不能使构件 AB 转动的"顶死"现象,机构的这个位置称为死点。

死点的存在,会使机构的从动件易出现卡死或不确定运动现象。为了让机构能够顺利通过死点,必须采取适当的措施。常用的方法有:

(1) 利用安装飞轮加大惯性的方法,借惯性作用使机构闯过死点,如脚踏缝纫机的机构(图 3-22)。

(2) 将两组以上的同样机构组合使用,使各组机构的死点位置相互错开排列,如机车车轮联动机构(图 3-23)。

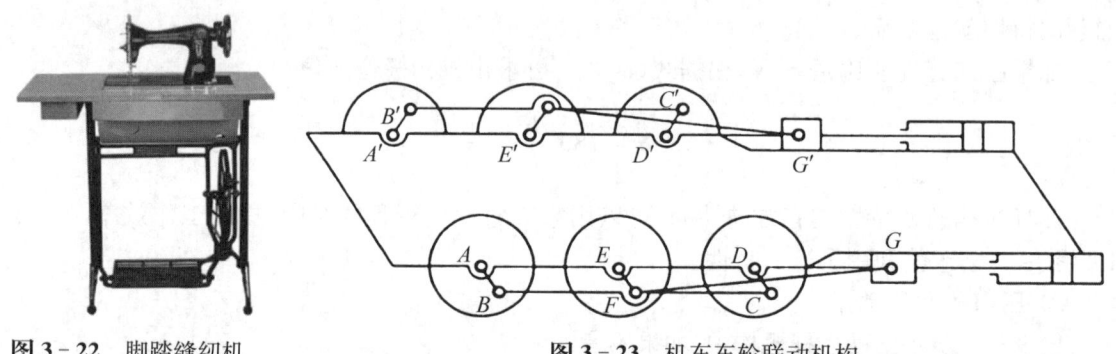

图 3-22 脚踏缝纫机　　图 3-23 机车车轮联动机构

在工程中,也可以利用机构死点实现特定工作要求。如图 3-24a 所示为飞机起落架机构,当机轮放下时,BC 杆和 CD 杆成一直线,使机构处于死点位置,即使机轮承受很大的力,起落架也不会反转。如图 3-24b 所示为一夹具,也是通过死点特性来夹紧工件的。

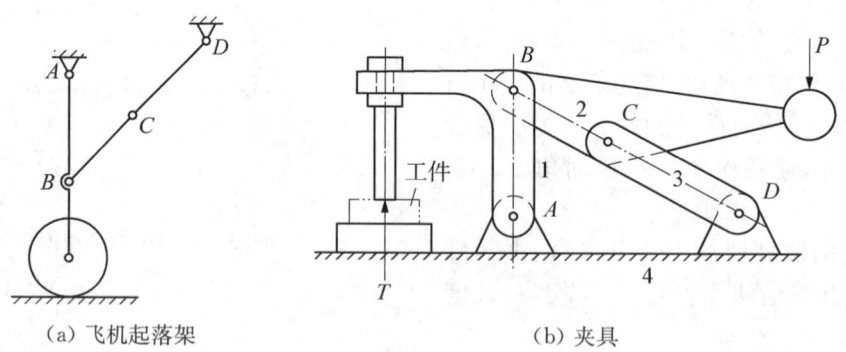

(a) 飞机起落架　　(b) 夹具

图 3-24 死点的应用

3.4 平面四杆机构的设计

平面连杆机构的设计主要是指根据给定的要求选取合适的机构类型,并确定各构件的长度,不涉及构件的强度、刚度、结构和材料等问题。对于平面四杆机构的设计,可分为两大类:

（1）给定部分构件的运动轨迹，如：根据某一时刻连杆、铰链中心或连架杆的某些位置，设计平面连杆机构。

（2）给定运动规律要求，如行程速比系数等，设计平面四杆机构。

平面四杆机构设计方法主要有图解法和解析法。图解法简单方便，但是精度较低，适于机构尺寸的初步设计阶段，而解析法精度高，但需要编制程序并在计算机上运行。

3.4.1 用图解法设计平面四杆机构

1）按照连杆的预定位置设计四杆机构

（1）已知连杆的两个位置。如图 3-25 所示，若已知铰链四杆机构中连杆 BC 的长度和两个位置 B_1C_1、B_2C_2，设计此四杆机构。

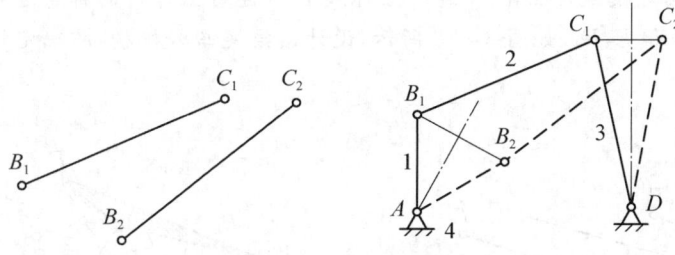

图 3-25 已知连杆的两个位置

在铰链四杆机构的运动过程中，活动铰链中心 B 和 C 的轨迹都是圆弧，它们的旋转中心分别位于 B_1B_2 和 C_1C_2 的中垂线上。固定铰链在对应的中垂线上任意位置都能满足要求，所以有无穷多解。因此，在实际设计中，需要添加其他条件，如连杆的第三个位置或其他结构上的要求，才能得到唯一解。

（2）已知连杆的三个位置。如果已知连杆的三个对应位置 B_1C_1、B_2C_2 和 B_3C_3，则很容易确定出铰链中心 A、D（图 3-26）。A 位于 B_1B_2 和 B_1B_3 中垂线交点上，D 位于 C_1C_2 和 C_1C_3 中垂线交点上，则 AB_1C_1D 即为所求的铰链四杆机构。

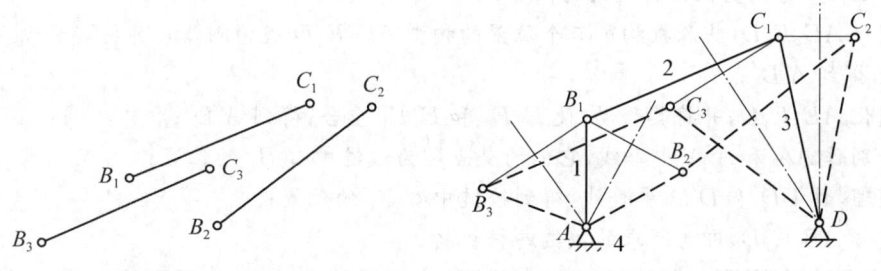

图 3-26 已知连杆的三个位置

2）按照固定铰链的位置设计四杆机构

已知固定铰链的位置设计四杆机构，可采用机构倒置的方法，改取四杆机构中的连杆 BC 为机架，原机架为连杆，则原机构中的活动铰链 B、C 变为固定铰链，而固定铰链 A、D 则变为活动铰链。

如图 3-27 所示，将原机构第二个位置的构型 AB_2C_2D 视为刚体，并移动该刚体使 B_2C_2 与 B_1C_1 完全重合，从而得到活动铰链中心 A、D 在倒置机构中的第二个位置 A'、D'，此时点 B_1 在 AA' 的中垂线上，点 C_1 在 DD' 的中垂线上。

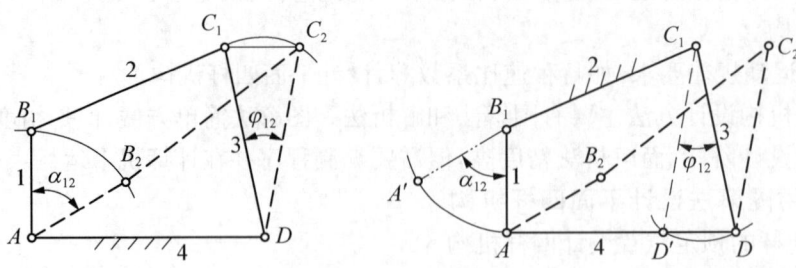

图 3-27 机构倒置

例 3-2 已知固定铰链的位置,及连杆上标线 EF(连杆上作出的标志连杆位置的线段)的三个位置 E_1F_1、E_2F_2 和 E_3F_3,如图 3-28 所示,设计该铰链四杆机构,即确定活动铰链中心 B、C 的位置。

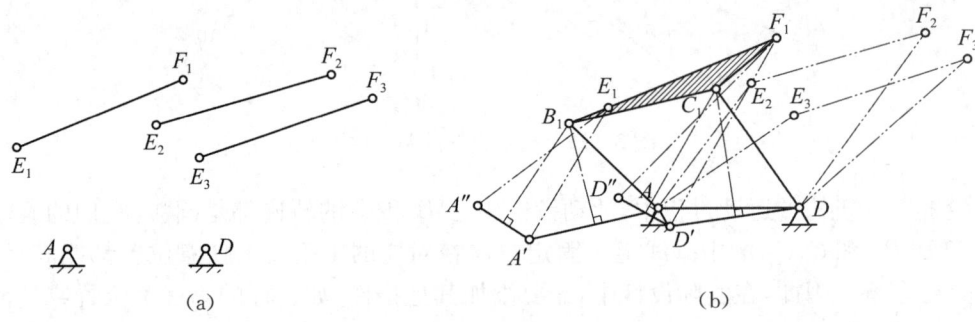

图 3-28 已知固定铰链中心位置

解:根据机构倒置原理,完成四杆机构的设计如下:

(1) 选取适当的比例尺 μ_l 绘制出固定铰链的位置及连杆三个标线;

(2) 取 E_1F_1 为倒置机构新机架的位置;

(3) 刚化 AE_2F_2D(将原机构第二个位置的构型 AE_2F_2D 视为刚体),并将其移动,使 E_2F_2 和 E_1F_1 重合,得到 $A'D'$;

(4) 刚化 AE_3F_3D,并将其移动,使 E_3F_3 和 E_1F_1 重合,得到 $A''D''$;

(5) 分别作 AA' 和 $A'A''$ 中垂线,它们的交点即为铰链中心 B_1 的位置;

(6) 同理,作 DD' 和 $D'D''$ 中垂线,得到铰链中心 C_1 的位置;

(7) 连接 AB_1C_1D,即为所求的铰链四杆机构。

由上述设计过程可知,给定连杆三个位置,才可得到唯一解;如果只给定连杆的两个位置,则有无穷多解,此时只能根据其他辅助条件来获得确定解。

3) 按照连架杆的对应位置设计四杆机构

例 3-3 如图 3-29 所示,已知四杆机构中连架杆 AB 和机架 AD 的长度分别为 a 和 d,要求该机构在运动过程中,连架杆 AB 和连架杆 CD 上某一标线 DE 分别占据三组预定的对应位置 AB_1、AB_2、AB_3 和 DE_1、DE_2、DE_3,三组位置的对应角度分别为 φ_1、φ_2、φ_3 及 ψ_1、ψ_2、ψ_3,请设计该四杆机构。

解:设计过程如下:

(1) 选取适当的比例尺 μ_l,绘制出连架杆及对应三组的位置。

(2) 改取原机构的连架杆 E_1D 为机架部分,则连架杆 AB_1 变为连杆。

(3) 刚化 AB_2E_2D,并将其绕 D 点旋转,使 E_2D 与 E_1D 重合,得到点 A_2' 和点 B_2';同理,得到点 A_3' 和点 B_3'。

(4) 分别作 B_1B_2' 和 $B_2'B_3'$ 中垂线,它们的交点即为铰链中心 C_1 的位置。

(5) 连接 AB_1C_1D,即为所求的铰链四杆机构。

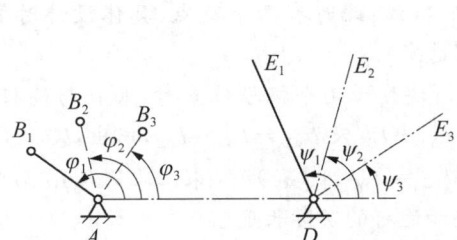

图 3-29 铰链四杆机构

由上述设计过程可知,给定连架杆三组对应位置,才可得到唯一解;如果只给定两组位置,则有无穷多解,此时只能根据其他辅助条件来获得确定解。

4) 按照急回运动要求设计四杆机构

例 3-4 如图 3-30 所示,已知曲柄摇杆机构中摇杆 CD 的长度 c、摆角 φ 和行程速比系数 K,设计该机构。

解:本设计的实质是确定四杆机构中其余各杆的长度及四个铰链中心的相对位置,设计过程如下。

(1) 计算极位夹角 θ:

$$\theta = 180° \frac{K-1}{K+1}$$

(2) 选取适当的比例尺 μ_l,绘制图形。任选一点作为固定铰链点 D 的位置,按摇杆长度和摆角大小作出摇杆的两个极限位置 C_1D 和 C_2D。

(3) 连接 C_1C_2,过 C_2 作 $C_2M \perp C_1C_2$,过 C_1 作射线 C_1N 使 $\angle C_2C_1N = 90° - \theta$,$C_1N$ 和 C_2M 相交于 P 点。

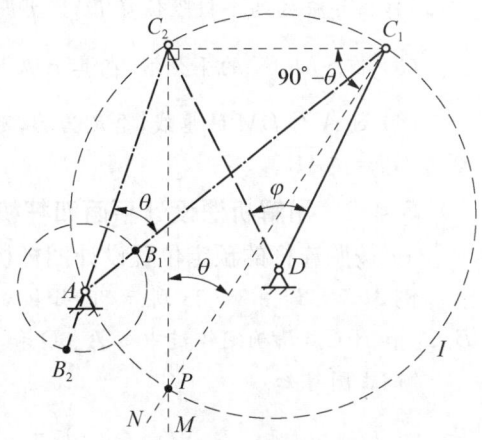

图 3-30 曲柄摇杆机构

(4) 以 C_1P 为直径作圆,则该圆上任一点均可作为固定铰链点 A 的位置。

(5) 摇杆处于两个极限位置时,曲柄与连杆共线,有 $l_{AC_1} = l_{AB} + l_{BC}$ 及 $l_{AC_2} = l_{BC} - l_{AB}$,求出 $l_{AB} = (l_{AC_1} - l_{AC_2})/2$,$l_{BC} = (l_{AC_1} + l_{AC_2})/2$,乘上比例尺 μ_l 后就可以得到曲柄和连杆的实际长度。

由于 A 点是在图中圆上任选的,因此,若仅按题中给定的条件设计,可得无穷多解。要获得确定解,还需添加其他的附加条件,如给定机架长度、连杆长度或曲柄长度等。

例3-5 如图3-31所示,已知曲柄滑块机构中滑块行程H、行程速比系数K和偏距e,设计该机构。

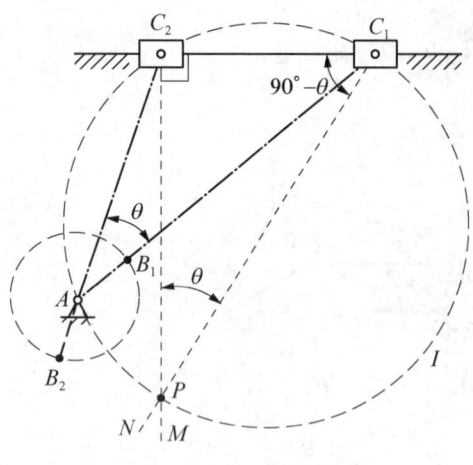

图3-31 曲柄滑块机构

解:(1) 根据行程速比系数K,计算极位夹角θ。

(2) 选取适当的比例尺μ_l,绘制图形。作一直线,在其上取点C_1、C_2使线段C_1C_2长度等于H/μ_l。

(3) 过C_2作$C_2M \perp C_1C_2$,过C_1作射线C_1N使$\angle C_2C_1N = 90° - \theta$,$C_1N$和$C_2M$相交于$P$点。

(4) 以C_1P为直径作圆,同时作C_1C_2的平行线,两线距离为偏距e,平行线和圆的交点A,即为所求固定铰链中心(注:此时有两个交点,具体设计时要根据其他要求选定)。

(5) 滑块处于两个极限位置时,曲柄与连杆共线,有$l_{AC_1} = l_{AB} + l_{BC}$及$l_{AC_2} = l_{BC} - l_{AB}$,求出:$l_{AB} = (l_{AC_1} - l_{AC_2})/2$,$l_{BC} = (l_{AC_1} + l_{AC_2})/2$,乘上比例尺$\mu_l$后就可以得到曲柄和连杆的实际长度。

例3-6 如图3-32所示,已知摆动导杆机构的机架长度d,行程速比系数K,设计此机构。

解:(1) 根据行程速比系数K,计算极位夹角θ,根据题意,导杆的摆角$\varphi = \theta$。

(2) 选取适当的比例尺μ_l,绘制图形。任选一点D作为固定铰链中心,作出导杆的两个极限位置DM、DN,使$\angle MDN = \varphi$。

(3) 作$\angle MDN$的平分线,在其上取点A,使$\overline{AD} = \dfrac{d}{\mu_l}$。

(4) 过A作DM的垂线,垂足为B,则AB即为所求的曲柄,曲柄长度为$l_{AB} = \mu_l \overline{AB}$。

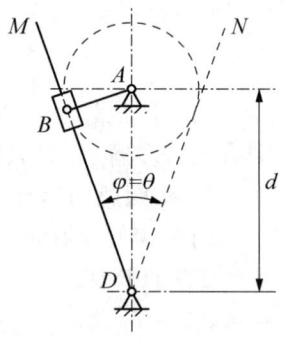

图3-32 摆动导杆机构

3.4.2 用解析法设计平面四杆机构

1) 按照连杆的预定位置设计四杆机构

例3-7 如图3-33所示,已知铰链四杆机构连杆BC的长l_{BC}及其三个对应位置B_1C_1、B_2C_2和B_3C_3,请确定铰链中心A、D和其他三杆尺寸。

解:由图可知

$$(x_{B_i} - x_A)^2 + (y_{B_i} - y_A)^2 = l_{AB}^2 \quad (i = 1, 2, 3) \tag{3-10}$$

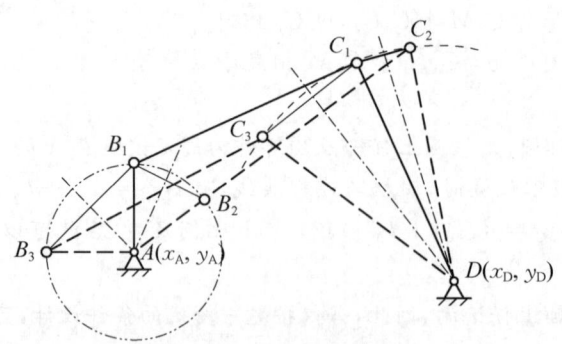

图3-33 铰链四杆机构

式(3-10)中,有三个方程,包含三个未知数:铰链中心 A 的位置坐标(x_A, y_A)和杆 AB 的长度 l_{AB},所以有唯一解。如果只知道连杆的两组位置,则只能列出 2 个方程,有无数解。

同理有

$$(x_{C_i} - x_D)^2 + (y_{C_i} - y_D)^2 = l_{CD}^2 \quad (i=1,2,3) \tag{3-11}$$

根据式(3-11),可以求出铰链中心 D 的位置坐标(x_D, y_D)和杆 CD 的长度 l_{CD}。

杆 AD 的长度

$$l_{AD} = \sqrt{(x_A - x_D)^2 + (y_A - y_D)^2} \tag{3-12}$$

也可以用另外一种解析法进行设计:

先求出连线 B_1B_2、B_1B_3、C_1C_2 和 C_1C_3 的中点坐标$(x_{B_{12}}, y_{B_{12}})$、$(x_{B_{13}}, y_{B_{13}})$、$(x_{C_{12}}, y_{C_{12}})$ 和 $(x_{C_{13}}, y_{C_{13}})$,以及各连线对应中垂线的斜率 $k_{B_{12}}$、$k_{B_{13}}$、$k_{C_{12}}$ 和 $k_{C_{13}}$,各中垂线的方程分别为

$$\begin{cases} y = k_{B_{12}}(x - x_{B_{12}}) + y_{B_{12}} \\ y = k_{B_{13}}(x - x_{B_{23}}) + y_{B_{13}} \\ y = k_{C_{12}}(x - x_{C_{12}}) + y_{C_{12}} \\ y = k_{C_{13}}(x - x_{C_{23}}) + y_{C_{13}} \end{cases}$$

联解上述中垂线方程,可分别确定固定铰链 A、D 的位置(x_A, y_A)和(x_D, y_D)。

2) 按照连架杆的位置设计四杆机构

对于例 3-3,同样可以采用解析法求解,设计该四杆机构的关键就是求解铰链 C 点坐标(φ_1、φ_2、φ_3 及 ψ_1、ψ_2、ψ_3)。

首先建立如图 3-34 所示坐标系,有

$$(x_{B_i} - x_{C_i})^2 + (y_{B_i} - y_{C_i})^2 = b^2 \quad (i=1,2,3) \tag{3-13}$$

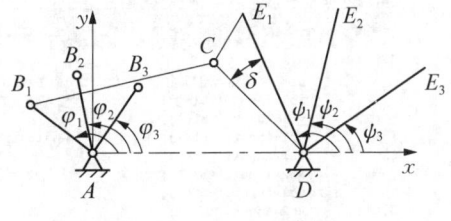

图 3-34 解析法求例 3-3

B 点和 C 点坐标可以根据三组位置夹角求出:

$$\begin{cases} x_{B_i} = a\cos\varphi_i \\ y_{B_i} = a\sin\varphi_i \end{cases} \quad (i=1,2,3) \tag{3-14}$$

$$\begin{cases} x_{C_i} = d + c\cos(\psi_i + \delta) \\ y_{C_i} = d + c\sin(\psi_i + \delta) \end{cases} \quad (i=1,2,3) \tag{3-15}$$

式中,δ 为连架杆 CD 和其标线的夹角,当 C 点在标线左侧时,δ 取正号;当 C 点在标线右侧时,δ 取负号。

联合式(3-13)~式(3-15),可得

$$cd\cos(\psi_i + \delta) - ad\cos\varphi_i - a\cos(\psi_i + \delta - \varphi_i) + (a^2 + d^2 + c^2 - b^2)/2 = 0 \quad (i=1,2,3)$$

上式包含了三个方程和三个未知数(b、c、δ),因此有唯一解。

3) 按照急回运动要求设计四杆机构

利用解析法同样可以完成例 3-4 的求解,即通过解析法求解曲柄、连杆和机架的长度 a、b、d。

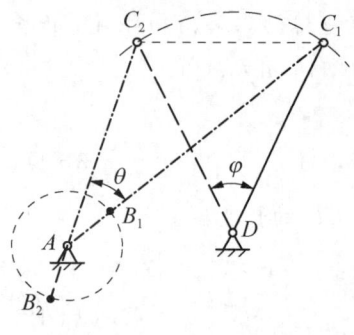

图 3-35　解析法求例 3-4

如图 3-35 所示，在 $\triangle DC_1C_2$ 中，设 C_1C_2 长度为 c_{12}，有

$$c_{12}=2c\sin(\varphi/2) \qquad (3-16)$$

在 $\triangle AC_1C_2$ 中，根据余弦定理，有

$$c_{12}^2=(b+a)^2+(b-a)^2-2(b+a)(b-a)\cos\theta \qquad (3-17)$$

式(3-17)中，由两个未知数 a 和 b，即每一个曲柄长度，就对应一个连杆长度，因此需要增加辅助条件才能得到唯一解。

求出 a 和 b 后，通过 $\triangle AC_1D$ 和 $\triangle AC_2D$ 可以求出机架长度 d。

3.4.3　用计算机编程实现平面四杆机构的设计

采用计算机编程可以实现平面四杆机构的设计。以已知连杆位置的四杆机构设计为例，根据例 3-7 解法二，利用 MATLAB 可以编写连杆设计程序，输入连杆 B 和 C 三个位置坐标，即可输出固定铰链 A、D 的位置和其余三杆的长度。例如，设 B 的三个位置坐标分别为 (0，80)、(80，160)、(240，160)，C 的三个位置坐标分别为 (0，160)、(160，160)、(240，80)，MATLAB 的程序界面及计算结果如图 3-36 所示。

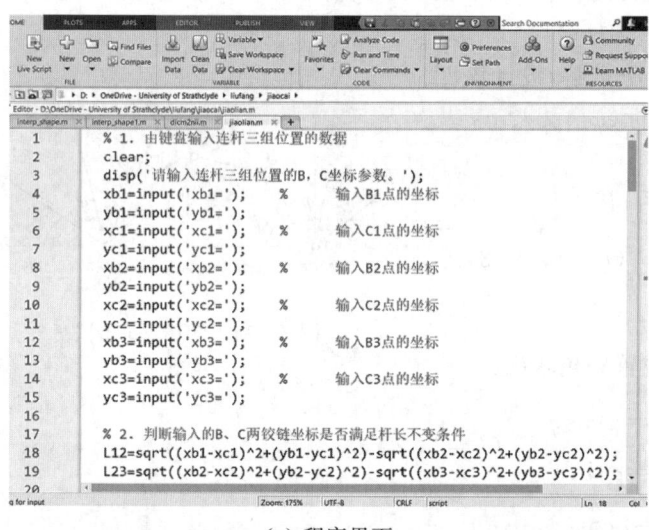

(a) 程序界面　　　　　　　(b) 计算结果

图 3-36　MATLAB 编程设计平面四杆机构

思考与练习

1. 试述铰链四杆机构的类型及运动特点。

2. 在铰链四杆机构中，转动副成为周转副的条件是什么？

3. 平面四杆机构曲柄存在的条件是什么？

4. 何谓连杆机构的压力角和传动角？它们的大小对连杆机构的工作有何影响？偏置曲柄滑块机构的最小传动角发生在什么位置？

5. 试说明对心曲柄滑块机构当以曲柄为原动件时,其传动角在何处最大、何处最小。

6. 在四杆机构中,极位和死点有何异同?

7. 在曲柄摇杆机构中,当以曲柄为原动件时,机构是否一定存在急回特性,且一定无死点,为什么?

8. 试从如图3-37所示二液压泵机构的运动来分析它们属于何种机构。

9. 试画出如图3-38所示机构的压力角α和传动角γ,并判断哪些机构在图示位置处于死点。

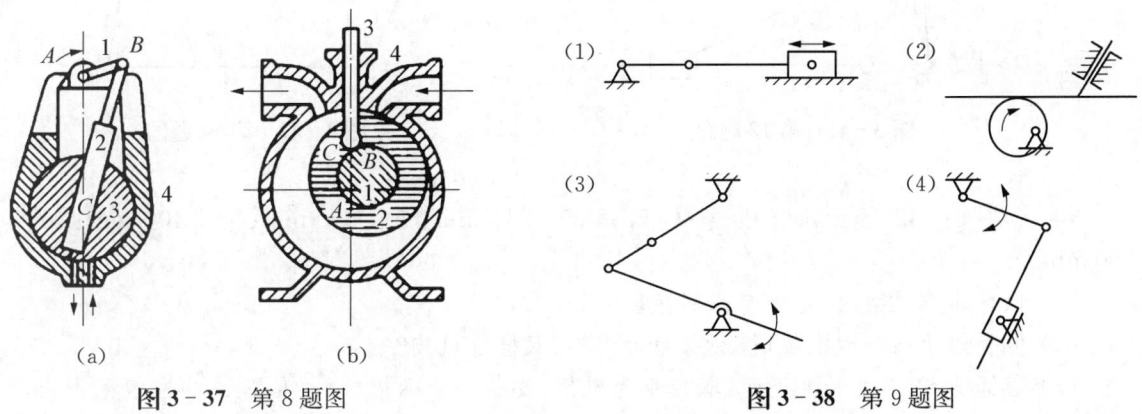

图3-37 第8题图   图3-38 第9题图

10. 在如图3-39所示偏置曲柄滑块机构中,是否存在急回特性?试求出该机构的行程速比系数K(列出计算公式)。

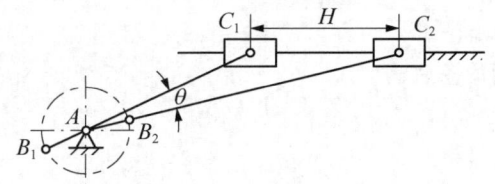

图3-39 第10题图

11. 试画出如图3-40所示机构的极位夹角。

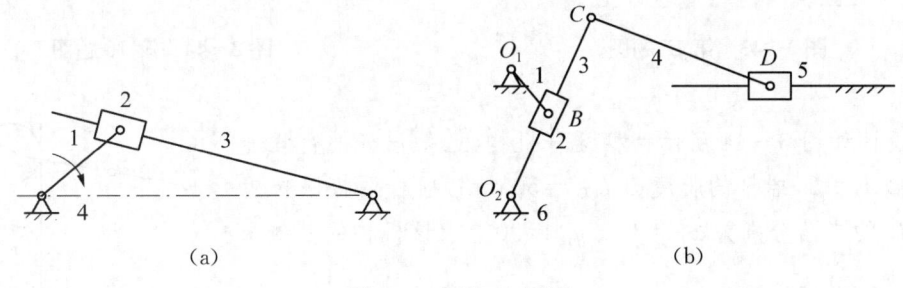

图3-40 第11题图

12. 在如图3-41所示机构中,已知$l_{AB}=150$ mm、$l_{BC}=155$ mm、$l_{CD}=160$ mm、$l_{AD}=100$ mm、$l_{CE}=350$ mm。试分析当构件AB为主动件、滑块E为从动件时,机构是否存在急回特性?如果构件CD为主动件时,情况有无变化?

13. 已知铰链四杆机构的两个杆长为 $a=9$ mm、$b=11$ mm，另外两个杆的长度之和 $c+d=25$ mm，要求构成一曲柄摇杆机构，问 c、d 的长度（取整数）应为多少？

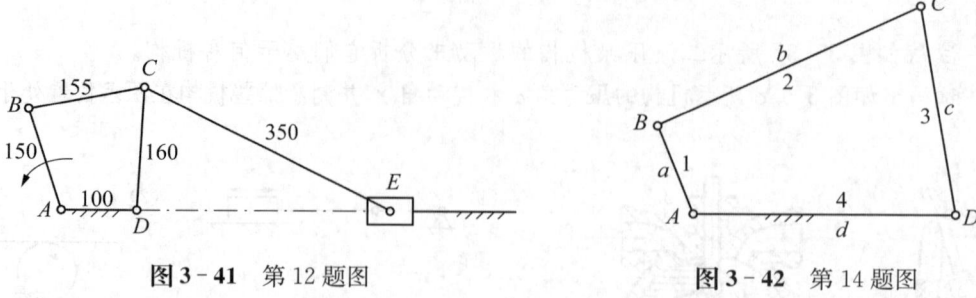

图 3-41　第 12 题图　　　　　图 3-42　第 14 题图

14. 如图 3-42 所示四杆机构中，已知 $a=240$ mm、$b=600$ mm、$c=400$ mm、$d=500$ mm。
(1) 取杆 4 作机架时，是否有曲柄存在？
(2) 能否选不同杆为机架，得到双曲柄机构、双摇杆机构？
(3) 若杆 1、2、3 的长度不变，取杆 4 为机架，要获得曲柄摇杆机构，则 d 的取值范围应为何值？

15. 如图 3-43 所示偏置曲柄滑块机构中，已知偏距为 e。
(1) 标出机构在图示位置的压力角 α 和传动角 γ；
(2) 标出极位夹角 θ；
(3) 标出最小传动角 $\gamma_{\min}$；
(4) 说明该机构有曲柄的条件。

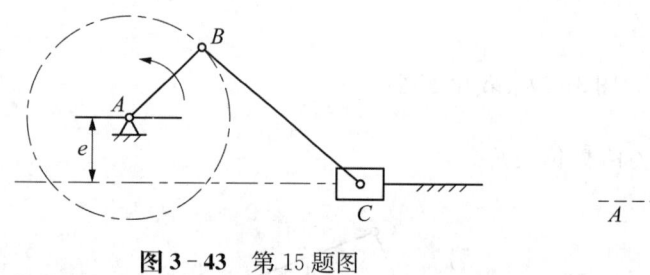

图 3-43　第 15 题图

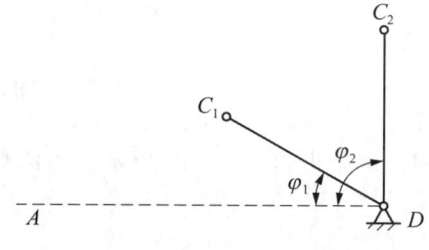

图 3-44　第 16 题图

16. 设计如图 3-44 所示曲柄摇杆机构，已知摇杆的行程速度变化系数 $K=1$，摇杆的长度为 $l_{CD}=50$ mm，摇杆两极限位置与机架 AD 的夹角分别为 $\varphi_1=30°$、$\varphi_2=90°$，求该机构的其他未知杆长。

17. 在飞机起落架所用的铰链四杆机构中，已知连杆的两位置如图 3-45 所示，比例尺为 μ_l，要求连架杆 AB 的铰链 A 位于 B_1C_1 的连线上，连架杆 CD 的铰链 D 位于 B_2C_2 的连线上，试设计此铰链四杆机构。

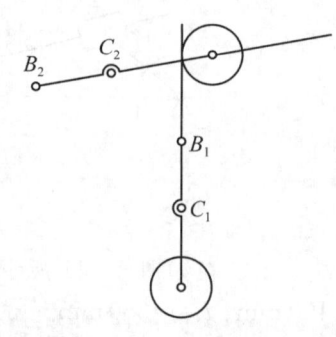

图 3-45　第 17 题图

18. 偏置曲柄滑块机构中,已知连杆的长度为 100 mm,偏心距 $e=20$ mm,曲柄为原动件。

(1) 试求曲柄长度的取值范围;

(2) 若给定曲柄的长度为 40 mm,求滑块行程速比系数 K。

19. 现要设计一个曲柄摇杆机构 $ABCD$,摇杆 CD 的长度 $l_{CD}=55$ mm,在其极限位置时的角度分别为 $\alpha_1=60°$ 和 $\alpha_2=120°$,如图 3-46 所示。曲柄 AB 为原动件,匀速转动。

(1) 如果固定铰链点 A 和 D 在同一水平线上,并且 $l_{AD}=100$ mm,试问机构的极位夹角为多少?摇杆 CD 处于极限位置时,机构传动角 γ 为多少?

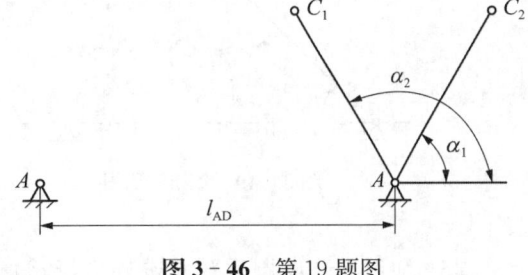

图 3-46 第 19 题图

(2) 如果设计要求机构的行程速比系数 $K=1.118$,并且 $l_{AD}=100$ mm 保持不变,则固定铰链点 A 应当选在何处,构件 AB 和 BC 的长度 l_{AB} 和 l_{BC} 应为多少?

20. 如图 3-47 所示为公共汽车车门启闭机构。已知车门上铰链 C 沿水平直线移动,铰链 B 绕固定铰链 A 转动,车门关闭位置与开启位置夹角为 $\alpha=115°$,$AB_1 \parallel C_1C_2$,$l_{BC}=400$ mm,$l_{C_1C_2}=550$ mm。试求构件 AB 的长度,验算最小传动角,并绘出在运动中车门所占据的空间。(提示:作为公共汽车的车门,要求其在启闭中所占据的空间越小越好)

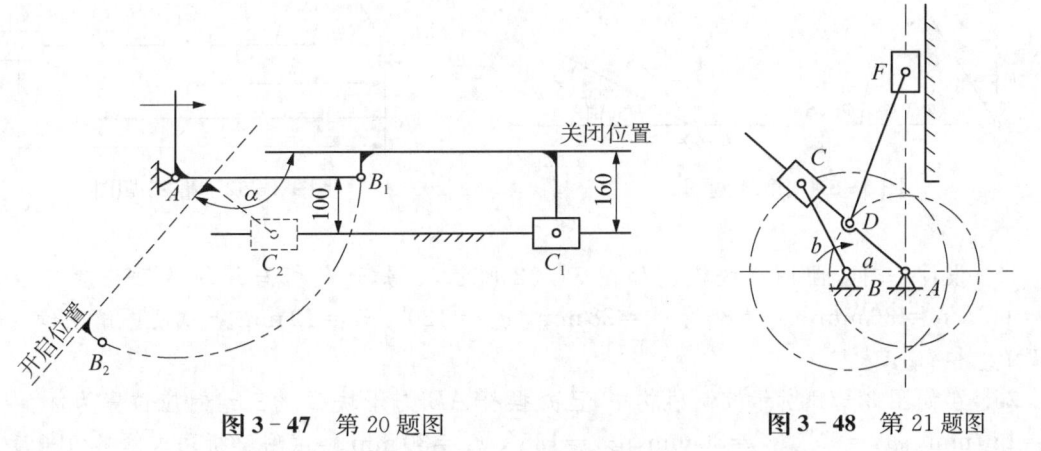

图 3-47 第 20 题图   **图 3-48** 第 21 题图

21. 如图 3-48 所示为开槽机上用的急回机构。原动件 BC 匀速转动,已知 $a=80$ mm,$b=200$ mm,$l_{AD}=100$ mm,$l_{DF}=400$ mm。

(1) 确定滑块 F 的上、下极限位置;

(2) 确定机构的极位夹角;

(3) 欲使极位夹角增大,则杆长 BC 应当如何调整?

22. 如图 3-49 所示,设计一个铰链四杆机构,已知 $l_{CD}=75$ mm,机架长度 $l_{AD}=100$ mm,摇杆的一个极限位置与机架之间的夹角 $\varphi=45°$,构件 AB 单向匀速运转。试按下列情况确定 l_{AB}、l_{BC} 以及摇杆的摆角 Ψ:

(1) 行程速比系数 $K=1$;

(2) 行程速比系数 $K=1.5$。

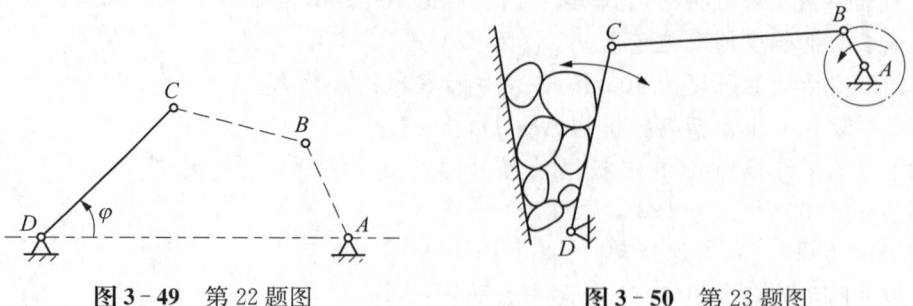

图 3-49　第 22 题图　　　　　图 3-50　第 23 题图

23. 如图 3-50 所示颚式破碎机,已知行程速比系数 $K=1.2$,颚板长度 $l_{CD}=350\text{ mm}$,其摆角 $\Psi=35°$,曲柄长度 $l_{AB}=80\text{ mm}$,试确定该机构的连杆 BC 和机架 AD 的长度,并验算其最小传动角 γ_{min} 是否在允许范围内。

24. 如图 3-51 所示,已知两连架杆的三组对应位置分别为 $\varphi_1=60°$、$\psi_1=30°$、$\varphi_2=90°$、$\psi_2=50°$、$\varphi_3=120°$、$\psi_3=80°$。若机架 AD 长度 $l_{AD}=100\text{ mm}$,试用解析法计算此铰链四杆机构的各杆长度。

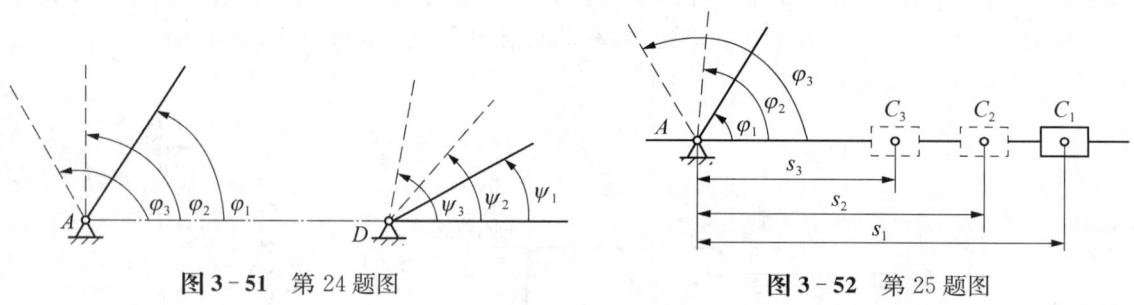

图 3-51　第 24 题图　　　　　图 3-52　第 25 题图

25. 设计一对心曲柄滑块机构如图 3-52 所示,已知连架杆与滑块的三组对应位置为 $\varphi_1=60°$、$s_1=36\text{ mm}$,$\varphi_2=85°$、$s_2=28\text{ mm}$,$\varphi_3=120°$、$s_3=19\text{ mm}$。试用图解法确定各杆长度 l_{AB} 和 l_{BC}。

26. 在如图 3-53 所示控制机构中,已知摆杆 AB 与滑块 C 的三组对应位置为 $\varphi_1=45°$、$s_1=130\text{ mm}$,$\varphi_2=90°$、$s_2=80\text{ mm}$,$\varphi_3=135°$、$s_3=30\text{ mm}$。试用解析法求解各杆长度及偏距 e。

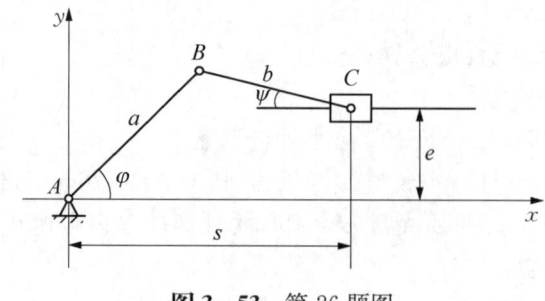

图 3-53　第 26 题图

27. 试用图解法设计一铰链四杆机构,使其连杆 BC 能通过图 3-54 中给定的三个位置,比例尺为 μ_l。
(1) 求连架杆和机架的长度;
(2) 判断所设计机构的类型。

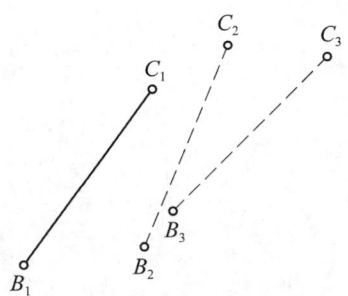

图 3-54 第 27 题图

28. 在如图 3-55 所示发动机中,已知 $x = 320\,\text{mm}$, $y = 160\,\text{mm}$, $e = 10\,\text{mm}$, $\alpha = 30°$, $l_{DE} : l_{DC} = 1.25$, $l_{EF} : l_{DE} = 5$,滑块冲程为 $H = 300\,\text{mm}$,试用解析法求该机构各杆长度 l_{AB}、l_{BC}、l_{DE}、l_{EF}。

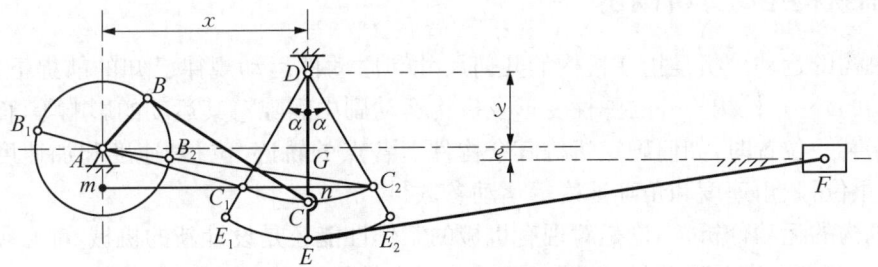

图 3-55 第 28 题图

29. 如图 3-56 所示,现欲设计一铰链四杆机构,已知摇杆 CD 的长度为 $l_{CD} = 75\,\text{mm}$,行程速度变化系数 $K = 1.5$,机架 AD 的长度为 $l_{AD} = 100\,\text{mm}$,摇杆的一个极限位置与机架间的夹角为 $\psi = 45°$。试求曲柄的长度 l_{AB} 和连杆的长度 l_{BC}。(提示:有两组解)

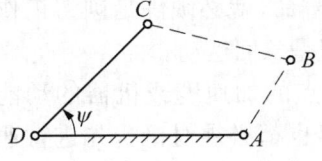

图 3-56 第 29 题图

30. 在平面四杆机构中,已知活动铰链中心 B 的位置坐标为 $(25,75)$、$(125,175)$、$(125,375)$,C 的位置坐标为 $(125,75)$、$(125,275)$、$(25,375)$。试用计算机编程方法确定固定铰链中心 A 和 D 的位置以及各杆长度。

第 4 章

平面机构的运动分析

◎ 学习成果达成要求

1. 掌握速度瞬心法，并能利用其进行速度分析。
2. 能够利用图解法对平面四杆机构进行速度分析和加速度分析。
3. 理解解析法在平面机构运动分析中的应用。

4.1 平面机构运动分析概述

平面机构的运动分析是指在机构的几何尺寸和原动件运动规律已知的前提下，不考虑引起机构运动的外力、机构构件的弹性变形及机构运动副中间隙对其运动的影响等，而仅研究当原动件处于某一位置时，如何确定机构其余构件上各点的轨迹、位移、速度和加速度及这些构件的位置、角位移、角速度和角加速度等运动参数。

进行机构的运动分析，不论是对现有机械的工作性能还是设计新的机械，都必须首先计算出机构的运动参数，满足运动要求；同时运动分析也是机构力分析的基础。

例如，在如图 4-1 所示 V 形发动机机构简图中，为了确定活塞的冲程和机壳的外廓尺寸，必须先确定连杆 DE 的连接点的轨迹。

为了确定机械的工作条件，需要确定机构构件上某些点的速度。如设计牛头刨床的导杆机构时，为了保证加工质量，提高工作效率，延长刀具使用寿命，就必须满足刨刀工作行程为近似等速运动，而空回行程是急回运动。

在要求确定机构构件上某些点的加速度或机器的动能和功率以及进行机构的力分析时，也都必须对机构先进行速度分析。

机构运动分析的方法分为三种：图解法、解析法和实验法。本章主要讨论图解法和解析法。

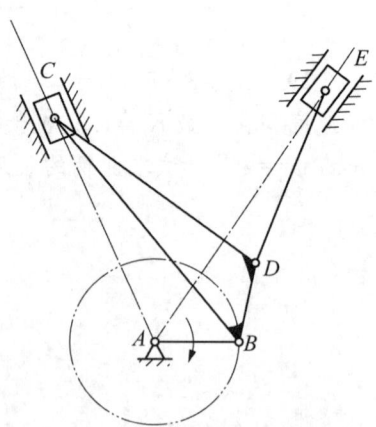

图 4-1 发动机机构简图

图解法具有简单、形象、直观的特点，但精度不高，常用来解决简单机构运动分析问题。对于高速及精密机械的机构，用图解法做运动分析则很难满足精度的要求。常用图解法有速度瞬心法和相对运动图解法(又称矢量方程图解法)等。

解析法是指将研究的问题抽象成数学模型,运算精度高、速度快,随着计算机辅助设计软件的不断发展与完善,采用解析法进行机械的分析、综合,越来越方便、快捷、高效。根据分析过程的不同,常用解析法有杆组法和整体分析法。

4.2 用瞬心法对机构进行速度分析

4.2.1 速度瞬心法的概念

1) 速度瞬心的定义

由理论力学知识可知,彼此做平面相对运动的两刚体,在任一瞬时,其相对运动都可以看作绕一重合点的转动,该重合点称为两刚体的瞬时速度中心,简称瞬心。

通常用 P 表示两构件的速度瞬心。如图 4-2 所示,构件 1、2 做平面相对运动。两构件在重合点 A 处的相对速度为 $v_{A_2A_1}$,在重合点 B 处的相对速度为 $v_{B_2B_1}$,两相对速度垂线的交点为两构件的瞬心 P_{12}。

如果两相对运动的构件都是运动的,则该瞬心处的绝对速度不为零,称为相对速度瞬心;若其中一个构件是固定的,则该瞬心处的绝对速度为零,称为绝对速度瞬心。

由于任意两个相对运动的构件都有一个速度,显然由 N 个构件组成的机构(包含机架),根据排列组合原理可确定该机构中速度瞬心的数目 $K = N(N-1)/2$。其中,绝对瞬心有 $N-1$ 个。

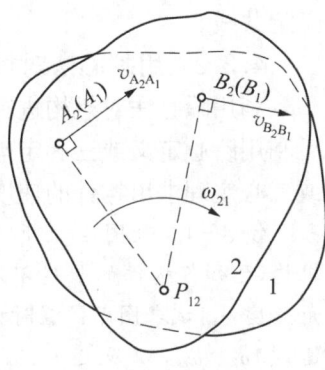

图 4-2 速度瞬心

2) 速度瞬心位置的确定

如果做平面相对运动的两构件直接接触,则它们瞬心的位置可根据瞬心的定义求出:

当两构件以转动副连接时,其瞬心位于转动副的中心处,如图 4-3a 所示。

当两构件以移动副连接时,其瞬心位于垂直于移动副导路方向的无穷远处,如图 4-3b 所示。

当两构件以平面高副连接时,若两构件做纯滚动,则它们接触点的相对速度为零,其瞬心位于接触点处(图 4-3c);若两构件之间既有滚动又有滑动,则其瞬心位于过接触点的公法线上(图 4-3d)。

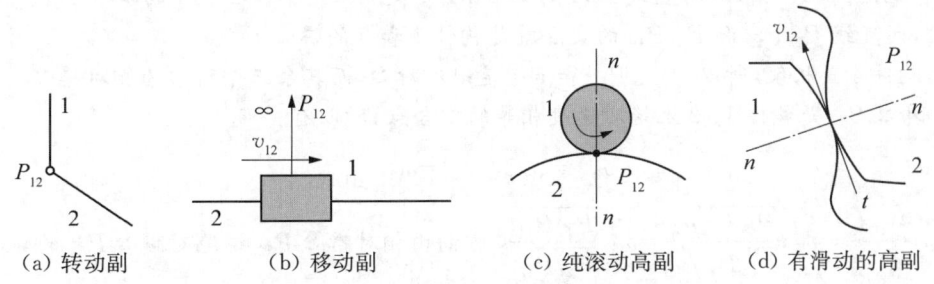

(a) 转动副 (b) 移动副 (c) 纯滚动高副 (d) 有滑动的高副

图 4-3 瞬心位置

如果两构件没有通过运动副直接相连,则它们瞬心的位置可以通过三心定理来确定。

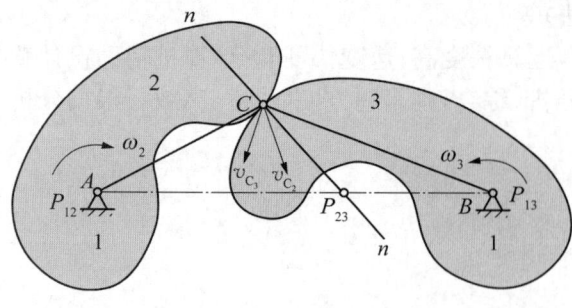

图 4-4 三心定理

三心定理 彼此做平面运动的三个构件有三个瞬心,它们位于同一条直线上。

如图 4-4 所示,三个做平面运动的构件应该有三个瞬心。假设构件 1 为机架,构件 1 和构件 2、构件 1 和构件 3 之间都采用转动副连接,则转动副中心 P_{12}、P_{13} 分别为构件 1、2 和构件 1、3 之间的绝对瞬心。构件 2、3 之间的瞬心 P_{23} 位于它们的接触点 C 上。当构件 2 和 3 各按其角速度转动时,构件 2 上点 C 的速度 v_{C_2} 和构件 3 上点 C 的速度 v_{C_3},分别垂直于直线 CP_{12} 和 CP_{13}。很显然,只有 C 点位于 P_{12} 和 P_{13} 连线上时,两速度的方向才能一致,所以瞬心 P_{23} 与 P_{12}、P_{13} 必定共线。

4.2.2 用瞬心法对机构进行速度分析举例

利用瞬心法对机构进行速度分析时,首先要选择一个适当的比例尺画出机构运动简图,然后利用瞬心定义或三心定理找出机构的全部瞬心并标注在机构运动简图上,再利用瞬心定义或三心定理求出构件的速度。

例 4-1 如图 4-5 所示为铰链四杆机构,已知各构件的长度以及原动件 1 的角速度 ω_1,试求图示位置时构件 2、3 的角速度 ω_2、ω_3,以及连杆 2 上 E 点的速度 v_E。

解:(1) 选长度比例尺 μ_l 作图。

(2) 直接通过转动副接触的两构件 1 和 2、2 和 3、3 和 4、1 和 4 的瞬心 P_{12}、P_{23}、P_{34}、P_{14},就是它们的转动副中心 B、C、D 及 A。由三心定理可知,构件 4、1、2 的三个瞬心 P_{14}、P_{12} 及 P_{24} 应位于同一直线上,即 P_{24} 应位于 P_{14} 和 P_{12} 的连线上;构件 4、3、2 的三个瞬心 P_{34}、P_{23} 及 P_{24} 也应位于同一直线上,即 P_{24} 应位于

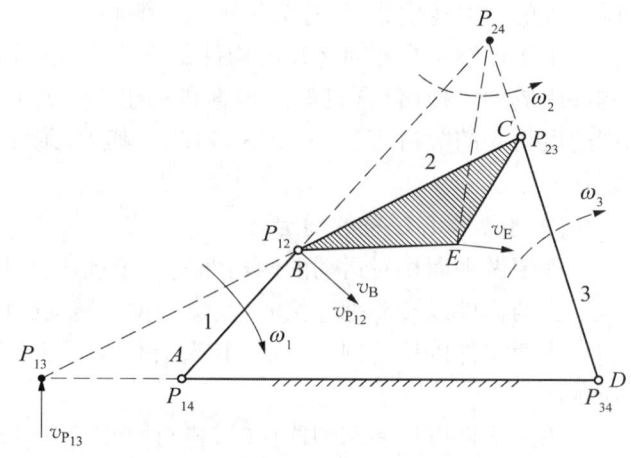

图 4-5 铰链四杆机构运动简图

P_{34} 和 P_{23} 的连线上。因此,两直线 $P_{14}P_{12}$ 和 $P_{34}P_{23}$ 交点必是构件 2 和 4 的瞬心 P_{24}。

同理,两直线 $P_{23}P_{12}$ 和 $P_{34}P_{14}$ 的交点就是构件 1 和 3 的瞬心 P_{13}。

因为构件 4 是机架,所以 P_{14}、P_{24} 和 P_{34} 是绝对瞬心,而其余三个瞬心为相对瞬心。

(3) 瞬心 P_{12} 是构件 1、2 上绝对速度相等的重合点,所以有

$$v_{P_{12}} = \omega_1 l_{P_{14}P_{12}} = \omega_2 l_{P_{24}P_{12}}$$

则 $\omega_2 = \omega_1 \dfrac{l_{P_{14}P_{12}}}{l_{P_{24}P_{12}}} = \omega_1 \dfrac{\overline{P_{14}P_{12}}\mu_l}{\overline{P_{24}P_{12}}\mu_l} = \omega_1 \dfrac{\overline{P_{14}P_{12}}}{\overline{P_{24}P_{12}}}$,方向由相对瞬心 P_{12} 绕绝对瞬心 P_{24} 的转动方向确定,即为逆时针方向。

同理,有 $\omega_3 = \omega_1 \dfrac{\overline{P_{14}P_{13}}}{\overline{P_{34}P_{13}}}$,方向为顺时针。

构件 2 上点 E 的速度为 $v_E = \omega_2 l_{P_{24}E} = \omega_2 \overline{P_{24}E} \mu_l$,方向垂直于直线 $P_{24}E$,并与 ω_2 转向一致。

例 4-2 如图 4-6 所示为平底从动件盘形凸轮机构,已知各构件的几何尺寸及凸轮角速度 ω_1,试求图示位置从动件 2 的速度 v_2。

解:(1) 选长度比例尺 μ_l 作图。

(2) 该机构中,构件 1、3 的瞬心 P_{13} 位于转动副中心 A,构件 2、3 的瞬心 P_{23} 在垂直移动副导路方向的无穷远处,构件 1、2 的瞬心 P_{12} 位于过接触点 K 的公法线上。根据三心定理,P_{13}、P_{23} 及 P_{12} 应位于同一直线上,所以 P_{12} 在图中所示位置。

(3) 从动件 2 的速度为 $v_2 = \omega_1 l_{P_{12}P_{23}} = \omega_2 \overline{P_{12}P_{23}} \mu_l$,方向垂直向上。

用瞬心法对构件数目较少的简单机构进行速度分析非常方便,但如果构件数目过多,求解也很麻烦。另外,速度瞬心法不适于对机构进行加速度分析。

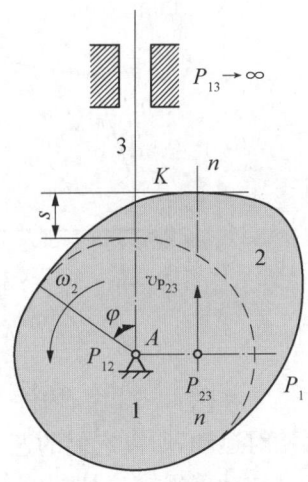

图 4-6 凸轮机构运动简图

4.3 用相对运动图解法对机构进行运动分析

相对运动图解法是利用理论力学的运动合成原理,建立构件上两点之间的相对运动矢量方程式,并按选定的比例尺依据方程式作出矢量多边形,从而求出构件上各指定点的速度、加速度以及各构件的角速度、角加速度的方法。

相对运动矢量方程式是根据速度合成定理和加速度合成定理列出的机构各构件上相应点之间的相对运动关系。

4.3.1 机构运动的合成

机构上任一动点的绝对运动都可以看作一个牵连运动和一个相对运动的合成。

速度合成定理可以描述为:动点在某一瞬时的绝对速度等于它在该瞬时的牵连速度 v_e 和相对速度 v_r 的矢量和,即

$$\boldsymbol{v}_a = \boldsymbol{v}_e + \boldsymbol{v}_r \tag{4-1}$$

加速度的合成定理可以描述为:动点在某一瞬时的绝对加速度等于它在该瞬时的牵连加速度 a_e、相对加速度 a_r 与科氏加速度 a_k 的矢量和,即

$$\boldsymbol{a}_a = \boldsymbol{a}_e + \boldsymbol{a}_r + \boldsymbol{a}_k \tag{4-2}$$

其中,科氏加速度

$$\boldsymbol{a}_k = 2\boldsymbol{\omega}_e \times \boldsymbol{v}_r \tag{4-3}$$

ω_e 为牵连构件的角速度。当牵连运动为平移时,$\boldsymbol{\omega}_e = 0$,因此 $\boldsymbol{a}_k = 0$,此时

$$\boldsymbol{a}_a = \boldsymbol{a}_e + \boldsymbol{a}_r \tag{4-4}$$

在如图 4-7 所示两个机构中,如果已知曲柄的转速,如何求该瞬时各构件上 B 点、C 点的速度和加速度呢?

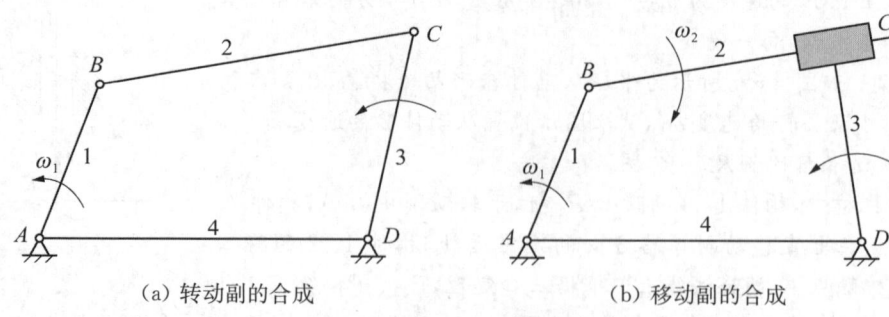

(a) 转动副的合成　　　　　(b) 移动副的合成

图 4-7　机构运动的合成

在图 4-7a 中，构件 1 和 2 通过转动副连接，构件 1 上的 B 点和构件 2 上的 B 点之间没有相对运动，所以它们的速度相等：$v_B = v_{B1} = v_{B2}$，加速度相等：$a_B = a_{B1} = a_{B2}$；构件 2 和 3 也通过转动副连接，同理：$v_C = v_{C2} = v_{C3}$，$a_C = a_{C2} = a_{C3}$，运动的传递过程为 $A \to B \to C$，则有

$$v_C = v_B + v_{CB} \tag{4-5}$$

式中，v_B 为牵连速度；v_{CB} 为 C 点相对于 B 的相对速度，则有

$$a_C = a_B + a_{CB}^r \tag{4-6}$$

式中，a_B 为牵连加速度；a_{CB}^r 为 C 点相对于 B 的相对加速度。

在图 4-7b 所示机构中，构件 2 和滑块 3 通过移动副连接，两构件重合点 C 的速度不相等：$v_{C_2} \neq v_{C_3}$，加速度也不相等：$a_{C_2} \neq a_{C_3}$，运动的传递过程为 A（定点）$\to B \to C_2 \to C_3$，有

$$v_{C_3} = v_{C_2} + v_{C_3 C_2} \tag{4-7}$$

式中，v_{C_2} 表示牵连速度，$v_{C_3 C_2}$ 表示重合点 C 在杆 3 和杆 2 上的相对速度。

构件 3 上的 C 点和构件 2 上的 C 点之间有相对滑动，而且构件 2 有转动的趋势，存在科氏加速度，此时

$$a_{C_3} = a_{C_2} + a_{C_3 C_2}^r + a_{C_3 C_2}^k \tag{4-8}$$

式中，a_{C_2} 表示牵连加速度；$a_{C_3 C_2}^r$ 表示重合点 C 在杆 3 和杆 2 上的相对加速度；$a_{C_3 C_2}^k$ 表示杆 3 上 C 点的科氏加速度，其大小为

$$a_{C_3 C_2}^k = 2\omega_2 v_{C_3 C_2} \tag{4-9}$$

其方向为相对速度 $v_{C_3 C_2}$ 沿角速度 ω_2 的方向转过 $90°$ 之后的方向。

根据不同的相对运动情况，在进行机构运动分析时，可分为两类：一类是已知某构件上一个点的速度和加速度，求该构件上另一个点的速度和加速度，即同一构件上两点间的运动关系问题；另一类是两个做平面相对运动的构件有重合点，已知其中一个构件在重合点处的速度和加速度，求另一个构件上重合点处的速度和加速度，即两构件上重合点间的运动关系问题。

4.3.2　同一构件上两点间的相对运动关系

例 4-3　如图 4-8 所示为铰链四杆机构，已知各构件的长度，原动件 1 角速度 ω_1，求图示位置时，构件 2 上点 C 和点 E 的速度 v_C 和 v_E，以及它们的加速度 a_C、a_E；构件 2、3 的角速度 ω_2 和 ω_3，以及它们的角加速度 α_2、α_3。

解：(1) 取长度比例尺 μ_l 作机构运动简图。

(2) 速度分析：根据速度合成原理，列速度矢量方程式：

$$\boldsymbol{v}_C = \boldsymbol{v}_B + \boldsymbol{v}_{CB}$$

方向：　　$\perp CD$　　$\perp AB$　　$\perp BC$

大小：　　？　　$\omega_1 l_{AB}$　　？

上式中有两个未知数，可通过矢量图形求出。

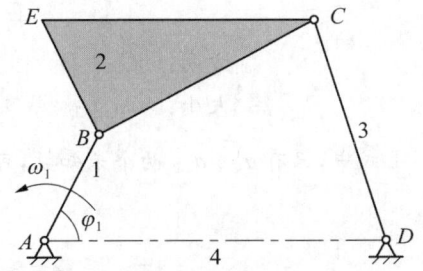

图 4-8　铰链四杆机构运动简图

取速度比例尺 μ_v，作速度多边形，如图 4-9 所示。任取一点 p，代表零点，作垂直于 AB 的矢量 $\overrightarrow{pb}$ 代表 B 点速度 v_B，$pb = v_B/\mu_v$，过点 b，作直线 bc 垂直于 $BC(v_{CB}$ 的方向)，再过 p 作直线 pc 垂直于 $CD(v_C$ 的方向)，两直线交于点 c。则 $\overrightarrow{pc}$ 即代表 C 点速度，$v_C = \mu_v \overrightarrow{pc}$。

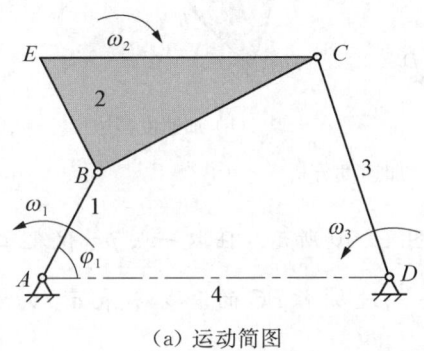

(a) 运动简图

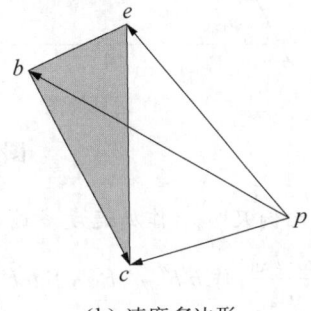

(b) 速度多边形

图 4-9　速度分析

已知构件 2 上两点 B 和 C 点的速度后，可以根据相对速度关系求出 E 点的速度：

$$\boldsymbol{v}_E = \boldsymbol{v}_B + \boldsymbol{v}_{EB} + \boldsymbol{v}_C + \boldsymbol{v}_{EC}$$

方向：？　　√　　$\perp BE$　　√　　$\perp CE$

大小：？　　√　　？　　√　　？

过 b 点作直线 be 垂直于 BE，过 c 点作直线 ce 垂直于 CE，两直线交于点 e，则 $\overrightarrow{pe}$ 代表 E 点速度，$v_E = \mu_v \overrightarrow{pe}$。

如图 4-9b 所示速度多边形中，极点 p 代表机构中速度为零的点；由极点 p 向外放射的矢量代表构件上相应点的绝对速度，方向由极点 p 指向该点；连接绝对速度矢端两点的矢量，代表构件上相应两点的相对速度，例如 $\overrightarrow{bc}$ 代表 v_{CB}；所求点的速度方向如果未知，需用其他方法确定，如瞬心法。

△bce 与 △BCE 对应两边互相垂直，故两者相似，且其角标字母的顺序方向也一致。所以，将速度图形 bce 称为构件图形 BCE 的速度影像。因此，E 点的速度可以通过速度影像原理快速求得，而无需列出相对速度方程。需要注意的是，已知某构件上两点的速度，可用速度影像法求该构件上第三点的速度，但速度影像原理不适用于整个机构的速度求解。

又 $v_{CB} = \mu_v bc$，则构件 2 的角速度 $\omega_2 = v_{CB}/l_{BC} = \mu_v bc/l_{BC}$，其方向为顺时针；构件 3 的角速度 $\omega_3 = v_C/l_{CD} = \mu_v pc/l_{CD}$，其方向为逆时针。

(3) 根据加速度合成原理，列加速度矢量方程式

$$\boldsymbol{a}_C = \boldsymbol{a}_B + \boldsymbol{a}_{CB}^r = \boldsymbol{a}_B + \boldsymbol{a}_{CB}^n + \boldsymbol{a}_{CB}^t$$

有

$$\begin{array}{ccccccc}
& \boldsymbol{a}_C^n & + & \boldsymbol{a}_C^t & = & \boldsymbol{a}_B^n & + & \boldsymbol{a}_{CB}^n & + & \boldsymbol{a}_{CB}^t \\
\text{方向：} & C \to D & & \perp DC & & B \to A & & // BC & & \perp BC \\
\text{大小：} & \omega_3^2 l_{CD} & & ? & & \omega_1^2 l_{AB} & & \omega_2^2 l_{BC} & & ?
\end{array}$$

上式中，只有 $\boldsymbol{a}_C^t$、$\boldsymbol{a}_{CB}^t$ 两个未知数，可用矢量图解法求出。

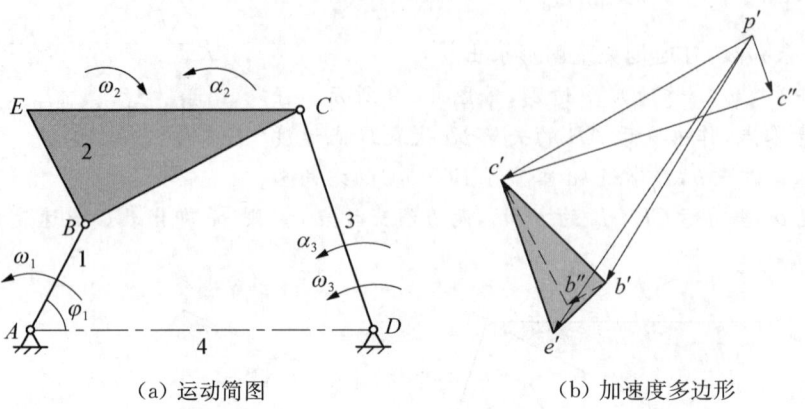

(a) 运动简图　　　　　　　　(b) 加速度多边形

图 4-10　加速度分析

取加速度比例尺 μ_a，作加速度多边形，如图 4-10 所示。任取一点 p'，代表零点，作 $p'b'$ // AB，且 $\overline{p'b'} = \dfrac{\omega_1^2 l_{AB}}{\mu_a}$；作 $b'b''$ // BC，且 $\overline{b'b''} = \dfrac{\omega_2^2 l_{BC}}{\mu_a}$；过 b'' 作 BC 的垂线，代表 $\boldsymbol{a}_{CB}^t$ 的方向线，作直线 $p'c''$ // DC，且 $\overline{p'c''} = \dfrac{\omega_3^2 l_{CD}}{\mu_a}$；然后过 c'' 点作 CD 的垂线，该垂线与 BC 的垂线交于点 c'，则 $p'c'$ 即代表 C 点的加速度 $\boldsymbol{a}_C = \overline{p'c'}\mu_a$。

E 点加速度可以用加速度影像法直接求出：$\boldsymbol{a}_E = \overline{p'e'}\mu_a$；而 $\boldsymbol{\alpha}_2 = \dfrac{\boldsymbol{a}_{CB}^t}{l_{CD}} = \dfrac{\overline{b''c'}\mu_a}{l_{CD}}$，方向为逆时针；$\boldsymbol{\alpha}_3 = \dfrac{\boldsymbol{a}_C^t}{l_{CD}} = \dfrac{\overline{c''c'}\mu_a}{l_{CD}}$，方向为逆时针。

4.3.3　含有移动副的四杆机构的运动分析

例 4-4　在如图 4-11 所示含移动副的四杆机构中，已知各杆长度和构件 1 的角速度 ω_1，$l_{BC} = 2l_{CD}$。试用相对运动图解法求图示位置构件 2 的角速度 ω_2 和角加速度 ε_2 及构件 5 的速度 v_5 和加速度 a_5。

解：(1) 取长度比例尺 μ_l 作机构运动简图。

(2) 速度分析：扩大杆 3，则 B 点可看成构件 2 和 3 的重合点，于是有

$$\begin{array}{cccc}
& \boldsymbol{v}_{B_3} & = & \boldsymbol{v}_{B_2} & + & \boldsymbol{v}_{B_3 B_2} \\
\text{大小} & ? & & \omega_1 l_{AB} & & ? \\
\text{方向} & \perp BC & & \perp AB & & // BC
\end{array}$$

上式中只有两个未知数，选 μ_v 作图。任选一极点 p，沿着 ω_1 方向作直线 pb_2 垂直于 AB，使 $\overline{pb_2} = \dfrac{v_{B_2}}{\mu_v}$。过 b_2 作一直线平行于 BC，该直线和过点 p 且垂直于 BC 的直线交点 b_3。则 $\boldsymbol{v}_{B_3} = \overline{pb_3}\mu_v$。利用速度影像法，可以得到代表 v_D 的 d 点。

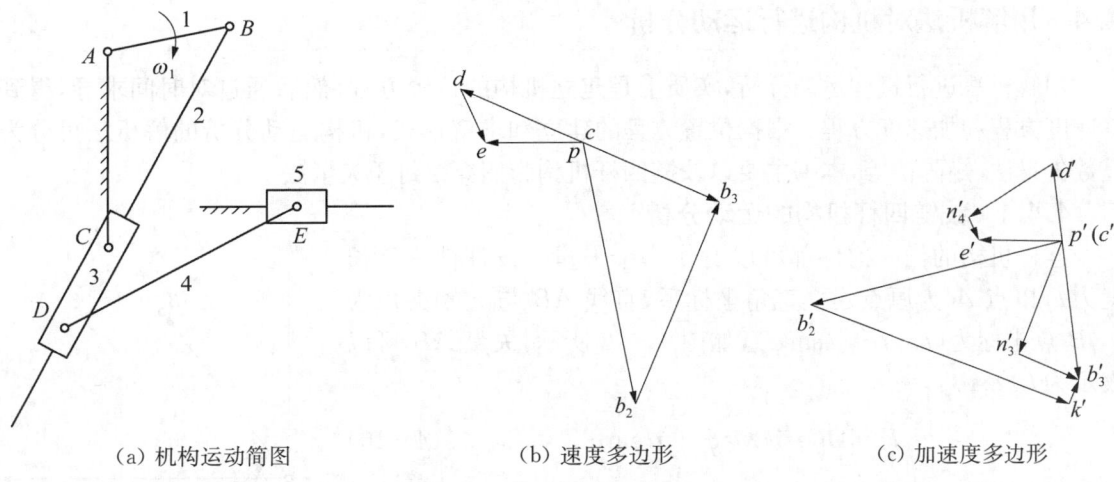

(a) 机构运动简图　　(b) 速度多边形　　(c) 加速度多边形

图 4-11 含移动副的四杆机构

又由同一构件上两点间的速度关系可得

$$v_E = v_D + v_{ED}$$

大小　？　　√　　？
方向　水平　⊥DC　//DE

根据上述关系,得到 e 点,则 $v_5 = v_E = \overline{pe}\mu_v$。

$\omega_2 = \omega_3 = \dfrac{v_{B_3}}{l_{BC}} = \overline{pb_3}\mu_v$,方向为顺时针;$\omega_4 = \dfrac{v_{ED}}{l_{ED}} = \dfrac{\overline{de}\mu_v}{l_{ED}}$,方向为顺时针。

(3) 加速度分析:根据加速度合成原理,列出点 B_3 和点 B_2 之间的加速度关系:

$$a_{B_3}^n + a_{B_3}^t = a_{B_2} + a_{B_3B_2}^k + a_{B_3B_2}^r$$

大小　已知　？　　√　　√　　？
方向　$B \to C$　⊥BC　$B \to A$　⊥BC　//BC

其中,$a_{B_2} = \omega_1^2 l_{AB}$,$a_{B_3}^n = \omega_3^2 l_{BC}$,$a_{B_3B_2}^k = 2\omega_3 v_{B_3B_2}$,其方向为由 $v_{B_3B_2}$ 的矢量沿 ω_3 的方向转过 $90°$。

选加速度比例尺 μ_a,任选一点 p' 为极点,绘制加速度矢量图,如图 4-11b 所示。

同样由加速度影像法求出 a_D,即 $\overline{p'd'}\mu_a$。根据同一构件上加速度关系有

$$a_E = a_D + a_{ED}^n + a_{ED}^t$$

大小　？　　√　　$\omega_4^2 l_{ED}$　　？
方向　水平　√　　$E \to D$　⊥ED

根据上述关系完成加速度图,则

构件2角加速度 $\varepsilon_2 = \varepsilon_3 = \dfrac{a_{B_3}^t}{l_{BC}} = \dfrac{\overline{n_3'b_3'}}{l_{BC}}$,方向为顺时针;构件5加速度 $a_5 = a_E = \overline{p'e'}\mu_a$,方向如图 4-11c 所示。

4.4 用解析法对机构进行运动分析

用解析法进行机构运动分析,实质上是建立机构的位置方程,然后通过对时间求导,得到其速度方程和加速度方程。根据位置方程的建立和求解形式,机构运动分析的解析法可分为复数矢量法、矩阵法等,本书主要以铰链四杆机构为例介绍封闭矢量法。

4.4.1 铰链四杆机构的运动分析

连杆机构的任一构件都可以看作一个矢量。设杆件 AB 长度为 l,以点 A 为原点建立直角坐标系,直线 AB 与 x 轴夹角为 φ,B 点坐标为 $(l\cos\varphi, l\sin\varphi)$,如图 4-12 所示,矢量 AB 可以表示为 l 或 $\boldsymbol{AB}$:

$$\boldsymbol{l} = \boldsymbol{AB} = \mathbf{i}l\cos\varphi + \mathbf{j}l\sin\varphi \tag{4-10}$$

矢量也可以用复数来表示:

$$l = l(\cos\varphi + i\sin\varphi) = l e^{i\varphi} \tag{4-11}$$

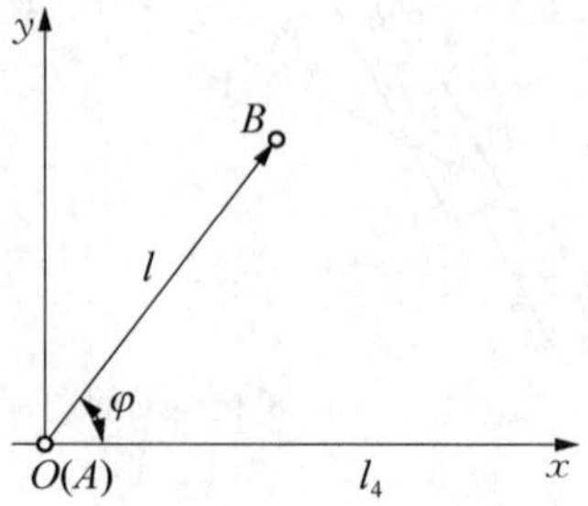

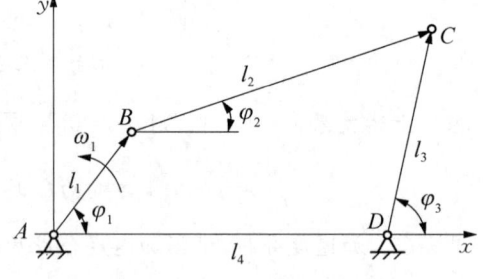

图 4-12 构件的矢量

1) 位置分析

如图 4-13 所示铰链四杆机构中,AB 为原动件,AD 为机架,若各杆的杆长分别为 l_1、l_2、l_3 和 l_4,在某一瞬时,各杆件与 x 方向夹角分别为 φ_1、φ_2、φ_3、φ_4,选取点 A 为坐标原点,AD 为 x 轴,建立直角坐标系。用 $\boldsymbol{l}_1$、$\boldsymbol{l}_2$、$\boldsymbol{l}_3$、$\boldsymbol{l}_4$ 分别表示各杆矢量,则有

$$\boldsymbol{l}_1 + \boldsymbol{l}_2 - \boldsymbol{l}_3 - \boldsymbol{l}_4 = 0 \tag{4-12}$$

改写成复数矢量形式:

$$l_1 e^{i\varphi_1} + l_2 e^{i\varphi_2} - l_3 e^{i\varphi_3} - l_4 e^{i\varphi_4} = 0 \tag{4-13}$$

图 4-13 位置分析

因为 $\varphi_4 = 0$,有

$$l_1 e^{i\varphi_1} + l_2 e^{i\varphi_2} - l_3 e^{i\varphi_3} - l_4 = 0 \tag{4-14}$$

将矢量分别向 x 轴、y 轴投影,则位置方程可转化为

$$\left. \begin{array}{l} l_1\cos\varphi_1 + l_2\cos\varphi_2 - l_3\cos\varphi_3 - l_4 = 0 \\ l_1\sin\varphi_1 + l_2\sin\varphi_2 - l_3\sin\varphi_3 = 0 \end{array} \right\} \tag{4-15}$$

从式(4-15)中消去 φ_2,可得

$$2l_1 l_3 \sin\varphi_1 \sin\varphi_3 + (2l_1 l_3 \cos\varphi_1 - 2l_3 l_4)\cos\varphi_3 + l_2^2 - l_1^2 - l_3^2 - l_4^2 + 2l_1 l_4 \cos\varphi_1 = 0$$

若各杆长度和主动杆方位角 φ_1 为已知,则上式可写为

$$K_1 \sin\varphi_3 + K_2 \cos\varphi_3 + K_3 = 0 \tag{4-16}$$

其中

$$K_1 = \sin\varphi_1,\ K_2 = \cos\varphi_1 - l_4/l_1,\ K_3 = (l_2^2 - l_1^2 - l_3^2 - l_4^2 + 2l_1 l_4 \cos\varphi_1)/(2l_1 l_3)$$

解方程(4-16)得

$$\varphi_3 = 2\arctan\left(\frac{K_1 \pm \sqrt{K_1^2 + K_2^2 - K_3^2}}{K_2 - K_3}\right) \tag{4-17}$$

式(4-17)有两个解,可以根据初始安装情况和机构运动的连续性确定正负号。

同理,将式(4-15)中消去 φ_3,可得

$$2l_1 l_2 \sin\varphi_1 \sin\varphi_2 + (2l_1 l_2 \cos\varphi_1 - 2l_2 l_4)\cos\varphi_2 + l_1^2 + l_2^2 + l_4^2 - l_3^2 - 2l_1 l_4 \cos\varphi_1 = 0$$

有
$$K_1 \sin\varphi_2 + K_2 \cos\varphi_2 + K_4 = 0 \tag{4-18}$$

$$K_1 = \sin\varphi_1,\ K_2 = \cos\varphi_1 - l_4/l_1,\ K_4 = (l_1^2 + l_2^2 + l_4^2 - l_3^2 - 2l_1 l_4 \cos\varphi_1)/(2l_1 l_2)$$

解方程(4-18)得

$$\varphi_2 = 2\arctan\left(\frac{K_1 \pm \sqrt{K_1^2 + K_2^2 - K_4^2}}{K_2 - K_4}\right) \tag{4-19}$$

2) 速度分析

φ_1、φ_2、φ_3 为时间 t 的函数,将式(4-14)对 t 求导,可得

$$il_1 \frac{d\varphi_1}{dt} e^{i\varphi_1} + il_2 \frac{d\varphi_2}{dt} e^{i\varphi_2} - il_3 \frac{d\varphi_3}{dt} e^{i\varphi_3} = 0 \tag{4-20}$$

即
$$l_1 \omega_1 e^{i\varphi_1} + l_2 \omega_2 e^{i\varphi_2} - l_3 \omega_3 e^{i\varphi_3} = 0 \tag{4-21}$$

将上式的实部和虚部分离,有

$$\left.\begin{array}{l} l_1 \omega_1 \cos\varphi_1 + l_2 \omega_2 \cos\varphi_2 - l_3 \omega_3 \cos\varphi_3 = 0 \\ l_1 \omega_1 \sin\varphi_1 + l_2 \omega_2 \sin\varphi_2 - l_3 \omega_3 \sin\varphi_3 = 0 \end{array}\right\} \tag{4-22}$$

解得

$$\omega_2 = \frac{l_1 \omega_1 \sin(\varphi_3 - \varphi_1)}{l_2 \sin(\varphi_2 - \varphi_3)},\quad \omega_3 = \frac{l_1 \omega_1 \sin(\varphi_1 - \varphi_2)}{l_3 \sin(\varphi_3 - \varphi_2)}$$

式(4-21)是速度矢量关系的复数表达式,也可以写成

$$\boldsymbol{v}_C = \boldsymbol{v}_B + \boldsymbol{v}_{CB} \tag{4-23}$$

其中

$$\boldsymbol{v}_C = il_3 \omega_3 e^{i\varphi_3} = l_3 \omega_3 (i\cos\varphi_3 - \sin\varphi_3)$$
$$\boldsymbol{v}_B = il_1 \omega_1 e^{i\varphi_1} = l_1 \omega_1 (i\cos\varphi_1 - \sin\varphi_1)$$
$$\boldsymbol{v}_{CB} = il_2 \omega_2 e^{i\varphi_2} = l_2 \omega_2 (i\cos\varphi_2 - \sin\varphi_2)$$

分别为 C 点速度、B 点速度、C 点相对于 B 点的相对速度。

3) 加速度分析

将式(4-21)对时间 t 求导,设构件 AB 为匀速运动,可得

$$l_1 \omega_1^2 e^{i\varphi_1} + l_2 \omega_2^2 e^{i\varphi_2} - il_2 \frac{d\omega_2}{dt} e^{i\varphi_2} - l_3 \omega_3^2 e^{i\varphi_3} + il_3 \frac{d\omega_3}{dt} e^{i\varphi_3} = 0 \tag{4-24}$$

即

$$l_1\omega_1^2 e^{i\varphi_1} + l_2\omega_2^2 e^{i\varphi_2} - il_2\alpha_2 e^{i\varphi_2} - l_3\omega_3^2 e^{i\varphi_3} + il_3\alpha_3 e^{i\varphi_3} = 0 \qquad (4-25)$$

将上式的实部和虚部分离,得

$$\begin{cases} l_1\omega_1^2 \sin\varphi_1 + l_2\omega_2^2 \sin\varphi_2 - l_2\alpha_2 \cos\varphi_2 - l_3\omega_3^2 \sin\varphi_3 + l_3\alpha_3 \cos\varphi_3 = 0 \\ l_1\omega_1^2 \cos\varphi_1 + l_2\omega_2^2 \cos\varphi_2 + l_2\alpha_2 \sin\varphi_2 - l_3\omega_3^2 \cos\varphi_3 - l_3\alpha_3 \sin\varphi_3 = 0 \end{cases}$$

解得

$$\alpha_2 = \frac{l_1\omega_1^2 \cos(\varphi_1 - \varphi_3) + l_2\omega_2^2 \cos(\varphi_2 - \varphi_3) - l_3\omega_3^2}{l_2 \sin(\varphi_3 - \varphi_2)}$$

$$\alpha_3 = \frac{l_1\omega_1^2 \cos(\varphi_1 - \varphi_2) + l_2\omega_2^2 - l_3\omega_3^2 \cos(\varphi_3 - \varphi_2)}{l_3 \sin(\varphi_3 - \varphi_2)}$$

式(4-26)是加矢量关系的复数表达式,也可以写成

$$\boldsymbol{a}_C = \boldsymbol{a}_B + \boldsymbol{a}_{BC}$$

其中

$$\boldsymbol{a}_C = \boldsymbol{a}_C^t + \boldsymbol{a}_C^n = l_3\omega_3^2 e^{i\varphi_3} - il_3\alpha_3 e^{i\varphi_3}$$

$$\boldsymbol{a}_{BC} = \boldsymbol{a}_{CB}^t + \boldsymbol{a}_{CB}^n = l_2\omega_2^2 e^{i\varphi_2} - il_2\alpha_2 e^{i\varphi_2}$$

$$\boldsymbol{a}_B = l_1\omega_1^2 e^{i\varphi_1}$$

例 4-5 铰链四杆机构如图 4-13 所示,已知 $l_1 = 40$ mm、$l_2 = 120$ mm、$l_3 = 80$ mm、$l_4 = 100$ mm,$\varphi_1 = 40°$,主动杆转速 $\omega_1 = 25$ rad/s。求 $\varphi_1 = 40°$ 且 B 点位于 AD 上方时,该瞬时:

(1) 杆件 BC 和 CD 的瞬时转速 ω_2、ω_3,点 C 的速度 v_C;

(2) 杆件 BC 和 CD 的瞬时加速度 α_2、α_3。

解: 1) 位置分析

根据式(4-16),有

$$K_1 = \sin\varphi_1 = \sin 40° = 0.643$$

$$K_2 = \cos\varphi_1 - l_4/l_1 = \cos 40° - 100/40 = -1.734$$

$$K_3 = (l_2^2 - l_1^2 - l_3^2 - l_4^2 + 2l_1 l_4 \cos\varphi_1)/(2l_1 l_3)$$

$$= (120^2 - 40^2 - 80^2 - 100^2 + 2 \times 40 \times 100 \cos 40°)/(2 \times 40 \times 80) = 0.395$$

$$\varphi_3(1) = 2\arctan\left(\frac{K_1 + \sqrt{K_1^2 + K_2^2 - K_3^2}}{K_2 - K_3}\right)$$

$$= 2\arctan\left(\frac{0.643 + \sqrt{0.643^2 + (-1.734)^2 - 0.395^2}}{-1.743 - 0.395}\right) = -98.01°$$

$$\varphi_3(2) = 2\arctan\left(\frac{K_1 - \sqrt{K_1^2 + K_2^2 - K_3^2}}{K_2 - K_3}\right)$$

$$= 2\arctan\left(\frac{0.643 - \sqrt{0.643^2 + (-1.734)^2 - 0.395^2}}{-1.743 - 0.395}\right) = 57.32°$$

根据式(4-18),有

$$K_4 = (l_1^2 + l_2^2 + l_4^2 - l_3^2 - 2l_1 l_4 \cos\varphi_1)/(2l_1 l_2)$$

$$= (40^2 + 120^2 + 100^2 - 80^2 - 2 \times 40 \times 100 \cos 40°)/(2 \times 40 \times 120) = 1.403$$

$$\varphi_2(1) = 2\arctan\left(\frac{K_1 + \sqrt{K_1^2 + K_2^2 - K_4^2}}{K_2 - K_4}\right)$$

$$= 2\arctan\left(\frac{0.643 + \sqrt{0.643^2 + (-1.734)^2 - 1.403^2}}{-1.734 - 1.403}\right) = -61°$$

$$\varphi_2(2) = 2\arctan\left(\frac{K_1 - \sqrt{K_1^2 + K_2^2 - K_4^2}}{K_2 - K_4}\right)$$

$$= 2\arctan\left(\frac{0.643 - \sqrt{0.643^2 + (-1.734)^2 - 1.403^2}}{-1.734 - 1.403}\right) = 20.31°$$

计算结果如图 4-14 所示。

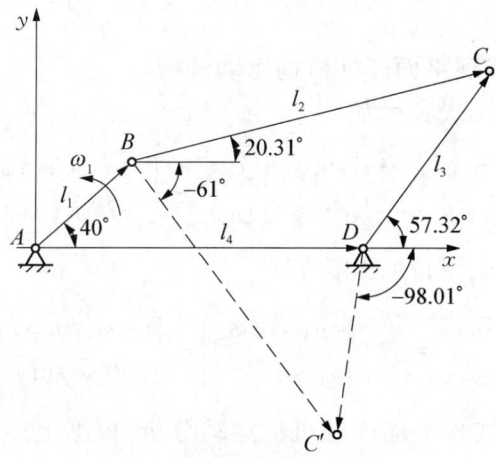

图 4-14 位置分析计算结果

2) 速度分析

$\varphi_1 = 40°$ 且 B 点在 AD 上方时 $\varphi_2 = 20.31°$，$\varphi_3 = 57.32°$，所以

$$\omega_2 = \frac{l_1\omega_1\sin(\varphi_3 - \varphi_1)}{l_2\sin(\varphi_2 - \varphi_3)} = \frac{40 \times 25 \times \sin(57.32° - 40°)}{120\sin(20.31° - 57.32°)} = -4.12(\text{rad/s})$$

$$\omega_3 = \frac{l_1\omega_1\sin(\varphi_1 - \varphi_2)}{l_3\sin(\varphi_3 - \varphi_2)} = \frac{40 \times 25\sin(40° - 20.31°)}{80\sin(57.32° - 20.31°)} = 7.0(\text{rad/s})$$

$$\boldsymbol{v}_C = l_3\omega_3(\cos\varphi_3 - i\sin\varphi_3) = 80 \times 7 \times (\cos 57.32° - i\sin 57.32°)$$

$$= 560 \times (\cos 147.32° + i\sin 147.32°)$$

所以 $v_C = 0.56\,\text{m/s}$，其方向与 x 轴夹角为 $147.32°$（图 4-15）。

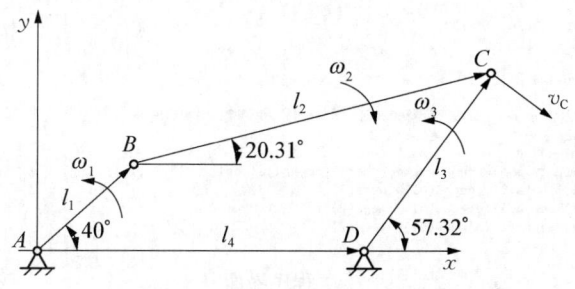

图 4-15 速度分析计算结果

3) 加速度分析

$$\alpha_2 = \frac{l_1\omega_1^2\cos(\varphi_1-\varphi_3)+l_2\omega_2^2\cos(\varphi_2-\varphi_3)-l_3\omega_3^2}{l_2\sin(\varphi_3-\varphi_2)}$$

$$\alpha_2 = \frac{40\times25^2\cos(40°-57.32°)+120\times(-4.12)^2\cos(20.31°-57.32°)-80\times7^2}{120\sin(57.32°-20.31°)}$$

$$=298.65(\text{rad/s})$$

$$\alpha_3 = \frac{l_1\omega_1^2\cos(\varphi_1-\varphi_2)+l_2\omega_2^2-l_3\omega_3^2\cos(\varphi_3-\varphi_2)}{l_3\sin(\varphi_3-\varphi_2)}$$

$$\alpha_3 = \frac{40\times25^2\cos(40°-20.31°)+120\times(-4.12)^2-80\times7^2\cos(57.32°-20.31°)}{80\sin(57.32°-20.31°)}$$

$$=466.15(\text{rad/s})$$

4.4.2 计算机编程实现平面连杆机构运动分析

式(4-22)可以用矩阵形式表示为

$$\begin{bmatrix} l_2\sin\phi_2 & -l_3\sin\phi_3 \\ l_2\cos\phi_2 & -l_3\cos\phi_3 \end{bmatrix}\begin{bmatrix} \omega_2 \\ \omega_3 \end{bmatrix}=\begin{bmatrix} -l_1\omega_1\sin\phi_1 \\ -l_1\omega_1\cos\phi_1 \end{bmatrix}$$

速度方程对时间求导数,可得加速度方程

$$\begin{bmatrix} l_2\sin\phi_2 & -l_3\sin\phi_3 \\ l_2\cos\phi_2 & -l_3\cos\phi_3 \end{bmatrix}\begin{bmatrix} \alpha_2 \\ \alpha_3 \end{bmatrix}=\begin{bmatrix} -l_1\omega_1^2\cos\phi_1 \\ l_1\omega_1^2\sin\phi_1 \end{bmatrix}-\begin{bmatrix} l_2\omega_2\cos\phi_2 & -l_3\omega_3\cos\phi_3 \\ -l_2\omega_2\sin\phi_2 & +l_3\omega_3\sin\phi_3 \end{bmatrix}\begin{bmatrix} \omega_2 \\ \omega_3 \end{bmatrix}$$

采用计算机编程可以实现平面连杆机构运动分析,根据上述速度和加速度方程,采用 MATLAB 编写程序,输入杆长、主动件角速度,即可输出其余两杆的速度和加速度。

例 4-6 如图 4-13 所示,已知 $l_1=40$ mm、$l_2=120$ mm、$l_3=80$ mm、$l_4=100$ mm,主动杆转速 $\omega_1=25$ rad/s。MATLAB 的程序界面及角速度和角加速度线图分别如图 4-16a、b、c 所示。当 $\varphi_1=40°$ 且 C 点位于 AD 上方时,杆件 BC 和 CD 与 x 方向的夹角 φ_2、φ_3,瞬时转速 ω_2、ω_3,瞬时加速度 α_2、α_3 以及 C 点的速度 v_C 分别如图 4-16d、e 所示。

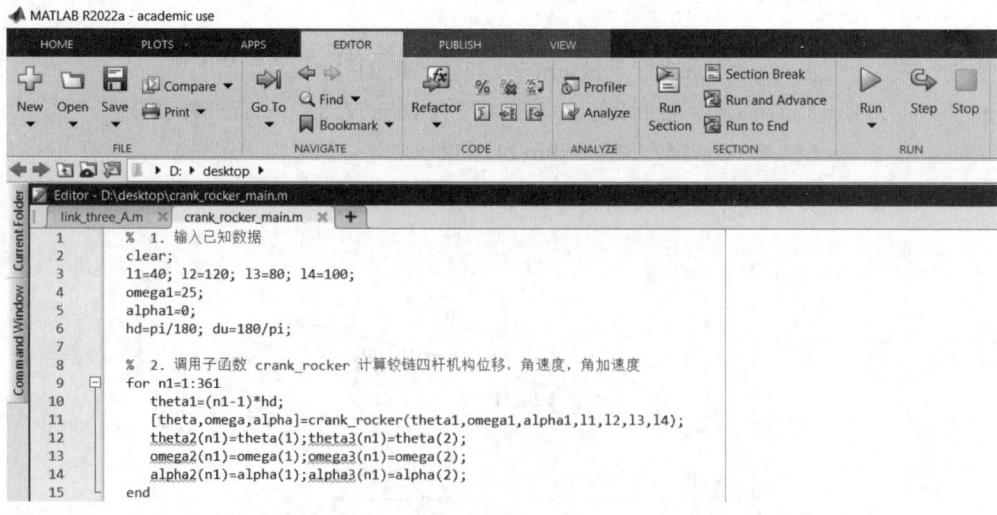

(a) 程序界面

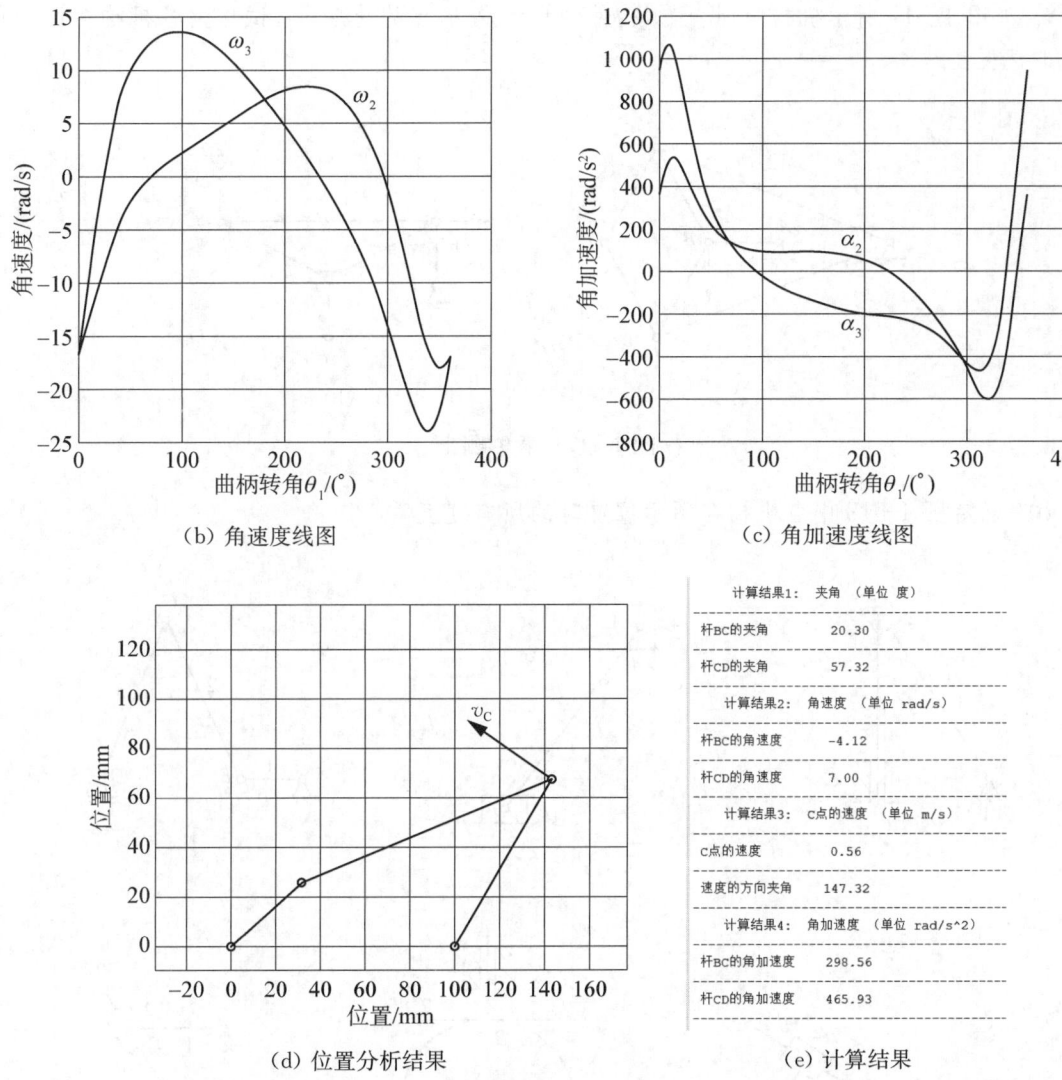

(b) 角速度线图

(c) 角加速度线图

(d) 位置分析结果

(e) 计算结果

图 4-16　MATLAB 编程实现平面四杆机构运动分析

思考与练习

1. 什么是速度瞬心？相对瞬心与绝对瞬心的区别是什么？

2. 什么是三心定理？何种情况下的瞬心需用三心定理确定？

3. 怎样确定组成转动副、移动副、高副的两构件的瞬心？

4. 平面机构的加速度多边形有何特性？

5. 速度影像法的特点是什么？

6. 在同一构件上两点的速度和加速度之间有什么关系？

7. 在用解析法做运动分析时，如何判断各杆的方位角所在象限？如何确定速度、加速度、角速度以及角加速度的方向？

8. 两相对运动的构件在什么条件下存在科氏加速度，其大小和方向如何确定？

9. 如图 4-17 所示机构中,设已知构件的尺寸及 B 点的速度 v_B,试作出各机构在图示位置时的速度多边形。

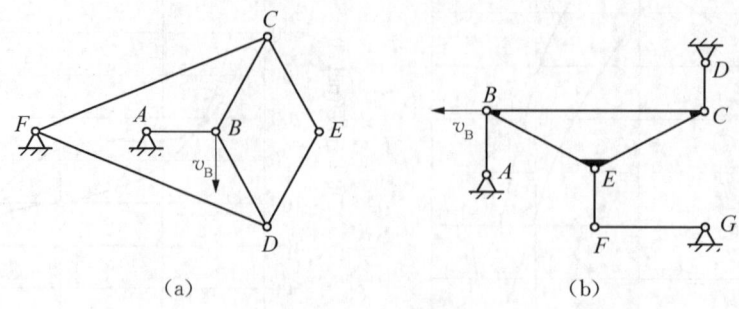

图 4-17　第 9 题图

10. 确定图 4-18 中各机构在图示位置时的所有速度瞬心。

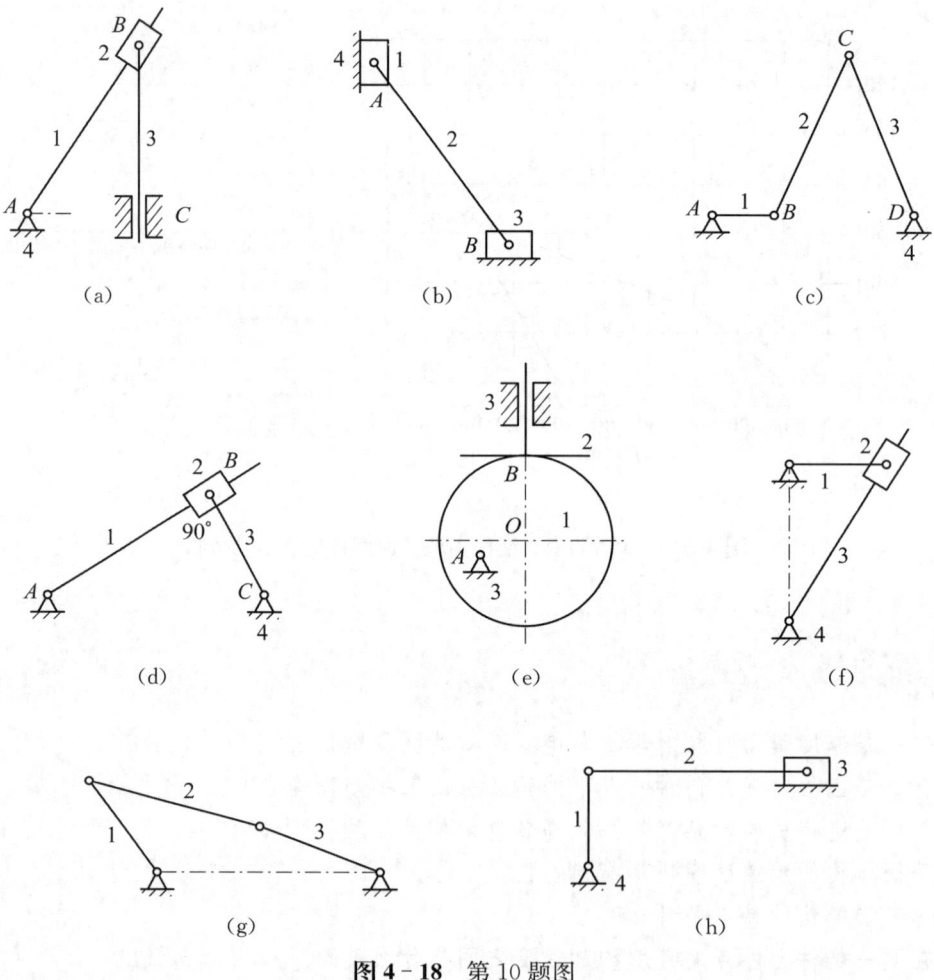

图 4-18　第 10 题图

11. 在如图 4-19 所示机构中,是否存在科氏加速度?在有科氏加速度的机构图中标出 a_{B3B2}^k 的方向,并写出其大小的表达式。

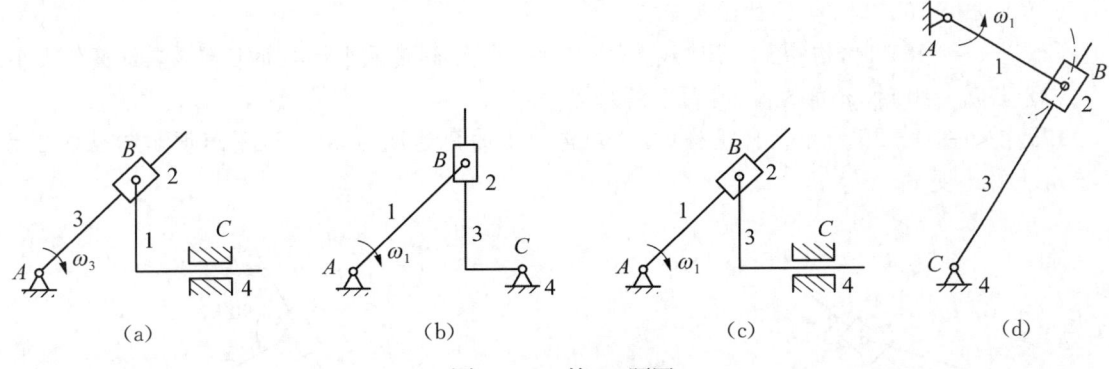

(a)　　　　　(b)　　　　　(c)　　　　　(d)

图 4-19　第 11 题图

12. 在如图 4-20 所示凸轮机构中,已知凸轮 1 以等角速度 $\omega_1 = 10\,\text{rad/s}$ 转动。凸轮为一偏心圆,其半径 $R = 25\,\text{mm}$,$l_{AB} = 15\,\text{mm}$,$l_{AD} = 60\,\text{mm}$,$\varphi_1 = 90°$,试用瞬心法求构件 2 的角速度 ω_2。

13. 在如图 4-21 所示齿轮连杆组合机构中,试用瞬心法求齿轮 1 与 3 的传动比 ω_1/ω_3。

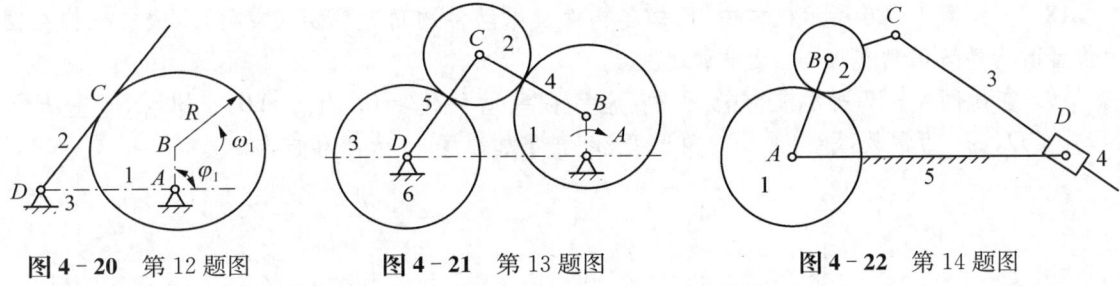

图 4-20　第 12 题图　　　图 4-21　第 13 题图　　　图 4-22　第 14 题图

14. 在如图 4-22 所示齿轮-连杆组合机构中,构件 3 带动齿轮 2(行星齿轮)绕固定齿轮 1(中心轮)转动,试用速度瞬心图解法求图示位置构件 2 与 4 的传动比 $i_{24} = \dfrac{\omega_2}{\omega_4}$。

15. 在如图 4-23 所示机构中,已知原动件 1 以匀角速度 ω_1 沿逆时针方向转动,试确定:
(1) 机构的全部瞬心;
(2) 构件 3 的速度 v_3(需写出表达式)。

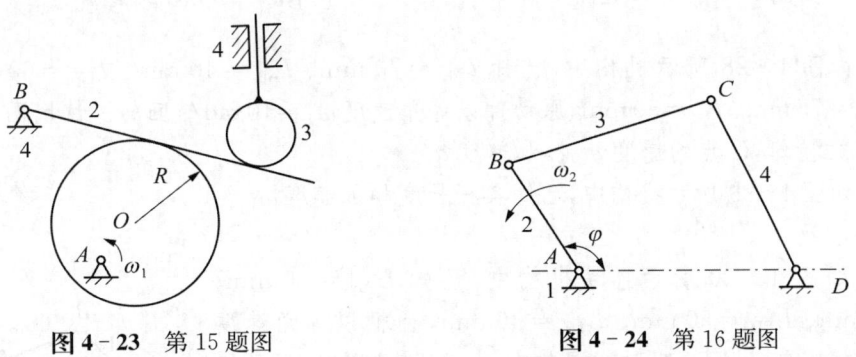

图 4-23　第 15 题图　　　图 4-24　第 16 题图

16. 在如图 4-24 所示四杆机构中,$l_{AB} = 60\,\text{mm}$,$l_{CD} = 90\,\text{mm}$,$l_{AD} = l_{BC} = 120\,\text{mm}$,$\omega_2 = 10\,\text{rad/s}$,试用瞬心法求:

(1) 当 $\varphi = 165°$ 时，点 C 的速度 v_C；

(2) 当 $\varphi = 165°$ 时，构件 3 的 BC 线上(或其延长线上)速度最小点 E 的位置及其速度的大小；

(3) 当 $v_C = 0$ 时，φ 角的值(有两个解)。

17. 在如图 4-25 所示六杆机构中，已知构件 1 的角速度为 ω_1。试用速度瞬心法求图示位置滑块的速度 v_5。

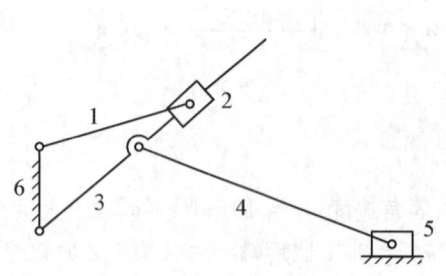

图 4-25 第 17 题图

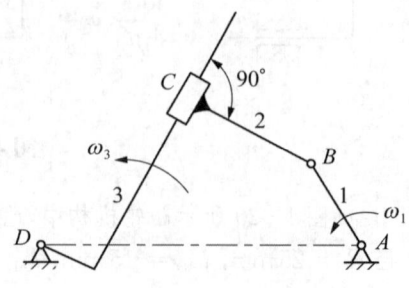

图 4-26 第 18 题图

18. 在如图 4-26 所示机构中，已知各构件及原动件的角速度 ω_1(常数)。试求机构在图示位置时构件 3 的角速度 ω_3 及角加速度 ε_3。

19. 在如图 4-27 所示机构中，已知 $l_{AB} = l_{BE} = l_{EC} = l_{EF} = 0.5 l_{CD}$，$AB \perp BC$，$BC \perp EF$，$BC \perp CD$，$\omega_1$ 为常数，求构件 5 的角速度 ω_5 和角加速度 α_5 大小和方向。

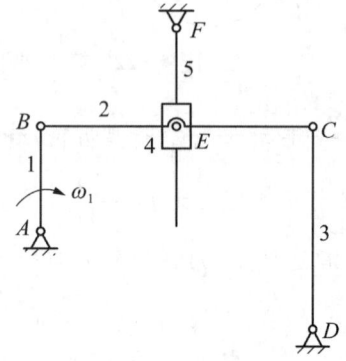

图 4-27 第 19 题图

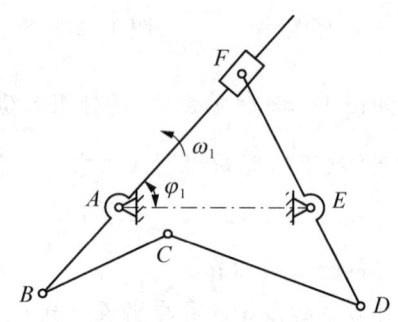

图 4-28 第 20 题图

20. 在如图 4-28 所示机构中，已知 $l_{AE} = 70$ mm、$l_{AB} = 40$ mm、$l_{EF} = 60$ mm、$l_{DE} = 35$ mm、$l_{CD} = 75$ mm、$l_{BC} = 50$ mm，原动件以等角速度 $\omega_1 = 10$ rad/s 回转。试用图解法求机构在 $\varphi_1 = 50°$ 位置时，C 点的速度 v_C 和加速度 a_C。

21. 在如图 4-29 所示机构中，已知各杆长度和加速度 ω_1 为常数，试求 v_5 及 a_5。

22. 在如图 4-30 所示摇块机构中，已知 $L_{AB} = 30$ mm、$L_{AC} = 100$ mm、$L_{BD} = 50$ mm、$L_{DE} = 40$ mm，曲柄以等角速度 $\omega_1 = 10$ rad/s 回转，试用图解法求机构在 $\varphi_1 = 45°$ 位置时，E 的速度和加速度以及构件 2 的角速度和角加速度。

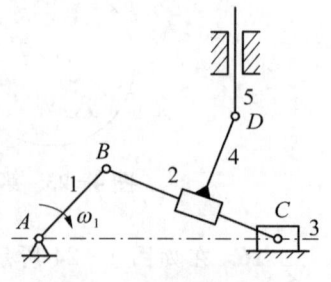

图 4-29 第 21 题图

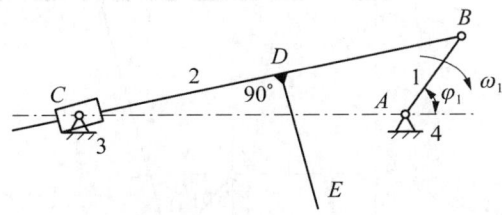

图 4-30 第 22 题图

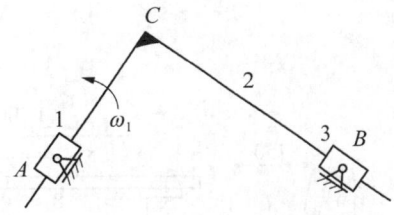

图 4-31 第 23 题图

23. 如图 4-31 所示为十字滑块联轴器的运动简图（$\mu_l = 0.002$ m/mm）。若 $\omega_1 = 15$ rad/s，试用图解法求：

(1) ω_3、α_3；

(2) 构件 2 相对构件 1 和构件 3 的滑动速度；

(3) 构件 2 上 C 点的加速度 a_C。

24. 已知如图 4-32 所示机构的位置及尺寸，ω_1 为常数，试用图解法求：

(1) 构件 5 上 F 点的速度 v_F（在 $\overrightarrow{pd}$ 的基础上作速度多边形并列出有关矢量方程式及计算式）；

(2) 构件 5 上 F 点的加速度 a_F（写出求解思路并列出有关矢量方程式及计算式）；

(3) $a_{D_5D_4}^k$ 大小的表达式，在机构图中标出其方向。

25. 已知如图 4-33 所示机构的位置和尺寸，ω_1 为常数，求构件 2 上 D 点的速度 v_D 和加速度 a_D。（画出结构速度和加速度多边形，并列出必要的矢量方程式和计算式）

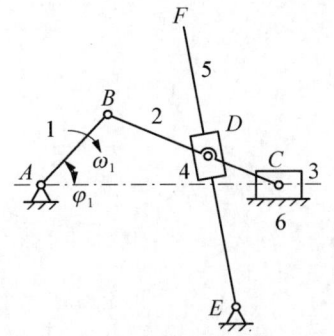

图 4-32 第 24 题图

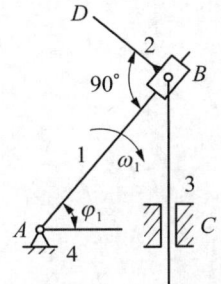

图 4-33 第 25 题图

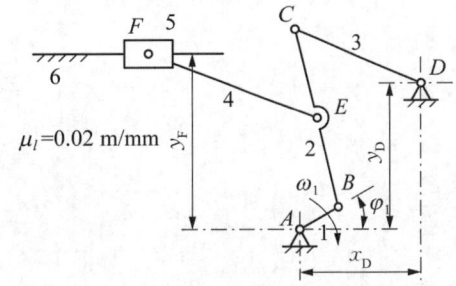

图 4-34 第 26 题图

26. 在如图 4-34 所示干草压缩机中，已知 $\omega_1 = 5$ rad/s，$l_{AB} = 150$ mm，$l_{BC} = 600$ mm，$l_{CE} = 300$ mm，$l_{CD} = 460$ mm，$l_{EF} = 600$ mm，$x_D = 600$ mm，$y_D = 500$ mm，$y_F = 600$ mm，$\varphi_1 = 30°$，求活塞 5 的速度 v_5 和加速度 a_5。

27. 如图 4-35 所示为可倾斜卸料的升降台机构，此升降机有两个液压缸 1、4，设已知机构的尺寸为 $l_{BC} = l_{CD} = l_{CG} = l_{FH} = l_{EF} = 750$ mm，$l_{IJ} = 2000$ mm，$l_{EI} = 500$ mm。若两活塞的相对移动速度分别为 $v_{21} = 0.05$ m/s = 常数，$v_{54} = -0.03$ m/s = 常数，试求当两曲活塞的相对移动位移分别为 $s_{21} = 350$ mm 和 $s_{21} = -260$ mm 时（以升降台位于水平且 DE 与 CF 重合时为起始位置），工作重心 S 处的速度及加速度、工件的角速度及角加速度。

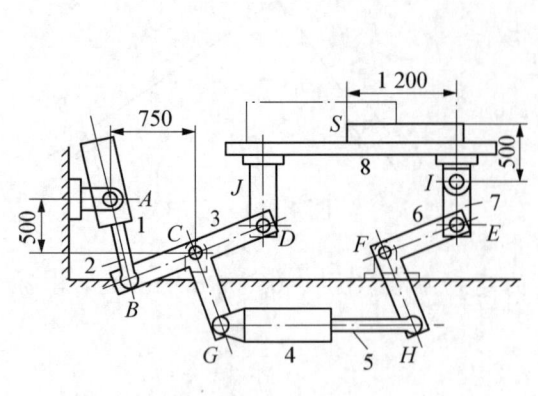

图 4-35　第 27 题图

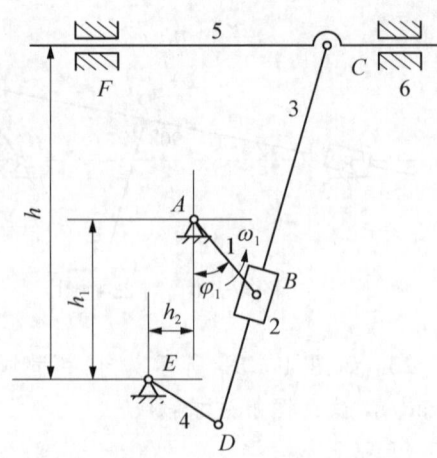

图 4-36　第 28 题图

28. 在如图 4-36 所示牛头刨床机构中，$h=800\,\text{mm}$，$h_1=360\,\text{mm}$，$h_2=120\,\text{mm}$，$L_{AB}=200\,\text{mm}$，$L_{CD}=960\,\text{mm}$，$L_{DE}=160\,\text{mm}$。设曲柄以等加速度 $\omega_1=5\,\text{rad/s}$ 逆时针方向回转，试以图解法求机构在 $\varphi=135°$ 位置时，刨头上 C 点的速度 v_C。（提示：此刨床为 Ⅲ 级机构，故三副构件 3 的位置作图需借助于其模板 CBD 来确定位置）

第 5 章

凸 轮 机 构

◎ 学习成果达成要求

1. 了解凸轮机构的分类及应用。
2. 掌握推杆的运动规律,能够用图解法设计凸轮轮廓。
3. 掌握凸轮机构基本尺寸的确定方法。

5.1 凸轮机构概述

5.1.1 工程中典型的凸轮机构

凸轮机构是一种主要由凸轮、推杆(从动件)和机架组成的高副机构。其中,凸轮是具有曲线轮廓形状的构件,一般做定轴转动,从动件可做往复移动或往复摆动。通常,凸轮为机构的主动件。

各种机械特别是自动控制装置中,广泛采用各种形式的凸轮机构。如图 5-1 所示内燃机配气机构就是一种典型的凸轮机构。当凸轮 1 回转时,其轮廓将迫使推杆 2 做往复摆动,从而使气阀 3 开启或关闭(关闭是弹簧 4 的作用),以控制可燃物质在适当的时间进入气缸或排出废气。至于气阀开启和关闭时间的长短及其速度和加速度的变化规律,则取决于凸轮轮廓曲线的形状。

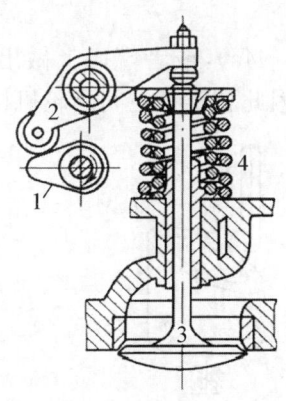

图 5-1 内燃机配气机构

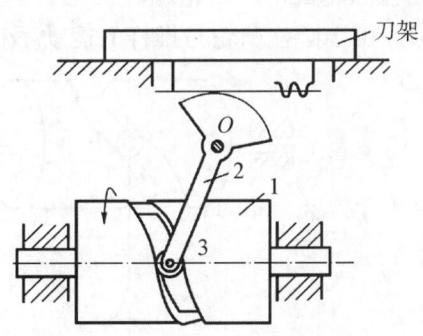

图 5-2 自动机床进刀机构

如图 5-2 所示为一自动机床进刀机构。当具有凹槽的圆柱凸轮 1 回转时,其凹槽的侧面通过嵌于凹槽中的滚子 3 迫使推杆 2 绕轴 O 做往复摆动,从而控制刀架的进刀和退刀运动,至于进刀和退刀的运动规律如何,则取决于凹槽曲线的形状。

5.1.2 凸轮机构的特点

凸轮机构之所以能够得到广泛应用,主要有以下优点:

(1) 结构简单、紧凑。

(2) 通过适当设计凸轮廓线可以使推杆实现各种预期运动规律,运动特性好。

(3) 性能稳定,故障少,维护保养方便。

凸轮机构的主要缺点是凸轮与推杆为高副接触,易于磨损,另外由于凸轮的轮廓曲线通常都比较复杂,因而加工比较困难。

5.2 凸轮机构的分类及常用参数

5.2.1 凸轮机构的分类

凸轮机构可以根据凸轮的形状、推杆的形状和推杆的运动形式等几种情况进行分类。

1) 按凸轮的形状分类

凸轮机构按照凸轮的形状,可以分为盘形凸轮机构、移动凸轮机构和圆柱凸轮机构等。

(1) 盘形凸轮机构。凸轮呈盘状,具有变化的向径,且做定轴回转运动。如图 5-3a 所示凸轮就属于盘形凸轮。

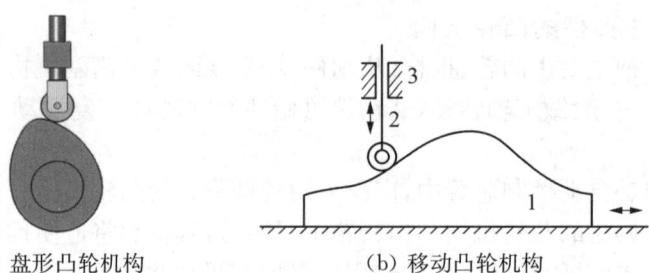

(a) 盘形凸轮机构　　　　　　(b) 移动凸轮机构

图 5-3　凸轮机构

(2) 移动凸轮机构。凸轮做往复直线移动(图 5-3b),这种凸轮可以看作转轴在无限远处的盘形凸轮的一部分。

(3) 圆柱凸轮机构。凸轮圆柱面上开有曲线凹槽(图 5-4a),或者端面上做出曲线轮廓(图 5-4b)。由于圆柱凸轮与推杆的运动不在同一平面内,因此它属于空间凸轮机构。

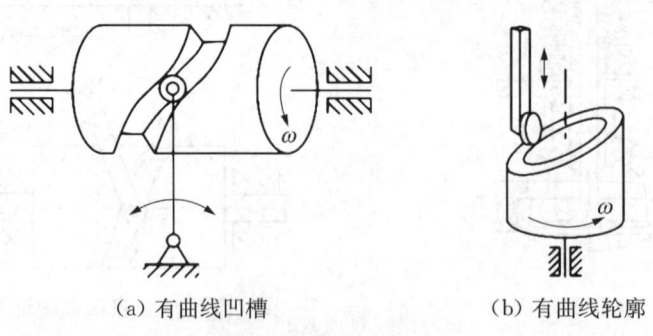

(a) 有曲线凹槽　　　　　　(b) 有曲线轮廓

图 5-4　圆柱凸轮机构

2) 按推杆的形状分类

凸轮机构按推杆形状来分,可以分为尖底推杆、平底推杆、滚子推杆和曲底推杆等类型。

(1) 尖底推杆(图 5-5a、e)。其结构非常简单,其尖底能与任意复杂形状的凸轮轮廓保持接触,但尖底容易磨损,一般适用于传力较小和速度较低的场合。

(2) 滚子推杆(图 5-5b、f)。滚子的存在使得凸轮与推杆之间的滑动摩擦转化为滚动摩擦,减少了凸轮机构的磨损,因而可以传递较大的动力,在工程中应用最为广泛。

(3) 平底推杆(图 5-5c、g)。其优点是受力平稳,传动效率高,常用于高速场合,其缺点是要求相应的凸轮轮廓曲线必须全部外凸。

(4) 曲底推杆(图 5-5d、h)。其端部为一曲面,兼有尖底与平底推杆的优点,在生产实际中的应用也较多。

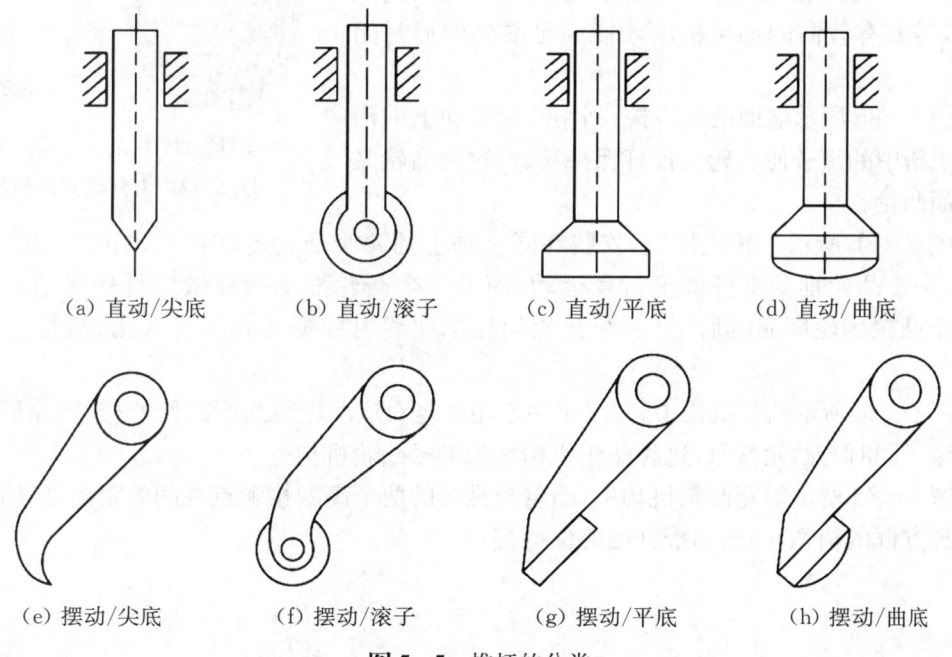

(a) 直动/尖底　　(b) 直动/滚子　　(c) 直动/平底　　(d) 直动/曲底

(e) 摆动/尖底　　(f) 摆动/滚子　　(g) 摆动/平底　　(h) 摆动/曲底

图 5-5　推杆的分类

3) 按推杆的运动形式分类

凸轮机构按推杆的运动形式可分为直动推杆和摆动推杆两种(图 5-5),直动推杆做往复直线运动,而摆动推杆做往复摆动。

对于直动推杆凸轮机构,当推杆的导路中心线通过凸轮的回转中心时,称为对心直动推杆凸轮机构,反之则称为偏置推杆凸轮机构,偏置的距离称为偏距,常用 e 表示。

通过上述分类方法,可以得到各种不同类型的凸轮机构,如图 5-5 所示摆动滚子推杆盘形凸轮机构,以及图 5-6 所示对心直动尖底推杆盘形凸轮机构和偏置直动尖底推杆

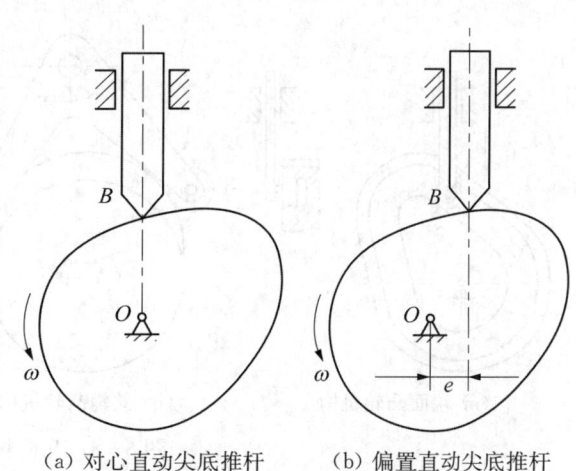

(a) 对心直动尖底推杆　　(b) 偏置直动尖底推杆

图 5-6　直动推杆盘形凸轮机构

盘形凸轮机构。

4）按凸轮与推杆保持接触的方式分类

凸轮与推杆必须永远保持高副接触。把凸轮与推杆间维持高副接触的方式称为封闭方式或锁合方式，工程中主要靠外力或特殊的几何形状来保证两者的接触。

(1) 力封闭式凸轮机构。这种凸轮机构利用弹簧力、推杆本身的重力或其他外力来保证凸轮与推杆始终保持高副接触。例如，图5-7a所示凸轮机构是利用弹簧的恢复力来保持高副接触，而图5-7b所示凸轮机构则是利用推杆的重力来保持高副接触。

(2) 几何封闭式凸轮机构。依靠凸轮和推杆特殊的几何形状来维持凸轮机构的高副接触称为几何封闭式凸轮机构，需要有较高的加工精度才能满足准确的形封闭条件。

如图5-8a所示端面凸轮机构，利用凸轮端面上的沟槽和放于槽中的滚子使凸轮与推杆保持接触，这类凸轮又称为端面凸轮。

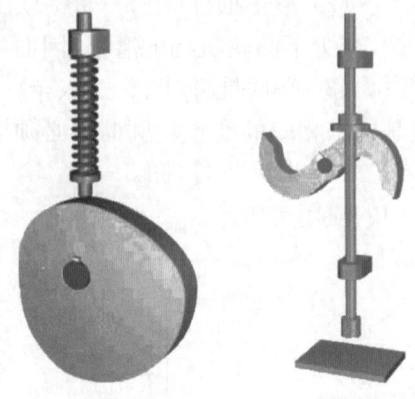

(a) 弹簧力封闭　　(b) 重力封闭

图5-7 力封闭式凸轮机构

如图5-8b所示凸轮机构中，安装在同一轴上的两个凸轮与摆杆上的两个滚子同时保持接触，一个凸轮推动摆杆做正行程运动，而另一个凸轮推动摆杆做反行程运动。设计出其中一个凸轮的轮廓曲线后，另一个凸轮的轮廓曲线可根据共轭条件求出，故称之为共轭凸轮。

如图5-8c所示凸轮机构中，两滚子中心距离与对应凸轮径向距离处处相等，保证推杆上的两个滚子同时与凸轮接触，这种凸轮机构称为等径凸轮机构。

如图5-8d所示等宽凸轮机构中，凸轮与推杆的两个高副接触点之间的距离处处相等，且等于推杆方框的槽宽，凸轮和推杆始终保持接触。

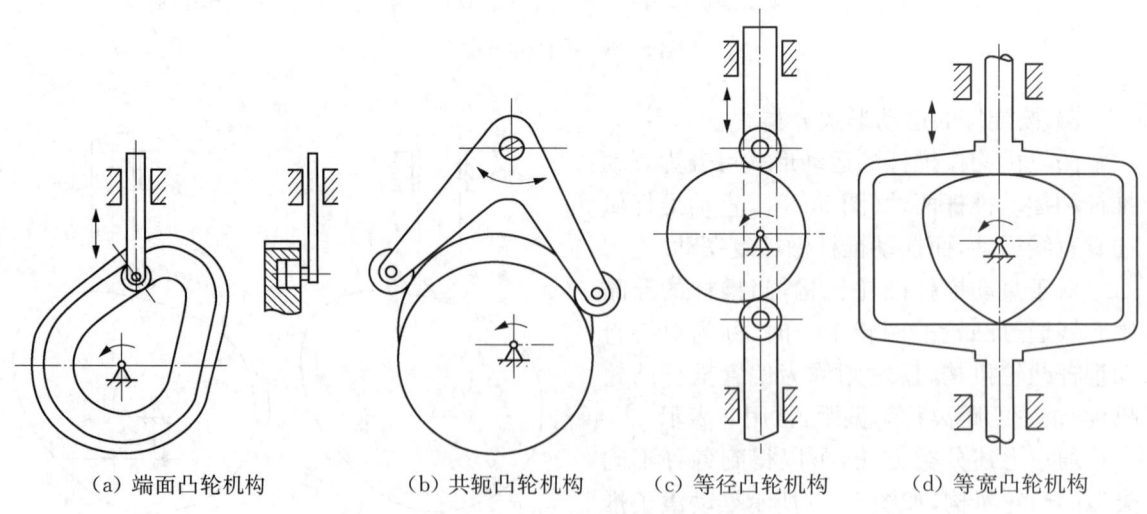

(a) 端面凸轮机构　　(b) 共轭凸轮机构　　(c) 等径凸轮机构　　(d) 等宽凸轮机构

图5-8 几何封闭式凸轮机构

5.2.2 凸轮机构的常用参数

凸轮机构的一些常用名词术语及参数如图 5-9 所示。推杆上的尖点或滚子的圆心是凸轮廓线设计的基点,由一系列基点的轨迹点形成的曲线,称为凸轮的理论廓线。以凸轮回转轴心为圆心,以理论廓线的最小向径为半径所作的圆,称为理论廓线基圆,其半径用 r_0 表示。

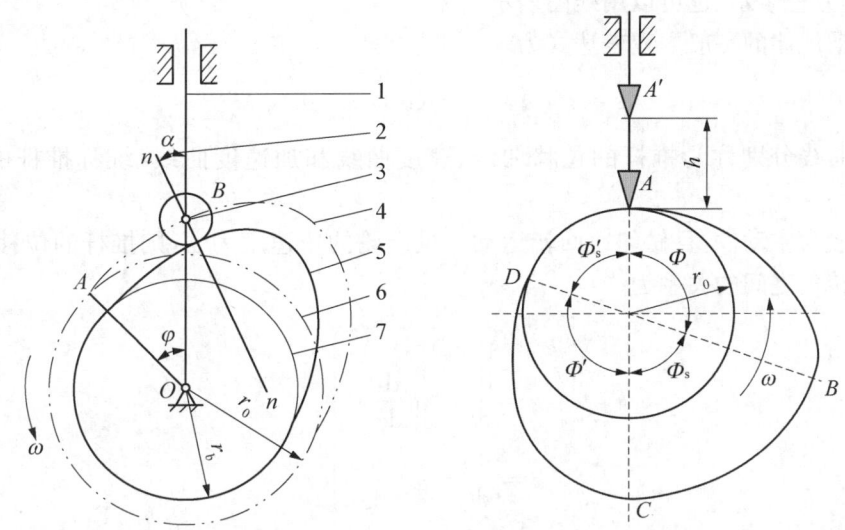

1—推杆;2—压力角;3—基点;4—理论廓线;5—实际廓线;6—理论廓线基圆;7—实际廓线基圆

图 5-9 凸轮机构名词术语

而与推杆直接接触的凸轮廓线,称为凸轮的实际廓线。以凸轮回转轴心为圆心,以实际廓线的最小向径为半径所作的圆,称为实际廓线基圆,其半径用 r_b 表示。

若没有特殊说明,凸轮基圆半径通常就是指理论廓线基圆半径 r_0。

推杆从距凸轮回转中心的最近点向最远点运动的过程称为推程,从最远点向最近点运动的过程称为回程。推杆的最大运动距离称作行程,是其从最近点运动到最远点所通过的距离,或从最远点回到最近点所通过的距离,常用 h 来表示。

凸轮转角是指凸轮绕自身轴线转过的角度,用 φ 表示。一般情况下,凸轮转角从行程的起始点在基圆上开始度量,其值等于行程起点和推杆的导路中心线与基圆的交点所组成的圆弧对应的基圆圆心角。凸轮转过转角 φ 时,推杆所运动的距离称为推杆的位移,用 s 表示。s 从距凸轮回转中心的最近点开始度量。如图 5-10 所示为推程阶段的凸轮转角与对应的推杆位移。

推程所对应的凸轮转角称为推程运动角,用 Φ 表示;回程所对应的凸轮转角称为回程运动角,用 Φ' 表示;推杆在距凸轮回转中心的最远点静止不动时,对应凸轮所转过的角度为远休止角,用 Φ_s 表示;推杆在距凸轮回转中心的最近点静止不动时,对应凸轮所转过的角度为近休止角,用 Φ'_s 表示。

凸轮与推杆在某瞬时接触点处的公法线方向与推杆运

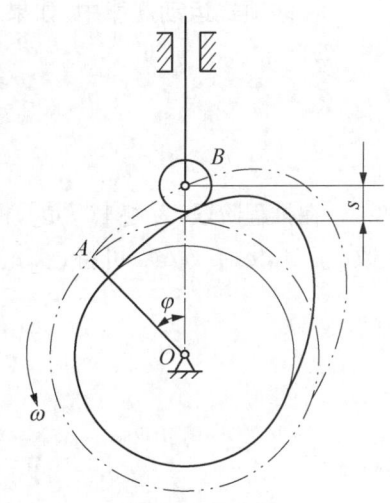

图 5-10 凸轮转角与推杆的位移

动方向之间所夹的锐角称为压力角,常用 α 表示。

5.3 推杆的运动规律

推杆的运动规律是指推杆的位移 s、速度 v、加速度 a 与凸轮转角 φ 或时间 t 之间的函数关系,可以用方程表示,也可以用线图表示。

推杆运动规律的一般方程表达式为

$$s = s(\varphi), \quad v = v(\varphi), \quad a = a(\varphi)$$

对应的曲线分别称为推杆的位移曲线、速度曲线和加速度曲线,统称推杆的运动规律线图。

凸轮一般为主动件,且做匀速回转运动。设凸轮的角速度为 ω,则推杆的位移、速度和加速度与凸轮转角之间的关系为

$$\left.\begin{aligned} s &= s(\varphi) \\ v &= \frac{ds}{dt} = \omega \frac{ds}{d\varphi} \\ a &= \frac{dv}{dt} = \omega^2 \frac{d^2 s}{d\varphi^2} \end{aligned}\right\} \tag{5-1}$$

推杆运动规律有多种,这里仅介绍几种最基本的运动规律。

5.3.1 多项式运动规律

多项式类运动规律的一般形式可以写为

$$\left.\begin{aligned} s &= c_0 + c_1 \varphi + c_2 \varphi^2 + c_3 \varphi^3 + \cdots + c_n \varphi^n \\ v &= \omega(c_1 + 2c_2 \varphi + 3c_3 \varphi^2 + \cdots + nc_n \varphi^{n-1}) \\ a &= \omega^2 (2c_2 + 6c_3 \varphi + \cdots + n(n-1)c_n \varphi^{n-2}) \end{aligned}\right\} \tag{5-2}$$

式中,$c_0, c_1, c_2, \cdots, c_n$ 为待定系数,可根据工作要求的边界条件确定。

1) 一次多项式运动规律

在多项式运动规律中,如果 $n = 1$,则为一次多项式运动,有

$$\left.\begin{aligned} s &= c_0 + c_1 \varphi \\ v &= c_1 \omega \\ a &= 0 \end{aligned}\right\} \tag{5-3}$$

在推程阶段,$\varphi \in [0, \Phi]$,根据边界条件,$\varphi = 0$ 时,$s = 0$;$\varphi = \Phi$ 时,$s = h$,可解出待定常数 $c_0 = 0$,$c_1 = h/\Phi$,可将 c_0、c_1 代入式(5-3)中并整理,即可得到推杆在推程阶段的运动方程:

$$\left.\begin{aligned} s &= \frac{h}{\Phi} \varphi \\ v &= \frac{h}{\Phi} \omega \\ a &= 0 \end{aligned}\right\} \tag{5-4}$$

在回程阶段,$\varphi \in [0, \Phi']$,根据边界条件,$\varphi = 0$ 时,$s = h$;$\varphi = \Phi'$ 时,$s = 0$,可解出待定常

数 $c_0=h$，$c_1=-h/\Phi'$。将 c_0、c_1 代入式(5-4)中并整理，即可得到推杆在回程阶段的运动方程：

$$\left.\begin{array}{l}s=h-\dfrac{h}{\Phi'}\varphi\\[4pt]v=-\dfrac{h}{\Phi'}\omega\\[4pt]a=0\end{array}\right\} \quad (5-5)$$

由式(5-5)可见，推杆做等速运动，因此，一次多项式运动规律也称为等速运动规律，其位移为凸轮转角的一次函数，位移曲线为一条斜直线。位移、速度、加速度相对于凸轮转角的变化规律如图 5-11 所示。在行程的起点、中点和终点(O、A、B)处，由于速度发生突变，加速度在理论上趋于无穷大，从而导致在推杆上产生非常大的惯性力冲击，这种冲击称为刚性冲击。所以，等速运动规律常用于推杆具有等速运动要求、推杆的质量不大或低速场合。

2) 二次多项式运动规律

在多项式运动规律中，令 $n=2$，则有

$$\left.\begin{array}{l}s=c_0+c_1\varphi+c_2\varphi^2\\v=\omega(c_1+2c_2\varphi)\\a=2c_2\omega^2\end{array}\right\} \quad (5-6)$$

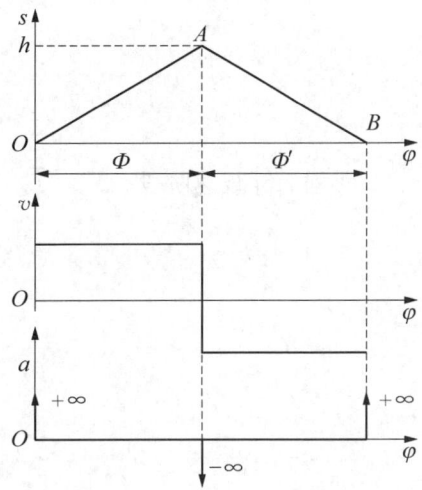

图 5-11 等速运动规律

推程前半阶段，$\varphi\in[0,\Phi/2]$，根据边界条件，$\varphi=0$ 时，$s=0$，$v=0$；$\varphi=\Phi/2$ 时，$s=h/2$，代入式(5-6)，即可解出待定常数 $c_0=0$，$c_1=h/\Phi$，$c_2=2h/\Phi^2$。进一步整理，即可得到推杆在推程前半阶段的运动方程：

$$\left.\begin{array}{l}s=\dfrac{2h}{\Phi^2}\varphi^2\\[4pt]v=\dfrac{4h\omega}{\Phi^2}\varphi\\[4pt]a=\dfrac{4h\omega^2}{\Phi^2}\end{array}\right\} \quad (5-7)$$

此时，推杆的加速度 $a=4h\omega^2/\Phi^2$ 为常数，因此，推杆做等加速运动。

推程后半阶段，$\varphi\in[\Phi/2,\Phi]$，根据边界条件，$\varphi=\Phi/2$ 时，$s=h/2$，$v=2h\omega/\Phi$；$\varphi=\Phi$ 时，$s=h$，$v=0$，代入式(5-6)，即可解出待定常数 $c_0=-h$，$c_1=4h/\Phi$，$c_2=-2h/\Phi^2$。将 c_0、c_1、c_2 代入式(5-6)并整理，即可得到推杆在推程后半阶段的运动方程：

$$\left.\begin{array}{l}s=h-\dfrac{2h}{\Phi^2}(\Phi-\varphi)^2\\[4pt]v=\dfrac{4h\omega}{\Phi^2}(\Phi-\varphi)\\[4pt]a=-\dfrac{4h\omega^2}{\Phi^2}\end{array}\right\} \quad (5-8)$$

在该阶段,推杆加速度 $a=-4h\omega^2/\Phi^2$ 为一负常数,因此,推杆做等减速运动。

根据推杆在回程阶段的边界条件,同理可求出推杆在回程阶段的运动方程,如式(5-9)和式(5-10)所示。

回程的等加速阶段

$$\left.\begin{aligned} s &= h - \frac{2h}{\Phi'^2}\varphi^2 \\ v &= -\frac{4h\omega}{\Phi'^2}\varphi \\ a &= -\frac{4h\omega^2}{\Phi'^2} \end{aligned}\right\} \quad (5-9)$$

回程的等减速阶段

$$\left.\begin{aligned} s &= \frac{2h}{\Phi'^2}(\Phi'-\varphi)^2 \\ v &= -\frac{4h\omega}{\Phi'^2}(\Phi'-\varphi) \\ a &= \frac{4h\omega^2}{\Phi'^2} \end{aligned}\right\} \quad (5-10)$$

可见,当 $n=2$ 时,推杆按等加速、等减速运动规律运动,因此,二次多项式运动规律也称为等加速等减速运动规律,其位移为凸轮转角的二次函数,位移曲线为抛物线。推杆的运动线图如图 5-12 所示。

由加速度线图可以看出,在推(回)程的起点、中点和终点处,其加速度发生突变,因而在推杆上产生的惯性力也发生突变,会引起凸轮机构的冲击。由于加速度的突变为一有限值,所引起的惯性力突变也是有限值,对凸轮机构的冲击也是有限的,因此,这种冲击称为柔性冲击。

在多项式运动规律中,当运动规律的加速度曲线是五次多项式运动时,既不存在刚性冲击,也不存在柔性冲击,运动平稳性好,适用于高速凸轮机构。

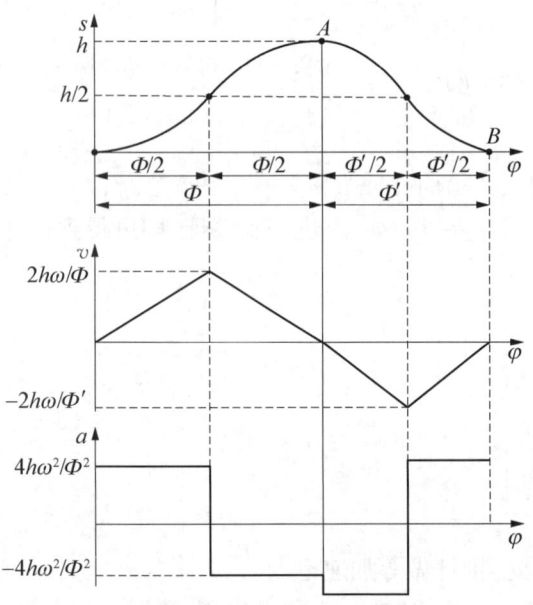

图 5-12 等加速等减速运动线图

5.3.2 三角函数运动规律

三角函数类运动规律是指推杆的加速度按余弦规律或正弦规律变化。

1) 余弦加速度运动规律

如图 5-13 所示,当动点 M 从 O 点开始做顺时针圆周运动时,M 点在坐标轴 s 上投影的变化规律为简谐运动。取动点 M 在坐标轴 s 上投影的变化为推杆的运动规律,并设推杆的行程 h 等于圆周的直径 $2R$,则当点 M 由 O 点开始转过 $180°$ 时,推杆到达推程的最高点,即 $h=$

$2R$，设 M 点转过角 θ 时，推杆的位移为 s，凸轮转角为 φ，则有 $\theta = \dfrac{\pi \varphi}{\varPhi}$。

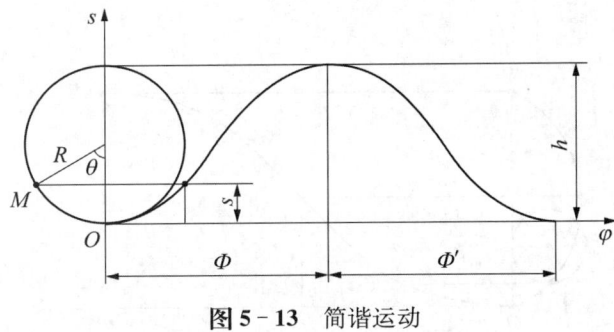

图 5-13　简谐运动

根据图 5-13 中的几何关系，推杆在推程阶段的位移运动方程为

$$s = R - R\cos\theta = \frac{h}{2} - \frac{h}{2}\cos\left(\frac{\pi}{\varPhi}\varphi\right) \tag{5-11}$$

对式(5-11)分别求时间的一阶、二阶导数，并整理，即可得到推杆在推程阶段的速度和加速度运动方程：

$$\left. \begin{aligned} v &= \frac{\pi h \omega}{2\varPhi}\sin\left(\frac{\pi}{\varPhi}\varphi\right) \\ a &= \frac{\pi^2 h \omega^2}{2\varPhi^2}\cos\left(\frac{\pi}{\varPhi}\varphi\right) \end{aligned} \right\} \tag{5-12}$$

同理可得，推杆在回程阶段的运动方程为

$$\left. \begin{aligned} s &= \frac{h}{2} + \frac{h}{2}\cos\left(\frac{\pi}{\varPhi'}\varphi\right) \\ v &= -\frac{\pi h \omega}{2\varPhi'}\sin\left(\frac{\pi}{\varPhi'}\varphi\right) \\ a &= -\frac{\pi^2 h \omega^2}{2\varPhi'^2}\cos\left(\frac{\pi}{\varPhi'}\varphi\right) \end{aligned} \right\} \tag{5-13}$$

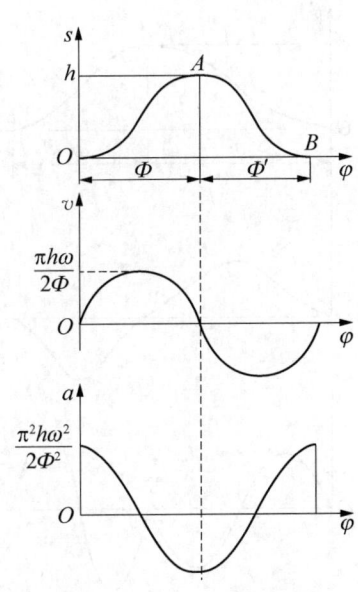

当 $\varPhi = \varPhi'$ 时，推杆的位移、速度与加速度相对于凸轮转角的变化规律线图如图 5-14 所示。简谐运动规律的特征是推杆的加速度按余弦规律变化，因此，简谐运动规律也称为余弦加速度运动规律。

由加速度线图还可以看出，当推杆以余弦加速度运动规律运动时，在行程的起点和终点处存在有限突变，故会产生柔性冲击。但是，在无休止角的升-降-升类型的凸轮机构中，加速度曲线变成连续曲线，避免了柔性冲击的产生。

2) 正弦加速度运动规律

如图 5-15 所示，当半径为 R 的圆沿坐标轴线 s 做纯滚动时，圆上一点 M 在 s 轴上投影的变化为摆线运动规律。取该

图 5-14　余弦加速度运动

圆滚动一周时 M 点沿 s 轴上升的距离为推杆的行程 h，则有 $h=2\pi R$，此时凸轮转过了推程运动角 Φ。设滚圆转过 θ 角，对应推杆的位移为 s，凸轮转角为 φ，则滚圆转角 θ 与凸轮转角 φ 之间的关系为 $\theta=\dfrac{2\pi\varphi}{\Phi}$。

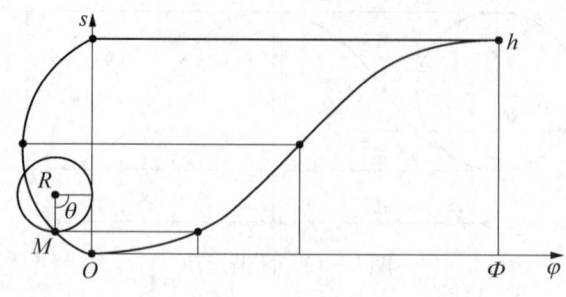

图 5-15　摆线运动

因此，根据图 5-15 中的几何关系，推杆在推程阶段的位移运动方程为

$$s=\overline{OA}-\overline{AB}=\widehat{MA}-\overline{AB}=R\theta-R\sin\theta=\dfrac{h}{\Phi}\varphi-\dfrac{h}{2\pi}\sin\left(\dfrac{2\pi}{\Phi}\varphi\right) \tag{5-14}$$

对式(5-14)分别求时间的一阶、二阶导数并整理，即可得到推杆在推程阶段的速度和加速度运动方程：

$$\left.\begin{array}{l}v=\dfrac{h}{\Phi}\omega-\dfrac{h\omega}{\Phi}\cos\left(\dfrac{2\pi}{\Phi}\varphi\right)\\[2mm] a=\dfrac{2\pi h\omega^2}{\Phi^2}\sin\left(\dfrac{2\pi}{\Phi}\varphi\right)\end{array}\right\} \tag{5-15}$$

同理可得，推杆在回程阶段的运动方程为

$$\left.\begin{array}{l}s=h-\dfrac{h}{\Phi'}\varphi+\dfrac{h}{2\pi}\sin\left(\dfrac{2\pi}{\Phi'}\varphi\right)\\[2mm] v=-\left[\dfrac{h}{\Phi'}\omega-\dfrac{h\omega}{\Phi'}\cos\left(\dfrac{2\pi}{\Phi'}\varphi\right)\right]\\[2mm] a=-\dfrac{2\pi h\omega^2}{\Phi'^2}\sin\left(\dfrac{2\pi}{\Phi'}\varphi\right)\end{array}\right\} \tag{5-16}$$

推杆的运动线图如图 5-16 所示。摆线运动规律的特征是推杆的加速度按正弦规律变化，因此，摆线运动规律也称为正弦加速度运动规律。其速度和加速度均无突变，故在运动中不会产生冲击，适用于高速场合。

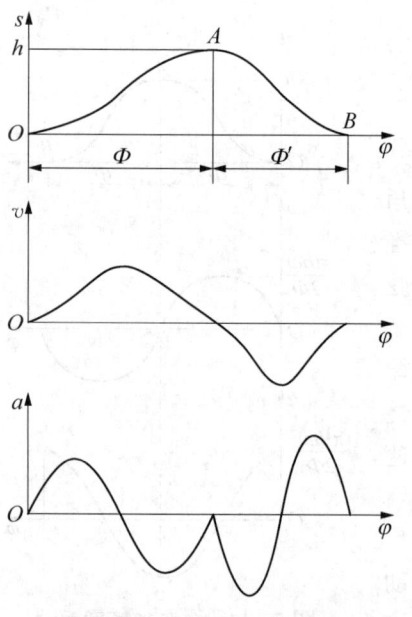

图 5-16　正弦加速度运动

5.3.3　推杆运动规律的选择

选择与设计推杆的运动规律是凸轮机构设计的一项重要内容(表 5-1)。在进行运动规律的选择与设计时，不但要考虑凸轮机构的工作要求，还要考虑凸轮机构的工作速度和载荷的大小、推杆系统的质量、动力特性以及加工制造等因素。具体地讲，需要注意以下几点：

表 5-1　推杆常用运动规律的比较

运动规律	$v_{max}(\times h\omega/\Phi)$	$a_{max}(\times h\omega/\Phi^2)$	冲击类型	适用场合
等速	1.0	∞	刚性	低速轻载
等加等减速	2.0	4.0	柔性	中速轻载
五次多项式	1.88	5.77	无	高速中载
余弦加速度	1.57	4.93	柔性	中速重载
正弦加速度	2.0	6.28	无	高速轻载
改进正弦加速度	1.76	5.53	无	高速重载

(1) 推杆的最大速度 v_{max} 应尽量小。v_{max} 越大,则最大动量 mv_{max} 越大,过大的动量会导致凸轮机构引起极大的冲击力。

(2) 推杆的最大加速度 a_{max} 应尽量小,且无突变。a_{max} 越大,机构的惯性力就越大。特别是对于高速凸轮,应该限制最大加速度 a_{max}。

(3) 推杆的最大跃度 j_{max} 应尽量小。跃度是加速度的一阶导数,它反映了惯性力的变化率,直接影响机构的振动和运动平稳性,因此跃度越小越好。

总之,在选择与设计推杆的运动规律时,一般都希望 v_{max}、a_{max} 和 j_{max} 的值尽可能小,但由于这些值之间是互相制约的,往往此抑彼长。一般需要根据实际的工作要求,分清主次来选择理想的运动规律。必要时,可对推杆运动规律的 v_{max}、a_{max} 和 j_{max} 进行优化设计。

5.4　凸轮轮廓曲线的设计

凸轮机构的设计目的主要是根据设计任务的要求选择凸轮的类型和推杆运动规律,确定凸轮的轮廓和基圆半径,然后进行必要的分析,如凸轮机构的静力分析、效率计算等。对于高速凸轮机构,有时需进行动力分析。

凸轮轮廓曲线的设计是凸轮机构设计过程中的一个重要内容,相关设计方法有图解法和解析法,设计基础均为相对运动原理。

5.4.1　凸轮轮廓曲线设计方法的基本原理

如图 5-17a 所示直动尖底推杆盘形凸轮机构中,当凸轮以等角速度 ω 做逆时针方向转动时,推杆做往复直线移动。假设给整个凸轮机构加一个绕凸轮回转中心 O 的反向转动,使反转角速度等于凸轮的角速度,即反转角速度为 $-\omega$。此时,各构件的相对运动关系并不改变。可设想凸轮处于静止不动状态,而推杆一方面随导路绕凸轮转动中心 O 点以角速度 $-\omega$ 转动,同时其尖点在凸轮廓线约束下又沿其导路方向做相对移动。因此,尖底推杆的反转和推杆相对导路移动的复合运动轨迹,便形成凸轮的轮廓曲线,这就是凸轮机构的相对运动原理,也称反转法原理。如图 5-17b 所示为直动滚子推杆盘形凸轮机构的反转示意图。把滚子中心看作尖底推杆的尖点或轨迹点,仍按图 5-17a 所示反转过程,此时轨迹点(尖点)所产生的凸轮廓线为理论廓线。以理论廓线各点为圆心,以滚子半径画滚子圆,其包络线为凸轮的实际廓线。

5.4.2　用图解法设计凸轮廓线

应用反转法,可以设计得到多种盘形凸轮的轮廓线。设计凸轮廓线时,一般给定凸轮的基

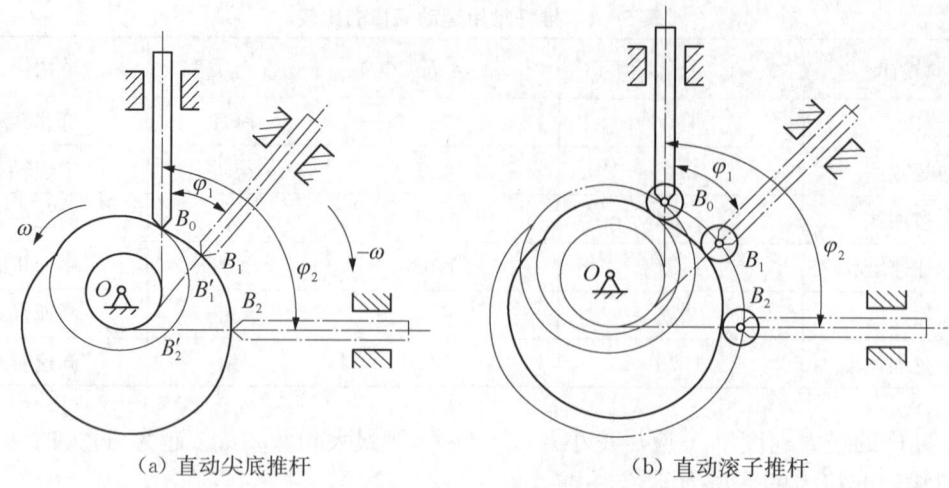

(a) 直动尖底推杆　　　　(b) 直动滚子推杆

图 5-17　直动凸轮机构的反转法原理

圆半径 r_b、凸轮的转向、推杆的运动规律(一般为位移线图)及其他几何条件(如偏距 e),对于摆动推杆还包括摆杆长度 l 和中心距 a。

已知对心直动尖底推杆盘形凸轮机构推杆的运动规律、升程 h,凸轮的转速及其方向、基圆半径 r_0,设计该凸轮轮廓曲线。设计过程如图 5-18 所示:

(1) 取长度比例尺 μ_l 绘图,画出已知基圆、推杆的导路中心线等,中心线与基圆的交点即为推杆接触点的起始位置 B_0;

(2) 将位移曲线各部分若干等分,得到 $11'$、$22'$、$33'$、…;

(3) 沿 $-\omega$ 方向将基圆作相应等分,得 B_1、B_2、B_3、…;

(4) 过基圆中心 O 和各等分点作射线,得到推杆导路方向,然后沿导路方向截取相应的位移 $11'$、$22'$、$33'$、…,得到一系列点 A_1、A_2、A_3、…,即为凸轮轮廓线上的点;

(5) 光滑连接点 A_1、A_2、A_3、…,即得所求凸轮轮廓曲线。

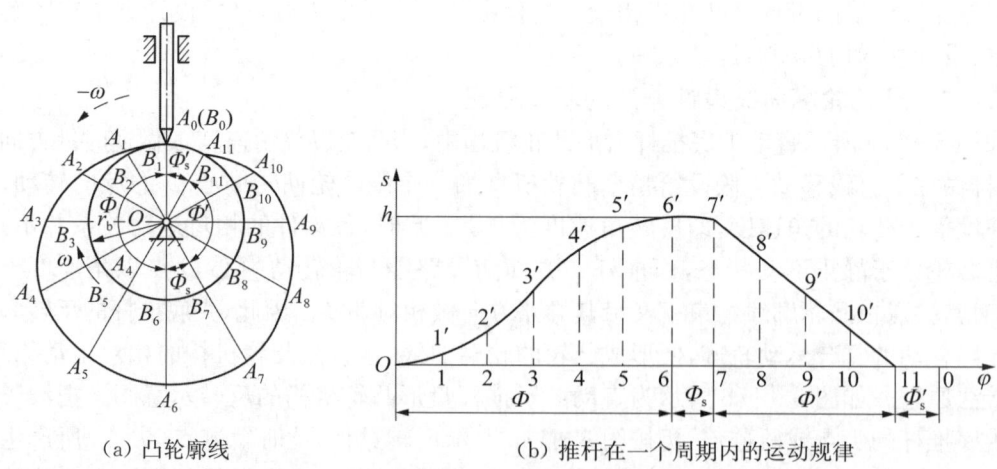

(a) 凸轮廓线　　　　(b) 推杆在一个周期内的运动规律

图 5-18　对心尖底移动推杆盘形凸轮廓线设计

对于直动滚子推杆盘形凸轮机构,凸轮的廓线分为理论廓线与实际廓线,其中理论廓线的设计方法与尖底的相同。待得到理论廓线后再作这一系列滚子的内包络线,才能得到所要设计的凸轮的廓线,即所谓的实际廓线。实际廓线与理论廓线的法向距离均等于滚子半径,它们是等距曲线,如图 5-19 所示。

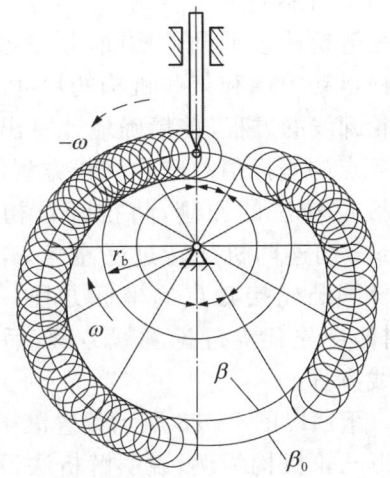

图 5-19　对心滚子移动推杆
盘形凸轮廓线设计

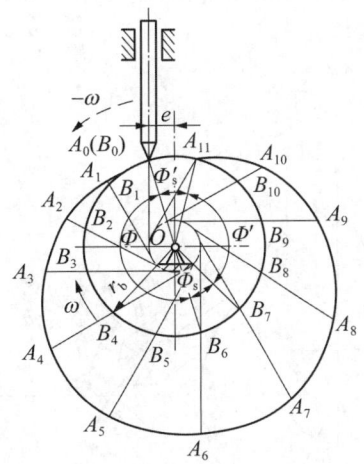

图 5-20　偏置尖顶移动推杆
盘形凸轮廓线设计

如果存在偏距 e,要保证推杆导路在反转后的位置始终保持这一恒定的偏距存在(始终保持推杆导路中心线与偏距圆相切),这时需要等分的是偏距圆而不是基圆。初始位置为起始推杆导路中心线与偏距圆的切点,其他过程与对心情况类似,如图 5-20 所示。

对于平底的情况,将导路中心线与平底的交点假想为尖端推杆的尖顶,反转后按一系列的对应值作出假想尖顶的一系列位置,然后过这一系列的点分别作导路中心线的垂线,再作这些垂线的包络线,即得所要设计的凸轮廓线,如图 5-21 所示。

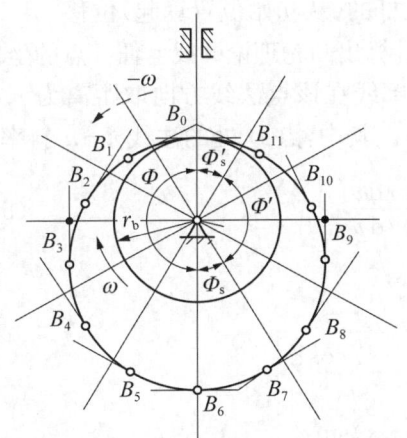

图 5-21　平底移动推杆盘形凸轮廓线设计

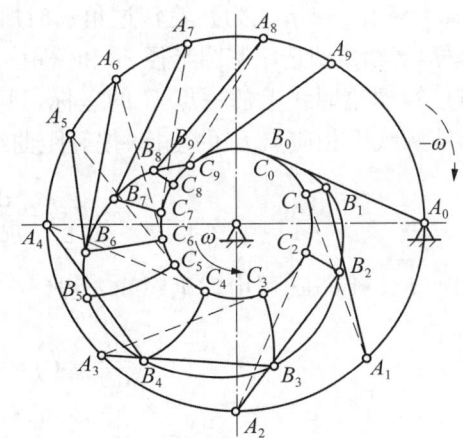

图 5-22　摆动推杆盘形凸轮廓线设计

对于摆动推杆凸轮机构,与直动推杆凸轮廓线设计类似。不过,摆动推杆凸轮机构的设计条件是角位移线图。首先要以基圆中心 O 为圆心,以 O 到推杆转心 A_0 的距离为半径绘制一个圆,然后对应角位移线图等分该圆,得到机架的反转位置 A_1、A_2、A_3、…。其他接触点的位置需要通过定常摆杆和角度的增幅来确定,具体如图 5-22 所示。

5.4.3 用解析法设计凸轮廓线

采用图解法设计的凸轮廓线会产生一定的误差,当对精确度要求较高时,最好采用解析法设计。解析法设计的凸轮廓线可用各种先进加工方法加工制造。

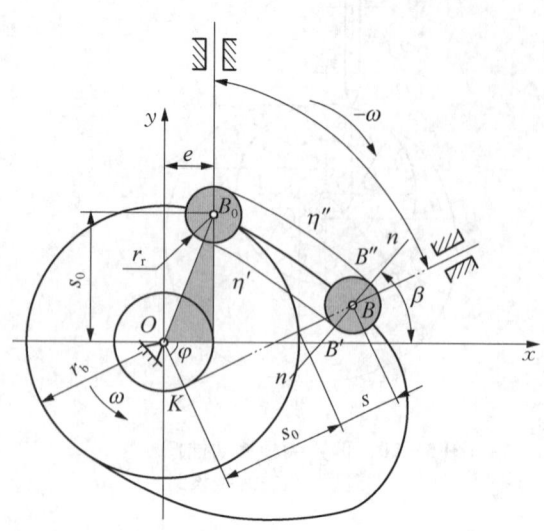

图 5-23 偏置滚子移动推杆盘形凸轮廓线设计

解析法设计凸轮廓线,就是根据给定的推杆运动规律和某些机构的尺寸参数,建立凸轮廓线的方程,并精确地计算出凸轮廓线上各点的坐标值。凸轮廓线方程的建立,仍然按反转法的原理,将推杆自初始位置沿 $-\omega$ 方向连同机架转过任意角 φ,然后建立推杆同凸轮接触点的坐标方程。对于滚子推杆,应先建立理论廓线方程,后建立实际廓线方程。

下面以图 5-23 所示偏置滚子移动推杆盘形凸轮机构为例,说明解析法设计凸轮廓线的一般过程。

(1) 画出基圆、偏距圆和推杆的初始位置;
(2) 选择直角坐标系 $O\text{-}xy$;
(3) 将推杆连同导路沿 $-\omega$ 方向转过任意角 φ;
(4) 由几何关系得到点 B 的坐标值 (x,y) 同运动参数及尺寸参数的关系式:

$$\left.\begin{array}{l} x = (s+s_0)\sin\varphi + e\cos\varphi \\ y = (s+s_0)\cos\varphi - e\sin\varphi \end{array}\right\} \quad (5-17)$$

式中,$s_0 = \sqrt{r_b^2 - e^2}$;s 为凸轮转过角 φ 时所对应的推杆的(从初始位置算起)位移。

这样,当给定或选定基圆半径 r_b 和偏距 e 后,即可计算出凸轮理论廓线上任一点的坐标值。

若已知理论廓线上任一点 B 的坐标,只要沿理论廓线在该点法线方向取距离为 r_r,即可得到实际廓线上相应点 B' 的坐标(按等距曲线的关系)。其中,点 B 处的法线 $n\text{-}n$ 斜率为

$$\tan\beta = -\frac{\mathrm{d}x}{\mathrm{d}y} = -\frac{\mathrm{d}x/\mathrm{d}\varphi}{\mathrm{d}y/\mathrm{d}\varphi} \quad (5-18)$$

式中,$\mathrm{d}x/\mathrm{d}\varphi$、$\mathrm{d}y/\mathrm{d}\varphi$ 可由理论廓线方程(5-17)求得

$$\left.\begin{array}{l} \dfrac{\mathrm{d}x}{\mathrm{d}\varphi} = \left(\dfrac{\mathrm{d}s}{\mathrm{d}\varphi} - e\right)\sin\varphi + (s_0+s)\cos\varphi \\ \dfrac{\mathrm{d}y}{\mathrm{d}\varphi} = \left(\dfrac{\mathrm{d}s}{\mathrm{d}\varphi} - e\right)\cos\varphi - (s_0+s)\sin\varphi \end{array}\right\} \quad (5-19)$$

联立解出

$$\left.\begin{array}{l} \cos\beta = (\mathrm{d}x/\mathrm{d}\varphi)/\sqrt{(\mathrm{d}x/\mathrm{d}\varphi)^2 + (\mathrm{d}y/\mathrm{d}\varphi)^2} \\ \sin\beta = -(\mathrm{d}y/\mathrm{d}\varphi)/\sqrt{(\mathrm{d}x/\mathrm{d}\varphi)^2 + (\mathrm{d}y/\mathrm{d}\varphi)^2} \end{array}\right\} \quad (5-20)$$

则对应实际廓线上 B' 点的坐标为

$$\left.\begin{array}{l}x' = x \mp r_r\cos\beta = (s+s_0)\sin\varphi + e\cos\varphi \mp r_r\cos\beta \\ y' = y \mp r_r\sin\beta = (s+s_0)\cos\varphi - e\sin\varphi \mp r_r\sin\beta\end{array}\right\} \quad (5-21)$$

式中,"－"用于内包络廓线；"＋"用于外包络廓线。

根据推杆运动规律设计凸轮廓线是凸轮机构设计的主要任务,但是凸轮机构的其他基本尺寸,如基圆半径 r_b、滚子半径 r_r、偏距 e、平底宽度 L 等也是设计的重要环节,确定这些基本尺寸时应考虑结构紧凑、保证机构有良好的传力特性等因素。

5.5 凸轮机构基本尺寸和参数的确定

设计凸轮的轮廓曲线时,不仅要求推杆能够实现预期的运动规律,还应该保证凸轮机构具有合理的结构尺寸和良好的运动、机械性能。因此,基圆半径、偏距和滚子半径、压力角等基本尺寸和参数的选择也是凸轮机构设计的重要内容。

5.5.1 凸轮机构压力角的确定

压力角是衡量凸轮机构受力情况好坏的一个重要参数。

如图 5-24a 所示为一偏置直动滚子推杆盘形凸轮机构,接触点 B 处的压力角为 α, P 点为推杆与凸轮的瞬心,则

$$v_P = v = \omega \overline{OP}$$

所以有

$$\overline{OP} = \frac{v}{\omega} = \frac{\dfrac{ds}{dt}}{\dfrac{d\varphi}{dt}} = \frac{ds}{d\varphi}$$

可从几何关系中求出

$$\tan\alpha = \frac{\overline{OP}-e}{s_0+s} = \frac{\dfrac{ds}{d\varphi}-e}{\sqrt{r_0^2-e^2}+s} \quad (5-22)$$

式中, e 为代数值。如果凸轮逆时针方向旋转,推杆右偏置时 e 值为正,推杆左偏置时 e 为负；

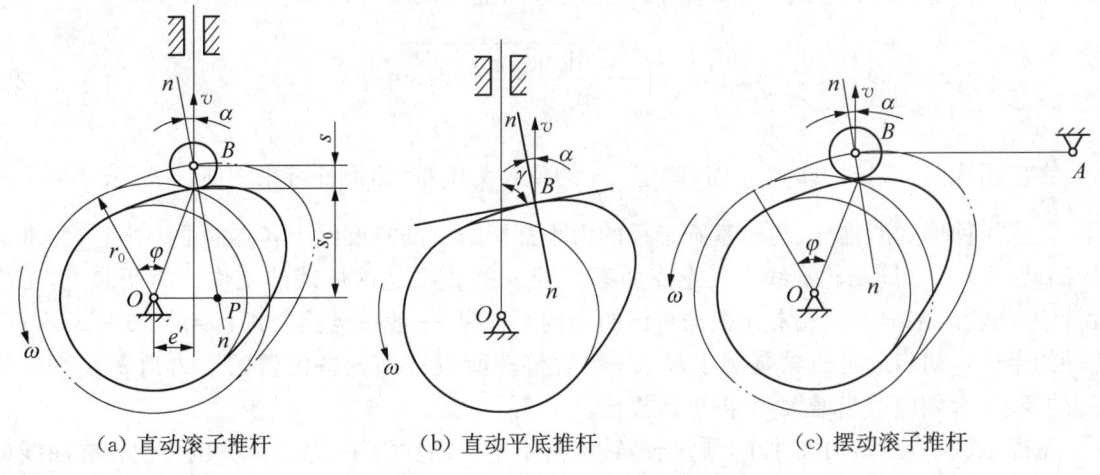

(a) 直动滚子推杆　　(b) 直动平底推杆　　(c) 摆动滚子推杆

图 5-24 凸轮机构的压力角

如果凸轮顺时针方向旋转,推杆右偏置时 e 值为负,推杆左偏置时 e 为正。可见,压力角与凸轮的基圆半径和偏距等参数有关,正确选择推杆的偏置方向有利于减小机构的压力角。

当偏距 $e=0$ 时,即可得到对心直动推杆盘形凸轮机构的压力角计算公式

$$\tan\alpha = \frac{\mathrm{d}s/\mathrm{d}\varphi}{r_0 + s} \tag{5-23}$$

直动平底推杆盘形凸轮机构(图 5-24b)的压力角为 $\alpha=90°-\gamma$。γ 为推杆的平底与导路中心线的夹角。显然,直动平底推杆盘形凸轮机构的压力角为常数,机构的受力方向不变,运转平稳性好。如果推杆的平底与导路中心线之间的夹角 $\gamma=90°$,则压力角 $\alpha=0°$。

摆动滚子推杆凸轮机构(图 5-24c)的摆杆 AB 在滚子中心 B 点的速度方向(垂直于 AB)与过接触点的公法线之间夹角为对应的压力角。摆杆 AB 的摆动弧与基圆交点和行程起始点在基圆上的圆心角为对应的凸轮转角。

凸轮机构的压力角与基圆半径、偏距和滚子半径等基本尺寸有直接关系,这些参数之间往往互相制约。增大凸轮的基圆半径可以获得较小的压力角,但凸轮尺寸增大。反之,减小凸轮的基圆半径,可以获得较为紧凑的结构,但同时又使凸轮机构的压力角增大。压力角过大会降低机械的效率。因此,必须对凸轮机构的最大压力角加以限制,使其小于许用压力角,即 $\alpha_{\max} < [\alpha]$。凸轮机构的许用压力角见表 5-2。

表 5-2 凸轮机构的许用压力角

封闭形式	推杆的运动方式	推程	回程
力封闭	直动推杆	$[\alpha] = 25° \sim 35°$	$[\alpha'] = 70° \sim 80°$
	摆动推杆	$[\alpha] = 35° \sim 45°$	$[\alpha'] = 70° \sim 80°$
形封闭	直动推杆	$[\alpha] = 25° \sim 35°$	$[\alpha'] = [\alpha]$
	摆动推杆	$[\alpha] = 35° \sim 45°$	$[\alpha'] = [\alpha]$

5.5.2 凸轮基圆半径的确定

由式(5-23)可知,如果使最大压力角 $\alpha_{\max}$ 等于许用压力角 $[\alpha]$,此时对应的基圆半径即为最小基圆半径 $r_{\min}$。假设机构在 $\alpha_{\max}$ 位置是对应的推杆位移为 s,速度为 $\mathrm{d}s/\mathrm{d}\varphi$,则

$$r_{b\min} = \sqrt{\left(\frac{|\mathrm{d}s/\mathrm{d}\varphi| - e}{\tan[\alpha]} - s\right)^2 + e^2} \tag{5-24}$$

在应用式(5-24)计算 $r_{b\min}$ 时,确定 $\dfrac{\mathrm{d}s}{\mathrm{d}\varphi}$ 的值较为困难,给设计带来不便。

无论何种形式的推杆,凸轮基圆半径的大小都影响到凸轮廓线上各点的曲率半径,要准确推导基圆半径 r_b 同凸轮廓线上任意点曲率半径 ρ 的关系是件烦琐的工作。简便起见,工程设计中,凸轮的基圆半径经常先根据具体的结构来选择,一般按经验公式 $r_0 = (1.6 \sim 2)r_s$(凸轮轴的半径),初步选定凸轮基圆半径 r_0,然后校核所设计凸轮各位置的压力角 α 是否满足 $[\alpha]$ 的要求,否则应适当增大 r_b 再重新校核。

基圆半径小,则结构尺寸小、质量轻,转动时不平衡惯性力小,但总体看也会使轮廓曲线的弯曲程度大,某些段的曲率半径小,压力角大,传力特性变差。基圆半径大,则与上述情况恰好

相反。因此在满足传力特性等方面要求的前提下,基圆半径应尽量小。此外,基圆半径受到以下三方面的限制:

(1) 基圆半径 r_b 应大于凸轮轴的半径 r;
(2) 应使机构的最大压力角 α_{max} 小于或等于许用压力角 $[\alpha]$;
(3) 应使凸轮实际廓线的最小曲率半径大于许用值,即 $\rho_{amin} \geq [\rho_s]$。

5.5.3 滚子推杆滚子半径的选择

盘形凸轮的实际廓线是以理论廓线上各点为圆心作一系列滚子圆,然后作滚子圆族的包络线得到的,因此凸轮实际廓线的形状还要受滚子半径 r_r 大小的影响。

如图 5-25 所示为同一段理论廓线由三个不同的滚子半径而得到的三段不同的实际廓线。理论廓线上 B 点具有最小曲率半径 ρ_{min}。

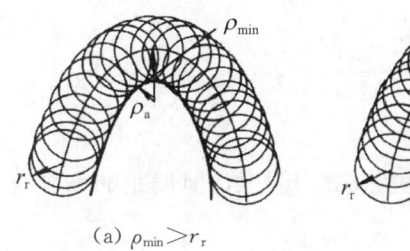

图 5-25 滚子半径的确定

在理论廓线最小曲率半径处的实际廓线曲率半径 $\rho_a \geq \rho_{min} - r_r$。根据 r_r 的大小,可分为以下三种情况:

(1) 当 $r_r < \rho_{min}$ 时,$\rho_a > 0$,实际廓线为光滑连续曲线,能保证推杆准确地实现预期的运动规律,如图 5-25a 所示。

(2) 当 $r_r = \rho_{min}$ 时,$\rho_a = 0$,实际廓线出现尖点,推杆在该位置会产生刚性冲击。尖点处也极易磨损,从而也会出现运动失真,如图 5-25b 所示。

(3) 当 $r_r > \rho_{min}$ 时,$\rho_a < 0$,实际廓线出现交叉,交点以外的部分在加工中将被切掉,如图 5-25c 所示。故推杆在该区域不能准确地实现预期的运动规律,称为运动失真。

为保证实际廓线不出现尖点,工程应用中规定实际廓线最小曲率半径的许用值 $[\rho_s]$(一般 3~5 mm),这样就可以确定滚子半径可选的最大值 $r_{rmax} = \rho_{min} - [\rho_s]$。

在工程设计中,滚子半径的选择还要考虑到满足滚子的结构、强度和减少高副接触处的摩擦磨损等要求,故滚子半径不宜过小,一般取 $r_r = (0.1 \sim 0.5) r_0$。

为保证凸轮实际廓线的 ρ_a 仍能满足设计要求,可通过增大基圆半径达到增大 ρ_a 的目的。

5.5.4 平底推杆平底尺寸的选择

如图 5-26 所示,P 点为凸轮和推杆的相对瞬心。在平底推杆盘形凸轮机构运动过程中,应能保证推杆的平底在任意时刻均与凸轮接触,因此,平底的长度 l 应满足以下条件:

$$l = 2\overline{OP}_{max} + \Delta l = 2\left(\frac{ds}{d\varphi}\right)_{max} + \Delta l \quad (5-25)$$

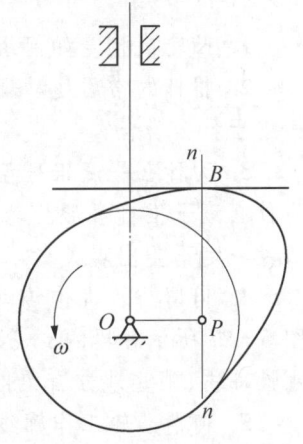

图 5-26 平底推杆的长度计算

式中，Δl 为附加长度，由具体的结构而定，一般取 $\Delta l = 5 \sim 7 \text{ mm}$。

对于平底推杆凸轮机构，当凸轮的工作廓线不能与平底的位置线相切时，推杆将不能按预期的运动规律运动，即出现失真现象。为了解决这个问题，可适当增大凸轮的基圆半径避免失真现象。

5.5.5 偏距的设计

推杆的偏置方向可直接影响凸轮机构压力角的大小，因此，在选择推杆的偏置方向时需要尽可能减小凸轮机构在推程阶段的压力角，其偏置的距离可按式(5-24)计算：

$$\tan\alpha = \frac{\mathrm{d}s/\mathrm{d}\varphi - e}{\sqrt{r_0^2 - e^2} + s} = \frac{v/\omega - e}{s_0 + s} = \frac{v - e\omega}{(s_0 + s)\omega} \tag{5-26}$$

一般情况下，推杆运动速度的最大值发生在凸轮机构压力角最大的位置，则式(5-26)可改写为

$$\tan\alpha_{\max} = \frac{v_{\max} - e\omega}{(s_0 + s)\omega} \tag{5-27}$$

由于压力角为锐角，故有 $v_{\max} - e\omega \geqslant 0$。

由式(5-26)可知，增大偏距，有利于减小凸轮机构的压力角，但偏距的增加也是有限度的，其最大值应满足

$$e_{\max} \leqslant \frac{v_{\max}}{\omega} \tag{5-28}$$

因此，当设计偏置式凸轮机构时，推杆应置于使该凸轮机构的压力角减小的方向。

综上所述，在进行凸轮机构基本尺寸的设计时，由于各参数之间有时是互相制约的，因此应该综合考虑各种因素，使其综合性能指标满足设计要求。在进行凸轮轮廓曲线设计之前，需要先确定基圆半径 r_b。在确定 r_b 时，应考虑结构条件、压力角、工作轮廓是否失真等因素。对于移动推杆盘形凸轮机构，在条件允许的情况下时，应取较大的导轨长度和较小的悬臂尺寸；对于滚子推杆，应恰当选取滚子半径 r_r；对平底推杆，应确定合适的平底宽度 l。此外，还应注意满足强度和工艺性要求。

思考与练习

1. 凸轮机构是如何组成的？类型有哪些？

2. 推杆的常用运动规律有哪几种？它们各有什么特点，各适用于什么场合？

3. 为什么平底推杆盘形凸轮机构的凸轮廓线一定要外凸？为什么滚子推杆盘形凸轮机构的凸轮廓线却允许内凹，而且内凹段一定不会出现失真？

4. 何谓凸轮机构传动中的刚性冲击和柔性冲击？试补全图 5-27 所示各段的 s-δ、v-δ、a-δ 曲线，并指出哪些地方有刚性冲击、哪些地方有柔性冲击。

5. 何谓凸轮工作廓线的变尖现象和推杆运动的失真现象？它对凸轮机构的工作有何影响，如何加以避免？

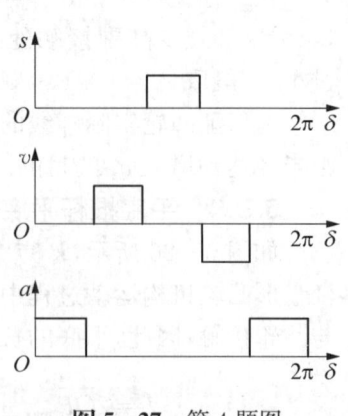

图 5-27 第 4 题图

6. 力封闭与几何形状封闭凸轮的许用压力角的确定是否一样,为什么?

7. 一滚子推杆盘形凸轮机构,在使用中发现推杆滚子的直径偏小,欲改用较大的滚子,问是否可行,为什么?

8. 一对心直动推杆盘形凸轮机构,在使用中发现推程压力角偏大,拟采用推杆偏置的办法来改善,问是否可行,为什么?

9. 何谓凸轮机构的压力角?为什么要规定许用压力角?

10. 盘形凸轮基圆半径的选择与哪些因素有关?

11. 在如图 5-28 所示机构中,哪个是正偏置?哪个是负偏置?说明偏置方向对凸轮机构压力角有何影响。

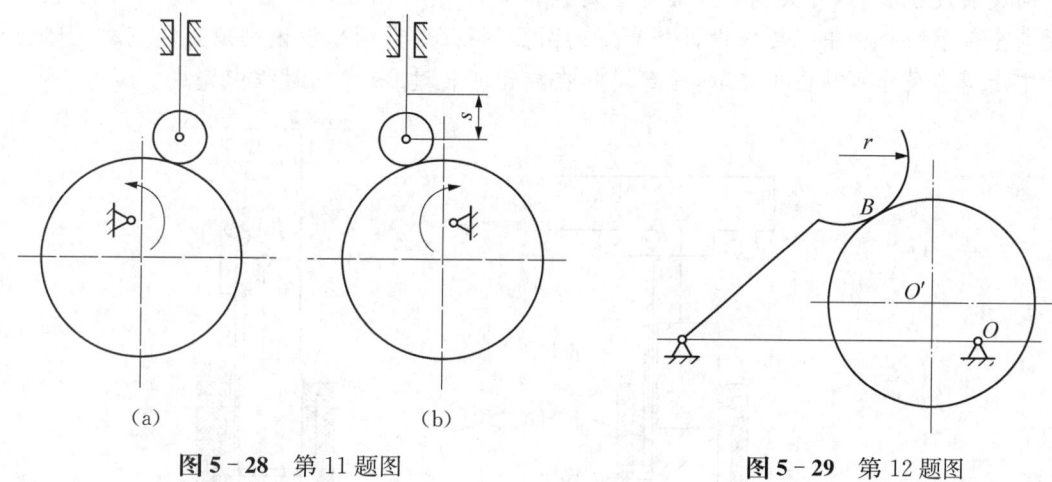

图 5-28 第 11 题图　　　　图 5-29 第 12 题图

12. 在如图 5-29 所示凸轮机构中,圆弧底摆动推杆与凸轮在 B 点接触。当凸轮从图示位置逆时针转过 $90°$ 时,试用图解法标出:

(1) 推杆在凸轮上的接触点;

(2) 摆杆位移角的大小;

(3) 凸轮机构的压力角。

13. 试以作图法设计一偏置直动滚子推杆盘形凸轮机构的轮廓曲线。已知凸轮以等角速度顺时针回转,正偏距 $e=10\,\mathrm{mm}$,基圆半径 $r_0=30\,\mathrm{mm}$,滚子半径 $r_r=10\,\mathrm{mm}$。推杆运动规律为:凸轮转角 $\delta=0°\sim150°$ 时,推杆等速上升 16 mm;$\delta=150°\sim180°$ 时,推杆远休止;$\delta=180°\sim300°$ 时,推杆等加速等减速回程 16 mm;$\delta=300°\sim360°$ 时,推杆近休止。

14. 已知凸轮角速度为 1.4 rad/s,凸轮转角 $\delta=0°\sim140°$ 时,推杆上升 16 mm;$\delta=140°\sim180°$ 时,推杆远休止;$\delta=180°\sim300°$ 时,推杆下降 16 mm;$\delta=300°\sim360°$ 时,推杆近休止。试选择合适的推杆推程运动规律,以实现最大加速度值最小,并画出其运动线图。

15. 试设计一对心直动滚子推杆盘形凸轮机构,滚子半径 $r_r=10\,\mathrm{mm}$,凸轮以等角速度逆时针回转。凸轮转角 $\delta=0°\sim120°$ 时,推杆等速上升 20 mm;$\delta=120°\sim180°$ 时,推杆远休止;$\delta=180°\sim270°$ 时,推杆等加速等减速下降 20 mm;$\delta=270°\sim360°$ 时,推杆近休止。要求推程的最大压力角 $\alpha_{\max}\leqslant30°$,试选取合适的基圆半径,并绘制凸轮廓线。问此凸轮机构是否有缺陷,应如何补救?

16. 试设计偏置直动滚子推杆盘形凸轮机构凸轮的理论廓线和工作廓线。已知凸轮轴置于推杆轴线右侧，偏距 $e=20$ mm，基圆半径 $r_0=40$ mm，滚子半径 $r_r=10$ mm。凸轮以等角速度沿顺时针方向回转，在凸轮转过角 $120°$ 的过程中，推杆按正弦加速度运动规律上升 $h=40$ mm；凸轮继续转过 $30°$ 角时，推杆保持不动；其后，凸轮再回转角度 $60°$ 时，推杆又按余弦加速度运动规律下降至起始位置；凸轮转过一周的其余角度时，推杆又静止不动。

17. 如图 5-30 所示为一旅行用轻便剃须刀，图(a)为工作位置，图(b)为正在收起的位置（整个刀夹可以收入外壳中）。在刀夹上有两个推杆 A、B，各有一个销 A'、B'，分别插入外壳里面的两个内凸轮槽中。按图(a)所示箭头方向旋转旋钮套时（在旋钮套中部有两个长槽，推杆上的销从中穿过，使两推杆只能在旋钮套中移动，而不能相对于旋钮套转动），刀夹一方面跟着旋钮套旋转，并同时从外壳中逐渐伸出，再旋转至水平位置（工作位置）。按图(b)所示箭头方向旋转旋钮套时，刀夹也一方面跟着旋钮套旋转，并先沿逆时针方向转过 $90°$ 成垂直位置，再逐渐全部缩回外壳中。要求设计外壳中的两凸轮槽（展开图），使该剃须刀能完成上述动作，设计中所需各尺寸可从图中量取，全部动作在旋钮套转过 2π 角的过程中完成。

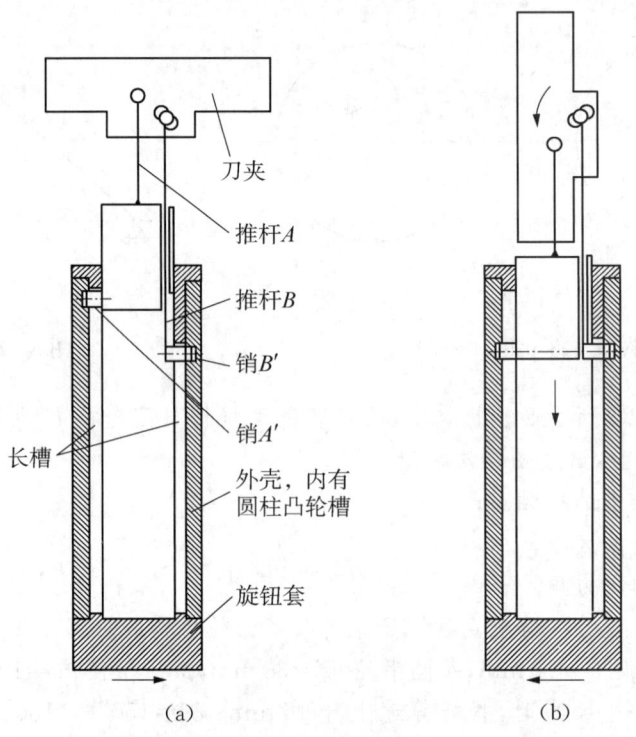

图 5-30 第 17 题图

18. 流量的测量可通过测量差压来实现，但流量的大小与差压之间为平方关系，为使流量计（图 5-31）的指示线性化，今欲设计一凸轮机构来达到此目的，凸轮与差压计的轴固连，凸轮的转角 δ 代表差压，摆动推杆与指针固连，指针的摆角 φ 代表流量，两者有如下关系：

$$\varphi = K\sqrt{\delta}$$

设取 $r_0=12$ mm，$OA=30$ mm，$AB=28$ mm，$r_r=4$ mm，$\delta_{01}=120°$，$K=1$，试设计此段凸轮轮廓曲线。

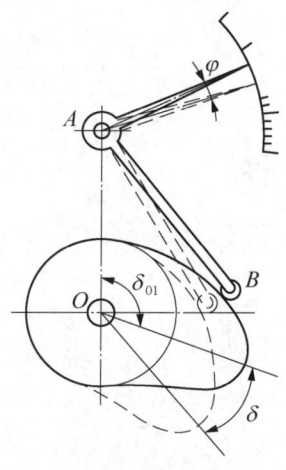
图 5-31 第18题图

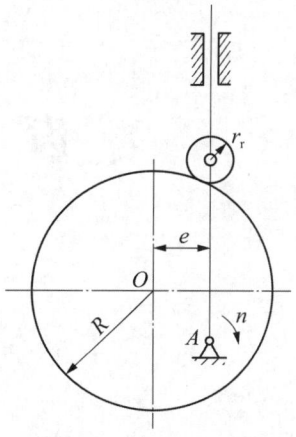
图 5-32 第19题图

19. 在如图 5-32 所示直动滚子推杆盘形凸轮机构中，凸轮为一偏心圆，已知 $OA = 12\,\text{mm}$，$e = 10\,\text{mm}$，$R = 30\,\text{mm}$，$r_r = 8\,\text{mm}$，凸轮转速为 $n = 140\,\text{r/min}$。求：

(1) 推程段推杆的位移、速度和加速度方程；

(2) 推程时推杆的最大速度和最大加速度；

(3) 该凸轮机构的最大压力角。

20. 试设计一偏置直动滚子推杆盘形凸轮机构。已知凸轮顺时针方向回转，凸轮回转中心偏于推杆导轨右侧，偏距 $e = 10\,\text{mm}$，基圆半径 $r_0 = 20\,\text{mm}$，滚子半径 $r_r = 4\,\text{mm}$，推杆位移运动规律如图 5-33 所示。要求：

(1) 画出凸轮实际轮廓曲线；

(2) 确定所设计的凸轮是否会产生运动失真现象，并提出为了避免运动失真可采取的措施。

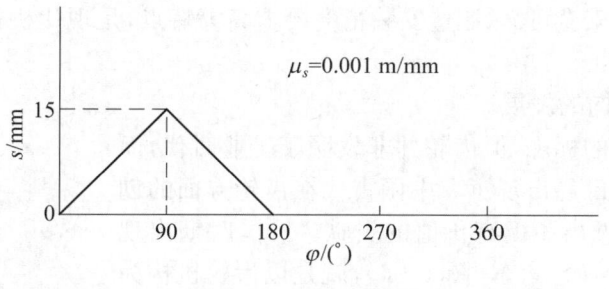

图 5-33 第20题图

第 6 章

齿 轮 机 构

◎ 学习成果达成要求

1. 了解齿轮传动的特点及应用。
2. 掌握齿廓啮合的基本定律。
3. 掌握渐开线标准齿轮的基本参数和几何尺寸计算。
4. 掌握正确啮合条件和连续啮合传动条件。
5. 掌握齿轮传动的受力分析和强度计算。
6. 理解渐开线齿廓的根切现象。
7. 理解变位齿轮传动及相关尺寸计算。

6.1 齿轮机构概述

齿轮机构是通过主动轮轮齿依次拨动从动轮轮齿来进行啮合传动的高副机构。它可用于传递任意两轴之间的运动和动力,具有传递速度快及功率范围大、传动平稳且效率高、使用寿命长、结构紧凑、工作安全可靠、制造安装精度要求高等特点,是现代机械中最重要、应用最为广泛的传动机构之一。

6.1.1 齿轮机构的发展

齿轮是现代工业的标志,但齿轮并非发明于工业时代,而是在古代文明时期就已经出现了。中国古代在齿轮方面的创造发明,对人类文明做出了极有价值的贡献。三国时期出现的记里鼓车(图 1-5)和指南车(图 1-6),就是以齿轮机构为核心的机械装置,反映了中国古代科学技术成就。根据对出土文物的考证,中国齿轮的发明,至少已有 2 200 多年的历史,出土的有直齿、斜齿和人字齿轮等。1954 年在山西省永济县薛家崖出土的青铜齿轮(图 6-1),是迄今发现的最古老齿轮,现保存于山西省博物馆。1953 年在陕西省长安县红庆村出土了一对东汉时期的青铜人字齿轮(图 6-2),两轮均 24 齿,直径约 15 mm,现保存在陕西省博物馆。

图 6-1 战国时期青铜齿轮

18世纪工业革命时期,齿轮技术得到高速发展,人们对齿轮进行了大量的研究,齿轮机构应用日益广泛,先是采用摆线齿形,而后是渐开线齿形。1733年法国数学家卡米发表了齿廓啮合基本定律,1765年瑞士数学家欧拉建议采用渐开线作齿廓曲线。目前,仍有许多学者在继续研究新的齿形。

图6-2 东汉初年一对完整的人字齿轮

6.1.2 齿轮机构的用途及分类

1)齿轮机构的用途

齿轮传动的用途很广,是各种机械设备及日常生活机械中的重要零部件,如汽车的变速机构、机床的变速机构、减速器、机械手表、电风扇的摇头机构、空调的摆风机构、洗衣机的变速机构等,都用到了齿轮传动。如图6-3和图6-4所示分别为汽车中的变速器和机械手表中的齿轮机构。

 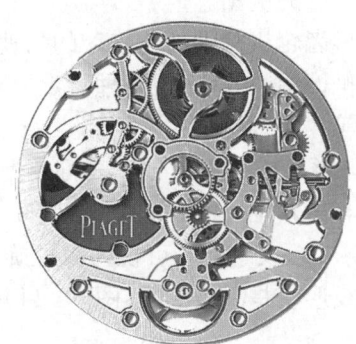

图6-3 汽车变速器　　　　　图6-4 手表中的齿轮机构

2)齿轮机构的分类

通常按照齿轮啮合方式、齿轮外形、轮齿线形状及轮轴相对位置等,对齿轮机构进行分类。

(1) 按照齿轮啮合方式分类。可分为外啮合齿轮机构、内啮合齿轮机构和齿轮齿条机构(图6-5)。外啮合齿轮机构,两轮转向相反;内啮合齿轮机构,两轮转向相同;而齿轮齿条传动时,齿条可视为轴心在无穷远处的圆形齿轮,工作时做直线移动。

 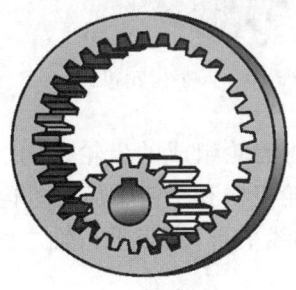 

(a) 外啮合　　　　　(b) 内啮合　　　　　(c) 齿轮齿条

图6-5 按照齿轮啮合方式分

(2) 按照齿轮外形分类。可分为圆柱齿轮机构(图6-5a、b)、齿轮齿条机构(图6-5c)、锥齿轮机构(图6-6)、蜗轮蜗杆(图6-7)和非圆形齿轮(图6-8)等。

图 6-6　锥齿轮机构　　　图 6-7　蜗轮蜗杆　　　图 6-8　非圆形齿轮

前四种类型机构中的齿轮都是圆形的,故亦称为圆形齿轮机构。它们具有传动比恒定,即当主动轮等角速度转动时,从动轮可按一定的角速度比也做等角速度转动,从而使机械在传动中获得较高的稳定性,满足了现代机械日益向高速重载方向发展的需求,因此在各种机械中获得了极其广泛的应用。

非圆形齿轮机构中齿轮传动的角速度比不恒定,是按一定的规律变化的,主要用于某些特殊要求的机械中,用以实现某种特定要求的函数关系或与连杆机构组合来改善机械的运动和动力性能等。

(3) 按照轮齿线形状分类。可分为直齿轮、斜齿轮、人字齿轮和曲线齿轮等。直齿轮各轮齿的齿向与齿轮轴线的方向一致(图 6-5),斜齿轮轮齿的齿向相对于齿轮的轴线倾斜了一个角度(图 6-9),人字齿轮可视为由螺旋角方向相反的两个斜齿轮所组成(图 6-10),而曲线齿轮的轮齿线形状是一条曲线(图 6-11)。

图 6-9　斜齿轮机构　　　图 6-10　人字齿轮机构　　　图 6-11　曲线齿轮机构

(4) 按轮轴相对位置分类。对于一对齿轮组成的齿轮机构,依据两齿轮轴线相对位置的不同,可分为平行轴齿轮机构、相交轴齿轮机构和交错轴齿轮机构。

平行轴齿轮机构中,两齿轮的转动轴线平行,用于平行轴之间的传动,属于平面齿轮机构(图 6-5、图 6-9)。

相交轴齿轮机构用于相交轴之间的传动,两齿轮传动轴线交于一点,如图 6-6 所示锥齿轮机构就是常用的一种相交轴齿轮机构。

交错轴齿轮机构用于交错轴之间的传动,属于空间齿轮机构,蜗轮蜗杆就是一种交错轴斜齿轮机构(图 6-7)。

(5) 按照齿廓曲线分类。可分为渐开线齿轮、摆线齿轮、圆弧齿轮、抛物线齿轮等,其中最常用的为渐开线齿轮。

6.1.3 齿轮机构的特点

齿轮机构依靠轮齿齿廓直接接触来传递空间任意两轴间的运动和动力,是在各种机构中应用最为广泛的一种传动机构。现代齿轮技术已达到齿轮模数 0.004～100 mm,齿轮直径在 1 mm～150 m,传递功率可达上十万千瓦,转速可达几十万转/分,最高的圆周速度达 300 m/s。

齿轮机构具有传递功率范围大、传动效率高、传动比准确、使用寿命长、工作可靠、结构紧凑等优点,因此在各种机械设备和仪器仪表中被广泛应用。但其也存缺点:在齿轮传动中会产生冲击、振动和噪声;没有过载保护作用;对制造精度和安装精度要求高,需要专门的切齿机床、刀具和测量仪器;不宜用于轴间距过大的两轴之间的传动。

6.2 齿廓啮合基本定律及共轭齿廓选择

圆柱齿轮的齿面与垂直于其轴线的平面的交线称为齿廓。一个齿轮的最关键部位是其轮齿的齿廓曲线,虽然它与两轮的转速比即平均传动比无关,但却与两轮的角速度比即瞬时传动比有关,因此齿廓曲线的形状直接关系到齿轮传动的平稳性及轮齿的承载能力。所以有必要首先研究齿廓曲线与齿轮瞬时传动比(简称传动比)之间的关系,即齿廓啮合基本定律。

6.2.1 齿廓啮合基本定律

如图 6-12 所示为一对平面齿廓在点 K 处相互啮合,O_1、O_2 为两轮的固定回转中心,齿廓曲线 C_1、C_2 分别绕轴心 O_1、O_2 转动。过啮合接触点 K 作两齿廓公法线 $n-n$ 与连心线交于点 P,由三心定理可知,点 P 即为这一对齿廓的相对速度瞬心,故两齿廓在该点绝对速度相等,相对速度为零,即 $\omega_1 \overline{O_1P} = \omega_2 \overline{O_2P}$,故两轮此时的传动比为

$$i_{12} = \frac{\omega_1}{\omega_2} = \frac{\overline{O_2P}}{\overline{O_1P}} \qquad (6-1)$$

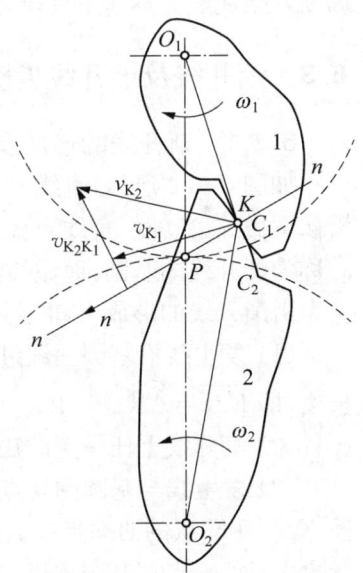

图 6-12 一对平面齿廓啮合示意图

式(6-1)表明:相互啮合传动的一对齿轮,在任一位置啮合接触时,其传动比都等于连心线被接触点的公法线所分成的两线段长度的反比。这一规律称为齿廓啮合基本定律。

因为两轮的回转中心固定,若要使 $\dfrac{\overline{O_2P}}{\overline{O_1P}}$ 始终保持常数,则点 P 必为固定的点。也就是说,要实现两齿轮实现定传动比传动,不论两齿廓在任何位置接触,过接触点所作的两齿廓公法线都必须与两齿轮的连心线交于一定点。

两齿廓公法线 $n-n$ 与连心线 O_1O_2 的交点 P,称为两齿廓的啮合节点,简称节点。

节点 P 在两轮动平面上的轨迹分别是以 O_1、O_2 为圆心,以 O_1P 和 O_2P 半径的两个圆,称为节圆。齿廓啮合基本定律反映了齿廓形状与传动比的关系,即节点 P 的位置与齿廓曲线有关。

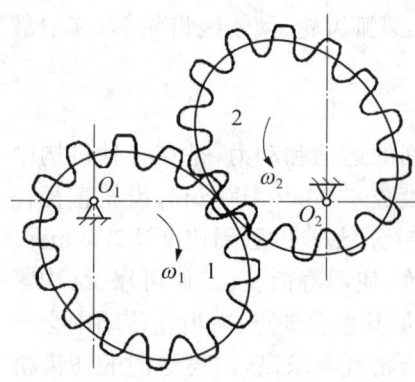

由于两齿轮的节圆切于点 P，且点 P 为两轮的速度瞬心点，因此一对齿轮在传动过程中，两齿轮的啮合运动可视为一对节圆做无滑动的纯滚动。而节圆半径只取决于两轮回转中心 O_1O_2 间的距离（称为中心距）和角速度比 i_{12}。

如果需要两轮的传动比按一定规律变化时，则要求节点 P 依相应规律在连心线上移动。此时点 P 在两轮动平面上的轨迹并非圆而是两条封闭的非圆曲线，称为节线（图 6-13），相应的齿轮即为非圆形齿轮。

图 6-13 非圆形齿轮机构的节线

6.2.2 共轭齿廓选择

能作为一对啮合齿轮的齿廓曲线，必须满足齿廓啮合基本定律。能够满足齿廓啮合基本定律的一对齿廓称为共轭齿廓，共轭齿廓的齿廓曲线称为共轭曲线。根据齿廓啮合基本定律，通常在给定传动比和中心距的条件下，只要给出一条齿廓曲线，就可以利用共轭齿廓的图解或解析的方法求出与其共轭的另一条齿廓曲线。

从理论上讲，可以作为共轭齿廓的曲线是很多的，但在实际应用时，必须综合考虑到设计、制造、安装和使用等各种因素而加以选择。目前最常用的齿廓曲线是渐开线，其次是摆线、变态摆线，近年来还有圆弧和抛物线等。

由于渐开线齿廓具有便于设计、制造、安装、互换性好等优点，所以目前绝大多数齿轮都采用渐开线齿廓。本章主要研究渐开线齿廓。

6.3 渐开线及渐开线齿廓

6.3.1 渐开线的形成及其特性

如图 6-14 所示，直线 L 与半径为 r_b 的圆相切于点 N，当直线沿该圆做纯滚动时，直线上任一点的轨迹即为该圆的渐开线。这个圆称为渐开线的基圆，而做纯滚动的直线称为渐开线的发生线。

由渐开线的形成可知，它有以下性质：

(1) 发生线沿基圆上滚过的长度等于基圆上相应被滚过的圆弧长度，即 $\overline{KN} = \overset{\frown}{AN}$。

(2) 渐开线上任一点的法线必与基圆相切。

(3) 发生线与基圆的切点 N 即为渐开线上 K 点的曲率中心，线段 $\overline{KN}$ 为 K 点的曲率半径。随着 K 点离基圆愈远，相应的曲率半径愈大；而 K 点离基圆愈近，相应的曲率半径愈小。

(4) 渐开线的形状取决于基圆的大小。基圆半径愈小，渐开线愈弯曲；基圆半径愈大，渐开线愈趋平直。当基圆半径趋于无穷大时，渐开线便成为直线。所以渐开线齿条（直径为无穷大的齿轮）具有直线齿廓。

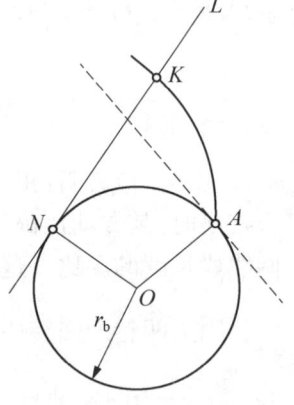

图 6-14 渐开线的形成图

(5) 渐开线是从基圆开始向外逐渐展开的，故基圆以内无渐开线。

6.3.2 渐开线齿廓的压力角

在一对齿廓的啮合过程中，齿廓接触点的法向压力和齿廓上该点的速度方向的夹角，称为齿廓在这一点的压力角。如图 6-15 所示，齿廓上 K 点的法向压力 F_n 与该点的速度 v_K 间的夹角 α_K 称为齿廓上 K 点的压力角。由图可知

$$\cos\alpha_K = \frac{\overline{ON}}{\overline{OK}} = \frac{r_b}{r_K} \tag{6-2}$$

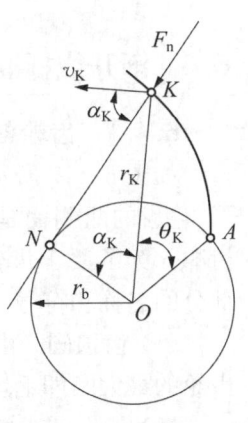

图 6-15　渐开线齿廓的压力角

式中，r_K 表示渐开线在任一点 K 的向径。因此，渐开线齿廓上各点压力角不相等，向径 r_K 越大，其压力角越大，在基圆上压力角等于零。

根据渐开线的性质，有 $\overline{KN} = \widehat{AN}$，所以 $r_b(\alpha_K+\theta_K) = r_b\tan\alpha_K$，得到渐开线函数 $\theta_K = \tan\alpha_K - \alpha_K$。$\theta_K$ 为渐开线在 K 点的展角。

6.3.3　渐开线齿廓符合齿廓啮合基本定律

以渐开线为齿廓曲线的齿轮称为渐开线齿轮。

如图 6-16 所示，两渐开线齿轮的基圆分别为 r_{b1}、r_{b2}，过两轮齿廓啮合点 K 作两齿廓的公法线 N_1N_2，根据渐开线的性质，该公法线必与两基圆相切，即为两基圆的内公切线。又因两轮的基圆为定圆，在其同一方向的内公切线只有一条，所以无论两齿廓在哪个位置接触，过接触点所作两齿廓的公法线（两基圆的内公切线）为一固定直线，它与连心线 O_1O_2 的交点 P 必是一定点，因此渐开线齿廓满足定角速比要求。

图中公法线与连心线的交点 P 即为节点，以 O_1、O_2 为圆心，O_1P、O_2P 为半径的两个圆即为节圆，设其半径分别以 r'_1 和 r'_2 表示。故一对齿轮的传动比为

$$i = \frac{\omega_1}{\omega_2} = \frac{r'_2}{r'_1} = \frac{\overline{O_2P}}{\overline{O_1P}} = \frac{r_{b2}}{r_{b1}} \tag{6-3}$$

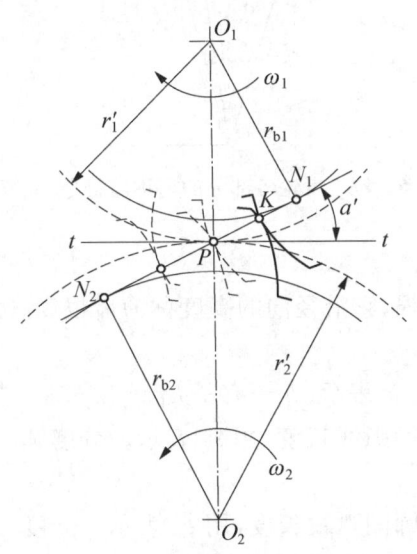

图 6-16　渐开线齿廓满足定角速比证明

当一对渐开线齿轮制成之后，其基圆半径是不能改变的，因此从式(6-3)可知，即使两轮的中心距稍有改变，其传动比仍保持原值不变，这种性质称为渐开线齿轮传动的可分性。这是渐开线齿轮传动的另一重要优点，这一优点给齿轮的制造、安装带来了很大方便。

6.3.4　啮合线、啮合角、齿廓间的压力作用线

一对齿轮啮合传动时，齿廓啮合点（接触点）的轨迹称为啮合线。对于渐开线齿轮，无论在哪一点接触，接触齿廓的公法线总是两基圆的内公切线 N_1N_2。齿轮啮合时，齿廓接触点又都在公法线上，因此，内公切线 N_1N_2 即为渐开线齿廓的啮合线。

过节点 P 作两节圆的公切线 t-t，它与啮合线 N_1N_2 间的夹角称为啮合角。啮合角等于齿廓在节圆上的压力角 α'，由于渐开线齿廓的啮合线是一条定直线 N_1N_2，故啮合角的大小始终保持不变。啮合角不变表示齿廓间压力方向不变；若齿轮传递的力矩恒定，则轮齿之间、轴与轴承之间压力的大小和方向均不变，这也是渐开线齿轮传动的一大优点。

6.4 渐开线标准齿轮的基本参数和几何尺寸

6.4.1 齿轮各部分名称

如图 6-17 所示为一直齿圆柱外齿轮的局部外形,轮齿的两侧面是形状相同而方向相反的渐开线齿廓。为了便于齿轮的设计与计算,规定了齿轮各部分的名称和符号。

(1) 齿顶圆。由各轮齿齿顶所确定的圆,它是外齿轮的最大圆即毛坯圆,其直径用 d_a 表示。

(2) 齿根圆。由各轮齿齿根(齿槽底)所确定的圆,它是在切齿过程中所形成的圆,其直径用 d_f 表示。

(3) 基圆。渐开线的发生圆,其直径用 d_b 表示。

(4) 分度圆。齿轮各部分几何计算的基准圆,其直径用 d 表示,半径用 r 表示,分度圆是为了便于齿轮设计制造而选择的一个参考圆。

(5) 齿顶高。轮齿在齿顶圆和分度圆之间的部分称为齿顶,它沿径向的高度称为齿顶高,用 h_a 表示。

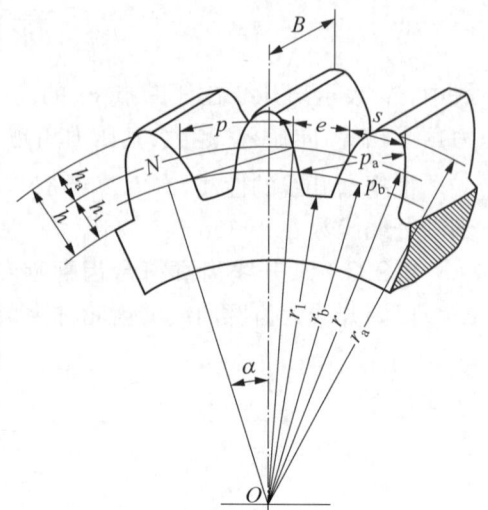

图 6-17 齿轮各部分的名称与符号

(6) 齿根高。轮齿在齿根圆和分度圆之间的部分称为齿根,它沿径向的高度称为齿根高,用 h_f 表示。

(7) 齿全高。轮齿由齿根圆到齿顶圆之间的径向高度,用 h 表示,$h=h_a+h_f$。

(8) 齿厚。在任意半径 r_i 的圆周上,一个轮齿两侧齿廓间弧线长度,用 s_i 表示。分度圆上的齿厚用 s 表示。

(9) 齿槽宽。在任意半径 r_i 的圆周上,一个齿槽两侧齿廓间弧线长度,用 e_i 表示。分度圆上的齿槽宽用 e 表示,分度圆上的齿厚与齿槽宽相等,即 $s=e$。

(10) 齿距。在任意半径 r_i 的圆周上,相邻两齿同侧齿廓间的弧线长度,用 p_i 表示,显然 $p_i=s_i+e_i$。分度圆上的齿距称为分度圆齿距 p,基圆上的齿距称为基圆齿距 p_b,相邻两齿同侧齿廓间的法线长度称为法向齿距 p_n,根据渐开线的性质可知:$p_n=p_b$。

(11) 齿宽。轮齿沿齿轮轴线方向测得的尺寸,在图 6-17 中用 B 表示。

6.4.2 渐开线齿轮的基本参数

渐开线标准直齿圆柱齿轮共有五个基本参数,即齿数、模数、压力角、齿顶高系数和顶隙系数。通过这五个基本参数即可求出渐开线标准直齿圆柱齿轮的全部几何尺寸。

1) 齿数

齿轮轮齿在整个圆周上的总数,用 z 表示,其大小将影响传动比、齿轮的尺寸以及渐开线齿形。

2) 模数

对于一个渐开线圆柱齿轮,根据前述定义可得其分度圆的直径 $d=\dfrac{zp}{\pi}$,为便于计算、制造和检验,而人为地把 $\frac{p}{\pi}$ 的比值规定为一个有理数列,称为模数,用 m 表示,即 $m=\frac{p}{\pi}$。

中国已制定了标准模数,表 6-1 为部分常用的标准模数。

表 6-1 标准模数系列(摘自 GB/T 1357—2008)   单位:mm

第一系列	1	1.25	1.5	2	2.5	3	4	5	6	8	10
	12	16	20	25	32	40	50				
第二系列	1.75	2.25	2.75	3.5	4.5	5.5	7	9	14	18	22
	28	36	45								

注:1. 本表适用于渐开线圆柱齿轮,对斜齿轮是指法面模数。
2. 选用模数时,应优先选用第一系列,其次是第二系列。

因此,齿轮的分度圆直径 d 可表示为

$$d=mz \tag{6-4}$$

模数 m 是齿轮尺寸计算的一个重要基本参数,其单位为 mm。一般根据轮齿的抗弯强度选择齿轮的模数。齿数相同的齿轮,模数越大,齿轮的尺寸越大,轮齿的强度也越高,如图 6-18 所示。

3) 分度圆压力角

由式(6-2)可知,渐开线齿廓上各点的压力角是不同的。通常所讲的压力角是指分度圆上的压力角,用 α 表示,其值直接影响齿轮传动效果,即压力角大,传动效率低,但压力角过小又会降低轮齿的承载能力。因此,综合考虑传动效果和强度等因素,同时为了设计、制造、检验及使用方便,中国规定分度圆上的压力角为标准值,取 $\alpha=20°$,在某些特殊条件(如航空工业)中,也允许采用其他数值。

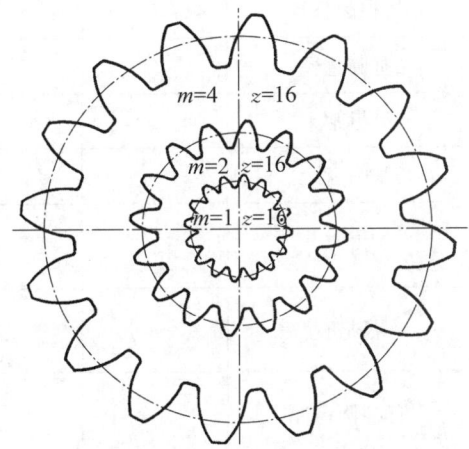

图 6-18 不同模数的比较

根据式(6-2)、式(6-4)可得

$$r_b=r\cos\alpha=\frac{mz}{2}\cos\alpha \tag{6-5}$$

可见,当模数 m 和齿数 z 一定时,压力角 α 不同,基圆半径 r_b 也不同,因而导致渐开线齿廓形状也不同,故 α 是决定齿廓形状的基本参数,又称为齿形角。

4) 齿顶高系数和顶隙系数

齿轮的齿顶高与其模数的比值称为齿顶高系数,用 h_a^* 表示;一对啮合传动的齿轮副中,一个齿轮的齿顶圆与另一个齿轮齿根圆之间的径向距离称为顶隙(或径向间隙),顶隙与模数的比值称为顶隙系数,用 c^* 表示。GB/T 1356—2001 中规定:$h_a^*=1$,$c^*=0.25$。

6.4.3 渐开线标准齿轮各部分的几何尺寸

以上所介绍的五个基本参数一经选定,齿轮的几何尺寸包括齿廓形状即可确定下来。渐开线标准齿轮是指 m、α、h_a^*、c^* 均为标准值,且 $s=e$ 的齿轮。为了方便齿轮的设计计算,现

将渐开线标准直齿圆柱外啮合齿轮传动的几何尺寸计算公式列于表6-2中。

表6-2 渐开线标准直齿圆柱齿轮几何尺寸计算公式

名称	代号	计算公式 小齿轮	计算公式 大齿轮
模数	m	（根据齿轮受力情况和结构需要确定，选取标准值）	
压力角	α	选取标准值，一般为20°	
分度圆直径	d	$d_1 = mz_1$	$d_2 = mz_2$
齿顶高	h_a	$h_{a1} = h_{a2} = h_a^* m$	
齿根高	h_f	$h_{f1} = h_{f2} = (h_a^* + c^*)m$	
齿全高	h	$h_1 = h_2 = (2h_a^* + c^*)m$	
齿顶圆直径	d_a	$d_{a1} = (2h_a^* + z_1)m$	$d_{a2} = (2h_a^* + z_2)m$
齿根圆直径	d_f	$d_{f1} = (z_1 - 2h_a^* - 2c^*)m$	$d_{f2} = (z_2 - 2h_a^* - 2c^*)m$
基圆直径	d_b	$d_{b1} = d_1 \cos\alpha$	$d_{b2} = d_2 \cos\alpha$
齿距	p	$p = \pi m$	
基圆齿距	p_b	$p_b = p\cos\alpha$	
齿厚	s	$s = \dfrac{\pi m}{2}$	
齿槽宽	e	$e = \dfrac{\pi m}{2}$	
任意圆齿厚	s_i	$s_i = \dfrac{sr_i}{r} - 2r_i(inv\alpha_i - inv\alpha)$	
顶隙	c	$c = c^* m$	
标准中心距	a	$a = \dfrac{m(z_1 + z_2)}{2}$	
节圆直径	d'	$d' = d$（当中心距为标准中心距a时）	
传动比	i	$i_{12} = \dfrac{\omega_1}{\omega_2} = \dfrac{z_2}{z_1} = \dfrac{d_2}{d_1}$	

例6-1 现有一个标准渐开线正常齿制直齿圆柱齿轮，其齿数$z_1 = 24$，齿顶圆直径$d_{a1} = 78$ mm，要求为之配制一个大齿轮，装入中心距$a = 150$ mm的齿轮箱内传动。试确定所配制大齿轮的基本参数和两齿轮的分度圆直径。

解：(1) 计算齿轮的模数。

齿轮为标准渐开线齿轮，故有$h_a^* = 1.0$，$c^* = 0.25$，$\alpha = 20°$而$da_1 = m(z_1 + 2ha^*)$，所以有模数

$$m = da_1/(z_1 + 2h_a^*) = 78/(24 + 2 \times 1) = 3 \text{(mm)}$$

(2) 计算大齿轮的齿数。

中心距 $a = m(z_1 + z_2)/2$，所以 $z_2 = 2a/m - z_1 = 2 \times 150/3 - 24 = 76$，所以大齿轮的五个基本参数为

$$z_2 = 76, \ m = 3 \text{ mm}, \ h_a^* = 1.0, \ c^* = 0.25, \ \alpha = 20°$$

两齿轮的分度圆直径分别为

$$d_1 = mz_1 = 3 \times 24 = 72 \text{(mm)}, \ d_2 = mz_2 = 3 \times 76 = 228 \text{(mm)}$$

6.4.4 内齿轮

内齿轮的齿廓是内凹的，如图 6-19 所示。其轮齿分布在空心圆柱体的内表面上，其齿厚和齿槽宽分别对应外齿轮的齿槽宽和齿厚。内齿轮的分度圆大于齿顶圆，而齿根圆又大于分度圆。齿顶圆直径为 $d_a = d - 2h_a = (z - 2h_a^*)m$，齿根圆直径为 $d_f = d + 2h_f = (z + 2h_a^* + 2c^*)m$。

同时，为了使内齿轮齿顶的齿廓全部为渐开线，其齿顶圆必须大于基圆。

内啮合齿轮传动中心距计算与外啮合传动也不同，$a = \dfrac{m(z_2 - z_1)}{2}$。

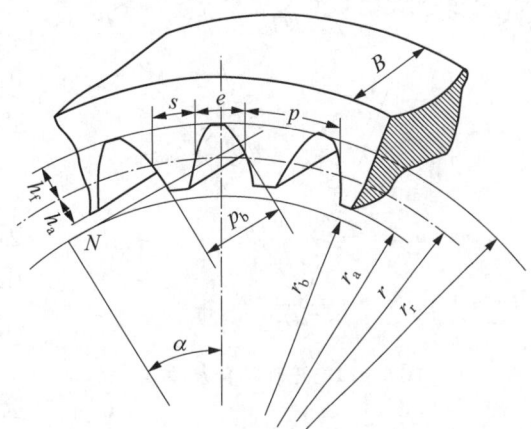

图 6-19 内齿轮

6.4.5 齿条

当标准外齿轮的齿数增至无穷多，即齿轮回转中心趋于无穷远时，各圆半径无穷大，变成了相互平行的直线，从而使渐开线齿廓演变成互相平行的斜直线齿廓，成为外齿轮的一种特殊形式——齿条（图 6-20）。因此，齿条与齿轮相比较既有相同点又有不同点。

齿条上，与齿顶线平行的各直线上的齿距相等，其值均为 πm。其中，齿厚与齿槽宽相等的一条直线称为中线或分度线。

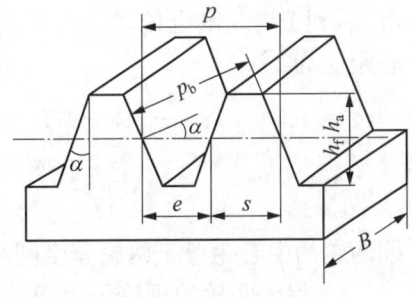

图 6-20 标准齿条

由于齿条直线齿廓上各点的法线彼此平行，而且传动时齿条做平动，齿廓上各点的速度均相同，因此齿条齿廓上各点的压力角都相等，且等于齿廓的倾斜角。

齿条的基本尺寸计算可参照外齿轮的计算公式进行。

6.5 渐开线标准直齿圆柱齿轮的啮合传动

6.5.1 渐开线齿轮正确啮合的条件

虽然渐开线齿轮能满足定传动比传动，但并非任意两个齿轮都能实现正确的啮合传动。例如，一个大模数齿轮的轮齿就无法进入小模数齿轮的齿槽内进行啮合传动。因此，根据渐开

线特性，一对啮合齿轮的相邻两对齿廓同时参与啮合时要想使一齿轮的轮齿能依次正确地嵌入另一齿轮的齿间，工作一侧齿廓的两啮合点 K 和 K' 必同时落在啮合线 N_1N_2 上，否则不是发生干涉就是产生分离，如图 6-21 所示。因此，要保证两齿轮能正确啮合，必须使两齿轮在啮合线上的法向齿距相等，即 $p_{b1} = p_{b2}$。

所以有

$$m_1 \cos\alpha_1 = m_2 \cos\alpha_2 \quad (6-6)$$

式中，m_1、m_2、α_1、α_2 分别为两轮的模数和压力角。因为齿轮的模数和压力角均为标准值，为了满足上式恒成立，应使

$$m_1 = m_2 = m, \quad \alpha_1 = \alpha_2 = \alpha \quad (6-7)$$

因此一对齿轮的正确啮合条件为：两齿轮的模数和压力角分别相等。

6.5.2 齿轮传动的中心距和啮合角

齿轮传动中心距的变化虽然不影响传动比，但会改变顶隙和尺侧间隙等的大小。在确定其中心距时，应满足以下两个条件：

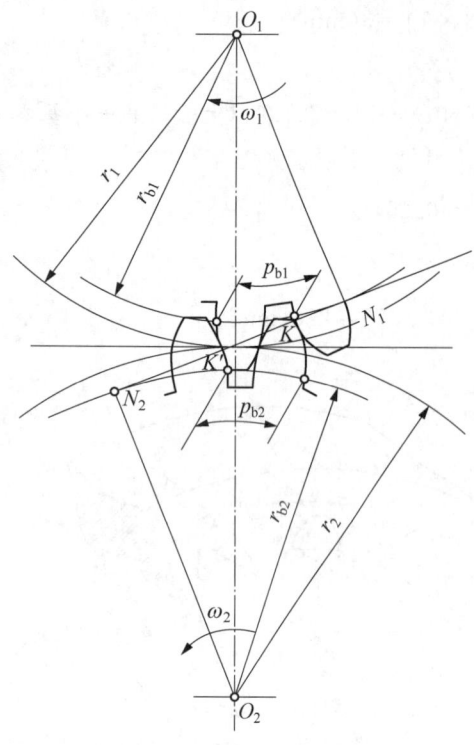

图 6-21 正确啮合条件

1) 保证两轮的顶隙为标准值

齿轮机构留有顶隙的目的是防止齿轮啮合时齿顶与齿根互相干涉，还可以容纳足够的润滑油，利于齿轮啮合传动。对于一对标准外啮合齿轮，为了保证顶隙为标准值 $c = c^*m$，其中心距应为

$$\begin{aligned}a &= r_{a1} + c + r_{f2} = (r_1 + h_a^* m) + c^* m + (r_2 - h_a^* m - c^* m) \\ &= r_1 + r_2 = \frac{m(z_1 + z_2)}{2}\end{aligned} \quad (6-8)$$

即两轮的中心距等于两轮分度圆半径之和，此中心距称为标准中心距。

2) 保证两轮的理论齿侧间隙为零

实际应用中，为了便于齿间润滑及避免轮齿受热膨胀和工作变形所引起的挤轧现象，两轮非工作齿侧会留有一定的间隙，这种齿侧间隙一般都很小，通常是在制造时以齿厚公差来保证的。因此，在理论上计算齿轮中心距时按无侧隙条件考虑。保证齿侧间隙为零，是指要求一个齿轮在节圆上的齿厚等于另一个齿轮在节圆上的齿槽宽。

由前所述，当保证标准顶隙时，即有两轮的分度圆相切，分度圆与节圆重合，而两轮在分度圆上的齿厚与齿槽宽相等，因此两轮在节圆上的齿厚与齿槽宽也均相等，即 $s_1' = e_1' = s_2' = e_2' = \pi m/2$，故标准齿轮按标准中心距安装时能实现无侧隙啮合。

两齿轮在啮合传动时，其节点 P 的圆周速度方向与啮合线之间所夹的锐角，称为啮合角，通常用 α' 表示。由其定义可知，啮合角等于节圆压力角。当两轮按标准中心距安装时，啮合角也等于分度圆压力角，如图 6-22a 所示。

特别注意的是，分度圆和压力角是单个齿轮就有的，而节圆和啮合角是两个齿轮啮合后才出现的。

当实际中心距 a' 不等于标准中心距 a 时，称为非标准安装。如图 6-22b 所示，实际中心距 a' 大于标准中心距 a，分度圆与节圆不再重合，两轮的分度圆分离，节圆半径大于各自的分度圆半径，啮合角 a' 大于分度圆压力角 α，顶隙大于标准值 $c^* m$，齿侧间隙大于零。因为 $r_b = r\cos\alpha = r'\cos\alpha'$，故有 $r_{b1} + r_{b2} = (r_1 + r_2)\cos\alpha = (r'_1 + r'_2)\cos\alpha'$，可得齿轮的中心距与啮合角的关系式为

$$a\cos\alpha = a'\cos\alpha' \tag{6-9}$$

当两轮的节圆与分度圆不再重合时，两轮的分度圆将产生分离，此时实际中心距 a' 小于标准中心距 a，啮合角 α' 也将小于分度圆压力角 α。

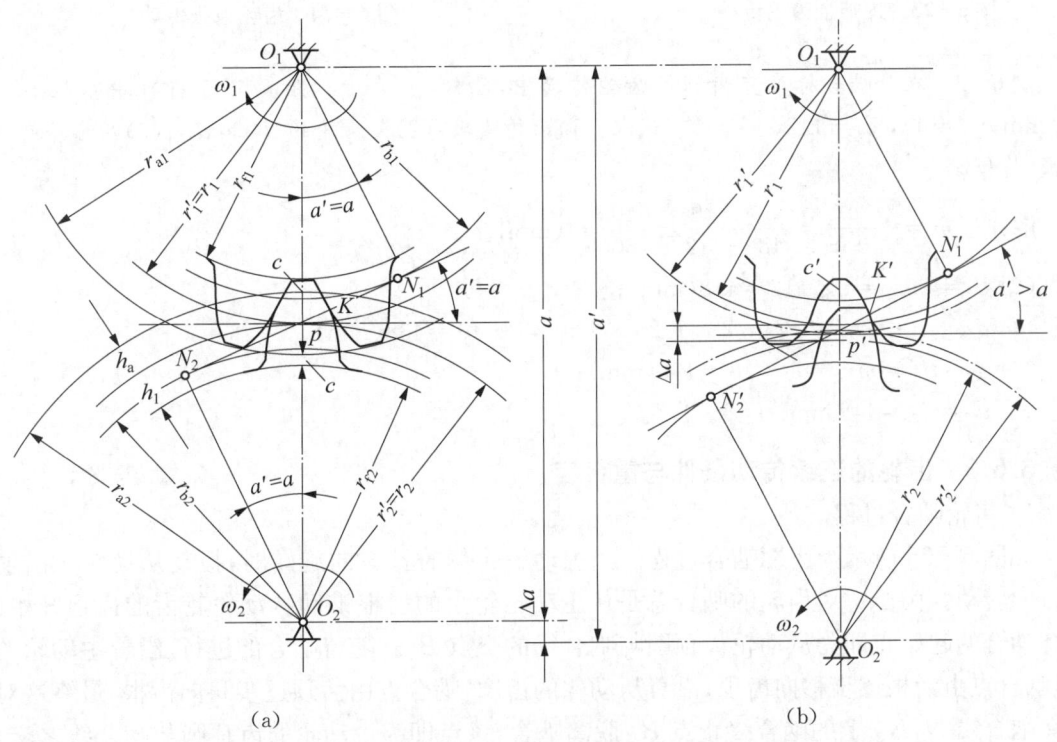

图 6-22 齿轮传动的中心距

对于标准齿轮内啮合传动，如图 6-23 所示，其标准中心距的确定与外啮合类似：

$$a = r'_2 - r'_1 = r_2 - r_1 = \frac{m(z_2 - z_1)}{2} \tag{6-10}$$

采用非标准安装时，也满足 $a\cos\alpha = a'\cos\alpha'$。

对于齿轮与齿条的啮合传动如图 6-24 所示，不论是否为标准安装，齿条的直线齿廓总是保持原来的方向不变，因此啮合线及节点 P 的位置始终保持不变，故齿轮的节圆恒与其分度圆重合，其啮合角恒等于分度圆压力角 α，也等于齿条的齿形角。采用标准安装时，齿条的节线与分度线重合，而非标准安装时，齿条的节线与其分度线不重合。

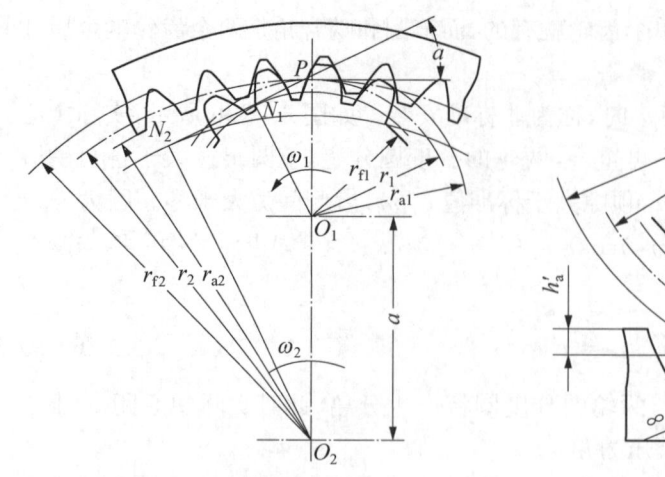

图 6-23 内啮合齿轮传动

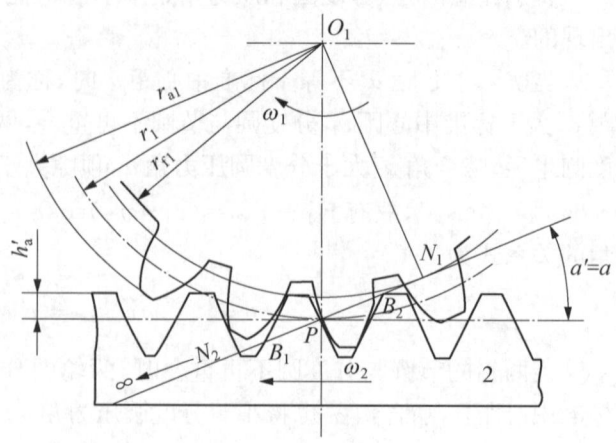

图 6-24 齿轮齿条传动

例 6-2 在外啮合标准直齿圆柱齿轮传动中,已知:安装中心距 a' 等于标准中心距 a, $a=320$ mm, $z_1=48$, $z_2=112$, $\alpha=20°$,试求:(1)齿轮模数;(2)大齿轮的 d_2 和 d_{f2};(3)两齿轮的节圆直径 d_1' 和 d_2'。

解:(1) $m = \dfrac{2a}{z_1+z_2} = \dfrac{2\times 320}{48+112} = \dfrac{640}{160} = 4 (\text{mm})$。

(2) $d_2 = mz_2 = 4\times 112 = 448 (\text{mm})$;

$d_{f2} = d - 2h_f = 448 - 2\times 1.25\times 4 = 448 - 10 = 438 (\text{mm})$。

(3) $d_1' = d_1 = mz_1 = 4\times 48 = 192 (\text{mm})$;

$d_2' = d_2 = 448$ mm。

6.5.3 齿轮的连续传动条件与重合度

1) 齿轮啮合过程

如图 6-25 所示为齿廓啮合过程。当主动轮 1 顺时针方向旋转时,拨动从动轮 2 沿逆时针方向转动。由于一对齿轮的啮合总是从主动轮轮齿的齿根推动从动轮轮齿的齿顶开始的,因此啮合的起始点即为从动轮齿顶圆与啮合线的交点 B_2。随着啮合的进行,沿着主动轮的齿廓,啮合点由齿根逐步移向齿顶;沿着从动轮的齿廓,啮合点由齿顶逐步移向齿根,最终这对轮齿在啮合线 N_1N_2 上的啮合终止点 B_1 脱离啮合,该点即为主动轮的齿顶圆与啮合线之交点。由此可知,啮合点实际走过的轨迹是线段 B_1B_2,称为齿轮的实际啮合线段。由于线段 B_1B_2 的长短取决于两轮齿顶圆半径的大小,故当两轮齿顶圆半径增加时,点 B_2、B_1 将分别向点 N_1、N_2 趋近,但因基圆内无渐开线,因此实际啮合线长度不会超过 N_1N_2,即 N_1N_2 是理论上可能的最大啮合线段,称为理论啮合线,而点 N_1、N_2 则称为啮合极限点。

由啮合过程可知,在齿轮轮齿的啮合过程中,并非全部齿廓都参与工作,其工作部分只限于从齿顶到齿根的某处参加啮合,实际参与啮合的这段齿廓称为齿廓工作段,如图 6-25 中的阴影部分所示。

2) 连续传动条件

齿轮传动是通过轮齿交替啮合来实现的,为了保证传动的连续性,要求在前一对齿脱开啮合之前,后一对齿已进入啮合,此条件称为连续传动条件。

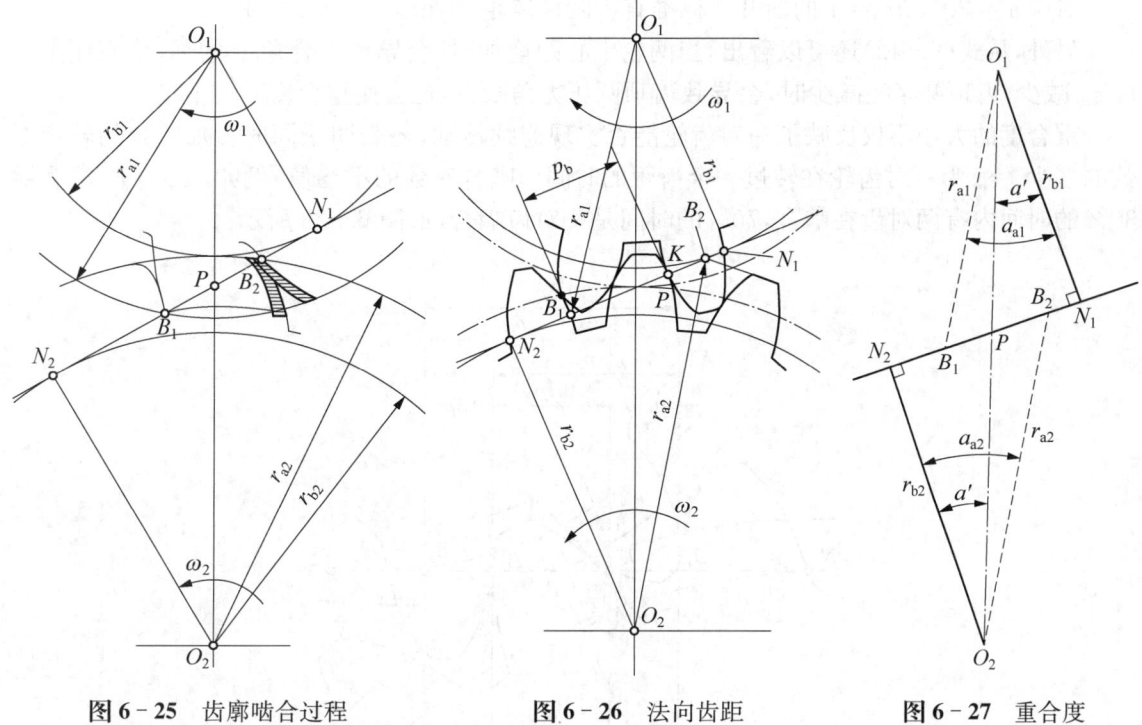

图 6-25 齿廓啮合过程　　图 6-26 法向齿距　　图 6-27 重合度

为满足齿轮连续传动的要求,实际啮合线段 B_1B_2 的长度应大于齿轮的法向齿距 p_b (图 6-26)。$\overline{B_1B_2}$ 与 p_b 的比值 ε_α 称为齿轮传动的重合度。为了确保齿轮传动的连续,应使 ε_α 值大于或等于许用值 $[\varepsilon_\alpha]$,即

$$\varepsilon_\alpha = \frac{\overline{B_1B_2}}{p_b} \geqslant [\varepsilon_\alpha] \tag{6-11}$$

在实际生产中根据齿轮的加工条件和使用要求,规定了重合度许用值 $[\varepsilon_\alpha]$ 的经验范围:一般机械制造业 1.4,汽车、拖拉机 1.1~1.2,金属切削机床 1.3。

3) 重合度计算

由图 6-27,根据式(6-11)可得外啮合直齿圆柱齿轮的重合度计算公式:

$$\varepsilon_\alpha = \frac{z_1(\tan\alpha_{a1} - \tan\alpha') + z_2(\tan\alpha_{a2} - \tan\alpha')}{2\pi} \tag{6-12}$$

式中,α' 为啮合角;z_1、z_2 及 α_{a1}、α_{a2} 分别代表齿轮1、2的齿数及齿顶圆压力角。

重合度的大小表示同时参与啮合的轮齿对数的平均值。齿轮传动的重合度越大,表明同时参与啮合的轮齿对数越多,每对轮齿所受载荷就越小,齿轮传动的承载能力越强,传动也越平稳。

由式(6-12)可以看出,重合度与模数无关,而是随着齿数的增多而加大。如果假设当两齿轮齿数均趋于无穷大时,ε_α 将趋于理论极限值 $\varepsilon_{\alpha\max}$,此时

$$\varepsilon_{\alpha\max} = \frac{2h_a^* m}{\pi m \sin\alpha \cos\alpha} = \frac{4h_a^*}{\pi \sin 2\alpha} \tag{6-13}$$

对于 $\alpha=20°$,$h_a^*=1$ 的渐开线标准直齿圆柱齿轮,则得 $\varepsilon_{\alpha\max}=1.981$。

另外,从式(6-12)还可以看出,当两轮中心距增加时,会导致啮合角 α' 增加,从而使重合度 ε_α 减少;齿顶圆半径减少时,会导致齿顶圆压力角减少,也会使重合度 ε_α 下降。

重合度的大小不仅反映了一对齿轮能否实现连续传动,还表明了同时参加啮合的轮齿对数的多少。ε_α 为一对齿轮在转过一个齿距的时间内啮合对数的平均值,例如,$\varepsilon_\alpha=1.3$,表示 30% 的时间内有两对齿在啮合,70% 的时间是一对齿啮合,如图 6-28 所示。

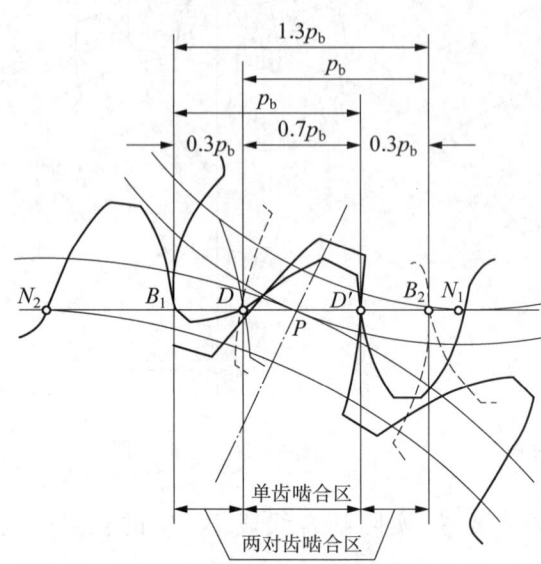

图 6-28 同时参与啮合的轮齿对

例 6-3 已知一对外啮合渐开线标准直齿圆柱齿轮,$z_1=40$,$z_2=60$,$m=5$ mm,$\alpha=20°$,$h_a^*=1$,$c^*=0.25$。试求:

(1) 这对齿轮标准安装时的重合度 ε_α。

(2) 保证这对齿轮能连续传动所允许的最大中心距以及对应的节圆半径 r_1' 和 r_2'。

解:(1) 计算重合度:

$$\alpha_{a1}=\arccos(r_{b1}/r_{a1})=\arccos[z_1\cos\alpha/(z_1+2h_a^*)]$$
$$=\arccos[40\cos 20°/(40+2\times 1)]=26.49°$$

$$\alpha_{a2}=\arccos(r_{b2}/r_{a2})=\arccos[z_2\cos\alpha/(z_2+2h_a^*)]$$
$$=\arccos[60\cos 20°/(60+2\times 1)]=24.58°$$

$$\varepsilon_\alpha=\frac{z_1(\tan\alpha_{a1}-\tan\alpha')+z_2(\tan\alpha_{a2}-\tan\alpha')}{2\pi}$$

$$=\frac{40(\tan 26.46°-\tan 20°)+z_2(\tan 24.58°-\tan 20°)}{2\pi}=1.75$$

(2) 要保证齿轮能够连续传动,必须满足 $\varepsilon_\alpha\geqslant 1$,有

$$\varepsilon_\alpha=\frac{z_1(\tan\alpha_{a1}-\tan\alpha')+z_2(\tan\alpha_{a2}-\tan\alpha')}{2\pi}\geqslant 1$$

所以 $\tan\alpha'\leqslant(z_1\tan\alpha_{a1}+z_2\tan\alpha_{a2}-2\pi)/(z_1+z_2)$

$$= (40\tan 26.49° + 60\tan 20° - 2\pi)/(40+60) = 0.411$$

求得啮合角 $\alpha' \leqslant 22.35°$。又

$$r_1 = mz_1/2 = 5 \times 40/2 = 100(\text{mm}), \quad r_2 = mz_2/2 = 5 \times 60/2 = 150(\text{mm})$$

中心距 $a' = \dfrac{a\cos\alpha}{\cos\alpha'} = \dfrac{(r_1+r_2)\cos\alpha}{\cos\alpha'}$

$$\leqslant \frac{(100+150)\cos 20°}{\cos 22.35°} = 254(\text{mm}),\text{故保证该齿轮能连续传动的最大中心距为 254 mm。}$$

$$r_1' = r_{b1}/\cos\alpha' = r_1\cos\alpha/\cos\alpha' = 100\frac{\cos 20°}{\cos 22.35°} = 1.6(\text{mm})$$

$$r_2' = r_{b2}/\cos\alpha' = r_2\cos\alpha/\cos\alpha' = 150\frac{\cos 20°}{\cos 22.35°} = 2.4(\text{mm})$$

6.6 渐开线齿廓的加工及根切现象

6.6.1 渐开线齿廓的加工原理

近代齿轮的加工方法很多,有切削法、铸造法、热轧法、冲压法、模锻法及粉末冶金法等,目前常用的是切削法。切削法加工齿轮的工艺较多,根据切削原理可概括为两种:仿形法和范成法。

仿形法是利用轴向剖面形状和齿轮齿槽的齿廓形状完全相同的铣刀,在普通铣床上加工齿轮,铣刀一般采用盘形或指状铣刀(图 6-29)。利用仿形法加工齿轮方法简单,不需要专用机床;但是铣刀的号数有限,造成加工出的齿轮齿形有误差,分度的误差也会影响齿形的精度,而且加工不连续,生产率低,不宜用于大量生产和精度要求高的场合,使用日趋减少。

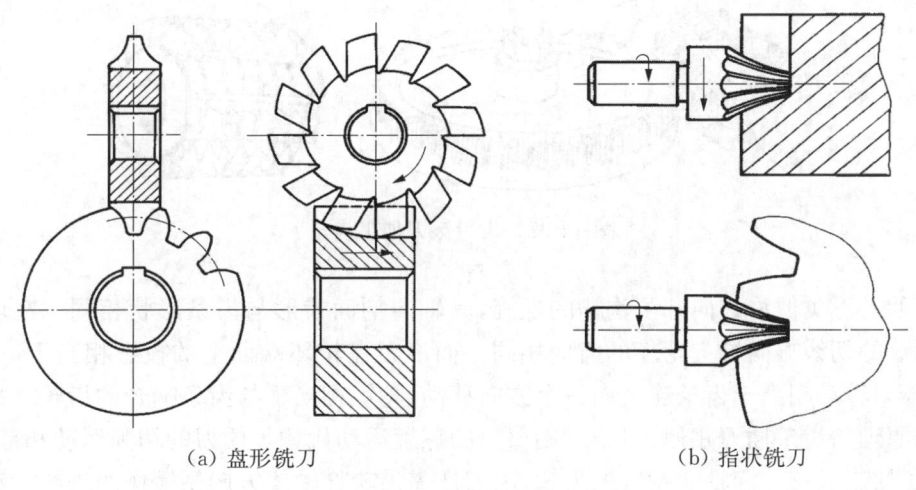

(a) 盘形铣刀 (b) 指状铣刀

图 6-29 仿形法加工齿轮

范成法是利用一对齿轮互相啮合时,其共轭齿廓互为包络线的原理来加工齿轮的。如果把其中一个齿轮(或齿条)作为刀具,就可以切出与之共轭的渐开线齿廓。加工时除了切削和让刀运动外,其刀具与轮坯之间的纯滚动与一对互相啮合的齿轮运动完全相同。因此用范成法加工齿轮时,只要刀具的模数及压力角和被切齿轮的相同,任何齿数的齿轮都可以用同一把

刀具加工。范成法根据刀具的不同又可分为插齿和滚齿等类型。

插齿是利用齿轮插刀加工齿轮的,其工作原理如图 6-30a 所示。齿轮插刀的形状和齿轮相似,其模数和压力角均与被加工齿轮相同。加工时,为了在轮坯上包络出与齿轮插刀的渐开线齿廓相共轭的渐开线齿廓,插刀与轮坯需按定传动比做范成运动。犹如一对齿轮在相互啮合传动,这是齿轮加工的主运动。同时,为将齿槽部分的材料切去,齿轮插刀还需沿轮坯轴线方向做往复切削运动。齿条插刀的切齿原理近似于用齿轮插刀(图 6-30b),被切齿轮以角速度 ω 转动,齿条插刀以速度 $v=r\omega$ 移动。

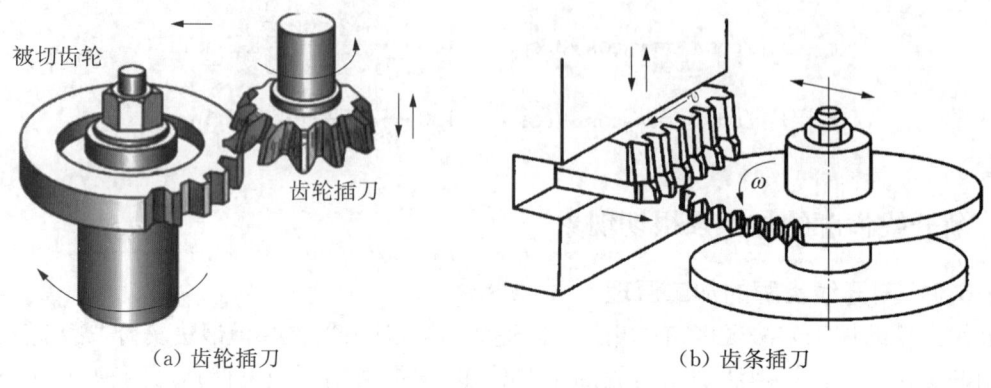

(a) 齿轮插刀　　　　　　　　　　　　(b) 齿条插刀

图 6-30　插齿法加工齿轮

不论用齿轮插刀还是齿条插刀加工齿轮,其切削都是不连续的,这就影响了生产率的提高。因此,在生产中更广泛地采用齿轮滚刀来加工齿轮(图 6-31)。

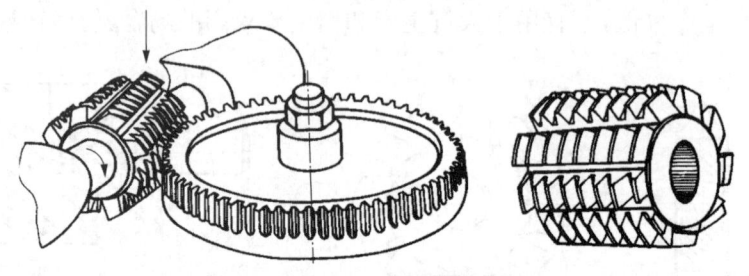

图 6-31　齿轮滚刀加工齿轮

滚刀的外形类似沿纵向开了沟槽的螺旋,其轴向剖面齿形与齿条形状相同。在切削啮合处滚刀螺纹的切线方向恰与轮坯的齿向相同。而滚刀在轮坯端面上的投影相当于一个齿条。加工时,滚刀转动相当于齿条连续向一个方向移动,轮坯相当于与齿条啮合的齿轮。故滚刀切制齿轮的原理与齿条插刀相似,只不过用滚刀的螺旋运动代替了插刀的切削运动和范成运动。此外,为了切制具有一定轴向宽度的齿轮,滚刀还需沿轮坯轴线方向做缓慢的进给运动。

用范成法加工齿轮时,同一刀具可以加工模数和压力角相同的齿数不同的齿轮,生产效率较高。

用范成法加工标准齿轮时,所用标准齿条刀具的分度线必须与被切齿轮的分度圆相切并做纯滚动。由于标准齿条刀具分度线上的齿厚与齿槽宽相等,故被加工齿轮的分度圆齿槽宽与齿厚也相等。

6.6.2 渐开线齿廓的根切现象

用范成法加工齿轮时,若刀具的齿顶线或齿顶圆与啮合线的交点超过被切齿轮的啮合极限点时,刀具的顶部会切入被加工齿轮的根部,将根部已加工出的渐开线齿廓切去一部分,这种现象称为轮齿的根切(图6-32)。根切会使齿根强度削弱,根切严重时还会减少重合度,所以应当避免。

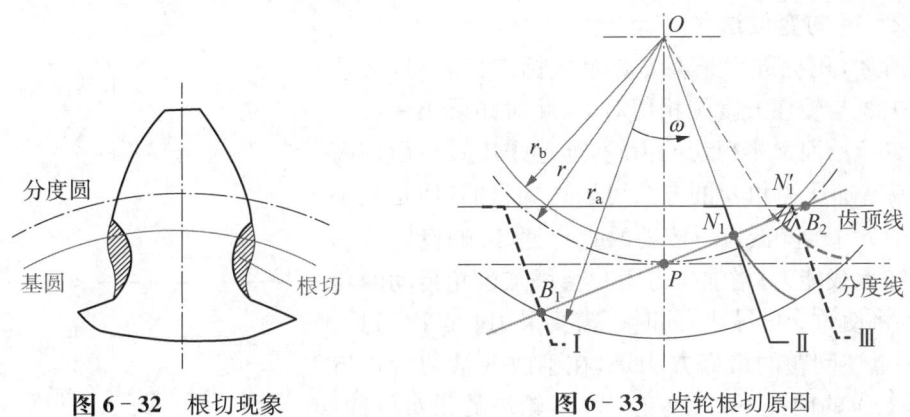

图6-32 根切现象　　　图6-33 齿轮根切原因

要避免根切,首先必须了解产生根切的原因。如图6-33所示,加工标准齿轮时,刀具的分度线与被切齿轮的分度圆相切,B_1B_2为啮合线,刀具的刀刃将从啮合线上B_1点(位置Ⅰ)处开始形成被切齿轮的渐开线齿廓,切至啮合线与刀具齿顶线的交点B_2处,被切齿轮齿廓的渐开线部分已全部形成。若B_2点位于啮合极限点N_1之下,则被切齿轮的齿廓从B_2点开始至齿顶为渐开线,而在B_2点到齿根圆之间为一段由刀具齿顶圆角部分所形成的非渐开线过渡曲线。若被切齿轮的齿数较少,使其啮合极限点N_1落在刀具齿顶线之下时,刀具从位置Ⅱ继续切削到位置Ⅲ时,使N_1'点附近的一部分齿根渐开线齿廓被切去,造成轮齿的根切现象。

为了避免产生根切现象,则啮合极限点N_1必须位于刀具齿顶线之上,即应使$\overline{PN_1}\sin\alpha \geqslant h_a^* m$,由此可求得被切齿轮不产生根切的最少齿数为

$$z_{\min}=\frac{2h_a^*}{\sin^2\alpha} \tag{6-14}$$

当$\alpha=20°$,$h_a^*=1$时,$z_{\min}=17$。而轮齿有轻微根切时,增大了齿根圆角半径,对轮齿抗弯强度有利,故工程上也常允许轮齿产生轻微根切,这时取$\alpha=20°$,则$h_a^*=0.8$时,$z_{\min}=14$。

6.7 渐开线变位齿轮

6.7.1 变位目的

标准齿轮传动由于尺寸计算简单、互换性好等优点,获得了广泛应用,但是随着对齿轮传动高速、重载、小型、轻量化的更高要求,标准齿轮的一些缺点日益暴露出来,例如:

(1)标准齿轮有最少齿数的要求,否则就会发生根切,因此在一定的速比时传动无法满足小型轻量化的要求。

(2)标准齿轮传动时,小齿轮的齿廓曲率半径及齿根厚度均比大齿轮小,而且啮合频率高,故强度低于大齿轮,易失效,从而限制了齿轮机构整体的承载能力和寿命的提高。

(3) 标准齿轮传动的安装必须满足 $a' = a = \dfrac{m(z_1 + z_2)}{2}$，当 $a' < a$ 时无法安装，当 $a' > a$ 时虽然能安装且传动比不变，但传动的侧隙和顶隙增加了，重合度下降了，影响了传动的平稳性。

为了改善渐开线标准齿轮传动所存在的上述缺点，适应现代生产的发展需求，有必要对其进行修正，目前采用最广泛的方法是变位修正法。

6.7.2 径向变位法

由前所述，用标准齿条型刀具范成标准齿轮时，必须确保刀具中线与轮坯分度圆相切对滚，此时如果想制成齿数小于最少齿数而又不根切的齿轮，通过采用减小齿顶高系数 h_a^* 或增加压力角 α 的方法可以达到目的，但是减小齿顶高系数 h_a^* 会降低齿轮传动的重合度，影响齿轮传动的平稳性和承载能力；增加压力角 α 会增加齿轮传动的功率损耗，也将使重合度减少，同时还需要采用非标准刀具。因此，解决上述问题的最好方法是，在不改变被切齿轮齿数 ($z < z_{\min}$) 的前提下，只改变刀具与轮坯的相对位置，即将刀具由标准位置相对于轮坯中心沿径向向外移动一段距离 xm（图 6-34），从而使刀具齿顶线与啮合线的交点位于啮合极限点 N_1 下方，从而避免了根切。这种采用改变刀具与被切齿轮的相对位置来加工齿轮的方法称为变位修正法。

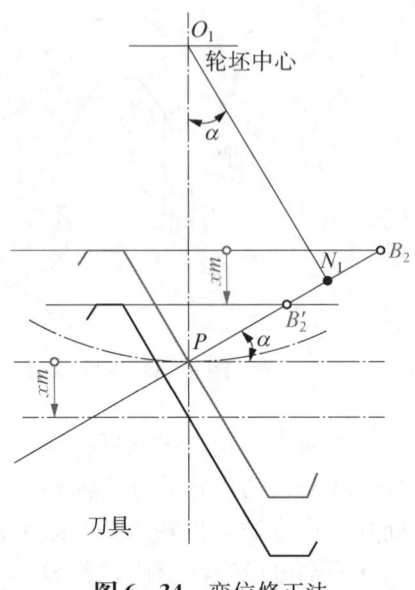

图 6-34 变位修正法

采用变位修正法切制的齿轮称为变位齿轮。刀具由加工标准齿轮的位置沿轮坯径向所移动的距离 xm 称为径向变位量，其中 m 为模数，x 为径向变位系数，简称变位系数，并且规定刀具远离轮坯中心时 x 为正，反之为负（此时必须是 $z > z_{\min}$，否则发生根切）。

当被切齿轮的齿数 $z < z_{\min}$ 时，为了避免根切，刀具需作正变位，使其齿顶线不超过啮合极限点 N_1，由图 6-34 可得

$$xm \geqslant h_a^* m - r\sin^2\alpha = \left(h_a^* - \dfrac{z}{2}\sin^2\alpha\right)m \tag{6-15}$$

结合式 (6-14)，可得避免被加工齿轮发生根切现象的最小变位系数为

$$x_{\min} = \dfrac{h_a^*(z_{\min} - z)}{z_{\min}} \tag{6-16}$$

6.7.3 变位齿轮的几何尺寸

1) 变位齿轮分度圆上的齿厚与齿槽宽

如图 6-35 所示，正变位时，刀具由标准位置远离轮坯中心一段距离 xm，故节线上的齿槽宽比中线上的齿槽宽尺寸宽增加了 $2\overline{JK}$，因此切制出的正变位齿轮在分度圆上的齿厚也要增加 $2\overline{JK}$，与之相对应，被切齿轮的齿槽宽在分度圆上减少了 $2\overline{JK}$。由图示几何关系可知

$$\overline{JK} = xm\tan\alpha$$

故正变位齿轮分度圆上的齿厚 s 为

$$s = \frac{\pi m}{2} + 2xm\tan\alpha \qquad (6-17)$$

正变位齿轮分度圆上的齿槽宽 e 为

$$e = \frac{\pi m}{2} - 2xm\tan\alpha \qquad (6-18)$$

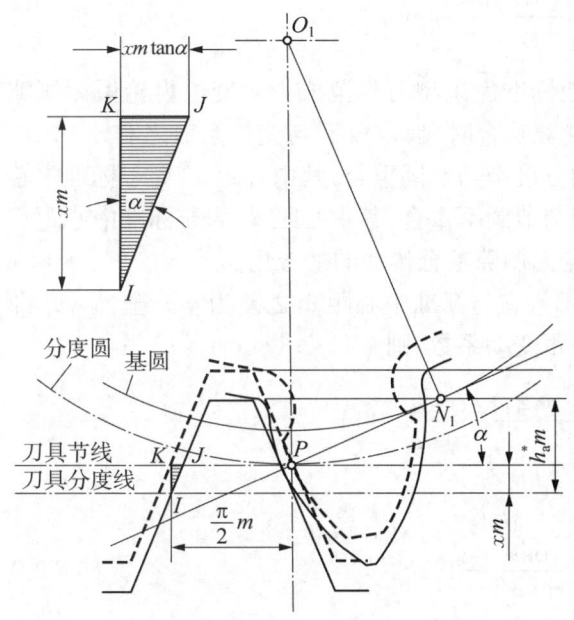

图 6-35 变位齿轮的齿厚与齿槽宽

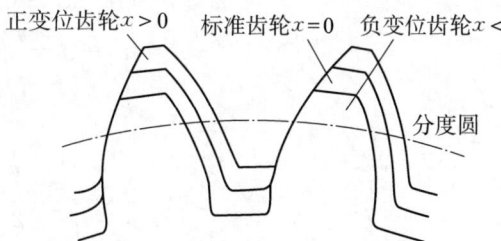

图 6-36 变位齿轮与标准齿轮的比较

2) 变位齿轮的齿根高与齿顶高

对于正变位齿轮,由于刀具作径向变位 xm(图6-36),故轮坯齿根高比标准齿轮减少了一段 xm,即

$$h_a = h_a^* m + c^* m - xm = (h_a^* + c^* - x)m \qquad (6-19)$$

由于变位齿轮的分度圆尺寸没有发生变化,因此齿顶高取决于被切齿轮的齿顶圆大小。为了保证齿全高不变,则正变位齿轮的齿顶圆半径就应比标准齿轮的齿顶圆半径增加 xm,则此时的正变位齿轮的齿顶高为

$$h_a = h_a^* m + xm = (h_a^* + x)m \qquad (6-20)$$

上述公式同样适用于负变位齿轮,只需将变位系数 x 代成负数即可(图6-36)。

6.7.4 变位齿轮传动的中心距

变位齿轮传动的正确啮合条件及连续传动条件与标准齿轮传动相同。

变位齿轮传动中心距的确定也应满足无侧隙啮合和顶隙为标准值这两方面的要求。要满足无侧隙啮合,须要求其一轮在节圆上的齿厚应等于另一轮在节圆上的齿槽宽,即 $s_1' = e_2'$ 及 $s_2' = e_1'$,而由此得节圆上的齿距:

$$p' = s_1' + e_1' = s_2' + e_2' = s_1' + s_2'$$

又因

$$\frac{p'}{p} = \frac{r'}{r} = \frac{\cos\alpha}{\cos\alpha'}, \quad p = \pi m$$

而

$$c_i = s_i \frac{r_i'}{r_i} - 2r'(\text{inv}\,\alpha - \text{inv}\,\alpha') \quad (i = 1, 2)$$

式中，s 由式(6-17)求得。于是，由以上各式可求得两轮无侧隙啮合时其各参数的关系式为

$$\text{inv}\,\alpha' = \frac{2(x_1 + x_2)\tan\alpha}{z_1 + z_2} + \text{inv}\,\alpha \tag{6-21}$$

上式为无侧隙啮合方程，它表明了用同一把标准齿条型刀具范成一对变位齿轮做无侧隙啮合传动时的几何关系，即一对变位齿轮做无侧隙啮合时，啮合角 α' 与变位系数之和 $x_1 + x_2$ 之间的关系。若 $x_1 + x_2 = 0$，则 $\alpha' = \alpha$，两轮的分度圆与节圆重合，其中心距 a' 等于标准中心距 a；若 $x_1 + x_2 \neq 0$，则 $\alpha' \neq \alpha$，两轮的分度圆与节圆不重合，其中心距 a' 为非标准中心距。当已知 $x_1 + x_2$ 时，可由此式求出一对变位齿轮无侧隙啮合传动的啮合角 α'。

设一对变位齿轮无侧隙啮合时的中心距为 a'，它与标准中心距 a 之差为 ym，显然 ym 即为两分度圆分离之后的距离。其中 y 称为中心距变动系数，则

$$ym = a' - a = \frac{m(z_1 + z_2)}{2}\left(\frac{\cos\alpha}{\cos\alpha'} - 1\right)$$

故

$$y = \frac{z_1 + z_2}{2}\left(\frac{\cos\alpha}{\cos\alpha'} - 1\right) \tag{6-22}$$

由此可得无侧隙啮合中心距

$$a' = a + ym = \frac{m(z_1 + z_2)}{2} + ym \tag{6-23}$$

设保证标准顶隙时的中心距为 a''，则

$$\begin{aligned}a'' &= r_{a1} + c + r_{f1} = r_1 + (h_a^* + x_1)m + c^* m + r_2 - (h_a^* + c^* - x_2)m \\ &= a + (x_1 + x_2)m\end{aligned} \tag{6-24}$$

式中，$(x_1 + x_2)m$ 代表为使传动的顶隙为标准值时造成两轮分度圆所分离的距离。显然，要使传动既无侧隙又具有标准顶隙，则应使 $a' = a''$，即 $y = x_1 + x_2$。但是可以证明，$x_1 + x_2 > y$，即 $a'' > a'$。所以为了解决这一矛盾，实际设计时两轮按 a' 安装首先确保无侧隙啮合，然后为使顶隙也为标准值，只好将两轮的齿顶在径向上各削去一段 Δym，因此重合度有所下降。Δy 称为齿顶高降低系数，其值为

$$\Delta y = (x_1 + x_2) - y \tag{6-25}$$

由此可见，对于 $x_1 + x_2 \neq 0$ 的变位齿轮传动，安装中心距 $a' = a + ym$，其齿顶高和齿顶圆半径分别为

$$h_a = h_a^* m + xm - \Delta ym = (h_a^* + x - \Delta y)m \tag{6-26}$$

$$r_{\mathrm{a}} = \frac{mz}{z} + (h_{\mathrm{a}}^{*} + x - \Delta y)m \tag{6-27}$$

6.7.5 变位齿轮传动的类型及其特点

按照一对齿轮传动的变位系数和 $(x_1 + x_2)$ 的不同,可把变位齿轮传动分为以下几种类型:

1) 标准齿轮传动

这种传动中的两轮变位系数均为零,即 $x_1 = x_2 = 0$,故 $x_1 + x_2 = 0$。

2) 等变位齿轮传动(高度变位齿轮传动)

这种传动中的两轮变位系数的绝对值相等,对于等变位齿轮传动,为有利于强度提高,小齿轮应采用正变位,大齿轮采用负变位,使大小齿轮的强度趋于接近,从而使齿轮的承载能力提高。

由式(6-9)、式(6-21)、式(6-22)和式(6-24)可知:啮合角 $\alpha' = \alpha$;中心距变动系数 $y = 0$;中心距 $a' = a$;顶高降低系数 $\Delta y = 0$。

3) 正传动 $(x_1 + x_2 > 0)$

变位系数和大于零的传动称为正传动。因 $x_1 + x_2 > 0$,故由式(6-9)、式(6-21)、式(6-22)和式(6-24)可得:啮合角 $\alpha' > \alpha$;分度圆分离系数 $y > 0$;中心距 $a' > a$;顶高降低系数 $\Delta y > 0$。 即啮合角 α' 大于分度圆压力角 α,中心距 a' 大于标准中心距 a,分度圆小于节圆,两轮的齿全高均比标准齿轮降低了 Δym。

正传动的主要优点是可以减小齿轮机构的尺寸,能使齿轮机构的承载能力有较大提高。正传动的主要缺点是重合度减小较多。

4) 负传动 $(x_1 + x_2 < 0)$

变位系数和小于零的传动称为负传动。为使两轮不根切,由式(6-14)可知:两轮不根切的齿数和 $(z_1 + z_2)$ 大于 $2z_{\min}$。由于 $x_1 + x_2 < 0$,故由式(6-9)、式(6-21)、式(6-22)和式(6-24)可得:啮合角 $\alpha' < \alpha$;分度圆分离系数 $y < 0$;中心距 $a' < a$;顶高降低系数 $\Delta y > 0$。即分度圆大于节圆,它们的分度圆呈交叉状态,两轮的齿全高均比标准齿轮降低了 Δym。

与正传动相反,负传动因齿根变薄、齿根高增大、啮合角变小,所以轮齿强度降低;齿根处磨损较为严重;结构不太紧凑;同样必须成对地设计、制造和使用,因此应用较少,但是负传动的重合度有所提高;在 $a' < a$ 的场合,用负传动来配凑中心距。

综上所述,各种变位齿轮传动各具特色,尤其是正传动优点较多,不仅可以避免根切,还可以提高轮齿强度、配凑中心距以及减少机构的几何尺寸,所以一般情况应尽量采用正传动;负传动的缺点较多,一般只用于配凑中心距这种特殊需要的场合;等变位齿轮传动常常用于在标准中心距时,为了改善传动质量,用等变位齿轮传动来代替标准齿轮传动。

各类外啮合变位齿轮传动的主要计算公式对比见表6-3。

表 6-3 外啮合齿轮机构的主要计算公式

名称	符号	标准齿轮传动	等变位齿轮传动	不等变位齿轮传动
变位系数	x	$x_1 = x_2 = 0$	$x_1 = x_2 = 0$ $x_1 + x_2 = 0$	$x_1 + x_2 \neq 0$
节圆直径	d'	$d_i' = d_i = z_i m (i = 1, 2)$		$d_i' = \dfrac{d_i \cos \alpha}{\cos \alpha'}$

续表

名称	符号	标准齿轮传动	等变位齿轮传动	不等变位齿轮传动
啮合角	α'	$\alpha' = \alpha$		$\cos\alpha' = \dfrac{a\cos\alpha}{a'}$
齿顶高	h_a	$h_a = h_a^* m$	$h_{ai} = (h_a^* + x_i)m$	$h_{ai} = (h_a^* + x_i - \Delta y)m$
齿根高	h_f	$h_f = (h_a^* + c^*)m$	$h_f = (h_a^* + c^* - x_i)m$	
齿顶圆直径	d_a		$d_{ai} = d_i + 2h_{ai}$	
齿根圆直径	d_f		$d_{fi} = d_i - 2h_{fi}$	
中心距	a	$a = \dfrac{d_1 + d_2}{2}$		$a' = \dfrac{d_1' + d_2'}{2}$
中心距变动系数	y	$y = 0$		$y = \dfrac{a' - a}{m}$
齿顶高降低系数	Δy	$\Delta y = 0$		$\Delta y = x_1 + x_2 - y$

6.8 斜齿圆柱齿轮机构

6.8.1 斜齿圆柱齿轮的形成

直齿圆柱齿轮齿廓曲面的形成实际上是发生面 S 在基圆柱上做纯滚动,该面上与基圆柱母线 NN' 平行的一条直线 KK' 形成渐开面(图 6-37a)。该渐开面与基圆柱的交线 AA' 是一条与轴线平行的直线,从而使一对渐开线直齿圆柱齿轮啮合传动时,两轮齿廓曲面上的瞬时接触线总是与其轴线互相平行。由此可知,一对直齿圆柱齿轮在啮合过程中,其轮齿是沿整个齿宽同时进入啮合,而后又沿整个齿宽同时退出啮合。因此,轮齿上的受载状况是突然加载和突然卸载。显然,这种传动容易发生冲击、振动、噪声,影响传动的平稳性,不适合高速传动。

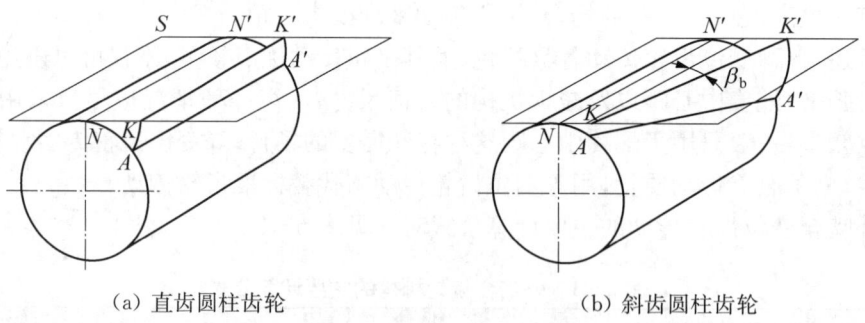

(a) 直齿圆柱齿轮 (b) 斜齿圆柱齿轮

图 6-37 渐开面的形成

斜齿圆柱齿轮弥补了直齿圆柱齿轮的不足之处,其齿廓曲面的形成与直齿圆柱齿轮基本相同,但发生面上的直线 KK' 不与轴线平行,而是偏斜了一个角度 β_b(图 6-37b)。当发生面 S 在基圆柱上做纯滚动时,斜线 KK' 上每一点的轨迹都是依次从它与基圆柱面的接触点开始所展成的一条渐开线,因此 KK' 线上各点所展成的都是形状相同但起始点不同的渐开线,这些渐开线的集合就是斜齿圆柱齿轮的齿廓曲面,即渐开螺旋面。β_b 称为基圆柱螺旋角,显然,β_b 越大,轮齿的齿向越偏斜。当 $\beta_b=0$ 时,斜齿变成直齿,因此,直齿圆柱齿轮可以视为斜齿圆柱齿轮的一个特例。

由斜齿轮齿廓曲面的形成可知,一对斜齿圆柱齿轮啮合传动时,两轮的轮齿是先由齿的一端进入啮合,而后逐渐过渡到另一端脱离啮合。两齿廓曲面上的瞬时接触线是斜线,其长度由短变长,又由长变短。因此,轮齿上所受的载荷也是由小逐渐变大,再由大逐渐变小。这样的啮合方式减少了传动时的冲击、振动、噪声,提高了传动的平稳性,适合高速重载传动。

6.8.2 斜齿圆柱齿轮的基本参数及其几何尺寸计算

由于斜齿轮齿廓曲面是渐开螺旋面,其端面齿形和垂直于螺旋线方向的齿形以及通过回转轴线截面的齿形各不相同,因此斜齿轮的每个基本参数都有端面、法面之分,为了方便区分,端面、法面的相应参数分别用下脚标 t、n 表示。

斜齿轮常用标准齿条型刀具范成加工或用盘铣刀加工,切削时刀具通常都是沿轮齿的螺旋线方向进刀,此时斜齿轮的法面参数是与刀具参数相同的标准值,因此规定在垂直于螺旋线方向(法面)的参数为标准值,加下标 n。设计、测量和加工斜齿轮时均以法面为基准,而计算斜齿轮几何尺寸时却应按端面参数进行(因为理论渐开线在端面,而法面并非圆形),所以必须建立起法面和端面间的参数换算关系。

斜齿轮的齿廓曲面与其分度圆柱面相交的螺旋线的切线与齿轮轴线之间所夹的锐角,称为斜齿轮分度圆柱的螺旋角,用 β 表示,螺旋角表示斜齿轮轮齿的倾斜程度,有左右旋之分,也有正负之别。

斜齿轮的基本尺寸同直齿轮一样,均是以分度圆为基准来计算的。将一斜齿圆柱齿轮沿其分度圆柱展开,则分度圆柱上的螺旋线便展成一条斜直线(图 6-38),此斜直线即为直角三角形的斜边,底边即为分度圆柱的周长,而高即为导程,其几何关系为

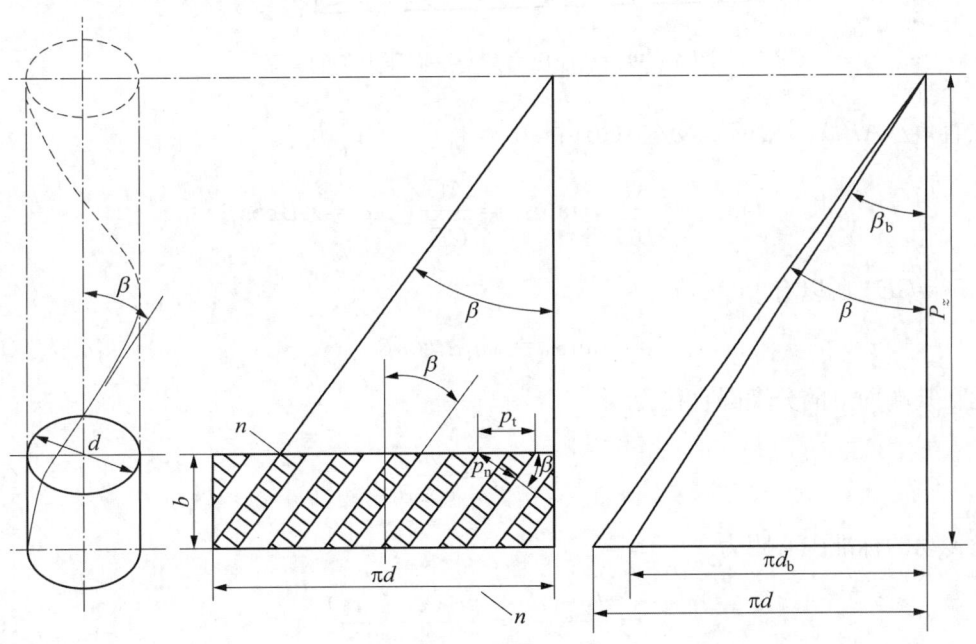

图 6-38 斜齿轮的展开

$$\tan\beta = \frac{\pi d}{P_z} \tag{6-28}$$

式中,β 为分度圆柱上的螺旋角;d 为分度圆柱直径;P_z 为螺旋线的导程,即螺旋线绕分度圆柱一周后沿轴向上升的高度。

各圆柱的直径不同,故各圆柱上的螺旋角不同。定义分度圆柱上的螺旋角 β 为斜齿轮的螺旋角。

由图 6-38 可见

$$p_n = \pi m_n = p_t \cos\beta = \pi m_t \cos\beta$$

故

$$m_n = m_t \cos\beta \tag{6-29}$$

式中,m_n 为法面模数,m_t 为端面模数。

在如图 6-39 所示斜齿条中,平面 ABD 为前端面,平面 ACE 为法面,$\angle ACB = 90°$。

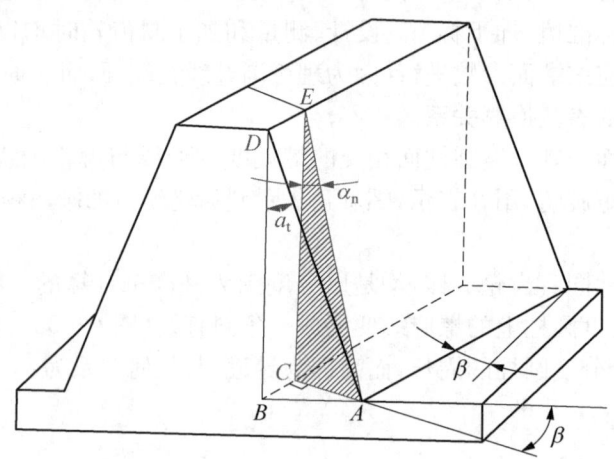

图 6-39 端面压力角与法面压力角的关系

在直角 $\triangle ABD$、$\triangle ACE$ 及 $\triangle ACB$ 中,

$$\tan\alpha_t = \frac{\overline{AB}}{\overline{BD}},\ \tan\alpha_n = \frac{\overline{AC}}{\overline{CE}},\ \overline{AC} = \overline{AB}\cos\beta$$

因为 $\overline{BD} = \overline{CE}$,所以有

$$\tan\alpha_n = \tan\alpha_t \cos\beta \tag{6-30}$$

斜齿轮在其端面上的分度圆直径为

$$d = zm_t = \frac{zm_n}{\cos\beta} \tag{6-31}$$

斜齿轮传动的标准中心距为

$$a = \frac{d_1 + d_2}{2} = \frac{m_n(z_1 + z_2)}{2\cos\beta} \tag{6-32}$$

由式(6-32)可知,可以用改变螺旋角 β 的方法来调整中心距 a 的大小。故斜齿轮传动的

中心距常做圆整，以利加工。

斜齿轮也可借助于变位修正法来满足各种不同的要求。其端面变位系数 x_t 与法面变位系数 x_n 之间的关系为

$$x_t = x_n \cos\beta \qquad (6-33)$$

但一般都按照法面变位系数进行计算。

6.8.3 斜齿圆柱齿轮的当量齿数

无论是用仿形法加工斜齿轮还是校核斜齿轮的强度，都需要知道它的法面齿形，但是斜齿轮的法面齿形比较复杂，很难也没有必要精确求出，因此工程上为了研究方便一般用近似的方法，即找出一个与斜齿轮法面齿形相当的直齿轮，其标准参数与斜齿轮的相同，齿形又与斜齿轮的法面齿形最接近，则该直齿轮即为斜齿轮的当量齿轮，其齿数 z_v 称为斜齿轮的当量齿数。

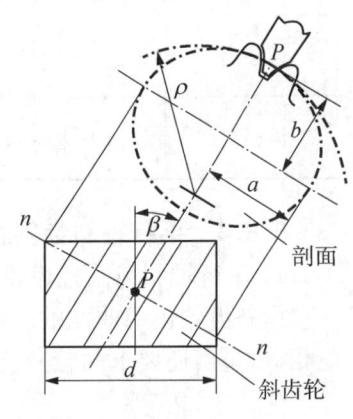

图 6-40 斜齿轮的法面齿形

斜齿轮的法面齿形如图 6-40 所示。过斜齿轮分度圆柱螺旋线上点 P 作其法面 $n-n$，该面与分度圆柱的截面为一椭圆剖面，其长半轴 $a = r/\cos\beta$，短半轴 $b = r$，由于点 P 附近的一段椭圆和以该椭圆在点 P 处的曲率半径 ρ 为半径所画的圆弧十分接近，因此点 P 附近的齿形可以近似地视为该斜齿圆柱齿轮的法面齿形。显然，若将以 ρ 为半径所画的圆作为虚拟的直齿圆柱齿轮的分度圆半径时，不仅其上的模数和压力角与该斜齿轮的法面模数和压力角相等，而且齿形也与该斜齿轮的法面齿形极为相似。故此假想的直齿轮即为该斜齿轮的当量齿轮，其齿数即为斜齿轮的当量齿数：

$$\rho = \frac{a^2}{b} = \frac{d}{2\cos^2\beta}$$

故得

$$z_v = \frac{2\rho}{m_n} = \frac{d}{m_n \cos^2\beta} = \frac{zm_t}{m_n \cos^2\beta} = \frac{z}{\cos^3\beta} \qquad (6-34)$$

斜齿轮各参数及几何尺寸的计算公式列于表 6-4 中。

表 6-4 斜齿圆柱齿轮的参数及几何尺寸的计算公式

名称	符号	计算公式	名称	符号	计算公式
螺旋角	β	（一般取 8°~20°）	法面齿距	p_n	$p_n = \pi m_n$
基圆柱螺旋角	β_b	$\tan\beta_b = \tan\beta \cos\alpha_t$	端面齿距	p_t	$p_t = \pi m_t = \dfrac{p_n}{\cos\beta}$
法面模数	m_n	（取标准值）	法面基圆齿距	p_{bn}	$p_{bn} = p_n \cos\alpha_n$
端面模数	m_t	$m_t = \dfrac{m_n}{\cos\beta}$	法面齿顶高系数	h_{an}^*	$h_{an}^* = 1$
法面压力角	α_n	$\alpha_n = 20°$	法面顶隙系数	c_n^*	$c_n^* = 0.25$
端面压力角	α_t	$\tan\alpha_t = \dfrac{\tan\alpha_n}{\cos\beta}$	分度圆直径	d	$d = zm_t = \dfrac{zm_n}{\cos\beta}$

续表

名称	符号	计算公式	名称	符号	计算公式
基圆直径	d_b	$d_b = d\cos\alpha_t$	齿顶圆直径	d_a	$d_a = d + 2h_a$
最少齿数	$z_{\min}$	$z_{\min} = z_{v\min}\cos^3\beta$	齿根圆直径	d_f	$d_f = d - 2h_f$
端面变位系数	x_t	$x_t = x_n\cos\beta$	法面齿厚	s_n	$s_n = \left(\dfrac{\pi}{2} + 2x_n\tan\alpha_n\right)m_n$
齿顶高	h_a	$h_a = m_n(h_{an}^* + x_n)$	端面齿厚	s_t	$s_t = \left(\dfrac{\pi}{2} + 2x_t\tan\alpha_t\right)m_t$
齿根高	h_f	$h_f = m_n(h_{an}^* + c_n^* - x_n)$	当量齿数	z_v	$z_v = \dfrac{z}{\cos^3\beta}$

6.8.4 平行轴斜齿圆柱齿轮传动

1) 平行轴斜齿圆柱齿轮传动的正确啮合条件

由斜齿轮齿廓曲面的形成可知,除了和直齿轮机构一样,要求两轮分度圆柱的模数和压力角相等之外,还要求两轮分度圆柱上的螺旋角必须匹配,确保传动时两轮螺旋线相切,即

$$\left. \begin{array}{l} m_{n1} = m_{n2} = m_n \text{ 或 } m_{t1} = m_{t2} = m_t \\ \alpha_{n1} = \alpha_{n2} = \alpha_n \text{ 或 } \alpha_{t1} = \alpha_{t2} = \alpha_t \\ \beta_1 = -\beta_2(\text{外啮合}), \beta_1 = \beta_2(\text{内啮合}) \end{array} \right\} \quad (6-35)$$

2) 平行轴斜齿圆柱齿轮传动的重合度

与直齿圆柱齿轮啮合传动一样,要保证一对平行轴斜齿圆柱齿轮能够连续传动,其重合度也必须大于等于1。

一对斜齿轮传动时,相互啮合的两齿廓是沿一条斜直线相接触(图 6-41),从动轮的载荷是逐渐加上又逐渐卸掉的,因此其啮合性能要比直齿轮传动好得多。

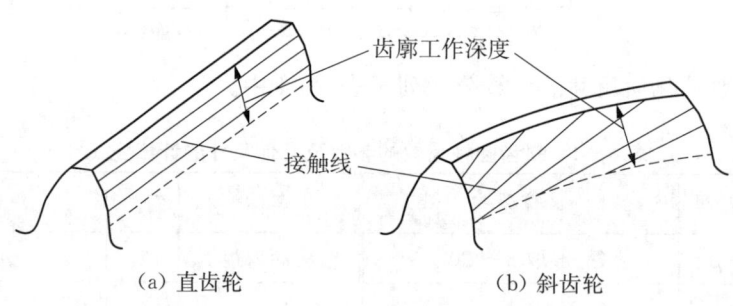

(a) 直齿轮 (b) 斜齿轮

图 6-41 齿轮啮合接触线的变化

如图 6-42 所示为端面参数完全相同的直齿轮与斜齿轮沿基圆柱面的展开图。B_1B_1' 和 B_2B_2' 分别表示一对轮齿啮入的起始位置和即将啮出的终止位置,L 为啮合区。

对于直齿轮传动,如图 6-41a、图 6-42a 所示,一对轮齿的啮入和啮出都是沿全齿宽进行的,故直齿轮传动的重合度为

$$\varepsilon_\alpha = \dfrac{L}{p_{bt}} \quad (6-36)$$

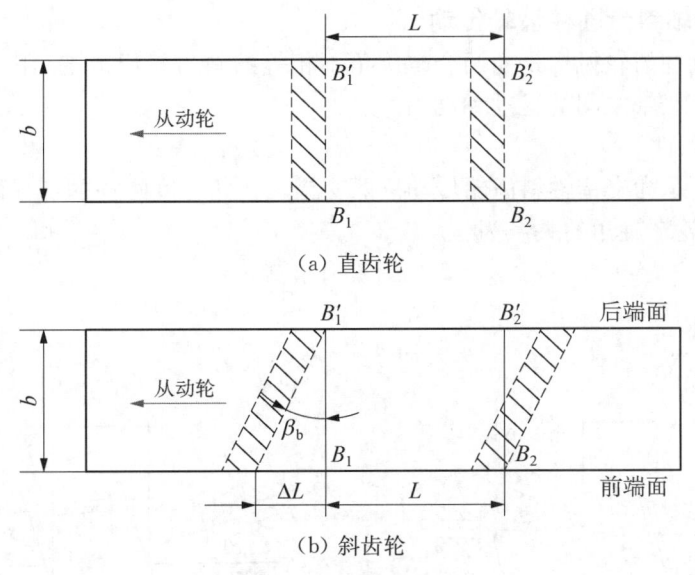

(a) 直齿轮

(b) 斜齿轮

图 6-42 齿轮展开图

式中，p_{bt} 为端面上的法向齿距。

对于斜齿轮传动，如图 6-41b、图 6-42b 所示，由于其轮齿是倾斜的，故其啮合区长为 $L+\Delta L$，其总长度为

$$\varepsilon_\gamma = \frac{L+\Delta L}{p_{bt}} = \varepsilon_\alpha + \varepsilon_\beta \tag{6-37}$$

式中，ε_α 为端面重合度，ε_β 轴面重合度。两者计算公式分别为

$$\varepsilon_\alpha = \frac{z_1(\tan\alpha_{at1}-\tan\alpha'_t)+z_2(\tan\alpha_{at2}-\tan\alpha'_t)}{2\pi} \tag{6-38}$$

$$\varepsilon_\beta = b\sin\frac{\beta}{\pi m_n} \tag{6-39}$$

3）斜齿轮机构的特点及其应用

斜齿轮的啮合性能好，传动平稳，噪声小；重合度大，承载能力高；不发生根切的最少齿数少，结构紧凑；而且其制造成本及所用的机床和刀具均与直齿轮相同。因此斜齿轮的传动性能和承载能力都优于直齿轮，广泛用于高速、重载传动中。

但是因斜齿轮存在螺旋角 β，故传动时会产生轴向力 $F_a = F_n \sin\beta$，如图 6-43 所示，其值随螺旋角的增大而增大，对传动不利。为了既能充分发挥斜齿轮的优点，又不使轴向力过大，设计时一般取 $\beta = 8°\sim 20°$。如果要消除轴向力，可采用如图 6-43b 所示人字齿轮，其螺旋角 $\beta = 25°\sim 35°$。但是人字齿轮轴向尺寸较大，加工较为复杂。

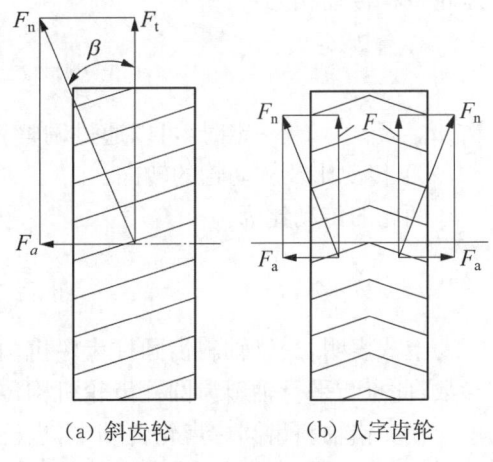

(a) 斜齿轮　　(b) 人字齿轮

图 6-43 齿轮的受力

6.8.5 交错轴斜齿圆柱齿轮传动

交错轴斜齿圆柱齿轮机构是由两个螺旋角不相等的斜齿轮组成的,用于传递空间既不平行也不相交的两交错轴之间的运动和动力。

1) 正确啮合条件

如图 6-44 所示为交错轴斜齿轮传动。两交错轴在两分度圆柱的切平面上投影的交角为交错角 Σ,它与两轮螺旋角的关系为

$$\Sigma = |\beta_1 + \beta_2| \tag{6-40}$$

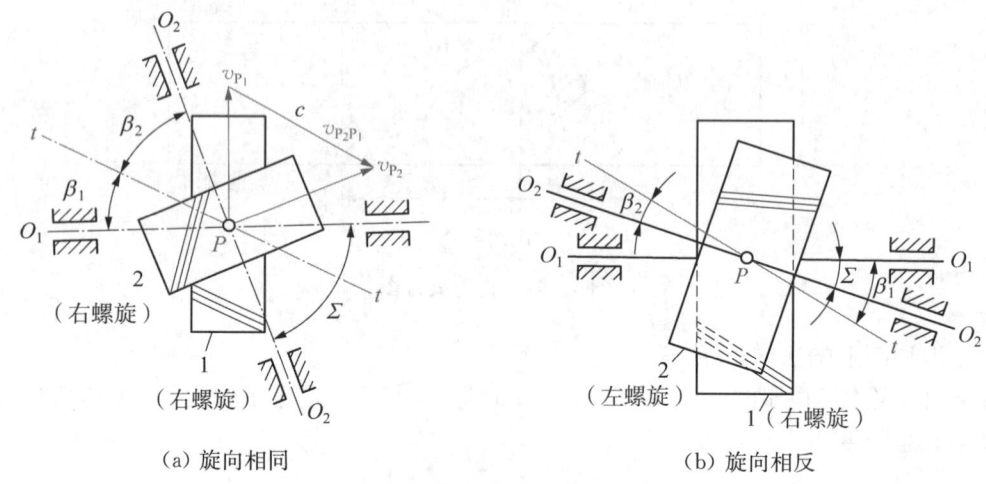

(a) 旋向相同 (b) 旋向相反

图 6-44 交错轴斜齿轮传动

如果两轮的螺旋线方向相同,则式中的 β_1 和 β_2 同号;如果两轮的螺旋线方向相反,则式中的 β_1 和 β_2 异号。

如果交错角为零,则两轮的螺旋角必然大小相等,旋向相反,变成平行轴斜齿圆柱齿轮机构,因此平行轴斜齿圆柱齿轮机构是交错轴斜齿圆柱齿轮机构的一个特例。

2) 中心距

由交错轴斜齿轮传动可知,两分度圆柱面相切于节点 P,故节点 P 必位于两交错轴间的公垂线上。显然,该公垂线的长度就是两轮的中心距 a,其几何尺寸的计算与平行轴斜齿圆柱齿轮机构传动相同:

$$a = r_1 + r_2 = \frac{m_n}{2}\left(\frac{z_1}{\cos\beta_1} + \frac{z_2}{\cos\beta_2}\right) \tag{6-41}$$

当 m_n 及 z_1、z_2 一定时,可以通过调整 β_1 和 β_2 的大小到达配凑中心距的目的。

3) 传动比及从动轮的转向

两轮的传动比为

$$i_{12} = \frac{\omega_1}{\omega_2} = \frac{z_2}{z_1} = \frac{d_2\cos\beta_2}{d_1\cos\beta_1} \tag{6-42}$$

上式表明,交错轴斜齿圆柱齿轮机构的传动比取决于两轮分度圆直径及两轮螺旋角两个参数,此点与平行轴斜齿圆柱齿轮机构传动不同。

在交错轴斜齿圆柱齿轮传动中,当已知主动轮 1 的转动方向时,从动轮 2 的转向可以通过相对运动原理,用作图法求出。如图 6-44a 所示,两轮在节点 P 处的速度关系为:$v_{P_2} = v_{P_1} +$

$v_{P_2P_1}$。式中 $v_{P_2P_1}$ 为两齿廓啮合点沿公切线 t-t 方向的相对速度,由 v_{P_2} 的方向即可求出从动轮的转动方向。

4) 交错轴斜齿圆柱齿轮机构的特点及其应用

(1) 在传动比一定的情况下,可通过改变螺旋角大小的方法改变两轮分度圆直径,以达到配凑中心距的目的;还可以在两轮分度圆直径不变的情况下,通过改变螺旋角的大小来满足传动比的要求。

(2) 在主动轮 1 转向不变的情况下,可通过改变两轮螺旋角旋向的方法,达到改变从动轮转向的目的。

(3) 由于交错轴斜齿圆柱齿轮传动中的单个齿轮通常是斜齿轮,容易加工,故相对于其他交错轴传动的制造成本低。

(4) 啮合时轮齿间是点接触,故压强大,齿面接触强度低,而且易磨损。

(5) 轮齿之间不仅沿齿高方向有相对滑动,而且沿齿槽方向也存在相对滑动,因此齿面间的摩擦磨损严重,传动效率低。

(6) 传动时有轴向力存在,交错角 Σ 越大,轴向力越大。

由于交错轴斜齿圆柱齿轮机构存在以上特点,故不宜在高速、重载及大功率的场合下应用,通常仅用于仪表或载荷不大的辅助传动装置中。

6.9 直齿圆锥齿轮机构

6.9.1 圆锥齿轮机构传动的特点及应用

圆锥齿轮机构用于传递两相交轴之间的运动和动力。两轴间的交错角 Σ,可根据需要任意选取,一般机械中多采用 $\Sigma = 90°$。

圆锥齿轮与圆柱齿轮不同之处在于轮齿分布在截圆锥体的锥面上(图 6-45),因此对应于圆柱齿轮中的各有关圆柱,在圆锥齿轮中则变为相应的圆锥,一对圆锥齿轮的啮合运动相当于一对节圆锥做纯滚动。圆锥齿轮的齿形自大端向锥顶方向逐渐收敛,从而使其大端与小端的参数不同,为了便于计算和测量,通常规定圆锥齿轮大端的参数为标准值,大端模数(摘自 GB 12368—1990;单位:mm)如下:

    …、1、1.125、1.25、1.375、1.5、1.75、2、2.25、2.5、2.75、3、
    3.25、3.5、3.75、4、4.5、5、5.5、6、6.5、7、8、
    9、10、11、12、14、16、18、20、…

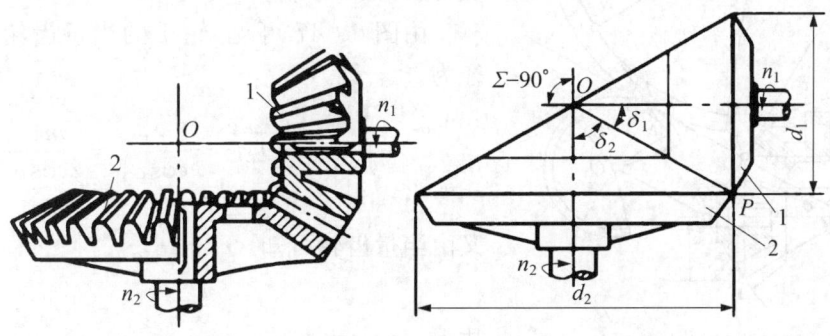

图 6-45 圆锥齿轮传动

压力角一般取为 20°，其尺寸按大端计算。

根据圆锥齿轮轮齿的齿廓曲面与其节圆锥面交线（称为节锥齿线）的形状，又可将圆锥齿轮分为直齿圆锥齿轮、斜齿圆锥齿轮和曲齿圆锥齿轮。本节仅介绍直齿圆锥齿轮机构。

6.9.2 直齿圆锥齿轮的背锥及当量齿轮

如图 6-46 所示为一对特殊的锥齿轮传动。其中轮 1 的齿数为 z_1，分度圆半径为 r_1，分度圆锥角为 δ_1；轮 2 的齿数为 z_2，分度圆半径为 r_2，分度圆锥角 $\delta_2 = 90°$，其分度圆锥表面为一平面，这种齿轮称为冠轮。

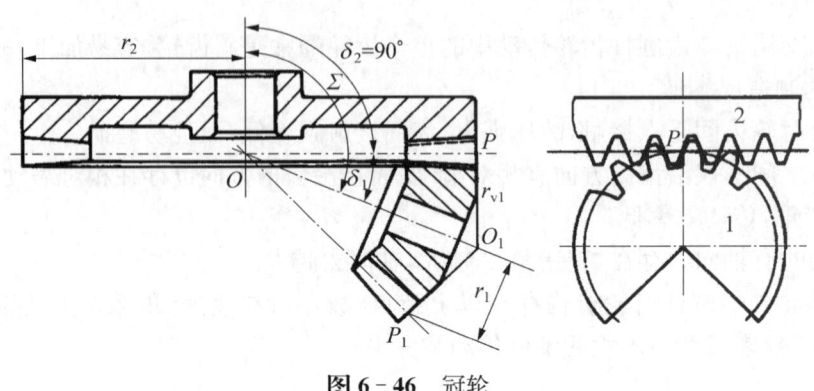

图 6-46 冠轮

过轮 1 大端节点 P，作其分度圆锥母线 OP 的垂线，交其轴线于 O_1 点，再以 O_1 点为锥顶，以 O_1P 为母线，作一圆锥与轮 1 的大端相切，称该圆锥为轮 1 的背锥。同理，可作轮 2 的背锥，由于轮 2 为一冠轮，故其背锥成为一圆柱面。若将两轮的背锥展开，则轮 1 的背锥将展成为一个扇形齿轮，而轮 2 的背锥则展成为一个齿条，即在其背锥展开后，两者相当于齿轮与齿条啮合传动。根据前面所述的范成原理可知，当齿条（冠轮的背锥）的齿廓为直线时，轮 2 在背锥上的齿廓为渐开线。

锥齿轮展开后是一个扇形（图 6-47），若将缺口补满，则获得一个圆柱齿轮。这个假想的圆柱齿轮称为锥齿轮的当量齿轮，其齿数 z_v 称为锥齿轮的当量齿数。当量齿轮的齿形和锥齿轮在背锥上的齿形（大端齿形）是一致的，故当量齿轮的模数和压力角与锥齿轮大端的模数和压力角相同。至于当量齿数，则可如下求得：

由图 6-47 可见，轮 1 的当量齿轮的分度圆半径为

$$r_{v1} = \overline{O_1P} = \frac{r_1}{\cos\delta_1} = \frac{mz_1}{2\cos\delta_1} \quad (6-43)$$

又由当量齿轮可知 $\quad r_{v1} = \dfrac{mz_{v1}}{2}$

故得 $\quad r_{v1} = \dfrac{z_1}{\cos\delta_1}$

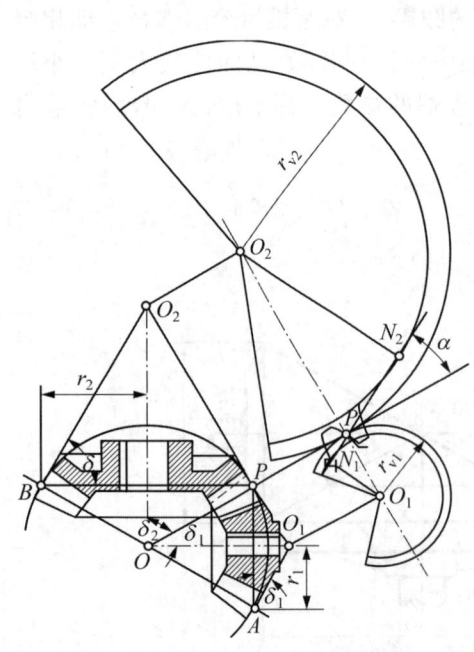

图 6-47 圆锥齿轮的当量齿轮

对于任一圆锥齿轮有

$$z_v = \frac{z}{\cos\delta} \tag{6-44}$$

引进当量齿轮的概念后,不仅圆锥齿轮的齿形可以近似地用当量齿轮来代替,而且可以将直齿圆柱齿轮的某些理论和计算公式直接地运用到圆锥齿轮上。例如,用仿形法加工直齿圆锥齿轮时,可按当量齿数来选择铣刀号码;在校核圆锥齿轮的齿根弯曲疲劳强度时,也是按当量齿数来查取齿形系数。此外,直齿圆锥齿轮不发生根切的最少齿数 z_{min} 可根据当量齿轮的最少齿数 $z_{min} = z_{vmin}\cos\delta$ 来换算。

6.9.3 直齿圆锥齿轮的啮合传动

由于圆锥齿轮的啮合传动可以通过当量齿轮的啮合传动来研究,因此圆柱齿轮传动的一些结论完全适用于圆锥齿轮传动。

1) 正确啮合条件

一对圆锥齿轮的正确啮合条件为:两个当量齿轮的模数和压力角分别相等,亦即两圆锥齿轮的大端模数和压力角分别相等,且均为标准值。对于标准直齿圆锥齿轮传动,还应保证两轮的锥距相等,锥顶重合。

2) 连续传动条件

重合度大于等于1,为一对直齿圆锥齿轮啮合的连续传动条件。重合度的计算可按当量齿轮进行。

3) 传动比

一对直齿圆锥齿轮的传动比为

$$i_{12} = \frac{\omega_1}{\omega_2} = \frac{z_2}{z_1} = \frac{r_2}{r_1} = \frac{\sin\delta_2}{\sin\delta_1} \tag{6-45}$$

当轴交角 $\Sigma = \delta_1 + \delta_2 = 90°$ 时,则有

$$i_{12} = \frac{\sin(90° - \delta_1)}{\sin\delta_1} = \cot\delta_1 = \tan\delta_2 \tag{6-46}$$

设计圆锥齿轮传动时,可根据已知的 Σ 和 i_{12},由式(6-46)求出两轮的分度圆锥角。

6.9.4 直齿圆锥齿轮的基本参数和几何尺寸

1) 基本参数

直齿圆锥齿轮传动的几何尺寸计算以大端为基准,大端模数应为标准值。国家标准规定压力角 $\alpha = 20°$ 时,齿顶高系数 h_a^*、顶隙系数 c^* 取值如下:

对于正常齿:当 $m < 1$ mm 时,$h_a^* = 1$,$c^* = 0.25$;
　　　　　　当 $m \geq 1$ mm 时,$h_a^* = 1$,$c^* = 0.2$。

对于短齿:$h_a^* = 0.8$,$c^* = 0.3$。

2) 几何尺寸计算

根据国家标准规定,现多采用等顶隙圆锥齿轮传动,如图6-48所示。

其两轮的顶隙从齿轮大端到小端是相等的,两轮的分度圆锥及齿根圆锥的锥顶重合于一点。但两轮的齿顶圆锥,因其母线各自平行于与之啮合传动的另一锥齿轮的齿根圆锥的母线,故其锥顶就不再与分度圆锥锥顶相重合了。这种圆锥齿轮相当于降低了轮齿小端的齿顶高,从而减小了齿顶过尖的可能性;且齿根圆角半径较大,有利于提高轮齿的承载能力、刀具寿命

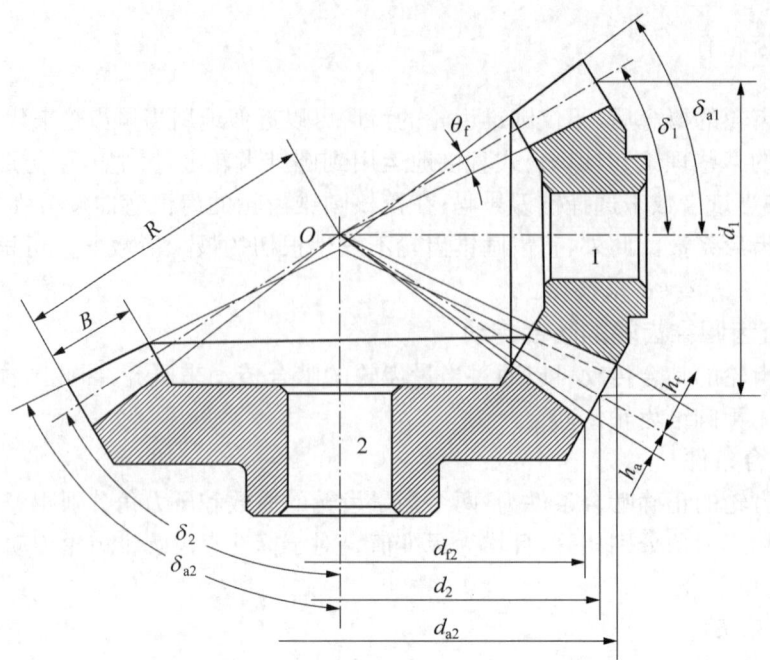

图 6-48 锥齿轮传动的几何尺寸

和储油润滑。

锥齿轮传动的主要几何尺寸计算公式见表 6-5。

表 6-5 标准直齿锥齿轮传动的几何参数及尺寸($\Sigma=90°$)

名称	代号	计算公式 小齿轮	计算公式 大齿轮
分锥角	δ	$\delta_1 = \arctan\left(\dfrac{z_1}{z_2}\right)$	$\delta_2 = 90° - \delta_1$
齿顶高	h_a	$h_a = h_a^* m = m$	
齿根高	h_f	$h_f = (h_a^* + c^*)m = 1.2m$	
分度圆直径	d	$d_1 = mz_1$	$d_2 = mz_2$
齿顶圆直径	d_a	$d_{a1} = d_1 + 2h_a\cos\delta_1$	$d_{a2} = d_2 + 2h_a\cos\delta_2$
齿根圆直径	d_f	$d_{f1} = d_1 - 2h_f\cos\delta_1$	$d_{f2} = d_2 - 2h_f\cos\delta_2$
锥距	R	$R = m\dfrac{\sqrt{z_1^2 + z_2^2}}{2}$	
齿根角	θ_f	$\tan\theta_f = \dfrac{h_f}{R}$	
顶锥角	δ_a	$\delta_{a1} = \delta_1 + \theta_f$	$\delta_{a2} = \delta_2 + \theta_f$
根锥角	δ_f	$\delta_{f1} = \delta_1 - \theta_f$	$\delta_{f2} = \delta_2 - \theta_f$
顶隙	c	$c = c^* m$(一般取 $c^* = 0.2$)	

续表

名称	代号	计算公式 小齿轮	计算公式 大齿轮
分度圆齿厚	s	$s=\pi m/2$	
当量齿数	z_v	$z_{v1}=\dfrac{z_1}{\cos\delta_1}$	$z_{v2}=\dfrac{z_2}{\cos\delta_2}$
齿宽	B	$B\leqslant R/3$（取整）	

注：1. 当 $m\leqslant 1\,\text{mm}$ 时，$c^*=0.25$，$h_f=1.25m$。
   2. 各角度计算应精确到 $'$（分）。

6.10 蜗轮蜗杆传动机构

6.10.1 蜗轮蜗杆传动的特点

蜗轮蜗杆机构（图 6-49）是由交错轴斜齿圆柱齿轮机构演化而来的，在一对交错角 $\Sigma=90°$，两轮旋向相同的交错轴斜齿轮机构中，如果一个小齿轮齿数 z_1 很少，螺旋角 β 很大，则轮齿在径向尺寸较小而轴向尺寸又相对较大的分度圆柱面上形成完整的螺旋线，致使齿轮形同螺杆，故称为蜗杆。与之啮合的大齿轮，其螺旋角 β_1 较小，$\beta_2=90°-\beta$，齿数 z_2 很多，分度圆直径 d_2 较大且轴向宽度 b_2 较短，称为蜗轮。

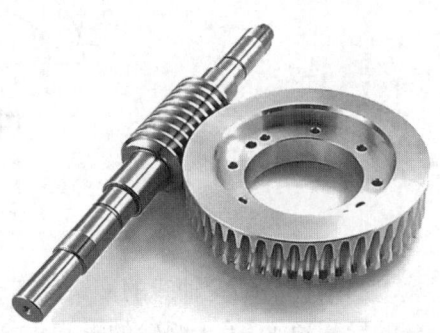

图 6-49 蜗轮蜗杆

蜗轮蜗杆传动的主要特点如下：

（1）传动比大，结构紧凑。因为通常 $z_1=1\sim 4$，而 z_2 可以较多，因此与其他传动相比，速比较大，结构非常紧凑。

（2）冲击小、噪声低、传动平稳。蜗轮蜗杆的啮合传动具有螺旋机构的特点，如同螺杆与螺母，几乎没有噪声，传动平稳性高。

（3）反行程易自锁。对于蜗杆导程角 γ_1 小于啮合轮齿间当量摩擦角的蜗轮蜗杆传动，当以蜗轮为主动件时，将无法使从动蜗杆转动，机构出现自锁。反行程具有自锁性的蜗轮蜗杆传动，常常用于起重装置或其他需要自锁的场合。

（4）磨损大、效率低。由于齿面间不可避免地存在较大的滑动速度，因此不仅易发热、磨损，而且功耗大、效率低，尤其是反行程具有自锁的蜗轮蜗杆传动，通常效率小于 50%。所以设计时蜗轮常用昂贵的减摩材料制造，成本较高。

蜗轮蜗杆传动机构的种类很多，其中最常用的是阿基米德蜗轮蜗杆传动，下面仅对这种蜗轮蜗杆传动做一简单介绍。

6.10.2 蜗轮蜗杆机构的正确啮合条件

如图 6-50 所示为一阿基米德蜗轮蜗杆机构的啮合传动。通过蜗杆轴线并垂直于蜗轮轴线所作的平面称为中间平面，在该平面内蜗轮蜗杆机构的啮合传动相当于一对标准齿条与齿轮的啮合传动，因此蜗杆与蜗轮的正确啮合条件为：在中间平面内蜗杆的轴面模数 m_{x1} 和压力角 α_{x1} 应分别与蜗轮的端面模数 m_{t2} 和压力角 α_{t2} 相等，且均为标准值 m 和 α，即

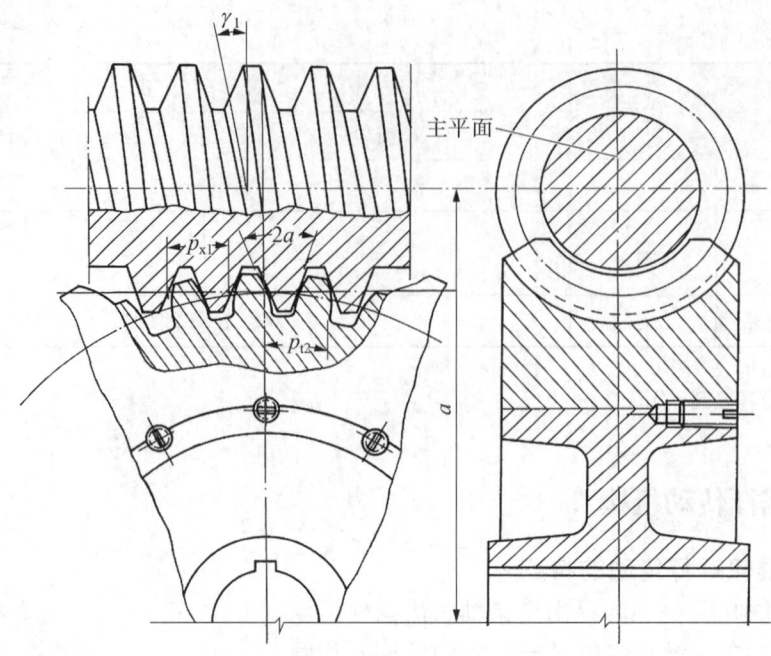

图 6-50 蜗轮蜗杆啮合传动

$$\left.\begin{array}{l}m_{x1}=m_{t2}=m\\ \alpha_{x1}=\alpha_{t2}=\alpha\end{array}\right\} \tag{6-47}$$

当蜗杆与蜗轮轴线的交错角 $\Sigma=\beta_1+\beta_2=90°$ 时，由于蜗杆的导程角 $\gamma_1=90°-\beta_1$，故蜗杆的导程角 γ_1 等于蜗轮的螺旋角 β_2，且旋向相同。

6.10.3 蜗轮蜗杆传动机构的主要参数

1）齿数

蜗杆的齿数 z_1 称为头数，从端面上看如果只有一条螺纹线称为单头，若有两条螺纹线称为双头，依此类推。一般可取 $z_1=1\sim10$，推荐取 $z_1=1$、2、4、6。当要求传动比大或反行程自锁时，z_1 取小值；当要求具有较高的传动效率或传动速度时，z_1 应取大值。蜗轮的齿数 z_2 可通过传动比及选定的 z_1 计算而得。对于动力传动，推荐 $z_2=29\sim70$。

2）模数

蜗杆的模数系列与齿轮的模数系列有所不同，见表 6-6。

表 6-6 蜗杆模数 m 值 单位：mm

第一系列	1, 1.25, 1.6, 2, 2.5, 3.15, 4, 5, 6.3, 8, 10, 12.5, 16, 20, 25, 31.5, 40
第二系列	1.5, 3, 3.5, 4.5, 5.5, 6, 7, 12, 14

注：摘自 GB/T 10088—2018，优先选用第一系列。

3）压力角

国家标准规定，阿基米德蜗杆的压力角 $\alpha=20°$。在动力传动中，允许增大压力角，推荐用 25°；在分度传动中，允许减小压力角，推荐用 15°或 12°。

4）蜗杆的分度圆直径

因为在用蜗轮滚刀切制蜗轮时，滚刀的分度圆直径必须和工作蜗杆分度圆直径相等，为了限制蜗轮滚刀的数目，国家标准规定了蜗杆分度圆直径，且与其模数相匹配。d_1 与模数的匹配系列值，见表 6-7。

表 6-7　蜗杆分度圆直径与其模数的匹配标准系列　　　　　　　　　　　　单位：mm

m	d_1	m	d_1	m	d_1	m	d_1
1	18	2.5	(22.4)	4	40	6.3	(80)
1.25	20		28		(50)		112
	22.4		(35.5)		71		
1.6	20		45	5	(40)	8	(63)
	28	3.15	(28)		50		80
2	(18)		35.5		(63)		(100)
	22.4		(45)		90		140
	(28)		56	6.3	(50)	10	(71)
	35.5	4	(31.5)		63		90
							…

注：括号内的数字可能不采用。

5）中心距

计算公式为

$$a = r_1 + r_2 \tag{6-48}$$

6）传动比

因为蜗轮蜗杆机构是由交错角 $\Sigma = 90°$ 的交错轴斜齿圆柱齿轮机构演化而来的，所以其传动比为

$$i_{12} = \frac{\omega_1}{\omega_2} = \frac{z_2}{z_1} = \frac{d_2 \cos\beta_2}{d_1 \cos\beta_1} = \frac{d_2 \cos\gamma_1}{d_1 \sin\gamma_1} = \frac{d_2}{d_1 \tan\gamma_1} \tag{6-49}$$

6.10.4　蜗轮蜗杆机构运动转向的判断

蜗轮蜗杆旋向有左旋、右旋之分，相互啮合的蜗轮和蜗杆旋向相同。

对于蜗轮蜗杆机构运动转向的判断常采用左右手定则，即左旋用左手，右旋用右手。具体来说：对于右旋蜗杆，右手四指顺蜗杆转向握拳，大拇指垂直于四指方向，则蜗轮在啮合点处的速度方向与大拇指的指向相反（图 6-51a）；对于左旋蜗杆，左手四指顺蜗杆转向握拳，大拇指垂直于四指方向，则蜗轮在啮合点处的速度方向与大拇指的指向相反（图 6-51b）。

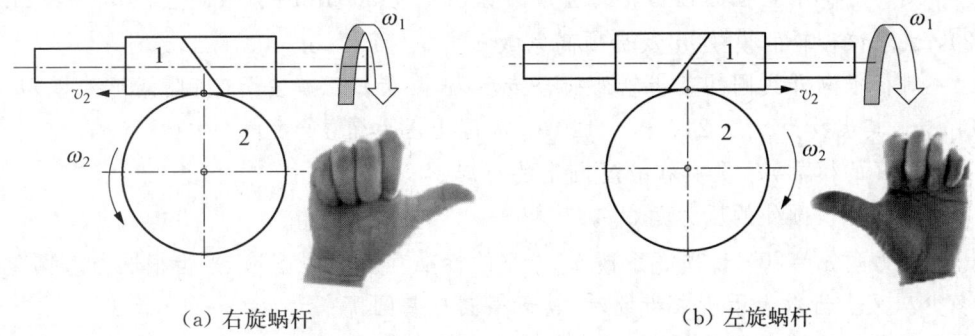

(a) 右旋蜗杆　　　　　　　　　　　(b) 左旋蜗杆

图 6-51　蜗轮蜗杆机构运动转向的判断

思考与练习

1. 欲使一对齿轮的传动比在各个瞬时保持不变,其齿廓应符合什么条件?
2. 一对渐开线直齿圆柱齿轮无齿侧间隙的条件有哪些?
3. 以渐开线作为齿廓曲线有什么优点?
4. 何谓渐开线齿轮传动的可分性?若一对标准齿轮的中心距稍大于标准中心距,能否传动?有什么不良影响?
5. m、α、h_a^*、c^* 都是标准值的齿轮就一定是标准齿轮吗?各个基本参数对齿廓的大小和形状有什么影响?若两齿轮的模数和压力角分别相等,它们的齿廓形状是否相同?为什么?
6. 何谓节圆?单个齿轮是否有节圆?什么情况下节圆与分度圆重合?
7. 一对渐开线齿廓的齿轮传动其正确啮合条件是什么?概述顶隙及齿侧间隙的用途及获得的方法。
8. 何谓啮合角?啮合角和分度圆压力角及节圆压力角有什么关系?
9. 何谓重合度?重合度的大小与哪些参数有关?
10. 产生根切的原因是什么,如何避免?
11. 何谓标准齿轮?何谓变位齿轮?正变位和负变位齿轮与标准齿轮相比哪些尺寸相同?哪些尺寸不同?大小如何?
12. 试述正传动、负传动、正变位和负变位与直齿圆柱齿轮变位系数间的关系。
13. 如果要求实际中心距大于标准中心距,能否利用渐开线的可分性来代替正传动?
14. 在模数、齿数、压力角相同时,正变位齿轮与标准齿轮的参数变化如何?
15. 内啮合和外啮合的斜齿圆柱齿轮传动的正确啮合条件分别是什么?
16. 斜齿轮的当量齿轮是什么?斜齿轮传动有哪些优点?
17. 斜齿圆柱齿轮的重合度由哪两部分组成?斜齿圆柱齿轮的重合度随着哪两个参数增大而增大?
18. 增加斜齿轮传动的螺旋角,会引起重合度和轴向力的哪些变化?
19. 怎样理解蜗杆也是斜齿轮?试述它的参数与斜齿轮的关系。
20. 蜗杆传动中,当蜗轮为主动件时的自锁条件是什么?
21. 已知一渐开线,其基圆半径 $r_b=65\,\text{mm}$,当展角 $\theta_k=2°$ 时,求向径 r_b、K 点处的压力角 α_K 及曲率半径值。
22. 今测得一标准直齿圆柱齿轮的齿顶圆直径 $d_a=208\,\text{mm}$,齿根圆直径 $d_f=172\,\text{mm}$,齿数 $z=24$,试求该齿轮的模数 m 及齿顶高系数 h_a^*。
23. 一对标准渐开线圆柱直齿轮外啮合传动(正常齿),正确安装(齿侧间隙为零)后,中心距为 $144\,\text{mm}$,其齿数为 $z_1=24$、$z_2=120$,分度圆上压力角 $\alpha=20°$。 求:
    (1) 齿轮 2 的模数 m_2 及其在分度圆上的齿厚 s_2;
    (2) 轮 1 的齿顶圆处的压力角 α_{a1}。
24. 一压力角 $\alpha=20°$,齿顶高系数 $h_a^*=1$ 的标准直齿圆柱齿轮,当齿根圆与基圆重合时,齿数为多少?又当齿数大于所求齿数时,其齿根圆与基圆哪个大?
25. 一对渐开线标准直齿圆柱齿轮,已知 $z_1=21$,$z_2=61$,$m=2.5\,\text{mm}$,$\alpha=20°$。试求:

(1) 两轮的齿距 P_1 和 P_2；
(2) 两轮的基圆齿距 p_{b1} 和 p_{b2}；
(3) 两轮分度圆上渐开线齿廓的曲率半径 ρ_1 和 ρ_2。

26. 两个压力角均为 20°的正常齿制渐开线标准直齿圆柱齿轮，它们的齿数分别为 $z_1=22$，$z_2=77$，齿顶圆直径分别为 $d_{a1}=54$ mm，$d_{a2}=158$ mm，问该对齿轮能否正确啮合？为什么？

27. 已知一对外啮合标准直齿圆柱齿轮的齿数 $z_1=30$，$z_2=40$，$m=20$ mm，$h_a^*=1$。当实际中心距为 725 mm 时，试求其啮合角 α' 及两轮的节圆半径 r_1' 和 r_2'。

28. 已知有一对渐开线标准外啮合直齿圆柱齿轮传动，其中模数 $m=4$ mm，$z_1=20$，$z_2=40$，$h_a^*=1$，$\alpha=20°$。试用作图法简捷地求重合度 ε。

29. 已知一对外啮合标准直齿圆柱齿轮，$z_1=28$，$h_a^*=1$，$c^*=0.25$，$\alpha=20°$，$d_{a1}=120$ mm，$a=164$ mm。求该对齿轮的重合度 ε_α 及实际啮合线长度。

30. 有三个正常齿制且压力角=20°的标准直齿圆柱齿轮，它们的模数和齿数分别为 $m_1=2$ mm，$z_1=20$；$m_2=2$ mm，$z_2=50$；$m_3=5$ mm，$z_3=20$。试说明这三个齿轮的齿形（指渐开线齿廓的弯曲程度、齿高、齿厚）有何不同？可以用同一把滚刀加工吗，为什么？

31. 如图 6-52 所示，采用标准齿条型刀具加工一渐开线直齿圆柱标准齿轮，已知刀具的齿形角 $\alpha=20°$，刀具上相邻两齿对应点的距离为 4π mm，加工时范成运动的速度分别为 $v=60$ mm/s，$\omega=1$ rad/s，方向如图中所示。试求被加工齿轮的模数 m，压力角 α，齿数 z，分度圆与基圆半径 r、r_b，以及其轴心至刀具中线的距离 a。

32. 一对直齿圆柱齿轮传动，主动轮逆时针转动，设已知两轮的齿顶圆、齿根圆、基圆和中心距，试作图给出理论啮合线 N_1N_2、实际啮合线 B_1B_2 和啮合角 α'。

33. 有一对使用日久磨损严重的标准齿轮需要修复，已知 $z_1=24$，$z_2=96$，$m=4$ mm，$\alpha=20°$，$h_a^*=1$，按磨损情况看，大齿轮的外径要减少 2 mm，在维持中心距不变的情况下，应采用何种变位齿轮传动为好？试计算修复后的大齿轮几何尺寸和新配的小齿轮的几何尺寸。

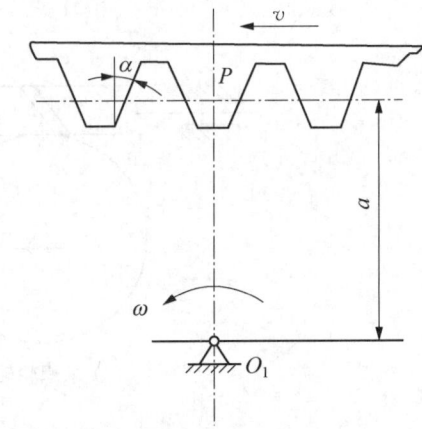

图 6-52 第 31 题图

34. 如图 6-53 所示为两对齿轮啮合，已知 $z_1=16$，$z_3=17$，$z_2=z_4=30$，模数 $m=3$ mm，应如何用变位修正的方法来满足？

35. 一齿条型刀具 $m=6$ mm，$\alpha=20°$，$h_a^*=1$，刀具在范成中的移动速度 $v=1$ mm/s。

(1) 欲切制 $z=14$ 的标准齿轮，问：刀具齿廓中线与轮坯中心的距离应是多少？轮坯的角速度应是多少？所得齿轮有无根切？

(2) 切制同齿数的变位齿轮，$x=0.3$，问：刀具齿廓中线与轮坯中心的距离应是多少？轮坯的角速度应是多少？所得齿轮有无根切？

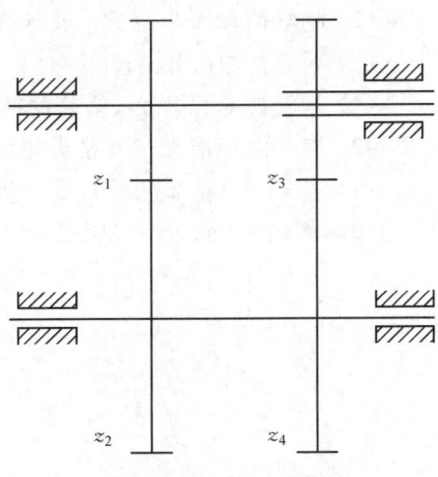

图 6-53 第 34 题图

36. 螺旋角为 $45°$ 的斜齿轮不发生根切的最少齿数是多少?

37. 已知用标准齿条型刀具加工标准直齿圆柱齿轮,不发生根切的最少齿数 $z_{\min} = 2h_a^* / \sin^2\alpha$。试推导出标准斜齿圆柱齿轮和直齿锥齿轮不发生根切的最少齿数。

38. 有一对斜齿圆柱齿轮传动,已知 $m_n = 1.5$、$z_1 = z_2 = 18$、$\beta = 15°$、$\alpha = 20°$、$h_a^* = 1$、$c^* = 0.25$、$b = 14 \text{ mm}$,试求:

(1) 分度圆半径 r_1、r_1 及中心距 a;

(2) 重合度的增量。

39. 某机器上有一对标准安装的外啮合渐开线标准直齿圆柱齿轮机构,已知 $z_1 = 20$、$z_2 = 40$、$m = 4 \text{ mm}$、$h_a^* = 1$。为了提高传动的平稳性,用一对标准斜齿圆柱齿轮来替代,并保持原有中心距、模数(法面)、传动比不变,要求螺旋角 $\beta < 20°$。试设计这对斜齿圆柱齿轮的齿数 z_1、z_2 和螺旋角 β,并计算小齿轮的齿顶圆直径 d_{a1} 和当量齿数 z_{v1}。

40. 试根据如图 6-54 所示各图给出的已知条件,判断蜗杆或蜗轮的转向(用箭头表示)或旋向。

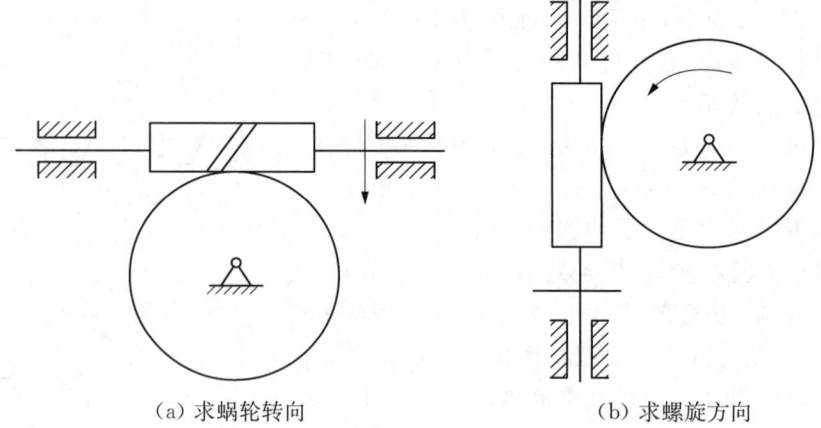

(a) 求蜗轮转向　　　　　　(b) 求螺旋方向

图 6-54 第 40 题图

41. 一蜗轮的齿数 $z_2 = 40$,$d_2 = 200 \text{ mm}$,与一单头蜗杆啮合,试求:

(1) 蜗轮端面模数 α_{t2} 及蜗杆轴面模数 m_{x1};

(2) 蜗杆的轴面齿距 P_{x1} 及导程 l;

(3) 两轮的中心距 a;

(4) 蜗杆的导程角 γ_1、蜗轮的螺旋角 β_2。

42. 有一对标准直齿圆锥齿轮传动,试问:

(1) 当 $z_1 = 14$、$z_2 = 30$、$\Sigma = 90°$ 时,小齿轮是否会发生根切?

(2) 当 $z_1 = 14$、$z_2 = 20$、$\Sigma = 90°$ 时,小齿轮是否会发生根切?

第 7 章

轮 系

◎ 学习成果达成要求

1. 掌握齿轮系的分类。
2. 能够计算各类轮系的传动比。
3. 了解轮系的功用。

7.1 齿轮系及其分类

由一对齿轮组成的机构是齿轮传动的最简单形式。在实际机械中,为了获得更大的传动比或实现变速、换向、多路输出、运动的合成或分解等要求,常采用一系列互相啮合的齿轮将输入轴和输出轴连接起来。这种由一系列齿轮组成的传动系统称为齿轮系,简称轮系。

根据轮系中各齿轮轴线是否平行,可将轮系分为平面轮系和空间轮系两类;根据轮系运转时其各个齿轮的轴线相对于机架的位置是否固定,可将轮系分为以下三类:

1) 定轴轮系

轮系运转时,其各个齿轮的轴线相对于机架的位置都是固定的。如图 7-1 所示轮系为定轴轮系。其中,图 7-1a 为平面定轴轮系,图 7-1b 为空间定轴轮系。

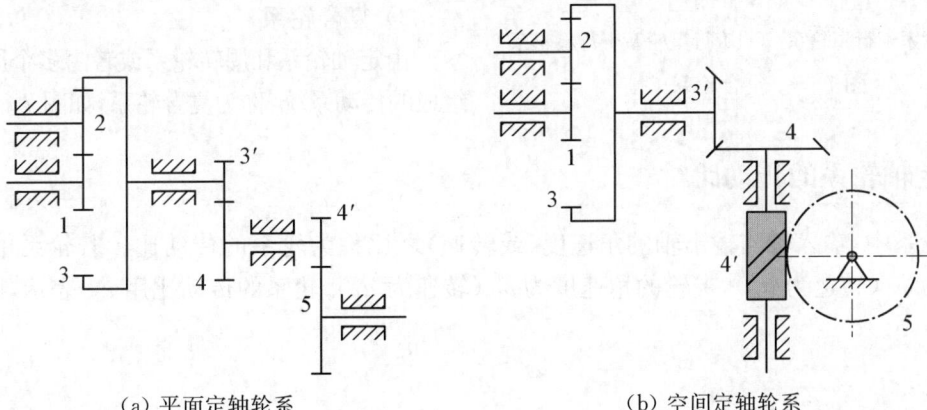

(a) 平面定轴轮系　　　　　　　(b) 空间定轴轮系

图 7-1　定轴轮系

2) 周转轮系

轮系在传动中,其中至少有一个齿轮的几何轴线的位置不固定,绕着其他齿轮的固定轴线回转,称之为周转轮系,如图 7-2 所示。图 7-2 中齿轮 1 和齿轮 3 都围绕着固定轴线 OO' 回转,称之为太阳轮。齿轮 2 用回转副与构件 H 相连,一方面它围绕着自己的轴线 OO' 做自转,另一方面又随着 H 一起绕着固定轴线 OO' 做公转,就像行星的运动一样,称其为行星轮,而构件 H 称为行星架或系杆。在周转轮系中,一般都以太阳轮和行星架作为输入输出构件,故又称它们为周转轮系的基本构件。基本构件都围绕着同一固定轴线回转。

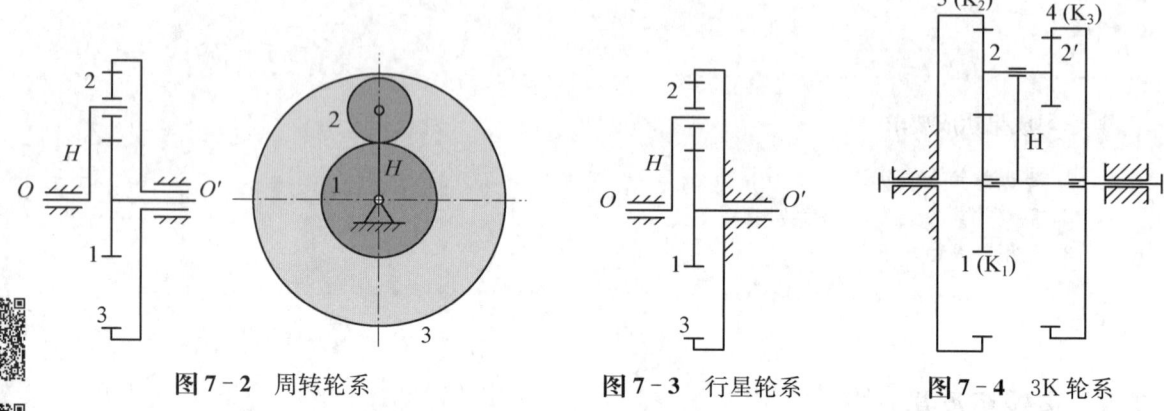

图 7-2 周转轮系　　图 7-3 行星轮系　　图 7-4 3K 轮系

同时,周转轮系还可以根据其自由度的数目,做进一步的划分。若自由度为 2,则称其为差动轮系(图 7-2);若其自由度为 1,则称其为行星轮系(图 7-3)。

此外,周转轮系还常根据其基本构件的不同来加以分类。轮系中的太阳轮以 K 表示,行星架以 H 表示。图 7-2 及图 7-3 所示轮系有两个太阳轮,故常称为 2K-H 型周转轮系。图 7-4 所示轮系称为 3K 型周转轮系,因其基本构件是三个太阳轮 1、3、4,而行星架 H 不作输入、输出构件用。

3) 复合轮系

由定轴轮系和周转轮系或者由多个周转轮系组成的传动系统,称为复合轮系,如图 7-5 所示。

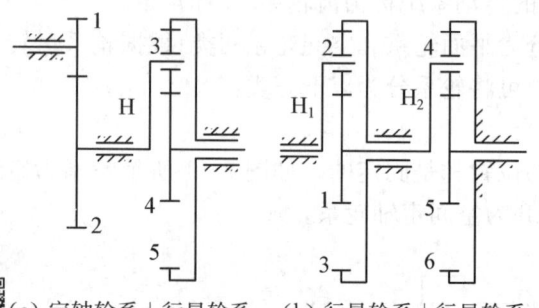

(a) 定轴轮系+行星轮系　　(b) 行星轮系+行星轮系

图 7-5 复合轮系

7.2 定轴轮系的传动比

在轮系中,输入轴与输出轴的角速度(或转速)之比称为轮系的传动比。若轮系中首轮的角速度为 ω_a(转速为 n_a),末轮的角速度为 ω_b(转速为 n_b),轮系的传动比用 i_{ab} 表示,则

$$i_{ab}=\frac{\omega_a}{\omega_b}=\frac{n_a}{n_b} \tag{7-1}$$

另外,计算轮系的传动比时,不仅要计算它的大小,还要确定两轴的相对转动方向(输入轮与输出轮的转向关系)。

1) 传动比大小的计算

如图 7-1 所示为各轴线平行的定轴轮系,输入轴与主动首轮 1 固联,输出轴与从动末轮 5 固联。所以,该轮系的传动比就是主动首轮 1 与从动末轮 5 的传动比 $i_{15}=n_1/n_5$。其传动路线为

$$1 \to 2 \to 3 \Rightarrow 3' \to 4 \Rightarrow 4' \to 5$$

其中,"→"所联两齿轮表示啮合,以"⇒"所联两齿轮表示固联为一体。

设 $n_1,\cdots,n_5$ 分别为各轮转速,$z_1,\cdots,z_5$ 分别为各齿轮齿数。各对齿轮的传动比分别为

$$i_{j,j+1}=\frac{n_j}{n_{j+1}}=\frac{z_{j+1}}{z_j}$$

将以上各式等号两边连乘后,得到本轮系传动比为

$$i_{15}=\frac{n_1}{n_5}=\frac{n_1}{n_2}\cdot\frac{n_2}{n_3}\cdot\frac{n_3}{n_4}\cdot\frac{n_4}{n_5}=\frac{z_2 z_3 z_4 z_5}{z_1 z_2 z_3' z_4'} \tag{7-2}$$

式(7-2)表示定轴轮系的传动比等于各对啮合齿轮传动比的连乘积,也等于各对啮合齿轮中所有的从动轮齿数的连乘积与所有主动轮齿数的连乘积之比,其中轮 2 对轮 1 为从动轮,但对轮 3 又为主动轮,故其齿数的多少并不影响传动比的大小,而仅起着中间过渡和改变从动轮转向的作用,故称之为过轮或惰轮,在计算中可以略去。

2) 首末轮转向关系的确定

对于输入轴与输出轴平行的轮系,其转向关系可以用正、负号表示,内啮合时转向相同用"+"号,外啮合时转向相反用"-"号。因此,如图 7-6 所示轮系的传动比为

$$i_{15}=\frac{n_1}{n_5}=(-1)^3\frac{z_2 z_3 z_5}{z_1 z_2' z_3'}=-\frac{z_2 z_3 z_5}{z_1 z_2' z_3'}$$

式中,3 表示外啮合的次数,表示末轮和首轮转向相反。

首末轮转向也可以用标注箭头的方法来确定。因为一对啮合传动的圆柱或圆锥齿轮在其啮合节点处的圆周速度是相同的,所以标志两者转向的箭头不是同时指向节点,就是同时背离节点。根据此法则,在用箭头标出轮 1 的转向后,其余各轮的转向便可依次用箭头标出(图 7-6b)。由图可见,该轮系首、末两轮的转向相反,这和正负号方法结果相同。

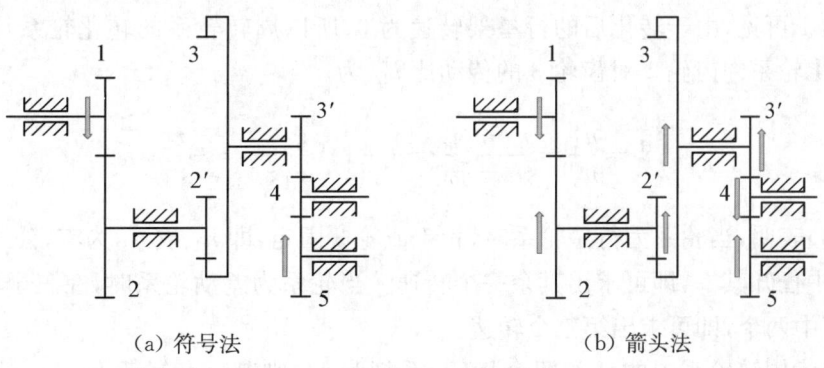

(a) 符号法　　　　　　　　　(b) 箭头法

图 7-6 平行轴轮系转向的确定

但若首、末两轮的轴线不平行,其间的转向关系则只能在图上用箭头来表示。

7.3 周转轮系的传动比

7.3.1 周转轮系的转化

周转轮系与定轴轮系的本质区别在于:周转轮系中有行星轮存在,或者说有一个转动的系杆。由于系杆的回转使得行星轮不但有自转还有公转,故其传动比不能直接用定轴轮系传动比的公式进行计算。但是,如果能够在保持周转轮系中各构件之间的相对运动不变的条件下,使得系杆固定不动,则该周转轮系即被转化为一个假想的定轴轮系,就可以借助此转化轮系(或称为转化机构),按定轴轮系的传动比公式进行周转轮系传动比的计算。这种方法称为反转法或转化机构法。

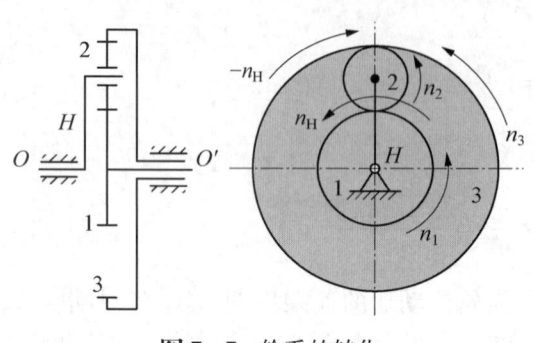

图 7-7 轮系的转化

因为转化轮系为一定轴轮系,其传动比当然就可按定轴轮系进行计算。通过它可以计算出周转轮系中各构件之间转速的关系,进而可以得出周转轮系的传动比。现具体对轮系的转化进行讲解。

由图 7-7 可见,当对整个周转轮系加上一个公共转速"$-n_H$"之后,其各个构件转速的变化见表 7-1。

表 7-1 各构件转化前后的转速

构件	原来的转速	转化轮系中的转速
1	n_1	$n_1^H = n_1 - n_H$
2	n_2	$n_2^H = n_2 - n_H$
3	n_3	$n_3^H = n_3 - n_H$
H	n_H	$n_H^H = 0$

7.3.2 周转轮系传动比的计算

由表 7-1 可见,由于转化后的行星架转速为 0,所以周转轮系的转化轮系是一个定轴轮系,因此,转化轮系中齿轮 1 对齿轮 3 的传动比 i_{13}^H 为

$$i_{13}^H = \frac{n_1^H}{n_3^H} = \frac{n_1 - n_H}{n_3 - n_H} = (-1)^1 \frac{z_2 z_3}{z_1 z_2} = -\frac{z_3}{z_1} \tag{7-3}$$

式(7-3)表明,当轮系为行星轮系时,轮 1 或轮 3 固定,即 n_1 或 n_3 为零,公式中只要在另外两个转速中任知其一,即可求出其余一个转速。当轮系为差动轮系时,在三个转速 n_1、n_3、n_H 中任知其中两个,即可求出第三个转速。

若 a、b 为周转轮系中的任意两个齿轮,系杆为 H,则其转化轮系传动比计算的一般公式为

$$i_{ab}^H = \frac{n_a^H}{n_b^H} = \frac{n_a - n_H}{n_b - n_H} = \pm \frac{\text{从 } a \to b \text{ 所有从动轮齿数的连乘积}}{\text{从 } a \to b \text{ 所有主动轮齿数的连乘积}} \tag{7-4}$$

应用式(7-4)计算周转轮系传动比时,需要注意以下几点:

(1) 周转轮系的 a、b 两太阳轮和行星架 H 的几何轴线必须相互平行或重合。

(2) $i_{ab}^H \neq i_{ab}$。i_{ab}^H 齿轮 a、b 在转化机构中的传动比,i_{ab} 是周转轮系中轮 a 和轮 b 的传动比。i_{ab}^H 的正负号不仅表明在转化轮系中轮 a 和轮 b 之间的转向关系,而且它将直接影响到 i_{ab} 的大小和正负号。i_{ab} 必须经过计算 i_{ab}^H 后才能求得。

(3) "+"表示转化轮系中两轮的转向相同,"−"表示转化轮系中两轮的转向相反。传动比为正号的周转轮系称为正号机构,反之称为负号机构。

(4) n_a、n_b 和 n_H 分别为原周转轮系中相应构件的绝对转速,均为代数值,在使用时要带上相应的正负号,这样求出的转速即可按其符号来确定转动方向。

(5) 如果所研究的轮系为具有固定轮的行星轮系,设固定轮为 n,即 $n_H = 0$,则式(7-4)可以改写为

$$i_{ab}^H = \frac{n_a - n_H}{0 - n_H} = -i_{aH} + 1$$

即

$$i_{aH} = 1 - i_{ab}^H \tag{7-5}$$

例 7-1 如图 7-8 所示周转轮系中,已知 $z_1 = 100$,$z_2 = 101$,$z_2' = 100$,$z_3 = 99$,试求传动比 i_{1H}。

解: 在图示轮系中,由于轮 3 为固定轮($z_1 = 0$),故该轮系为一行星轮系,其传动比的计算可根据式(7-5)求得

$$i_{1H} = 1 - i_{13}^H = 1 - \frac{z_2 z_3}{z_1 z_2'} = 1 - \frac{101 \times 99}{100 \times 100} = \frac{1}{10\,000}$$

若将题中齿数 z_3 由 99 改为 100,则

$$i_{1H} = 1 - i_{13}^H = 1 - \frac{z_2 z_3}{z_1 z_2'} = 1 - \frac{101 \times 100}{100 \times 100} = -\frac{1}{100}$$

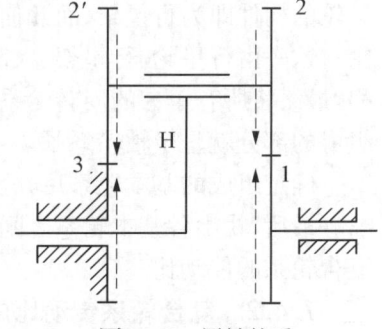

图 7-8 周转轮系

可见,行星轮系齿数仅做微小变动,对传动比的影响很大,输出构件的转向也可能随之改变。

例 7-2 如图 7-9 所示差动轮系,各轮的齿数为 $z_1 = 48$,$z_2 = 42$,$z_2' = 18$,$z_3 = 21$,$n_1 = 100 \text{ r/min}$,$n_3 = 80 \text{ r/min}$,其转向如图所示,求转速 n_1。

解: 该轮系是由圆锥齿轮组成的差动轮系。虽然是空间轮系,但其输入轴和输出轴是平行的。以画虚线箭头的方法确定出该轮系转化机构中,齿轮 1 与齿轮 3 的转向相反,如图 7-9 所示,故在公式中应代入负号。由已知条件给定 n_1、n_3 的转向相反,设 n_1 为正,则 n_3 应代入负号。将已知值代入式(7-4)得

$$i_{13}^H = \frac{n_1^H}{n_3^H} = \frac{n_1 - n_H}{n_3 - n_H} = \frac{100 - n_H}{-80 - n_H} = -\frac{z_2 z_3}{z_1 z_2'} = -\frac{42 \times 21}{48 \times 18} = -\frac{49}{48}$$

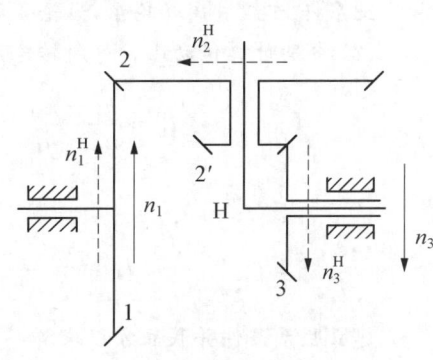

图 7-9 差动轮系

$$n_H = \frac{49n_3 + 48n_1}{97} = \frac{49 \times (-80) + 48 \times 100}{97} = 9.07 \text{ r/min}$$

结果为正,说明系杆 H 的转向与齿轮 1 的转向相同、与齿轮 3 的转向相反。

需要说明的是,由圆柱齿轮所组成的周转轮系,由于其构件的回转轴线都是相互平行的,故利用转化轮系计算其传动比的方法,适合于轮系中的所有活动构件。而由圆锥齿轮组成的周转轮系(图 7-9),其行星轮 2、2′ 的轴线与齿轮 1、3 及 H 的轴线不平行,因而它们的转速不能按代数值进行加减,故利用转化轮系计算传动比时,只适合于该轮系的基本构件(轮 1、3 和系杆 H),而不适合于行星轮 2、2′。当需要知道其行星轮的转速时,应用转速向量来进行计算。对此,这里不作详细介绍,可参阅有关资料。

值得注意的是,图中虚线箭头表示转化轮系的转动方向,不代表其真实转动力向。

7.4 复合轮系的传动比

7.4.1 复合轮系传动比的计算方法

计算复合轮系传动比时,首先要进行轮系分析,确定复合轮系由几个基本轮系组成。将复合轮系中所包含的基本轮系做正确的划分,所谓的基本轮系指的是单一的定轴轮系或单一的周转轮系。

在划分基本轮系时关键要找出各个单一的周转轮系,具体方法为:先找出行星轮,支持行星轮的构件即为行星架;而几何轴线与行星架重合且直接与行星轮啮合的定轴齿轮就是太阳轮。这一由行星轮、行星架、太阳轮组成的周转轮系,就是一个单一的周转轮系。重复上述过程,最终将所有单一的周转轮系找出。区分出各个单一的周转轮系后,剩余的那些由定轴齿轮组成的部分就是定轴轮系了。

确定组成的基本轮系后,分别列出各个轮系的传动比计算方程式。

最后,找出各基本轮系之间的关系,将各基本轮系传动比计算方程式联立求解,从而求出复合轮系的传动比。

7.4.2 复合轮系传动比的计算实例

例 7-3 如图 7-10 所示复合轮系中,已知各轮齿数为 $z_1 = 20$, $z_2 = 30$, $z_3 = 80$, $z_4 = 25$, $z_5 = 50$,试求传动比 i_{15}。

解: (1) 划分轮系。齿轮 2 的轴线位置不固定,为行星轮,支撑它的为系杆 H,与齿轮 2 直接啮合的为齿轮 1 和 3,故齿轮 2、齿轮 1 和 3 及系杆 H 组成周转轮系,齿轮 4 和 5 组成定轴轮系。

(2) 分别计算传动比。对周转轮系有

$$i_{13}^H = \frac{n_1 - n_H}{n_3 - n_H} = -\frac{z_2 z_3}{z_1 z_2}$$

对定轴轮系有

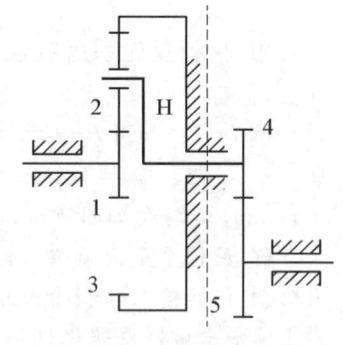

图 7-10 复合轮系

$$i_{45} = \frac{n_4}{n_5} = -\frac{z_5}{z_4}$$

建立联系条件并联立方程求解:

$$n_4 = n_H$$

(3) 由于 $n_3 = 0$ 可得

$$n_{1H} = \frac{n_1}{n_H} = 1 + \frac{z_3}{z_1} = +5$$

$$i_{45} = \frac{n_4}{n_5} = \frac{z_5}{z_4} = -2$$

综上可得

$$i_{15} = \frac{n_1}{n_5} = i_{1H} \times i_{45} = 5 \times (-2) = -10$$

计算结果为负,说明轮 1 与轮 5 转向相反。

例 7-4 如图 7-11 所示轮系,已知 $z_1 = z_2 = 25$,$z_{2'} = 20$,所有圆柱齿轮的模数均相同,$n_1 = 1000$ r/min,求 n_H。

解:该轮系为复合轮系,按照上述计算复合轮系的方法解题。

(1) 进行轮系分析。这是一个复合轮系,先找出齿轮 2、2' 均为行星轮,支持它们的构件 H 是行星架,与其啮合的齿轮 1、3、4 为 3 个太阳轮,故这是一个 3K-H 型周转轮系,即齿轮 1-2-2'-3-4-H 组成差动轮系,剩下的圆锥齿轮 5-6-7 即为空间定轴轮系。

(2) 列出上述两个基本轮系传动比计算方程式。因各轮模数相同,由 $a_{12} = 24$,$a_{24} = a_{2'3}$,得

$$z_4 = 2z_2 + z_1 = 2 \times 25 + 25 = 75$$
$$z_1 + z_2 = z_{2'} + z_3, \quad z_3 = 30$$

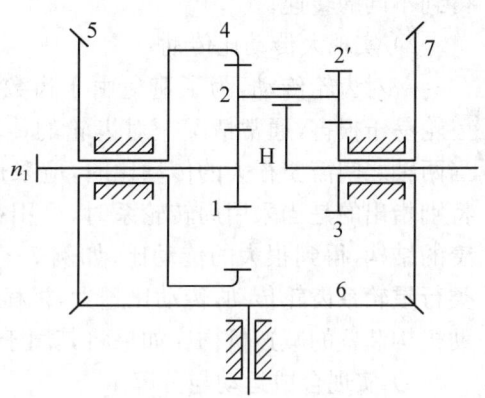

图 7-11 轮系

由圆锥齿轮组成的定轴轮系中,齿轮 5、7 的齿数必相等,故有 $z_5 = z_7$。两个基本轮系传动比计算方程式为

$$i_{13}^H = \frac{n_1 - n_H}{n_3 - n_H} = \frac{z_2 z_3}{z_1 z_{2'}} = \frac{25 \times 30}{25 \times 20} = \frac{3}{2}$$

$$i_{14}^H = \frac{n_1 - n_H}{n_4 - n_H} = -\frac{z_4}{z_1} = -3$$

$$i_{57} = \frac{n_5}{n_7} = -\frac{z_7}{z_5} = -1$$

(3) 联立求解。因 $n_4 = n_5$,$n_3 = n_7$,联立上面三式得

$$n_1 - n_H = 3/2(n_3 - n_H)$$
$$n_1 - n_H = -3(n_4 - n_H)$$
$$n_4 = -n_3$$
$$n_3 = -3n_H$$
$$i_{1H} = -5$$
$$n_H = n_1 / i_{1H} = -1000/5 = -200 \text{(r/min)}$$

n_1 与 n_H 转向相反。

7.5 轮系的应用

轮系在各类机械中得到了广泛应用,其主要功用可归纳为以下几个方面:

1) 实现变速传动

根据机器的工作需要,在主动轴转速不变的条件下,利用轮系可使从动轴获得多种工作转速。汽车、工程机械、起重设备、机床等都需要这种变速传动。如图7-12所示换挡变速传动机构中,通过换挡可使从动轴得到不同的转速。

2) 实现大传动比传动

一对齿轮传动,为了避免由于齿数过于悬殊使小齿轮易于损害,通常情况一对齿轮的传动比不大于6。当两轴之间需要很大的传动比时,应采用轮系来实现。

图 7-12 变速传动

特别指出的是当采用周转轮系时,可用很少的齿轮,紧凑的结构,得到很大的传动比,如例7-1所示机构,其传动比可达到10 000。但是要注意,这类行星轮系齿轮传动,传动比越大,机械效率越低,所以一般不能用于大功率传递,只用于做辅助机构装置的减速机构。如果将其用于增速传动,可能发生自锁。

3) 实现合成运动与分解

差动轮系有两个自由度,所以有两个独立输入的主动运动,输出运动即为此两个运动的合成。如图7-13所示为汽车后桥差速器,发动机通过变速器经传动轴带动锥齿轮5,锥齿轮4固连着行星架H,其上装有行星轮2,齿轮1、2-2'、3及行星架组成一差动轮系,则

$$i_{13}^H = \frac{n_1 - n_H}{n_3 - n_H} = -\frac{z_3}{z_1} = -1 \quad (7-6)$$

因此 $n_H = \dfrac{n_1 + n_3}{2}$。

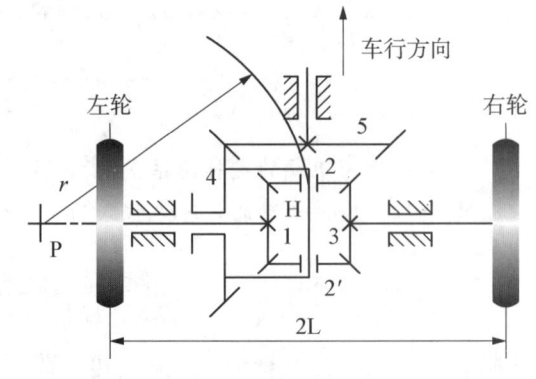

图 7-13 汽车后桥差速器

所以说,行星架的运动是两个太阳轮1和3的输入运动的合成。

同样,若以行星架H和太阳轮1作为原动件,则太阳轮3的转速为 $n_3 = 2n_H - n_1$。差动轮系合成运动的特性在机床、计算机构、补偿装置中得到了广泛的应用。

差动轮系还可将一个基本构件的主动转动,按所需比例分解成另两个基本构件的不同运动。轮系有两个自由度,若仅由发动机提供一个输入运动 n_4,根据式(7-6),无法确定 n_1 和 n_3,此时需要其他约束条件。

如图7-14所示,当汽车直线行驶时,两后轮有相同的转速,故 $n_1 = n_3$,此时差动轮系为一个整体随锥齿轮4一起转动,有确定的运动。

当汽车左转弯时,在前轮转向机构ABCD的作用下其轴线与汽车两后轮的轴线相交于点P,此时四个车轮均能绕点P做纯滚动,两个左侧车轮转得慢些,而两个右侧车轮转得快

些。由于两前轮是浮套在轮轴上的,故可以适应任意转弯半径而与地面做纯滚动;而两个后轮要通过差速器来调整转速。设车轮在地面上不打滑,则两后轮的转速与转弯半径成正比,以不同的转速分别传递给左右两轮,由图可得

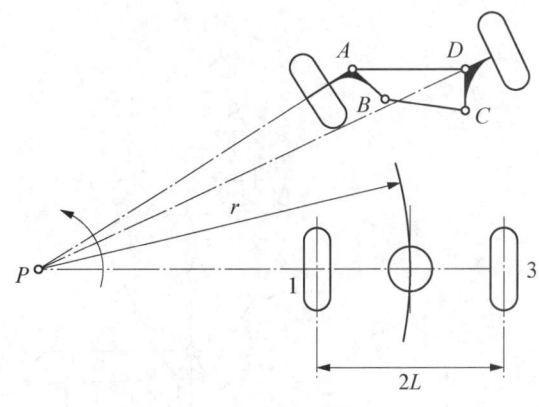

$$\frac{n_1}{n_3}=\frac{r-L}{r+L} \qquad (7-7)$$

式中,r 为转弯平均半径,L 为后轮距的一半。

通过联立式(7-6)、式(7-7),即可得汽车两后轮的转速。

图 7-14 汽车的确定运动

可见,汽车转弯时可利用差速器自行将主轴的转速分解到两后轮上,以保持车轮与地面的纯滚动,从而提高车轮的使用寿命。需要说明,差动轮系可以将一个转速分解成两个转速是有前提条件的,即这两个转动之间必须具有一个确定的关系,在汽车后桥差速器中,两后轮之间确定的转动关系是由地面的约束条件确定的。差动轮系分解运动的特性在汽车、飞机等动力传动中得到了广泛应用。

4) 实现分路传动

根据机器的工作需要利用轮系可以使一个主动轴带动若干个从动轴同时旋转,如图 7-15 所示轮系中,从主轴输入的转速通过轮系分别以不同的转速由轴Ⅰ、Ⅱ、Ⅲ、Ⅳ、Ⅴ、Ⅵ等轴输出,实现分路传动。

5) 实现换向传动

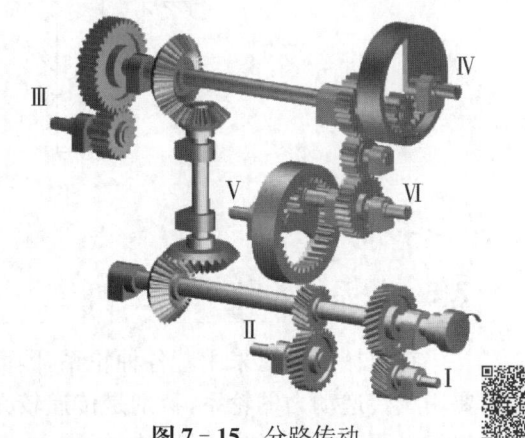

如图 7-16 所示为车床进给丝杠的三星轮换向机构,齿轮 2、3 浮套在三角形构件 a 的轴上,构件 a 可绕齿轮 4 的轴线 O 转动。如图 7-16a 所示位置上,主动轮 1 经中间轮 2、3 将运动传递到从动轮 4 上,此时齿轮 4 与齿轮 1 转向相反;若通过手柄使构件 a 处于如图 7-16b 所示位置上,此时齿轮 2 不参

图 7-15 分路传动

与啮合,故齿轮 4 与齿轮 1 的转向相同,即实现了在主动轴转向不变的条件下,利用轮系可改变从动件的转向。

6) 实现结构紧凑的大功率传动

如图 7-17 所示周转轮系中,有三个均匀地分布在太阳轮周围的行星轮,这种采用多个行星轮的结构形式,可使载荷由多对齿轮承受以提高机构的承载能力;又因多个行星轮均匀分布,可使因行星轮公转所产生的离心惯性力和各齿廓啮合处的径向分力得以平衡,使受力状况大大改善,从而增加了运转的平稳性;在周转轮系中采用内啮合可有效地利用空间,且其输入轴和输出轴轴线重合,故可减小行星减速器的径向尺寸。因此,在结构紧凑的条件下可实现大功率传动。

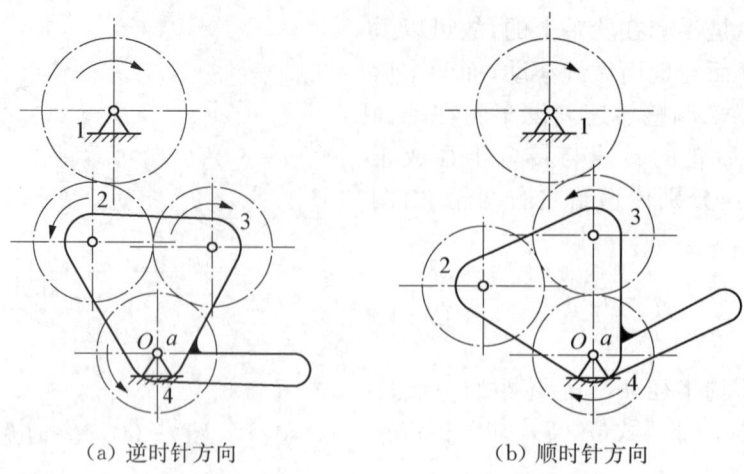

(a) 逆时针方向　　　　(b) 顺时针方向

图 7-16　车床进给丝杠三星轮换向机构

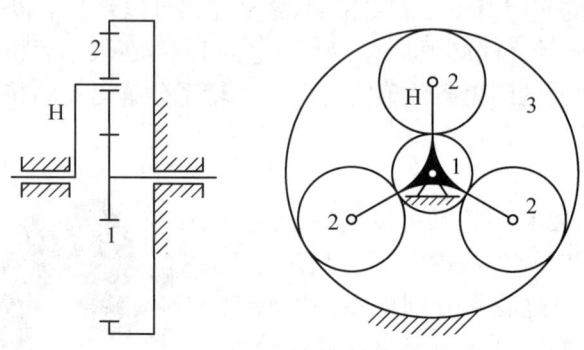

图 7-17　多行星轮周转轮系

7.6 轮系的效率

在机械中广泛采用着各种轮系,因而轮系的效率对机械的总效率具有决定意义。对于主要用于传递动力的轮系,特别是传递较大动力的轮系,就必须对其效率加以分析。而对于那些仅仅是用于传递运动,且所传递的动力不大的轮系,则其效率的高低并非至关重要。

根据机械效率的定义,对于任何机械,如果其输入功率、输出功率和摩擦损耗功率分别用 P_r、P_d 和 P_f 表示,则其效率均可按下式计算:

$$\eta=\frac{P_r}{P_r+P_f} \text{ 或 } \eta=\frac{P_d-P_f}{P_d} \tag{7-8}$$

而对于一个需要计算效率的机械,其输入功率 P_r 和输出功率 P_d 通常总会有一个作为已知条件的,所以只要能确定其损耗功率 P_f 的大小,就能按上式计算出效率 η。

7.6.1 定轴轮系的效率

定轴轮系的效率等于组成该轮系的各对齿轮传动效率的连乘积,即

$$\eta=\eta_1 \cdot \eta_2 \cdot \cdots \cdot \eta_n \tag{7-9}$$

式中,η_1、η_2、η_n 为各对齿轮传动的啮合效率,可查阅有关的机械零件设计手册。由于 η_1、

η_2、η_n 均小于 1，根据式(7-9)可知，当定轴轮系由 n 对齿轮组成时，且啮合对数越多，轮系的总效率越低。

7.6.2 周转轮系的效率

由于周转轮系中存在既自转又公转的行星轮，因而其效率的计算方法主要用"转化机构法"计算出周转轮系的效率。

机械中的摩擦损耗功率主要取决于各运动副中的作用力、运动副元素间的摩擦因数及相对运动速度的大小等。周转轮系的转化机构与原周转轮系的差别，仅仅在于给整个周转轮系附加了一个角速度$-\omega_H$(或$-n_H$)，转化后机构中各构件之间的相对运动关系并未改变，且轮系中各运动副间的作用力（当不考虑各构件回转的离心惯性力时）及摩擦因数也不会改变，因而周转轮系与其转化机构中的摩擦损耗功率 P_f（主要指齿轮啮合齿廓间摩擦损耗的功率）应是相等的。

在如图 7-18 所示轮系中，设齿轮 1 为主动以等角速度 ω_1 转动，作用于其轴线上的转矩为 T_1，那么齿轮 1 所传递的功率为

$$P_1 = M_1 \omega_1 \tag{7-10}$$

而在转化机构中，齿轮 1 所传递的功率为

$$P_1^H = M_1(\omega_1 - \omega_H) = P_1(1 - i_{H1}) \tag{7-11}$$

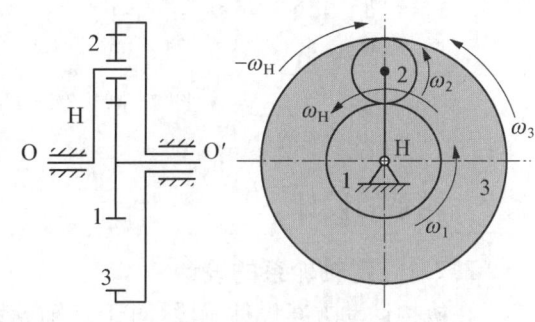

图 7-18 2K-H 型行星轮系

因齿轮 1 在转化轮系中可能为主动或从动，故 P_1^H 可能为正或为负，由于按这两种情况计算所得的转化轮系的损失功率 P_f^H 的值相差不大，为简化计算，一般取 P_f^H 为绝对值，即

$$P_f^H = |P_1^H|(1 - \eta_{1n}^H) = |P_1(1 - i_{H1})|(1 - \eta_{1n}^H) \tag{7-12}$$

式中，η_{1n}^H 为该轮系转化机构的效率，它等于在转化机构中从齿轮 1 到齿轮 n 之间各对啮合齿轮传动效率的连乘积，而各对齿轮的传动效率可从机械零件设计手册中查取，所以对于具体轮系而言，η_{1n}^H 可视为已知值。

若在原行星轮系中齿轮 1 为主动件，则 P_1 为输入功率，该行星轮系的效率为

$$\eta_{1H} = \frac{P_1 - P_f}{P_1} = 1 - |1 - i_{H1}|(1 - \eta_{1n}^H) \tag{7-13}$$

若齿轮 1 为从动件，则 P_1 为输出功率，此时行星轮系的效率为

$$\eta_{H1} = \frac{|P_1|}{|P_1| + P_f} = \frac{1}{1 + |1 - i_{H1}|(1 - \eta_{1n}^H)} \tag{7-14}$$

由以上两式可见，当 η_{1n}^H 一定时，行星轮系的效率是其传动比的函数，主动件不同其效率计算公式也不同计算时其转化机构的效率一般取 $\eta_{1n}^H = 0.95$。

将式(7-13)、式(7-14)用图形化表示，其变化曲线如图 7-19 所示，图中设 $\eta_{1n}^H = 0.95$。图中实线为 $\eta_{1n} - i_{1H}$ 图，此时齿轮 1 为主动，行星架 H 为从动件。图中虚线为 $\eta_{H1} - i_{H1}$ 线图，此时行星架反为主动件，齿轮 1 为从动件。

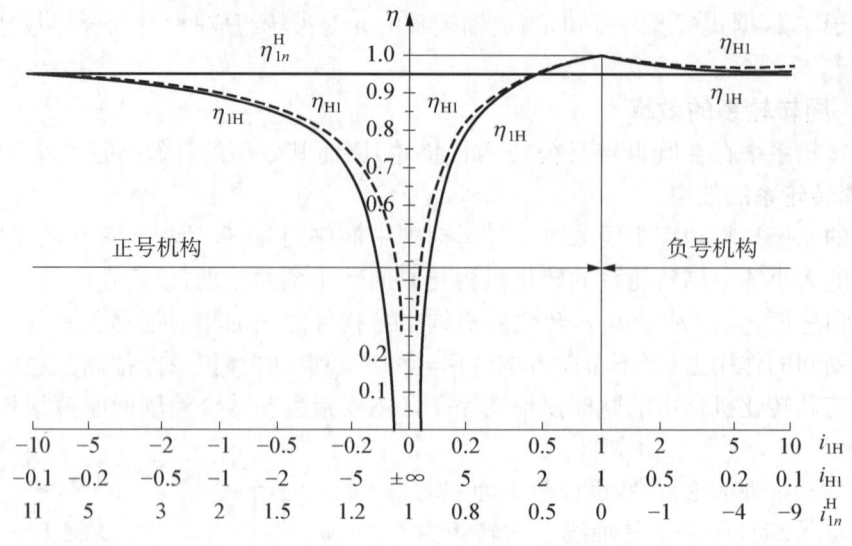

图 7-19 2K-H 型行星轮系的效率曲线

7.7 轮系的设计

7.7.1 定轴轮系的设计

在机构运动方案设计阶段，对于定轴轮系设计的基本任务主要包括：选择定轴轮系的类型、确定各轮的齿数、确定定轴轮系的布置方案等。

1）选择定轴轮系的类型

根据工作要求和使用场合来正确地选择定轴轮系的类型。在一个定轴轮系中，可能同时包含直齿圆柱齿轮、斜齿圆柱齿轮、圆锥齿轮、蜗轮蜗杆机构等。在满足了基本使用要求的前提下，还应考虑到机构的外廓尺寸及质量、传动的效率及制造成本的因素等。例如：

（1）在高速、重载场合时，为了减少传动的冲击、振动及噪声，提高传动性能，可选用由斜齿圆柱齿轮组成的定轴轮系。

（2）所设计轮系需要转换运动轴线的方向或改变从动轴转向时，选用含有圆锥齿轮传动的定轴轮系。

（3）传动功率不大，速度不高且需要满足交错角为任意值的空间交错轴之间的传动时，可选用含有交错轴斜齿轮传动的定轴轮系。

（4）要求传动比大、结构紧凑或用于分度、微调及有自锁要求的场合时，则应选择含有蜗杆传动的定轴轮系。

为了实现同一种运动和动力的传递，所选用的定轴轮系可以有多种不同方案，这既提供了定轴轮系类型选择的灵活性，同时也增加了其复杂性。

2）确定各轮的齿数

要确定定轴轮系中各轮的齿数，关键在于合理地分配轮系中各对齿轮的传动比。考虑因素包括：

（1）每一级齿轮的传动比要在其允许范围内选取。直齿圆柱齿轮传动的传动比一般取 3～5，斜齿轮传动比最大可以取 6，蜗杆传动的传动比通常不大于 80。为了减小外廓尺寸及改善传动性能，当传动比过大时，一般采用多级传动。

（2）定轴轮系的传动比分配应按照"前小后大"的原则设计比较有利。同时，为了使机构外廓尺寸协调和结构比例匀称，相邻两级传动的传动比差值不宜过大。

（3）当设计二级展开式齿轮减速器时，为了实现润滑，应使各级传动中的大齿轮都能浸入油池，且浸油深度大致相同，以防止某个大齿轮浸油深度过大增加搅油损耗；同时为了避免高速级的大齿轮与低速级的输出轴发生干涉；应使高速级的传动比大于低速级的传动比。

3）确定定轴轮系的布置方案

在设计定轴轮系时，应根据工作条件及具体情况选择定轴轮系的布置方案，同一个轮系可以有多种布置形式。如图 7 - 20 所示二级传动轮系即有三种布置方案。

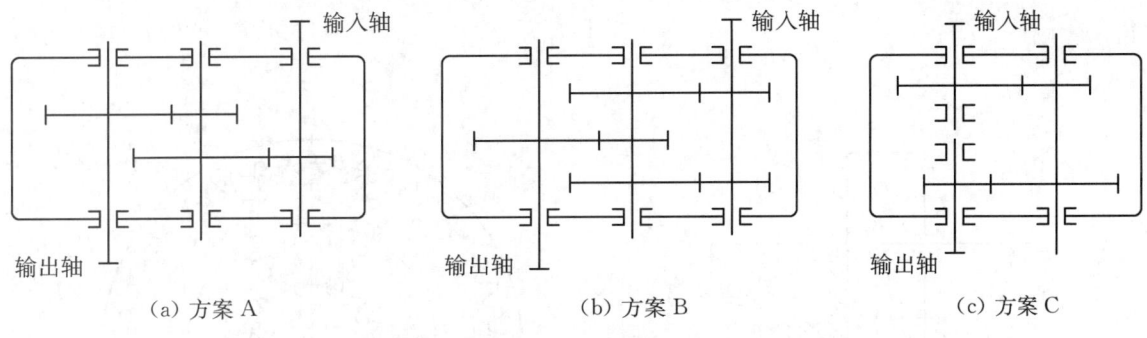

图 7 - 20 某二级传动定轴轮系的布置方案

图 7 - 20a 所示方案结构简单，但轴上的齿轮相对于两端轴承为非对称布置，当轴弯曲变形时会引起载荷沿齿宽分布不均匀的现象，故该布置方案只适用于载荷较平稳的场合。

图 7 - 20b 所示方案的优点是轴上齿轮相对于两端轴承为对称布置，可适用于载荷变化较大的场合，但该布置方案结构较复杂、成本较高。

图 7 - 20c 所示方案输出轴与输入轴轴线重合，结构紧凑；但由于中间轴较长容易变形，会引起载荷沿齿宽分布不均匀。故该方案可用于空间尺寸有限制的场合。

通过上述分析可以看出，同一个定轴轮系有不同的布置形式，各方案有不同的特点。究竟选择哪种方案，就要根据具体情况来决定。

7.7.2 周转轮系的设计

周转轮系设计的内容主要包括周转轮系的类型选择、确定各轮的齿数、选择适当的均载装置等。

1）周转轮系的类型选择

周转轮系的类型很多，在相同的速比和载荷的条件下，采用不同的类型可以使轮系的外廓尺寸、质量和效率相差很多，因此在设计周转轮系时，应重视轮系类型的选择。

选择轮系的类型时，首先是考虑能否满足传动比的要求。由周转轮系传动比计算公式可知，负号机构的传动比只比其转化机构传动比的绝对值大 1，因此单一的负号机构，其传动比均不太大。当工作所要求的传动比不太大时，可根据具体情况选用负号机构。这样周转轮系不仅可以满足对传动比的要求，同时还具有较高的效率。如果想获得大的传动比，就需要选用正号机构。

当设计的周转轮系主要用于传递动力时，为了使机构具有较高的效率，应选负号机构。当设计的轮系不仅用于传递动力，同时还要求具有较大的传动比，而单级负号机构又不能满足传动比的要求时,可将几个负号机构串联起来,或采用负号机构与定轴轮系串联的复合轮系,以获得较大的传动比。

2) 各轮齿数的确定

在周转轮系中,各轮齿数的选择需满足以下条件:

(1) 尽可能近似地实现给定的传动比。周转轮系用来传递运动,就必须实现工作所要求的传动比,因此各轮齿数应根据传动比条件来确定。如图 7-21 所示轮系中,由

$$i_{1H} = 1 + \frac{z_3}{z_1}$$

得

$$\frac{z_3}{z_1} = i_{1H} - 1 \qquad (7-15)$$

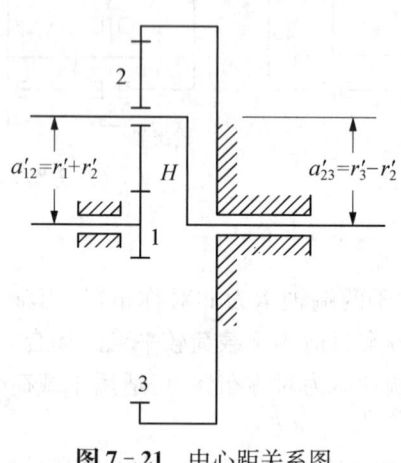

图 7-21　中心距关系图

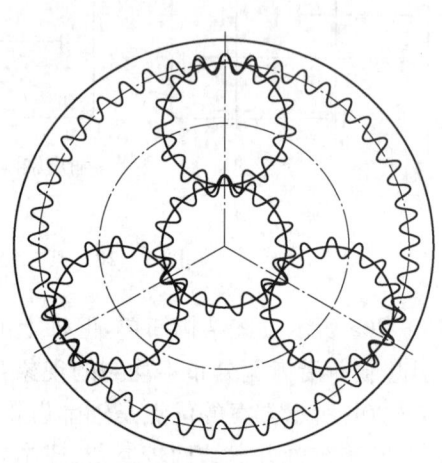

图 7-22　均布条件

(2) 满足同心条件。要满足同心条件使得轮系正常运转,其基本构件的回转轴线必须在同一直线上,即满足所确定的半径条件。尤其是当采用标准齿轮传动或等变位齿轮传动时,相互啮合的齿轮齿数之间满足一定的组合关系。如图 7-21 所示,行星轮 2 与太阳轮 1 和 3 的中心距必须相等。

(3) 满足均布条件。为使得各个行星能均布装配,行星轮的个数与各轮齿数之间必须满足一定的关系(行星轮的角度分配),否则将会因行星轮与太阳轮轮齿的干涉而不能装配。如图 7-22 所示,k 个行星轮均匀分布在中心轮 1 周围,则相邻的两个行星轮所夹的中心角 $\varphi = 360° \frac{N}{k}$。现将第一个行星轮轴线安装于 O_2 处,然后固定中心轮 3,再沿顺时针方向使行星架转过 φ 角,此时第一个行星轮由 O_2 转到 O_2' 处,则太阳轮 1 转过的角度为 θ,因

$$\frac{\theta}{\varphi} = \frac{\theta}{360°/k} = \frac{\omega_1}{\omega_H} = i_{1H} = 1 + \frac{z_3}{z_1}$$

所以

$$\theta = \left(1 + \frac{z_3}{z_1}\right)\frac{360°}{k} \qquad (7-16)$$

如果此时太阳轮 1 恰好转过整数个齿 N,即

$$\theta = N\frac{360°}{z_1} \qquad (7-17)$$

当太阳轮1与太阳轮3的齿的相对位置和装第一个行星轮相同时,在O_2处就可以装入第二个行星轮。依此类推,直到装入第k个行星轮。

将式(7-17)代入式(7-16)得

$$N = \frac{z_1 + z_3}{k} \qquad (7-18)$$

式中,N为正整数。式(7-18)表明,此行星轮系两个太阳轮的齿数之和为行星轮数k的整数倍。

(4) 满足邻接条件。如图7-23所示,两相邻行星轮的中心位置进行了合理定位,为了保证相邻两行星轮不致互相碰撞,需使得其中心距要大于两轮齿顶圆半径之和。

对于标准齿轮传动,有

$$(z_1 + z_3)\sin\left(\frac{180°}{k}\right) > z_2 + 2h_a^* \qquad (7-19)$$

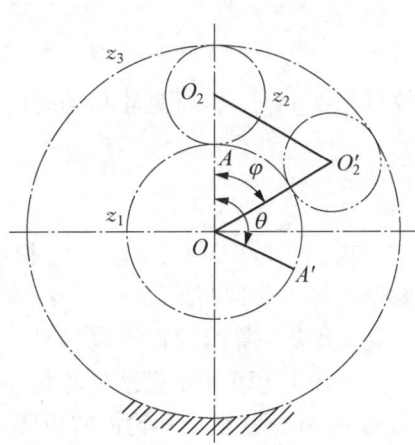

图7-23 邻接条件

3) 周转轮系的均载装置

周转轮系的特点之一是可采用多个行星轮来分担载荷。但实际上,由于制造和装配误差,往往会出现各行星轮受力极不均匀的现象。为了降低载荷分配不均现象,常把行星轮系中的某些构件做成可以浮动的。如各行星轮受力不均匀,由于这些构件的浮动,可减轻载荷分配不均现象,此即均载装置。

均载装置的类型很多,有使太阳轮浮动的,有使行星轮浮动的,有使行星架浮动的,也有使几个构件同时浮动的。如图7-24所示为采用弹性元件(双齿联轴器)而使太阳轮浮动的均载装置。

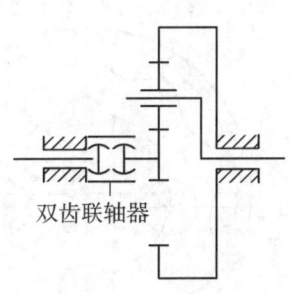

图7-24 均载装置

7.8 轮系的变异

7.8.1 渐开线少齿差行星传动

渐开线少齿差行星传动机构如图7-25所示,其太阳轮和行星轮的齿数相差很少(一般为1~4)。其中,齿轮1(太阳轮)为固定的渐开线内齿轮,齿轮2为行星轮,H为行星架,W为等角速比输出机构,V为输出轴。它与前述各种行星轮系的不同在于,当用于减速传动时,行星架H为输入轴,输出轴V的转速为行星轮2的绝对转速。

又因其只有1个太阳轮、1个行星架和1个带输出机构的输出轴V,故又称为K-H-V型行星轮系。

渐开线少齿差行星传动其转化机构的传动比计算由

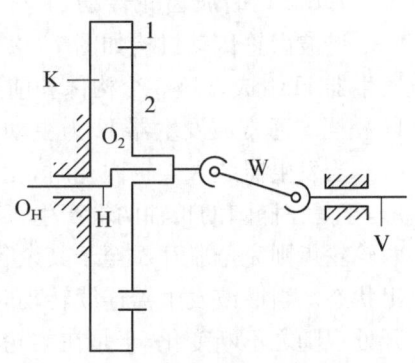

图7-25 渐开线少齿差行星传动

式(7-5)可得

$$i_{21}^{H}=\frac{n_2-n_H}{n_1-n_H}=\frac{n_2-n_H}{-n_H}=1-\frac{n_2}{n_H}=\frac{z_1}{z_2}$$

由此可得

$$\frac{n_2}{n_H}=1-\frac{z_1}{z_2}=\frac{z_1-z_2}{z_2}$$

故行星架 H 主动,行星轮从动时的传动比为

$$i_{HV}=i_{H2}=\frac{n_H}{n_2}=-\frac{z_2}{z_1-z_2} \qquad (7-20)$$

式(7-20)表明,当 z_1-z_2 很小时,传动比 i_{HV} 可以很大;当 $z_1-z_2=1$ 时,称为渐开线一齿差行星传动,此时 $i_{HV}=-z_2$,负号表示输出轴 V 与输入轴 O_2 的转向相反。

7.8.2 摆线针轮行星传动

如图 7-26 所示摆线针轮传动也为一齿差行星齿轮传动,它和渐开线一齿差行星齿轮传动的主要区别,在于其轮齿的齿廓不是渐开线而是摆线。摆线针轮传动由于同时工作的齿数多,传动平稳,承载能力大,传动效率一般在 0.9 以上,传递的功率已达 100 kW,摆线针轮传动已有系列商品规格生产,是目前世界各国产量最大的一种减速器,其应用十分广泛。

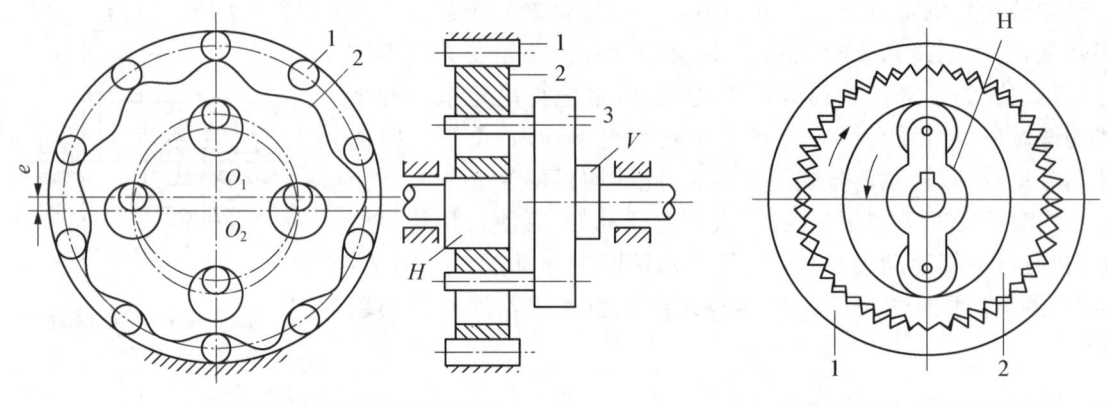

图 7-26 摆线针轮行星传动   图 7-27 谐波齿轮传动

7.8.3 谐波齿轮传动

谐波齿轮传动机构如图 7-27 所示,主要由具有内齿的刚轮 1、具有外齿的柔轮 2 和谐波发生器 H 组成。这 3 个构件和前述的少齿差行星传动中的中心内齿轮 1、行星轮 2 和行星架 H 相当。通常波发生器 H 为主动件,而刚轮和柔轮之一为从动件,另一个为固定件。

当发生器装入柔轮内孔时,由于发生器的总长度略大于柔轮内孔直径,故柔轮变为椭圆形,于是在椭圆的长轴两端产生了柔轮与刚轮轮齿的两个局部啮合区。同时,在椭圆短轴两端两轮轮齿则完全脱开。至于其余各处,则视柔轮回转方向的不同,或处于啮入状态,或处于啮出状态。当谐波发生器连续转动时,柔轮长、短轴的位置不断变化,从而使轮齿的啮合处和脱开处也随之不断变化,于是在柔轮与刚轮之间就产生了相对位移从而传递运动。

在谐波发生器转动 1 周期间,柔轮上一点变形的循环次数与波发生器上的凸起部位数是

一致的,称为波数,常用的有两波和三波两种。为了有利于柔轮的力平衡和防止轮齿干涉,刚轮和柔轮的齿数差应等于波发生器波数(波发生器上的滚轮数)的整数倍,通常取为等于波数。

由于谐波齿轮传动方式与行星传动类似,故其传动比仍可按周转轮系传动比的计算方法求得。

当刚轮1固定,波发生器H主动,柔轮2从动时,其传动比计算为

$$i_{21}^{H} = \frac{n_2 - n_H}{n_1 - n_H} = \frac{n_2 - n_H}{-n_H} = 1 - \frac{n_2}{n_H} = \frac{z_1}{z_2}$$

故

$$i_{H2} = \frac{n_H}{n_2} = -\frac{z_2}{z_1 - z_H} \tag{7-21}$$

式(7-21)与渐开线少齿差行星传动的传动比计算公式相同,主从动件转向相反。

而当柔轮2固定,波发生器H主动,当轮1从动时,其传动比为

$$i_{H1} = \frac{n_H}{n_1} = \frac{z_1}{z_1 - z_2} \tag{7-22}$$

谐波齿轮传动具有如下优点:传动比大且范围宽(多级传动的传动比可达100 000),在传动比大时传动效率仍然较高(单级传动可达65%~90%);结构简单、体积小、质量轻;由于同时啮合的轮齿对数多,齿面相对滑动速度低,使其承载能力强、传动平稳,运动精度高。其缺点是柔轮容易发生疲劳损坏、启动力矩大。

思考与练习

1. 什么是轮系?定轴轮系和周转轮系的区别是什么?
2. 首、末轮转向关系如何确定?不同转向轮系传动比如何表示?
3. 周转轮系由哪几部分组成?什么是周转轮系的转化机构,计算其传动比时有哪些注意事项?
4. 如何从一个复合轮系中区别出周转轮系和定轴轮系?
5. 什么是差动轮系,什么是行星轮系?它们之间有什么区别?
6. 为什么要应用轮系?试举出几个应用轮系的例子。
7. 在确定行星轮系各轮齿数时,必须满足哪些条件?
8. 何谓"正号机构"?何谓"负号机构"?各有何特点?各适用于什么场合?
9. 什么是周转轮系的转化机构?为什么可以用转化机构法来计算周转轮系中基本构件间传动比?
10. 为什么要在行星轮系中使用均载装置?采用均载装置后是否会影响轮系的传动比?
11. 何谓少齿差行星传动?有何特点及应用?其传动比如何计算?
12. 摆线针轮传动的齿数差是多少?如何进行传动比计算?有何特点及应用?
13. 在谐波齿轮传动中,如何确定刚轮和柔轮的齿数差?其传动比如何计算?
14. 在如图7-28所示双级蜗杆传动中,已知左旋蜗杆1的转向如图所示,试判断其他各轮的转向,并用箭头表示。

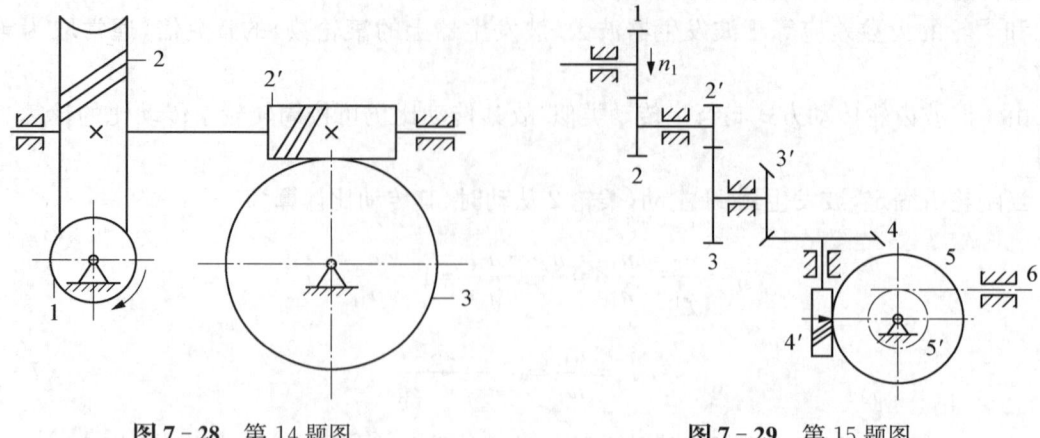

图 7-28 第 14 题图   图 7-29 第 15 题图

15. 如图 7-29 所示轮系中，已知 $z_1=20$、$z_2=30$、$z_2'=20$、$z_3=40$、$z_3'=20$、$z_4=40$、$z_4'=2$（右旋）、$z_5=60$、$z_5'=20(m=3\,\text{mm})$，若 $n_1=600\,\text{r/min}$，求齿条 6 线速度 v 的方向和大小。

16. 如图 7-30 所示轮系为钟表传动轮系，其中 S、M、H 分别为秒针、分针、时针。已知 $z_1=8$、$z_2=60$、$z_3=8$、$z_5=15$、$z_7=12$，各齿轮的模数均相同。试求齿轮 4、6、8 的齿数。

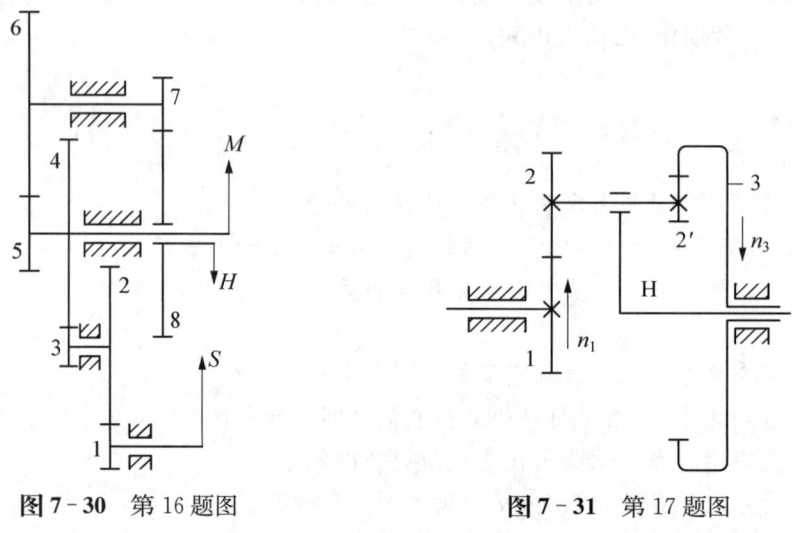

图 7-30 第 16 题图   图 7-31 第 17 题图

17. 如图 7-31 所示轮系中，已知各轮齿数 $z_1=30$、$z_2=25$、$z_2'=20$、$z_3=75$；齿轮 1 的转速为 $n_1=250\,\text{r/min}$，方向如图所示；齿轮 3 的转速 $n_3=50\,\text{r/min}$，方向如图所示。求行星架转速 n_H。

18. 如图 7-32 所示定轴轮系中，已知蜗杆 1 的旋向和转向，试用箭头在图上标出其余各轮的转向；若各轮齿数为 $z_1=2$、$z_2=40$、$z_3=20$、$z_4=60$、$z_5=25$、$z_6=50$、$z_7=30$、$z_8=45$，试计算该轮系的传动比 i_{18}。

19. 在如图 7-33 所示轮系中，已知各轮齿数 $z_1=40$、$z_2=z_3=100$、$z_4=z_5=30$、$z_6=20$、$z_7=80$，齿轮 1 转速 $n_A=1000\,\text{r/min}$，方向如图所示。试求 n_B 的大小及方向。

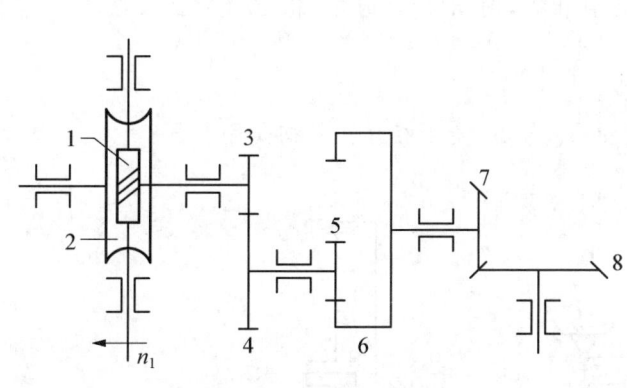

图 7-32 第 18 题图

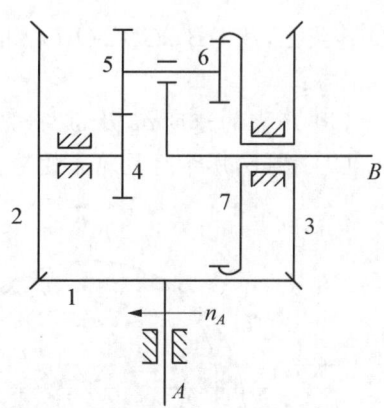

图 7-33 第 19 题图

20. 如图 7-34 所示轮系中,已知蜗杆 $z_1=1$(左旋),蜗轮 $z_2=40$、$z_2'=20$、$z_3=15$、$z_3'=30$、$z_4=40$、$z_4'=40$、$z_5=40$、$z_5'=20$。试求传动比 i_{AB} 并确定轴 B 的转向。

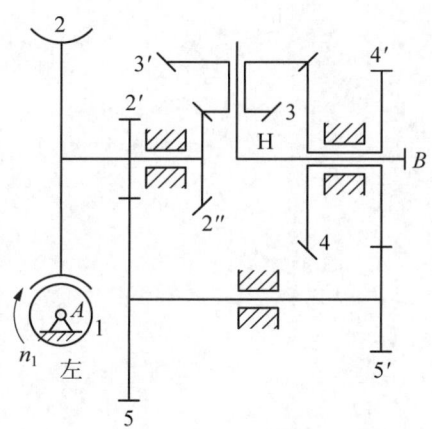

图 7-34 第 20 题图

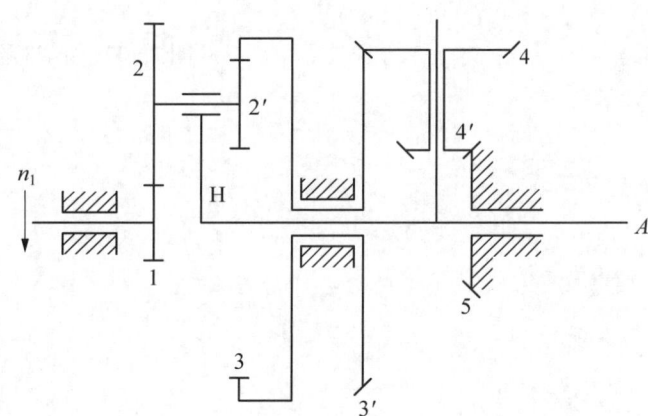

图 7-35 第 21 题图

21. 如图 7-35 所示轮系中,各轮模数和压力角均相同且都为标准齿轮。已知齿轮齿数 $z_1=23$、$z_2=51$、$z_3=92$、$z_3'=40$、$z_4=40$、$z_4'=17$、$z_5=33$,齿轮 1 的转速为 $n_1=1500\,\text{r/min}$,其方向如图所示。试求:

(1) 齿轮 $2'$ 的齿数 $z_{2'}$;

(2) 轴 A 的转速 n_A 及方向。

22. 如图 7-36 所示轮系中,已知各轮齿数 $z_2=32$、$z_3=34$、$z_4=36$、$z_5=64$、$z_7=32$、$z_8=17$、$z_9=24$。轴 4 转速 $n_A=1250\,\text{r/min}$,其方向如图所示;轴 B 转速 $n_B=600\,\text{r/min}$,其方向如图所示。求轴 C 转速 n_C 的大小和方向。

23. 如图 7-37 所示两种轮系中,$\omega_H=\omega_1$、$z_1=z_1'$、$z_2=z_2'$,各轮均为标准齿轮。图(a)轮系中,轮 2 绕定轴 O_2 转动,轮 1 固连于平行四边形机构 $ABCD$ 的连杆 BD 上,且轮心 O_1 在

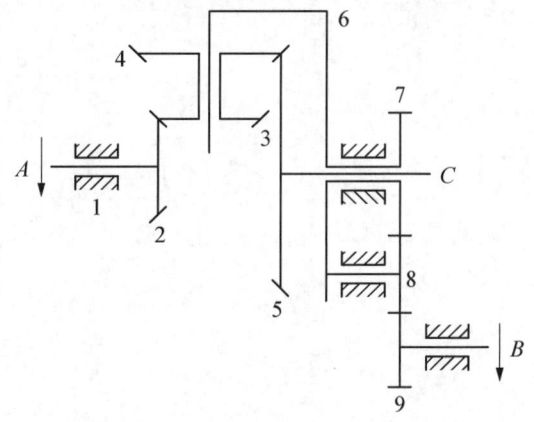

图 7-36 第 22 题图

BD 连线上,故 AB、CD、O_1O_2 相互平行且相等,图(a)所示时刻,轮1、轮2的节圆在 P 点接触,试求:

(1) P 点的速度 v_P 及 ω_2 分别为多少?

(2) 图(b)所示行星轮系的输出角速度 ω_V 与 ω_2 是否相等?转向是否相同?

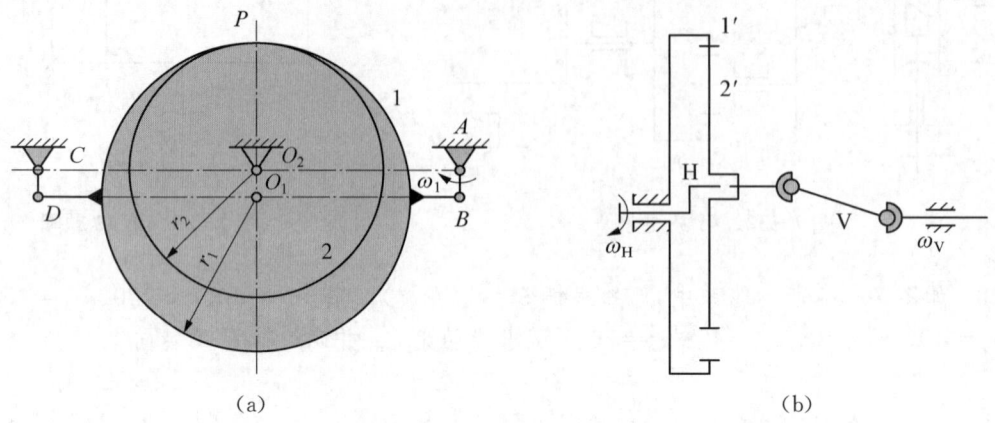

图 7-37 第 23 题图

第 8 章

其他常用机构

◎ 学习成果达成要求

1. 掌握常用间歇机构的类型及特点。
2. 了解各类间歇机构的功能。

本书前几章详细介绍了连杆机构、凸轮机构、齿轮机构等几种常用机构。机械中除了这些机构外还会用到其他机构,如能实现间歇运动的棘轮机构、槽轮机构、不完全齿轮机构,将旋转运动变为直线运动的螺旋机构,以及各种广义机构。本章将对这些机构的工作原理、结构特点、类型及应用、间歇运动机构的设计等做简要的介绍。

8.1 棘轮机构

8.1.1 棘轮机构的工作原理

棘轮机构主要是由棘轮、棘爪和机架所组成。如图 8-1 所示为一典型的棘轮机构,棘轮 3 与传动轴 6 通过键连接,棘爪 2 与原动摇杆 1 铰接。当摇杆 1 逆时针方向摆动时,棘爪 2 借助弹簧或自重插入棘轮 3 的齿槽,推动其沿逆时针方向转过某一角度,这时止回棘爪 4 在棘轮 3 的齿背上滑过。反之,摇杆 1 顺时针方向摆动时,止回棘爪 4 则在弹簧 5 的作用下插入棘轮 3 的齿槽,将阻止棘轮 3 产生顺时针方向转动,这时棘爪 2 将在棘轮 3 的齿背上滑过,棘轮静止不动。这样,当摇杆 1 做连续往复摆动时,棘轮 3 便只能做单向的间歇转动。摇杆 1 的往复摆动可通过连杆机构、凸轮机构或电磁装置等实现。

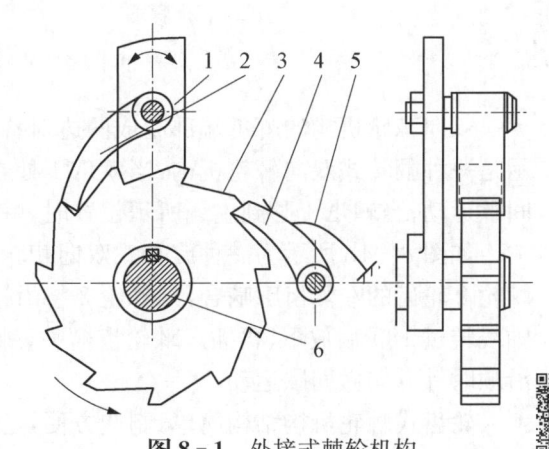

图 8-1 外接式棘轮机构

8.1.2 棘轮机构的类型

根据棘轮机构的结构特点和工作原理,常用的棘轮机构可分为轮齿式棘轮机构和摩擦式棘轮机构两大类。

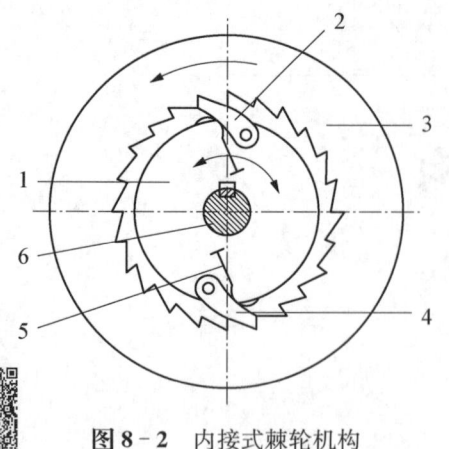

图 8-2 内接式棘轮机构

1) 轮齿式棘轮机构

轮齿式棘轮机构是靠棘爪与棘轮轮齿的啮合来传递运动的。按照棘轮上的齿位置可以分为外接式棘轮机构(图 8-1)和内接式棘轮机构(图 8-2)。外接式棘轮机构中棘轮上的齿在其外缘上,内接式棘轮机构中棘轮上的齿则在其内缘上。

根据轮齿式棘轮机构的运动又可分为单向棘轮机构和双向棘轮机构。

单向棘轮机构又可分为单动式和双动式,其棘轮的齿一般制成锯形齿。当主动摇杆往复摆动一次时,单动式棘轮机构(图 8-1)的棘轮只能单向间歇地转过某一角度,而双动式棘轮机构(图 8-3)的两个棘爪能先后交替推动棘轮沿同一方向转动。双动式棘轮机构的棘爪可制成直推(图 8-3a),也可制成钩头(图 8-3b)。

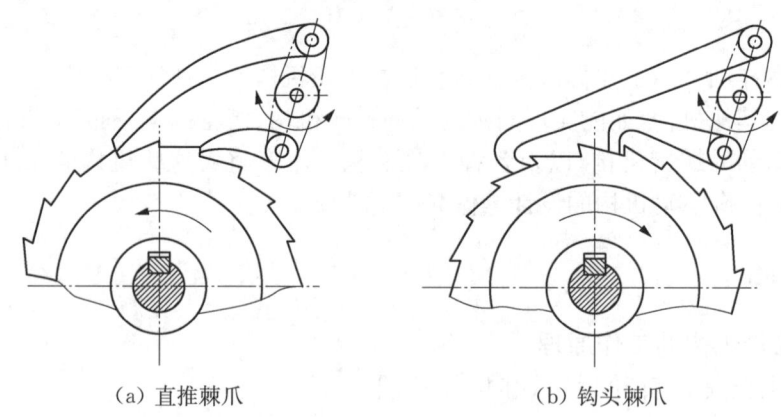

(a) 直推棘爪　　　　　　　　(b) 钩头棘爪

图 8-3 双动式棘轮机构

双向棘轮机构的棘爪端部制成两边对称的外形,棘轮的齿一般制成矩形。如图 8-4a 所示是一种翻转式双向棘轮机构,当棘爪 1 处在图中实线所示位置时,棘轮 2 将沿逆时针方向做间歇运动;当棘爪 1 翻到虚线所示位置时,棘轮 2 将沿顺时针方向做间歇运动。

如图 8-4b 所示为一种旋转式双向棘轮机构。当棘爪 1 处在图示位置时,棘爪的直边与棘轮 2 轮齿的左侧齿廓啮合,则棘轮 2 将沿逆时针方向做间歇运动。若将棘爪提起,并绕自身轴线转过 180°后放下,再插入棘轮齿槽中,棘爪的直边与棘轮轮齿的右侧齿廓啮合,则棘轮将沿顺时针方向做间歇运动。

轮齿式棘轮机构结构简单,制造方便,运动可靠,且棘轮的转角可根据需要进行适当调节。但棘爪在棘轮齿背滑行时将引起噪声;在运动开始和终了时,速度骤变而产生冲击,运动平稳性差;棘轮轮齿易磨损,传动精度不高,传力不大。因此,轮齿式棘轮机构常用在低速、轻载场合实现间歇运动。

上述轮齿式棘轮机构中,棘轮转动的角度都是相邻两齿所夹中心角的倍数,因此,棘轮转角是有级性改变的。如果要实现无级性改变,就需要采用无棘齿的棘轮机构,即摩擦式棘轮机构。

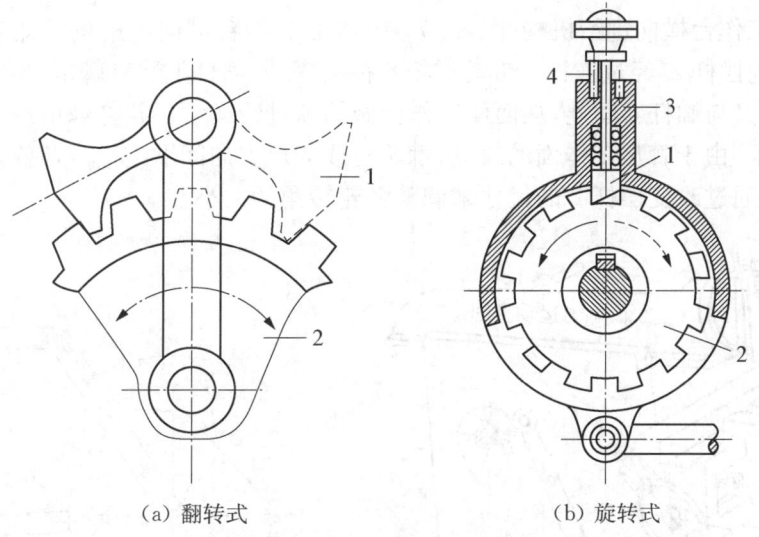

(a) 翻转式　　　　　(b) 旋转式

图 8-4　双向棘轮机构

2) 摩擦式棘轮机构

摩擦式棘轮机构(图 8-5)是一种靠无棘齿的棘轮和棘爪之间产生摩擦力来传递运动的，也可分为外接式和内接式。其工作原理与轮齿式棘轮机构相同，只不过用凸块 2 代替棘爪，用摩擦轮 3 代替棘轮，通过凸块与从动摩擦轮之间的摩擦力推动摩擦轮间歇转动。

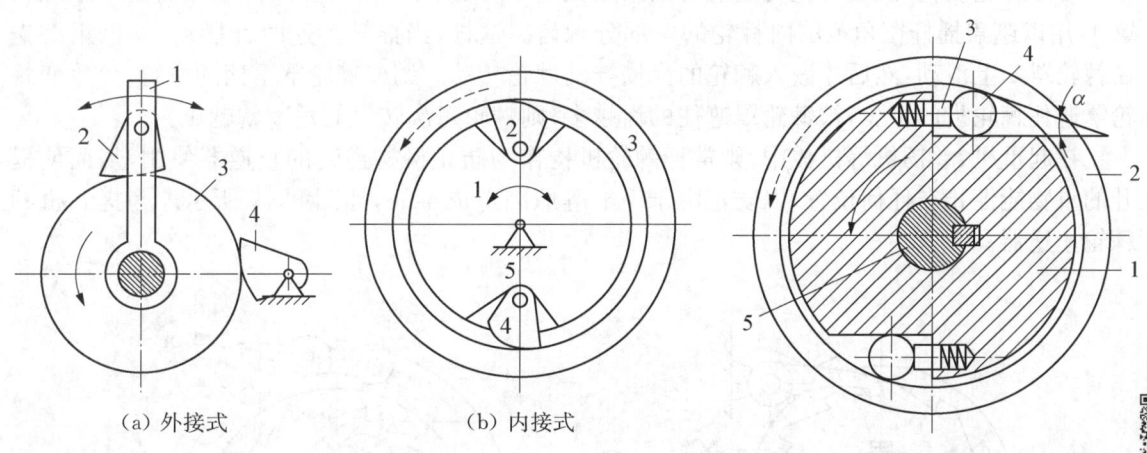

(a) 外接式　　　　　(b) 内接式

图 8-5　摩擦式棘轮机构　　　　　**图 8-6　常用的摩擦式棘轮机构**

如图 8-6 所示是一种常用的摩擦式棘轮机构，它是由星轮 1、套筒 2、弹簧顶杆 3 及滚柱 4 等组成。若星轮为主动件，则当其逆时针回转时，滚柱借助摩擦力而滚向楔形空隙的小端，将套筒楔紧，套筒与星轮一起逆时针回转；而当星轮顺时针回转时，滚柱滚向楔形空隙的大端，将套筒松开，这时套筒静止不动。

摩擦式棘轮机构传递运动平稳、无噪声，棘轮的转角可做无级调节，常用来做超越离合器，在各种机构中实现进给或传递运动。但运动准确性差，不宜用于运动精度要求高的场合。

8.1.3　棘轮机构的应用

棘轮转角即棘轮每次间歇转过的角度可以在较大的范围内调节，这是棘轮机构的突出优点，棘轮转角的大小由工作需要来决定。

牛头刨床工作台横向进给机构(图 8-7)中,控制工作台横向进给量的即为棘轮机构。运动由凸轮 1 传到摆杆 2,经过连杆 3 带动摇杆 4 往复摆动;摇杆上装有棘爪,推动棘轮 5 做单向间歇转动;棘轮又与螺杆 6 固连,从而使工作台做间歇进给运动。若将棘爪提起并绕自身轴线转过 180°后放下,由于棘爪工作面的改变,棘轮将改为反方向间歇进给。若要改变工作台横向进给大小,可以通过改变摆杆 2 的尺寸来调整棘轮转角的大小。

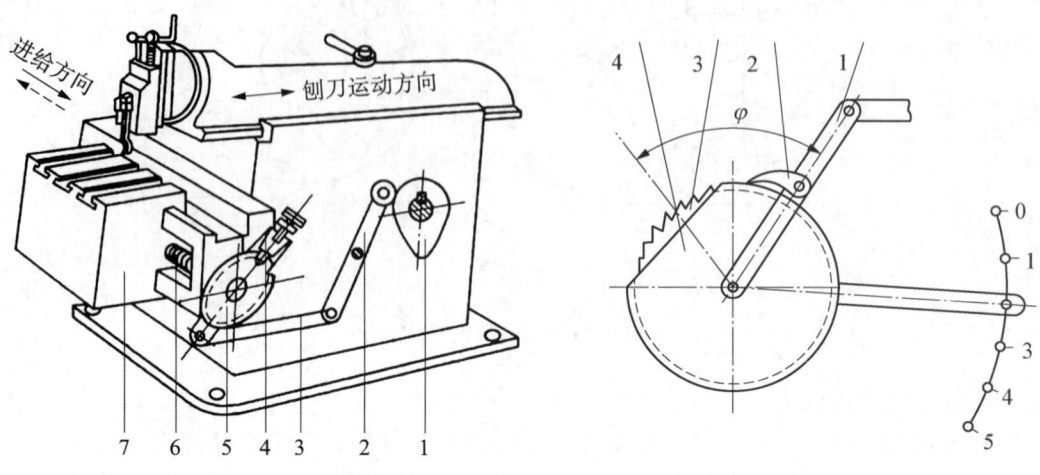

图 8-7 牛头刨床工作台横向进给机构　　　　图 8-8 加装棘轮罩的棘轮机构

对于棘轮机构,改变棘轮转角还可以采用如图 8-8 所示方法,在棘轮 3 外加装一个棘轮罩 4,用以遮盖摇杆摆角范围内棘轮的一部分棘齿。这样,当摇杆 1 逆时针摆动时,棘爪 2 先在棘轮罩 4 上滑动,然后才嵌入棘轮的齿槽推动棘轮转动。调节棘轮罩手柄的位置,可改变棘轮罩遮住棘轮齿的多少,被棘轮罩遮住的齿越多,则棘轮每次转过的角度就越小。

在起重机、卷扬机等机械中,则常把棘轮机构作为防止机构逆转的止逆器使用,从而使提升的重物能停止在任何位置,以防止由于停电等原因造成事故,如图 8-9 所示即为提升机的棘轮止逆器。

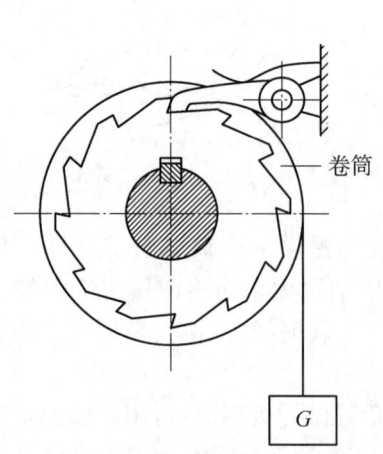

图 8-9 提升机的棘轮止逆器

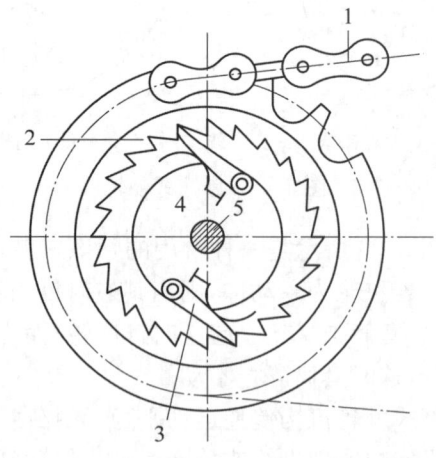

图 8-10 自行车后轮轴上的棘轮机构

棘轮机构还常用于实现转位运动和快速超越运动。如图 8-10 所示为自行车后轮轴上的棘轮机构,当自行车正常行驶时,链条 1 带动内圈装有棘轮的后链轮 2 转动,棘轮与棘爪 3 啮合,通过棘爪(装在后轮上)带动后轮 4 转动,于是自行车向前行驶。在自行车行驶过程中,当停止踏动脚蹬时,链条和链轮都停止运动,但后轮在惯性力的作用下仍带动棘爪转动,此时棘爪在棘轮齿背上滑过,使后轮与链条脱开。这种从动件(带有棘爪的后轮)超越主动件(链轮)运动的特性,称为棘轮机构的超越作用。

8.1.4 棘轮机构的设计

在传递转矩时,为使棘爪的受力最小,一般应使棘轮齿顶 A 和棘爪的转动中心 O_2 的连线垂直于棘轮半径 O_1A (图 8-11),即 $\angle O_1AO_2=90°$。棘轮对棘爪的作用力有法向压力 F_n 和摩擦力 F_f。F_n 有使棘爪逆时针转动滑入齿根的倾向,而 F_f 阻止棘爪滑向齿根。设棘轮齿面与棘轮轮齿尖顶径向线之间的夹角,即棘轮齿面倾斜角 φ,棘爪长度为 L,棘爪与棘轮接触面的摩擦角为 ρ。为了保证棘轮机构正常工作,在传动中必须使棘爪能自动啮紧棘轮

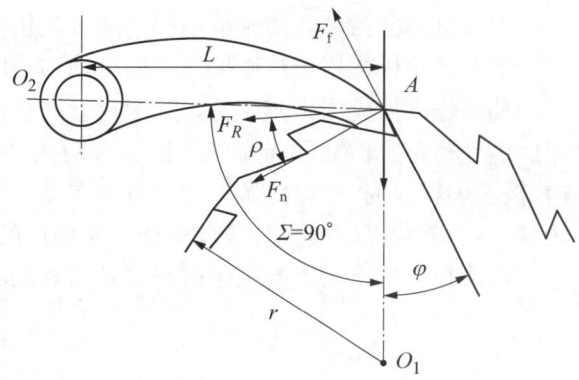

图 8-11 棘爪工作条件分析

的齿根不滑脱,则必须使法向力 F_n 对 O_2 的力矩大于摩擦力 F_f 对 O_2 的力矩,即

$$F_n L \sin\varphi > F_f L \cos\varphi \tag{8-1}$$

得 $\tan\varphi > \dfrac{F_f}{F_n}$,而 $\dfrac{F_f}{F_n} = f = \tan\rho$,故

$$\varphi > \rho \tag{8-2}$$

即棘轮齿面倾斜角应大于摩擦角。当摩擦系数 $f=0.2$ 时,$\rho \approx 11°30'$。为可靠起见,通常取 $\rho \approx 20°$。

棘轮机构的参数及结构尺寸的设计计算可参看相关技术资料。

8.2 槽轮机构

8.2.1 槽轮机构的工作原理

如图 8-12 所示槽轮机构由带有圆销的拨盘 1、具有径向槽的槽轮 2 和机架组成。拨盘 1 以等角速度逆时针转动,当拨盘上的圆销未进入槽轮的径向槽时,槽轮的内凹锁止弧被拨盘的外凸圆弧卡住,槽轮静止不动。当拨盘上的圆销开始进入槽轮的径向槽时,槽轮的锁止弧被松开,从而圆销驱动槽轮顺时针转动。当拨盘上的圆销开始脱出槽轮的径向槽时,槽轮上的另一内凹锁止弧又被拨盘的外凸圆弧卡住,致使槽轮又静止不动。直到圆销再进入槽轮的另一径向槽时,槽轮又重复上述动作。这样,随着拨盘的连续转动,槽轮如此周而复始地做时动时停的周期性单向间歇运动。为了防止槽轮在工作过程中位置发生偏移,除上述锁止弧外也可以采用其他专门的定位装置。

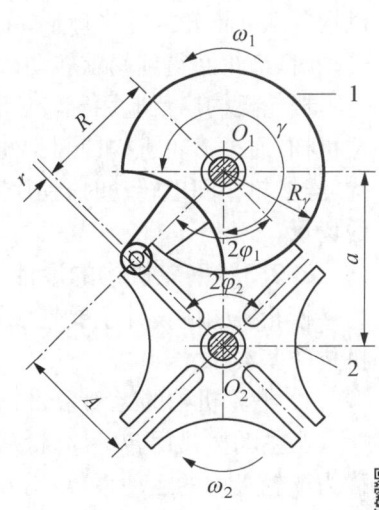

图 8-12 槽轮机构

槽轮机构结构简单、工作可靠、转位迅速、圆销进入和脱出径向槽时较平稳,能准确控制转动的角度等。但槽轮机构制造和装配精度要求较高,槽轮转角大小不能调节,而且槽轮在启动和停歇时有一定程度的冲击,一般应用于转速不高且要求间歇运动的装置中。相对于外槽轮机构,内槽轮机构结构紧凑,槽轮停歇时间短,传动平稳性也比外槽轮机构好。

8.2.2 槽轮机构的类型及应用

槽轮机构分为平面槽轮机构和空间槽轮机构。

平面槽轮机构用于传递平行轴的运动,有外槽轮机构和内槽轮机构两种基本形式。

外槽轮机构应用比较广泛。其槽轮上的径向槽开口是自圆心向外,主动拨盘与槽轮转向相反。外槽轮机构又可分为单圆销和多圆销两种结构。如图 8-12 所示为单圆销外槽轮机构,拨盘旋转一周,槽轮只做一次与拨盘转动方向相反的转动。对于双圆销外槽轮机构,拨盘转动一周,槽轮能做两次与拨盘转动方向相反的转动。

内槽轮机构槽轮上的径向槽开口是向着圆心的,主动拨盘与槽轮转向相同(图 8-13)。

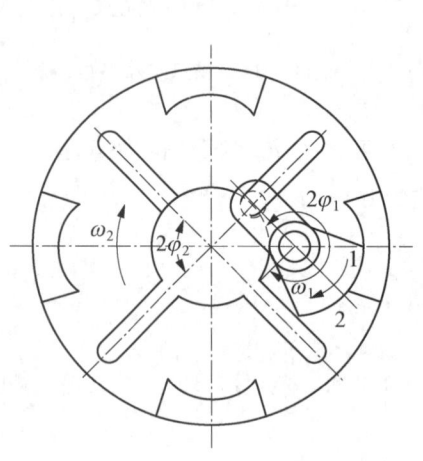 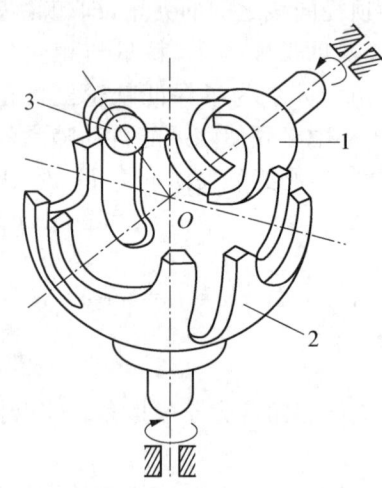

图 8-13 内槽轮机构　　　　图 8-14 球面槽轮机构

如图 8-14 所示球面槽轮机构为空间槽轮机构,它是用于传递两垂直相交轴的间歇运动机构。从动槽轮 2 呈半球形,主动拨轮 1 的轴线及拨销 3 的轴线都通过球心 O,当拨轮 1 连续转动时,槽轮 2 得到间歇转动。

槽轮机构广泛应用于转位和送进的场合,如图 8-15 所示为六角自动车床转塔刀架的转位机构,通过槽轮机构使刀架迅速转位,便于换刀。如图 8-16 所示为电影放映机的卷片机构,当槽轮 2 间歇转动时,胶片上的画面依次在方框中停留,通过"视觉暂留"现象而获得连续的场景。

8.2.3 槽轮机构的设计

槽轮机构的设计主要是根据间歇运动的要求,确定槽轮的槽数、拨盘圆销的数目以及槽轮机构的基本尺寸。

1) 槽轮机构的运动系数

当主动拨盘回转一周时,从动槽轮的运动时间 t_m 与主动拨盘转动一周的总时间 t 之比,称为槽轮机构的运动系数,用 k 示。因为拨盘一般为等速转动,时间与转角成正比,所以运动系数也可用转角之比来表示。对于如图 8-12 所示单圆销外槽轮机构,时间 t_m 和 t 所对应的

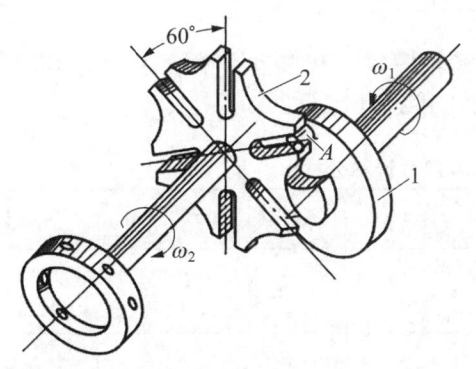
图 8-15 六角自动车床转塔刀架转位机构

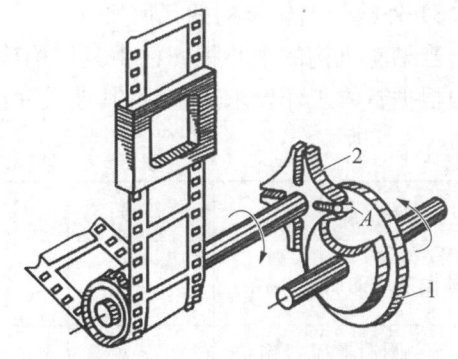
图 8-16 电影放映机卷片机构

拨盘转角分别为 $2\varphi_1$ 和 2π。为避免槽轮在开始转动和终止转动时与拨盘圆销产生撞击，圆销 A 在进入和脱出径向槽的瞬时，圆销中心的线速度方向应沿着槽轮径向槽的中心线，即 $O_1A \perp O_2A$，所以有 $2\varphi_1 = \pi - 2\varphi_2$，其中 $2\varphi_2$ 为槽轮槽间角。设 z 为槽轮 2 上均匀分布的径向槽数目，则 $2\varphi_2 = \dfrac{2\pi}{z}$，所以

$$k = \frac{t_m}{t} = \frac{2\varphi_1}{2\pi} = \frac{1}{2} - \frac{1}{z} \tag{8-3}$$

为了保证槽轮运动，其运动系数 k 应大于零，从上式可推出 $z \geqslant 3$。但当 $z=3$ 时，槽轮的角速度变化很大，圆销进入或脱出径向槽的瞬间，槽轮的角加速度就很大，将引起较大的振动和冲击，实际很少应用。当 $z \geqslant 9$ 时，z 的增大对 k 的影响已很小，起不到明显的作用，况且在中心距一定时，z 越大，槽轮的尺寸也越大，转动时的惯性力矩也随之增大。所以，槽轮的槽数常取为 $z = 4 \sim 8$。

同理可得，如图 8-13 所示内槽轮机构的运动系数为

$$k = \frac{z+2}{2z} = \frac{1}{2} + \frac{1}{z} \tag{8-4}$$

2）拨盘圆销数

由式 (8-3) 可知，$0 < k < 0.5$ 时，单圆销槽轮的运动时间总小于静止时间。要得到 $k > 0.5$ 的外槽轮机构，可采用多圆销拨盘。设拨盘上均匀分布的圆销数为 N，则当主动拨盘回转一周时，槽轮将被拨动 N 次，槽轮的运动时间为只有一个圆销时的 N 倍，而主动拨盘回转一周的时间不变。因此，其运动系数 k 为单销时的 N 倍，即

$$k = N\left(\frac{1}{2} - \frac{1}{z}\right) \tag{8-5}$$

根据式 (8-5)，$z=4$、$N=2$ 的槽轮机构，其运动系数 $k=0.5$，即槽轮的运动时间与停歇时间相等。

若运动系数 $k=1$，表示槽轮和拨盘都做连续转动，不能实现间歇运动，所以 k 应小于 1，由式 (8-5) 可得

$$N < \frac{2z}{z-2} \tag{8-6}$$

3) 外啮合槽轮机构的几何尺寸

当槽轮机构的中心距 a 已由其结构确定，并且槽轮槽数 z 和拨盘圆销数 N 也在其限制范围内根据具体工作要求选定后，其他尺寸可按表 8-1 进行计算。

表 8-1 外槽轮机构的基本尺寸计算公式

名称	符号	计算公式
圆销中心的回转半径	R	$R = a\sin\dfrac{\pi}{z}$
圆销半径	r	$r \approx R/6$
槽顶高	A	$A = a\cos\dfrac{\pi}{z}$
槽底高	b	$b \leqslant a - (R+r)$ 或 $b = a - (R+r) - (3\sim 5)\,\text{mm}$
槽深	h	$h = A - b$
槽顶侧壁厚	e	$e = (0.6\sim 0.8)r$，但不小于 3 mm
锁止弧半径	R_r	$R_r = R - r - e$
外凸锁止弧张开角	γ	$\gamma = \dfrac{2\pi}{N} - 2\varphi_1 = 2\pi\left(\dfrac{1}{N} + \dfrac{1}{z} - \dfrac{1}{2}\right)$

例 8-1 设计一槽轮机构，要求槽轮的运动时间 t_m 等于停歇时间 t_s，试选择槽轮的槽数 z 和拨盘的圆销数 N。

解：要保证 $t_m = t_s$，则槽轮机构的运动系数应为 $k = \dfrac{1}{2}$，代入式(8-5)可得

$$\frac{1}{2} = \frac{N(z-2)}{2z}$$

化简上式，可知槽数 z 和拨盘的圆销数 N 之间的关系式应为

$$N = \frac{z}{z-2}$$

按照本节的分析，槽轮槽数常取 $z = 4\sim 8$，因此，满足运动时间 t_m 等于停歇时间 t_s 的合理组合只有一种：$z = 4$，$N = 2$。

8.3 不完全齿轮机构

8.3.1 不完全齿轮机构的工作原理

不完全齿轮机构是由齿轮机构演变得到的一种间歇运动机构（图 8-17）。这种机构的主动轮 1 上只做出一个齿或几个齿，并根据运动时间和停歇时间的要求，在从动轮 2 上做出与主动轮 1 轮齿相啮合的轮齿。当主动轮 1 连续转动时，从动轮 2 做间歇转动。在从动轮 2 停歇期间，两轮轮缘各有锁止弧 α 和 β 起定位作用，以防止从动轮游动，保证停歇在预定位置。在图 8-17a 中，主动轮 1 上只有一个齿，从动轮 2 上有 8 个齿。当主动轮 1 转 1 转时，从动轮 2

只转 1/8 转。在图 8-17b 中,主动轮 1 有 4 个齿,从动轮 2 上平均分为 4 部分,每部分各有 4 个齿和 1 个圆弧段。主动轮 1 转 1 转,从动轮 2 转 1/4 转。

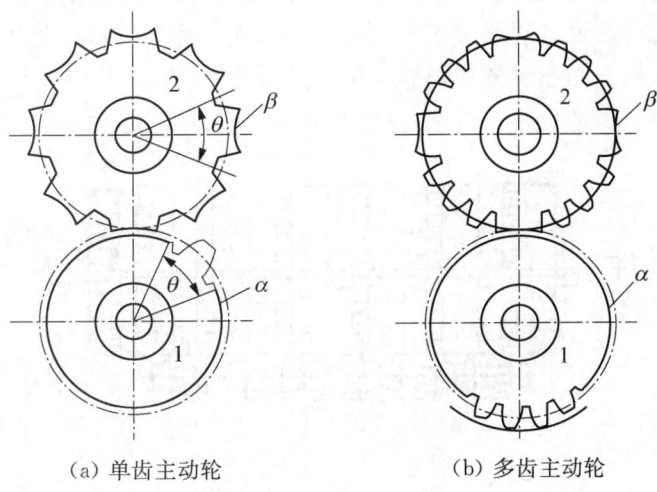

(a) 单齿主动轮　　　　　(b) 多齿主动轮

图 8-17　不完全齿轮机构

不完全齿轮机构结构简单,制造方便,工作可靠,从动轮的运动时间和停歇时间的比例不受机构结构的限制。没有瞬心线附加杆的不完全齿轮机构,从动件在转动开始和末了时冲击较大,只宜用于低速轻载的场合。

8.3.2　不完全齿轮机构的类型及应用

不完全齿轮机构可分为外啮合(图 8-17)、内啮合(图 8-18)、圆柱和圆锥不完全齿轮机构等。

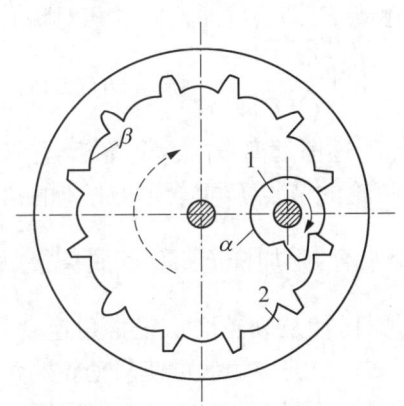 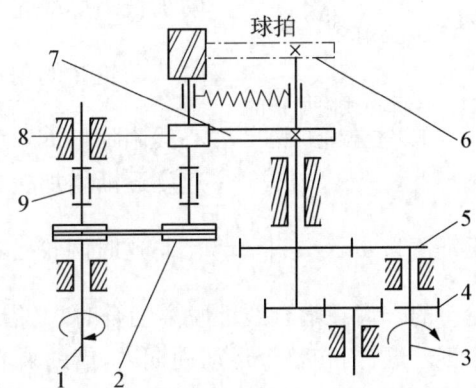

图 8-18　内啮合不完全齿轮机构　　**图 8-19　专用靠模铣床中的不完全齿轮机构**

不完全齿轮机构多用于一些有特殊运动要求的专用机械中,如图 8-19 所示为用于铣削乒乓球拍周缘的专用靠模铣床中的不完全齿轮机构。加工时,主动轴 1 带动铣刀轴 2 转动。而另一个主动轴 3 上的不完全齿轮 4 与 5 分别使装有工件的轴得到正、反两个方向的回转。当工件轴转动时,在靠模凸轮 7 和弹簧作用下,使铣刀轴上的滚轮 8 紧靠在靠模凸轮 7 上,以保证加工出乒乓球拍 6 的周缘。不完全齿轮机构在多工位的自动机中,也常被用作工作台的间歇转位和间歇进给机构。

不完全齿轮机构在电表、煤气表等的计数器中应用也很广。如图 8-20 所示为六位计数器,轮 1 为输入轮,它的左端只有 2 个齿,各中间轮 2 和轮 4 的右端均有 20 个齿,左端也只有 2 个齿(轮 4 左端无齿),各轮之间通过过轮联接。故当轮 1 转一转时,其相邻右侧轮 2 只转过 1/10 转,依此类推。从右到左示数窗口看到的示数分别代表个、十、百、千、万、十万。

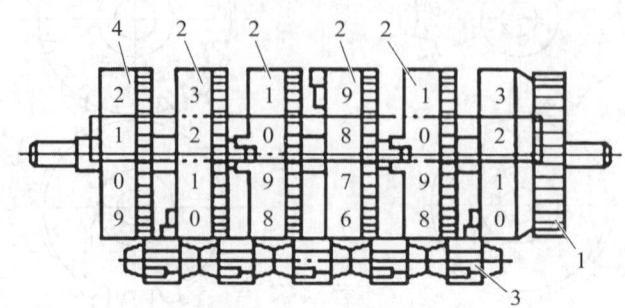

图 8-20　六位计数器

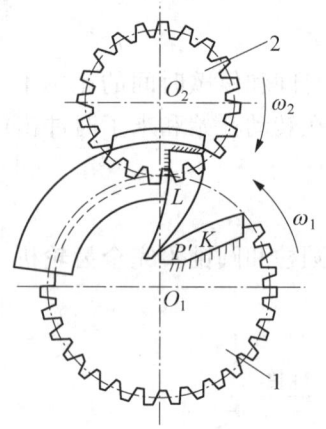

图 8-21　带瞬心线附加杆的不完全齿轮机构

需要注意的是,在不完全齿轮机构中,为了保证主动轮的首齿能顺利地进入啮合状态而不与从动轮的齿顶相碰,其首齿齿顶高应做适当的削减。同时,为了保证从动轮能停歇在预定位置,主动轮的末齿齿顶高也需要做适当的修正,如图 8-17b 所示。

不完全齿轮机构在运动过程中,从动轮每次启动和停止的瞬时,都会产生刚性冲击。因此,对于转速较高的不完全齿轮机构,可在两轮端面上分别装上瞬心线附加杆 K、L,如图 8-21 所示。当主动轮 1 的首齿和从动轮 2 的齿在啮合线上啮合之前,瞬心线附加杆 K、L 先行接触,接触点 P' 即为此时两轮的相对瞬心。此时从动轮 2 的角速度为 $\omega_2' = \omega_1 \left(\dfrac{\overline{O_1 P'}}{\overline{O_2 P'}} \right)$。随着两轮的转动,瞬心线附加杆 K、L 的接触点 P' 逐渐远离 O_1 向 O_2 靠近,轮 2 的角速度逐渐增加。当点 P' 与两轮的节点 P 重合时,轮 2 的角速度达到正常值为 $\omega_2 = \omega_1 \left(\dfrac{\overline{O_1 P}}{\overline{O_2 P}} \right)$,这时两轮已在啮合线上啮合,附加杆 K、L 就脱离接触。当主动轮 1 的末齿在啮合线上脱离啮合时,又借助另一附加杆,使从动轮 2 从正常角速度 ω_2 逐渐减至零。这样,在整个运动周期内,借助瞬心线附加杆 K、L 的接触就可使从动轮的角速度变化平稳,以减小冲击。由于不完全齿轮机构在从动轮开始运动时的冲击一般都比终止运动时的冲击大,因此有时只在从动轮开始运动的前接触段安装瞬心线附加杆。

8.4　凸轮式间歇运动机构

8.4.1　凸轮式歇运动机构的工作原理

凸轮式间歇运动机构主要由是主动凸轮 1 和从动盘 2 组成(图 8-22),主动凸轮 1 进行连续旋转运动时,从动盘 2 做间歇运动。

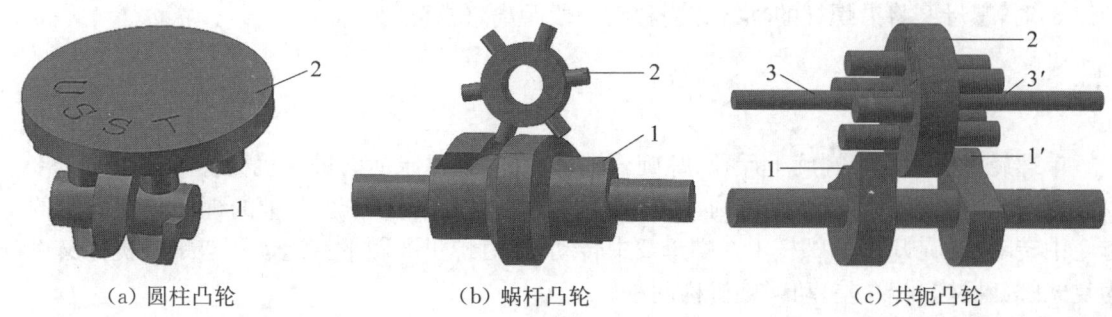

(a) 圆柱凸轮　　　　　(b) 蜗杆凸轮　　　　　(c) 共轭凸轮

图 8-22　凸轮式间歇运动机构

凸轮式间歇机构结构紧凑,最适用于需要从动件间歇运动的场合。与同类液压、气动机构相比,运动可靠,因此广泛应用于自动机床、内燃机、印刷机、纺织机械等领域。但是凸轮机构容易磨损和产生噪声,高速凸轮的设计比较复杂,制造要求也比较高。

8.4.2　凸轮式歇运动机构的类型及应用

凸轮式间歇运动机构主要有圆柱凸轮、蜗杆凸轮和共轭凸轮三种间歇运动机构,如图8-22所示。

圆柱凸轮间歇运动机构,用于两相错轴之间的分度传动,在制药机械、灌装机械、印刷机械、电子机械、压力机自动送料机构、食品包装机械、数控机床等得到广泛应用。为了实现可靠定位,在停歇阶段从动盘上相邻两个柱销必须同时贴在凸轮直线轮廓的两侧。

蜗杆凸轮间歇运动机构中,主动凸轮1为圆弧面蜗杆式的凸轮,从动盘2为具有轴向均布柱销的圆盘,当主动凸轮1转动时,推动从动盘做间歇运动。

共轭凸轮间歇运动机构由装在主动轴上的一对共轭平面凸轮1及1′和装在从动轴上的从动盘2组成,在从动盘的两端面上各均匀分布有滚子3和3′。两个共轭凸轮分别与从动盘两侧的滚子接触,在一个运动周期中,两凸轮相继推动从动盘运动,并保持机构的几何封闭。

8.5　螺旋机构

8.5.1　螺旋机构的工作原理

螺旋机构是利用螺旋副传递运动和动力的常用机构(图8-23),它由螺杆1、螺母2和机架3组成。螺旋机构通常是将旋转运动转换成直线运动,但当螺杆的导程角大于当量摩擦角时,也可用来将直线运动转换为旋转运动。

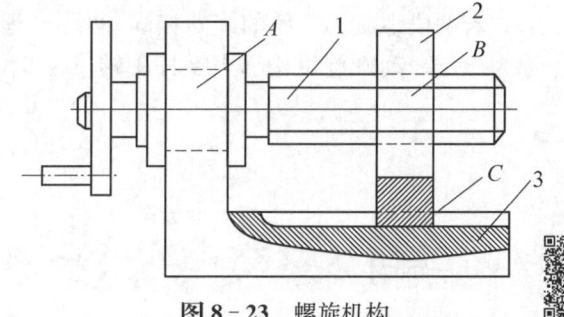

图 8-23　螺旋机构

螺旋机构结构简单、制造方便、运动准确、工作平稳、无噪声;可传递很大的轴向力;能获得很大的减速比或增速比;当螺杆的导程角小于当量摩擦角时,机构具有自锁性能,但其效率通常低于50%。因此,螺旋机构常用于起重机、压力机以及功率不大的进给系统和微调装置中。

8.5.2　螺旋机构的类型及应用

螺旋机构可分为单螺旋机构和双螺旋机构。

如图8-23所示即为单螺旋机构,图中 A 为转动副、B 为螺旋副、C 为移动副。当螺杆1

转过 φ 时,螺母 2 将沿螺杆的轴线方向移动一段距离,位移 s 为

$$s = l\frac{\varphi}{2\pi} \tag{8-7}$$

单螺旋机构常用于螺旋千斤顶、螺旋式轴承拆卸器、机床横向进给机构等。

如图 8-24 所示为双螺旋机构,此时 A、B 均为螺旋副。螺旋 A 中的螺杆 1 在固定的螺母 3 中转动,螺旋 B 中的螺杆 1 在螺母 2 中转动,此时螺母 2 做平移运动。双螺旋机构又可分为复式螺旋机构和微(差)动螺旋机构两种。

图 8-24 中,若两段螺旋 A、B 的旋向相反时,螺母 2 可快速移动,这种螺旋机构称为复式螺旋机构。当螺杆 1 转过 φ,螺母 2 产生的位移 s 为

$$s = (l_A + l_B)\frac{\varphi}{2\pi} \tag{8-8}$$

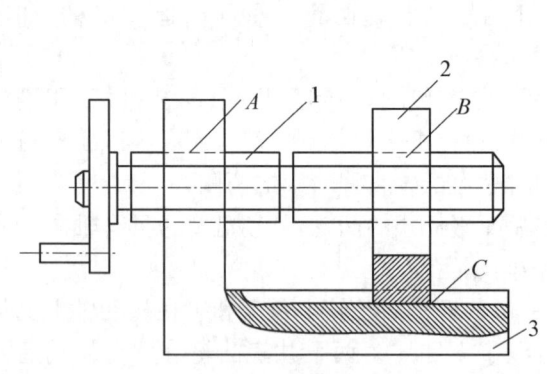

图 8-24 双螺旋机构

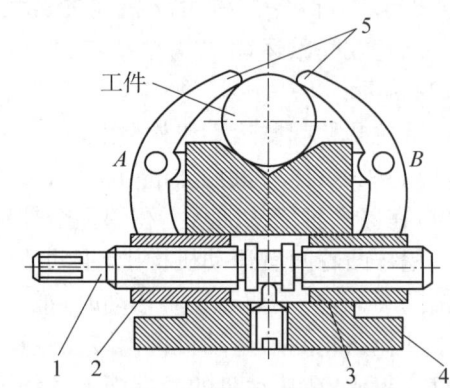

图 8-25 复式螺旋机构

复式螺旋机构可使被连接的两构件快速地移近或分离。如图 8-25 所示为用于夹紧装置中的复式螺旋机构,当转动螺杆 1 时,便可以使左旋螺母 2、右旋螺母 3 向相反的方向移动,同时带动左右两个夹爪 5 各绕支点 A、B 摆动,可迅速夹紧或放松工件。

若两段螺旋 A、B 的旋向相同,两段导程相差很小时,螺母 2 的位移就很小,这螺旋机构称为微(差)动螺旋机构。当螺杆 1 转过 φ 时,螺母 2 产生的位移 s 为

$$s = (l_A - l_B)\frac{\varphi}{2\pi} \tag{8-9}$$

思考与练习

1. 棘轮机构除常用来实现间歇运动的功能外,还用来实现什么功能?如图 8-10 所示为自行车后轮轴上的棘轮机构,试分析当脚蹬踏板前进和不蹬踏板自由滑行时棘轮机构的工作过程。

2. 保证棘爪顺利滑入棘轮齿槽底部的几何条件是什么?

3. 何谓槽轮机构运动系数?其取值范围是多少,为什么?

4. 本章介绍的几种间歇运动机构即棘轮机构、槽轮机构、不完全齿轮机构,在运动平稳性、加工难易和制造成本方面各具有哪些优缺点? 各适用于什么场合?

5. 什么是复式螺旋机构? 什么是差动螺旋机构? 它们有何异同? 举例说明它们在机械中的应用。

6. 已知一棘轮机构,棘轮模数 $m=5$ mm、齿数 $z=12$。试确定此机构的几何尺寸并画出棘轮的齿形。

7. 在如图 8-7 所示牛头刨床工作台横向进给机构中,棘轮与螺杆固连,若进给螺杆的导程为 5 mm,要求棘爪每往复摆动一次拨动棘轮转过一个齿时,通过螺杆所完成的最小进给量为 $s=0.125$ mm,试确定棘轮的齿数。

8. 某装配自动线上有一工作台,工作台要求有六个工位,每个工位在工作台静止时间 $t=10$ s 内完成装配工序。当采用单圆销的槽轮机构时,试求:

(1) 该槽轮机构的运动系数 k;

(2) 拨盘的角速度 w;

(3) 槽轮的转位时间 t_m。

9. 在六角自动车床上转塔刀架转位用的槽轮机构中,已知槽数 $z=6$,槽轮静止时间 $t=2$ s,运动时间 $t_m=2$ s,求槽轮机构的运动系数 k 及所需的圆销数 N。

10. 某自动机床上装有均布双销六槽的外槽轮机构。若主动拨盘的转速为 24 r/min,试求主动拨盘回转一周时,槽轮每次运动和停歇的时间。

第 9 章

机械的效率和自锁

◎ 学习成果达成要求

1. 理解机械系统的机械效率。
2. 理解运动副中的摩擦和自锁。

9.1 机械效率

9.1.1 机械效率的表达形式

作用在机械上的力可分为驱动力、生产阻力和有害阻力三种。通常将驱动力所做的功称为输入功(或驱动功)，克服生产阻力所做的功称为输出功(或有效功)，克服有害阻力所做的功称为损耗功。在机械稳定运转时期，输入功等于输出功与损耗功之和，即

$$W_d = W_r + W_f \tag{9-1}$$

式中，W_d、W_r、W_f 分别表示输入功、输出功和损耗功。

1) 效率以功或功率的形式表示

输出功和输入功的比值，反映了输入功在机械中的有效利用程度，称为机械效率，通常以 η 表示，即

$$\eta = \frac{W_r}{W_d} = \frac{W_d - W_f}{W_d} = 1 - \frac{W_f}{W_d} \tag{9-2}$$

机械效率也可用功率表示，即

$$\eta = \frac{P_r}{P_d} = 1 - \frac{P_f}{P_d} \tag{9-3}$$

式中，P_d、P_r、P_f 分别表示输入功率、输出功率和损耗功率。

因为损耗功或损耗功率不可能为零，所以由式(9-2)及式(9-3)可知，机械的效率总是小于 1 的，且 W_f 或 P_f 越大，机械的效率就越低。因此在设计机械时，为了使其具有较高的机械效率，应尽量减少机械中的损耗，主要是减少摩擦损耗。

2) 效率以力或力矩的形式表示

机械效率也可以用力或力矩的形式来表达。如图 9-1 所示为一机械传动装置示意图，设

为 F 驱动力，Q 为生产阻力，v_F 和 v_Q 分别为两力作用点沿该力作用线方向的分速度，根据式(9-3)可得

$$\eta = \frac{P_r}{P_d} = \frac{Qv_Q}{Fv_F} \qquad (9-4)$$

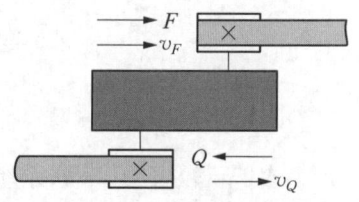

图 9-1 机械传动装置

假设无摩擦存在，可称该机械为理想机械。此时，仅为克服生产阻力 Q，所需施加的驱动力称为理想驱动力 F_0，F_0 必定小于机械所需的实际驱动力 F。由效率的定义可知该理想机械的效率为

$$\eta_0 = \frac{Qv_Q}{F_0 v_F} = 1 \qquad (9-5)$$

联合式(9-5)和式(9-4)，可得

$$\eta = \frac{F_0 v_F}{Fv_F} = \frac{F_0}{F} \qquad (9-6)$$

式(9-6)表明，机械效率也等于不计摩擦时克服生产阻力所需的理想驱动力 F_0 与克服同样生产阻力和摩擦阻力时该机械实际所需驱动力 F 之比。

同理，机械效率也可以用力矩之比的形式表达，即 $\eta = M_{F_0}/M_F$。M_{F_0} 和 M_F 分别表示为了克服同样生产阻力 Q 所需的理想驱动力矩和实际驱动力矩。

同样的驱动力，理想机械所能克服的生产阻力 Q_0 必大于实际机械所能克服的生产阻力 Q，对于理想机械有

$$\eta_0 = \frac{Q_0 v_Q}{Fv_F} = 1 \qquad (9-7)$$

联合式(9-7)和式(9-4)，可得

$$\eta = \frac{Qv_Q}{Q_0 v_Q} = \frac{Q}{Q_0} \qquad (9-8)$$

同理，机械效率可表示为 $\eta = M_Q/M_{Q_0}$，M_Q 和 M_{Q_0} 分别表示机械所能克服的实际生产阻力矩和理想生产阻力矩。

9.1.2 机械系统机械效率的计算

上述机械效率及计算主要是指一个机构或一台机器的效率，对于由许多机构或机器组成的机械系统的机械效率及其计算，可根据组成系统的各机构或机器的效率计算求得。若干机构或机器组合的方式一般有串联、并联和混联三种，所以机械系统的机械效率的计算也有三种不同的方法。

1) 串联

如图 9-2 所示为由 k 台机器串联组成的机械系统。设系统的输入功率为 P_d，各机器的效率分别为 η_1、η_2、…、η_k，P_k 为系统的输出功率，则系统的总效率 η 为

$$\eta = \frac{P_k}{P_d} = \frac{P_1}{P_d} \cdot \frac{P_2}{P_1} \cdot \cdots \cdot \frac{P_k}{P_{k-1}} = \eta_1 \cdot \eta_2 \cdot \cdots \cdot \eta_k \qquad (9-9)$$

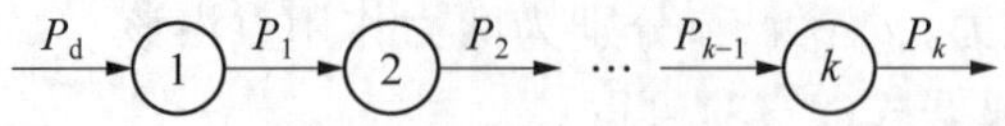

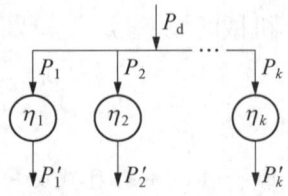

图 9-2 串联系统的效率

式(9-9)表明,串联系统的总效率等于组成该系统的各个机器的效率的连乘积。由于 η_1、η_2、$\cdots$、η_k 均小于 1,故串联的级数越多,系统的效率越低,而且只要串联系统中任一机器的效率很低,就会导致整个系统的效率很低。

2) 并联

如图 9-3 所示为由 k 台机器并联组成的机械系统。设各机器的效率分别为 η_1、η_2、$\cdots$、η_k,各机器的输入功率分别为 P_1、P_2、$\cdots$、P_k,则输出功率分别为 $P_1\eta_1$、$P_2\eta_2$、$\cdots$、$P_k\eta_k$。这种并联机组的特点是机组的输入功率为各机器的输入功率之和,而输出功率为各机器的输出功率之和。故并联系统的总效率为

图 9-3 并联系统的效率

$$\eta = \frac{\sum P_i \eta_i}{\sum P_i} = \frac{P_1\eta_1 + P_2\eta_2 + \cdots + P_k\eta_k}{P_1 + P_2 + \cdots + P_k} \quad (9-10)$$

式(9-10)表明,并联系统的总效率不仅与各机器的效率有关,也与各机器所传递的功率大小有关。设各机器中效率最大值和最小值分别为 η_{max} 和 η_{min},则 $\eta_{min} < \eta < \eta_{max}$,且系统的总效率主要取决于传递功率最大的机器的效率。因此,要提高并联系统的效率,应着重提高传递功率大的传动路线的效率。

3) 混联

如图 9-4 所示为兼有串联和并联的混联系统。为计算其总效率,可先将输入功至输出功的路线弄清,然后分别计算出总的输入功率 $\sum P_d$ 和总的输出功率 $\sum P_r$,则系统的总效率为

$$\eta = \frac{\sum P_r}{\sum P_d} \quad (9-11)$$

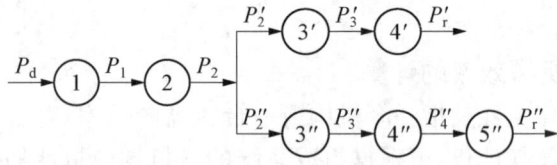

图 9-4 混联系统的效率

式(9-2)中,W_f/W_d 可用 ξ 代替,ξ 称为机械损失系数(损失率),且有 $\eta = 1 - \xi$。为了使机械具有较高的效率,就应尽量减小机械中的损耗,主要是摩擦损耗。因此,一方面应尽量简化机械传动系统,使运动副数目越少越好,避免出现不必要的传输损耗;另一方面,应设法减少运动副中的摩擦,如用滚动摩擦代替滑动摩擦、使用润滑剂改善摩擦条件等。

9.2 摩擦

9.2.1 运动副中的摩擦

机械运动时,运动副中将会产生摩擦力。机构运动副中的摩擦力是一种有害阻力,它使运动副元素受到磨损,使机械的效率降低,使机械的工作性能、使用寿命受到影响。但摩擦并非总是有害的,如带传动、摩擦离合器和制动器等正是利用摩擦力来工作的。为了控制摩擦影响,充分发挥摩擦的作用,必须对运动副中的摩擦进行研究和分析。

1) 移动副中的摩擦

如图 9-5 所示,滑块 1 与水平面 2 构成移动副。设作用在滑块 1 上的铅垂载荷为 Q,构件 2 作用在滑块 1 上的法向反力为 N_{21},两构件间的摩擦系数为 f。若在滑块 1 上作用一水平驱动力 F 使滑块 1 相对于水平面 2 产生匀速相对运动 v_{12},则此时将在两构件接触表面间产生摩擦阻力 F_{21}。据图 9-5,有

$$F_{21} = fN_{21} = fQ \qquad (9-12)$$

法向反力 N_{21} 和摩擦力 F_{21} 的合力称为运动副中的总反力,用 R_{21} 表示,R_{21} 与 N_{21} 之间的夹角 φ 称为摩擦角,有

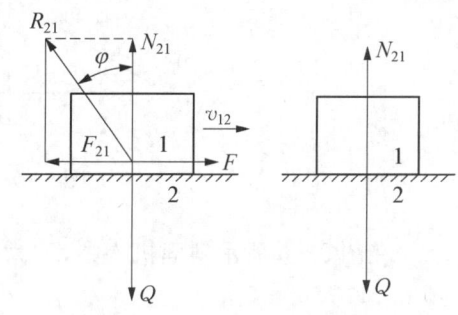

图 9-5 移动副中的摩擦

$$\varphi = \arctan\frac{F_{21}}{N_{21}} = \arctan\frac{fN_{21}}{N_{21}} = \arctan f \qquad (9-13)$$

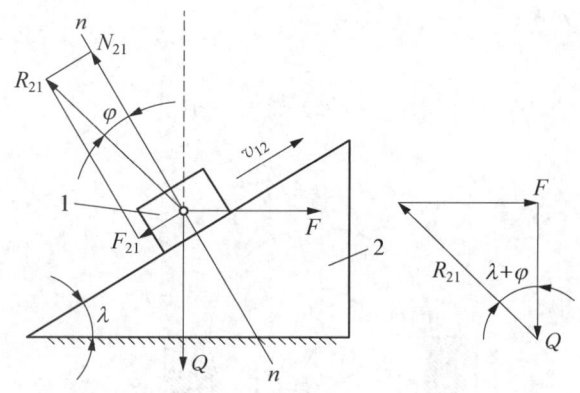

图 9-6 滑块等速上升时的斜面摩擦

如果将滑块 1 置于升角为 λ 的斜面上(图 9-6),作用在滑块 1 上的铅垂载荷为 Q,在水平推力 F 的作用下,滑块 1 沿斜面 2 等速上升。此时,斜面 2 作用于滑块 1 上的总反力 R_{21} 与铅垂线间的夹角为 $\lambda+\varphi$。由力的平衡条件可知

$$\boldsymbol{F} + \boldsymbol{Q} + \boldsymbol{R}_{21} = 0 \qquad (9-14)$$

作出如图 9-6 所示力三角形,就可求得水平推力 F 的大小为

$$F = Q\tan(\lambda+\varphi) \qquad (9-15)$$

如果滑块 1 在铅垂载荷 Q 作用下,受水平推力作用,滑块 1 沿斜面 2 等速下滑(图 9-7)。此时,斜面 2 作用于滑块 1 上的总 R'_{21} 与铅垂线间的夹角为 $\lambda-\varphi$。由力的平衡条件可知

$$\boldsymbol{F}' + \boldsymbol{Q} + \boldsymbol{R}'_{21} = 0 \qquad (9-16)$$

由力三角形可得

$$F' = Q\tan(\lambda-\varphi) \qquad (9-17)$$

此行程中 Q 为驱动力。当 $\lambda > \varphi$ 时，F' 为正值，其方向与图示方向相同，是阻止滑块 1 加速下滑的阻抗力；当 $\lambda < \varphi$ 时，F' 为负值，其方向与图示方向相反，成为驱动力，它与 Q 共同作用使滑块 1 沿斜面 2 等速下滑。

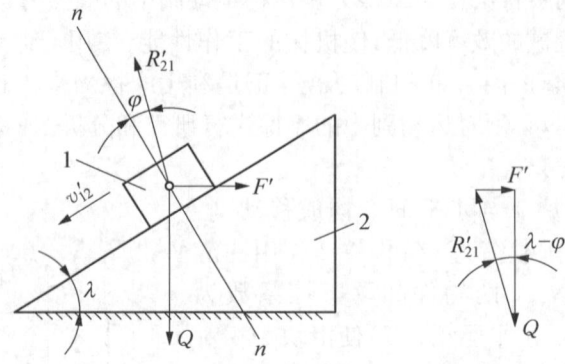

图 9-7　滑块等速下滑时的斜面摩擦

在图 9-6 所示斜面机构中，F 为驱动力，其机械效率为

$$\eta = \frac{F_0}{F} = \frac{Q\tan\lambda}{Q\tan(\lambda+\varphi)} = \frac{\tan\lambda}{\tan(\lambda+\varphi)} \tag{9-18}$$

在图 9-7 所示斜面机构中，Q 为驱动力，其机械效率为

$$\eta' = \frac{Q_0}{Q} = \frac{F'/\tan\lambda}{\dfrac{F'}{\tan(\lambda-\varphi)}} = \frac{\tan(\lambda-\varphi)}{\tan\lambda} \tag{9-19}$$

2）转动副中的摩擦

如图 9-8 所示为轴和轴承构成的转动副，轴被轴承支撑的部分又称为轴颈。

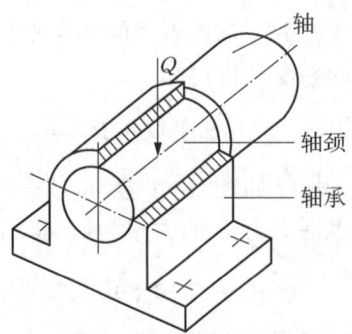

图 9-8　轴和轴承组成的转动副

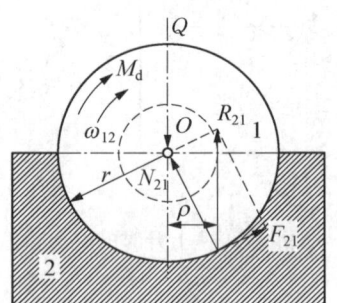

图 9-9　径向轴颈和轴承的摩擦

设轴颈在驱动力矩 M_d 作用下在轴承中等速回转，轴颈半径为 r，所受径向载荷为 Q。此时，转动副两元素间必将产生摩擦力，以阻止轴颈相对于轴承的滑动（图 9-9）。轴承对轴颈的摩擦力 F_{21} 为

$$F_{21} = fN_{21} = f_v Q \tag{9-20}$$

式中,N_{21} 为轴承对轴颈法向反力;f_v 为当量摩擦系数,且 $f_v=(1-\pi/2)f$。

对于配合紧密且未经跑合的转动副,f_v 取较大值;而对于有较大间隙的转动副,f_v 取较小值。摩擦力 F_{21} 对轴颈形成的摩擦力矩

$$M_f = F_{21}r = f_v Q r \tag{9-21}$$

若将接触面上的法向反力 N_{21} 与摩擦力 F_{21} 的合力用总反力 R_{21} 表示,则根据力平衡条件可得

$$R_{21} = -Q \tag{9-22}$$

$$M_d = -R_{21}\rho = -M_f \tag{9-23}$$

由于法向反力 N_{21} 对轴颈之力矩为零,故

$$M_f = f_v Q r = f_v R_{21} r = R_{21}\rho \tag{9-24}$$

由式(9-24)可得

$$\rho = f_v r \tag{9-25}$$

式中,ρ 的大小与轴颈半径 r 和当量摩擦系数 f_v 有关。对于一个具体的转动副,由于 f_v 和 r 均为定值,故 ρ 是一固定长度。以轴颈中心 O 为圆心,以 ρ 为半径作圆,此圆称为摩擦圆,ρ 称为摩擦圆半径。

可见对于由轴颈和轴承构成的转动副,轴承对轴颈的总反力 R_{21} 与径向载荷 Q 大小相等、方向相反,且始终切于摩擦圆。

3)螺旋副中的摩擦

机械中的螺旋副由螺杆和螺母组成,是一种空间运动副,其接触面是螺旋面。当螺杆和螺母的螺纹之间受轴向载荷作用时,拧动螺杆或螺母,螺旋面之间将产生摩擦力。研究螺纹副的摩擦时,通常假设螺杆和螺母之间的作用力集中在平均直径的螺纹线上。由于螺旋线可以展成平面上的斜直线,螺旋副中力的作用与滑块和斜面间力的作用相同,这样就可以将空间问题转化为平面问题研究。

(1)矩形螺纹螺旋副。如图 9-10 所示为一矩形螺纹螺旋副,螺母上受有垂直向下的轴向载荷 Q。若在螺母上再加一力矩 M,使其旋转并等速向上运动(拧紧螺母),则此时相当于滑块在水平推力 F 作用下沿斜面等速向上滑动。该斜面的倾角 λ 即为螺旋平均直径 d_2 上的螺旋升角,有

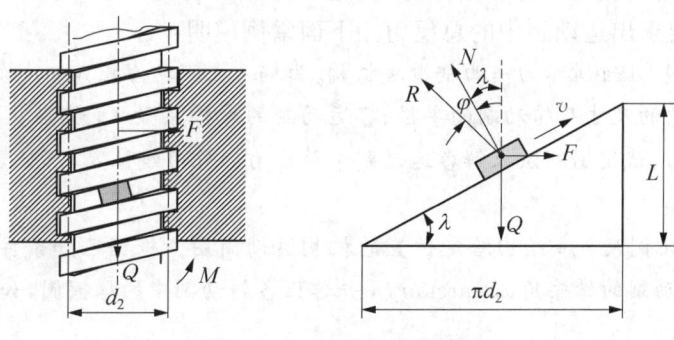

图 9-10 矩形螺纹螺旋副

$$\tan\lambda = \frac{L}{\pi d_2} = \frac{np}{\pi d_2} \quad (9-26)$$

式中,L 为螺纹导程,n 为螺纹的线数,p 为螺距,则拧紧螺母时所需的拧紧力矩为

$$M = F\frac{d_2}{2} = \frac{d_2}{2}Q\tan(\lambda + \varphi) \quad (9-27)$$

当螺母 2 旋转并沿着载荷 Q 的作用方向等速向下运动时(放松螺母),相当于滑块 2 沿斜面 1 等速向下滑动,所需力矩

$$M' = F'\frac{d_2}{2} = \frac{d_2}{2}Q\tan(\lambda - \varphi) \quad (9-28)$$

当 $\lambda > \varphi$ 时,M' 为正值,是阻止螺母放松的阻力矩;当 $\lambda < \varphi$ 时,M' 为负值,是放松螺母的驱动力矩。

(2) 三角形螺纹螺旋副。如图 9-11 所示,若螺旋副的螺纹不是矩形螺纹,而是三角形普通螺纹。三角形螺纹螺旋副和矩形螺纹螺旋副的区别仅在于螺纹间接触面的几何形状不同,若从螺母和螺杆的相对运动关系来说,其与矩形螺纹的情况完全相同。三角形螺纹螺旋副中螺母在螺杆上的运动,可近似为楔形滑块沿斜槽面的运动,此时斜槽面的夹角为 $\theta = 90° - \beta$,β 为螺纹牙的牙型半角。以当量摩擦角代替式(9-27)、式(9-28)中的摩擦角可得三角形螺纹螺旋副的拧紧力矩和防松力矩分别为

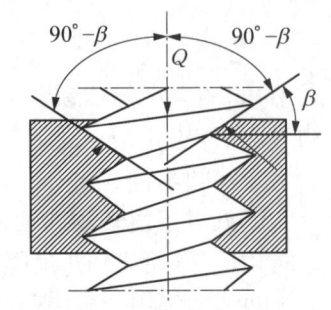

图 9-11 三角形螺纹螺旋副

$$M = \frac{d_2}{2}Q\tan(\lambda + \varphi_v) \quad (9-29)$$

$$M' = \frac{d_2}{2}Q\tan(\lambda - \varphi_v) \quad (9-30)$$

式中,当量摩擦角 $\varphi_v = \arctan f_v$;当量摩擦系数 $f_v = f/\sin(90° - \beta) = f/\cos\beta$。

由于 $\varphi_v > \varphi$,故三角形螺纹的摩擦力矩较矩形螺纹的大,宜用于紧固连接,而矩形螺纹摩擦力矩较小,效率较高,宜用于传递动力的场合。

9.2.2 考虑摩擦力的机构受力分析

考虑摩擦时进行机构的力分析,首先要确定机构各运动副中的摩擦力。为了便于进行机构的力分析,一般要求出运动副中的总反力。下面举例说明:

例 9-1 如图 9-12a 所示为一曲柄滑块机构,曲柄 1 在驱动力矩 M_1 的作用下沿顺时针方向转动。设已知各构件的尺寸及转动副的半径、各运动副的摩擦系数 f,接触状况系数 k,若不计各构件的重力和惯性力,试用图解法求解各运动副中总反力的作用线位置,以及需加在滑块 3 上的平衡力 Q。

解:(1) 取长度比例尺 μ_l,绘出给定位置的机构运动简图。根据已知条件确定转动副的摩擦圆半径 $\rho = kfr$ 和移动副的摩擦角 $\varphi = \arctan f$,并作出各转动副中的摩擦圆,如图 9-12b 所示虚线小圆。

(2) 连杆 2 的受力分析。因不计各构件的重力和惯性力,构件 2 为二力杆,且受压力。

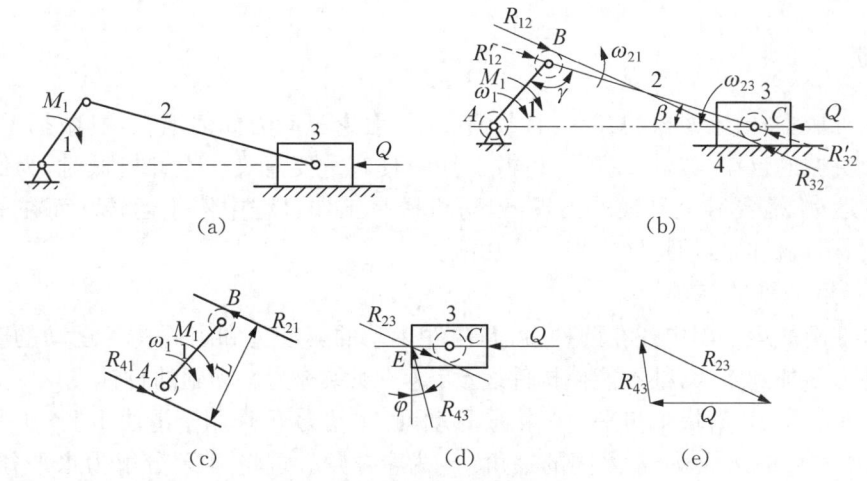

图 9-12 机构受力分析

在不计摩擦时,各转动副中的反力应通过旋转中心。即连杆 2 在 R'_{12} 和 R'_{32} 两力的作用下处于平衡,故两力应大小相等,方向相反,并作用在同一直线 BC 上,如图 9-12b 所示。

在考虑摩擦时,总反力 R_{12} 和 R_{32} 应分别与转动副 B、C 两点处的摩擦圆相切。由于两总反力产生的摩擦力矩是阻止连杆 2 相对曲柄 1 和滑块 3 的运动,因此它们产生的摩擦力矩方向应分别与 ω_{21}、ω_{23} 的方向相反。

当曲柄逆时针旋转时,在转动副 B 处,曲柄和连杆 2 间的夹角 γ 将逐渐增大,故连杆 2 相对曲柄的角速度 ω_{21} 应为逆时针方向。R_{12} 为压力,其切于摩擦圆后产生的摩擦力矩阻止 ω_{21} 的运动,故 R_{12} 应切于转动副 B 处摩擦圆的上方。在转动副 C 处,因连杆 2 和滑块 3 之间的夹角在逐渐减小,故连杆 2 相对于滑块 3 的角速度应为逆时针方向;R_{32} 为压力,它切于摩擦圆后产生的摩擦力矩阻止 ω_{23} 的运动,故 R_{32} 应切于转动副 C 处摩擦圆的下方。

连杆 2 在 R_{12} 和 R_{32} 两力的作用下处于平衡,所以两力大小相等,方向相反,作用于同一直线上,因此它们的作用线是转动副 B、C 处摩擦圆的一条内公切线,如图 9-12b 所示。

(3) 曲柄 1 的受力分析。如图 9-12c 所示,取曲柄 1 为研究对象,它在 R_{21}、R_{41} 及驱动力矩 M_1 的作用下平衡。根据力的平衡条件可知,$R_{41} = -R_{21}$。又因 $\omega_1 = \omega_{14}$ 为顺时针方向,故 R_{41} 应与 R_{21} 平行且对点之矩方向与 ω_1 方向相反,应切于点处摩擦圆的下方。

由曲柄 1 的力矩平衡可得,$R_{21} = M_1/L$(L 为力 R_{21} 和 R_{41} 之间的力臂)。

(4) 滑块 3 的受力分析。求出平衡力 Q 的大小。如图 9-12d 所示,滑块 3 上作用有 Q、R_{23} 及 R_{43} 三个力,这三个力应汇交于一点,其合力为零,矢量方程式为 $\boldsymbol{Q} + \boldsymbol{R}_{23} + \boldsymbol{R}_{43} = 0$。

滑块 3 相对于机架 4 向右运动,移动副中的总反力 R_{43} 将阻止 v_{34} 的运动,R_{43} 与相对速度 v_{34} 形成 $(90+\varphi)$ 的钝角,且 R_{43} 的方位线应汇交于力 Q 与 R_{23} 两力的交点 E 处。

按一定的力比例尺绘出 Q、R_{23} 及 R_{43} 三个力的矢量三角形,如图 9-12e 所示。由图可求出反力 R_{43} 及平衡力 Q。

由以上分析过程可知,在考虑摩擦进行机构力分析时,关键是确定运动副中总反力的方位。因此,一般都从二力构件开始进行分析。但有些情况下不存在二力构件,运动副中总反力的方向不能直接定出,因而无法求解。这时,可以采用逐次逼近的方法,首先不考虑摩擦确定出运动副中的反力,然后再根据这些反力求出各运动副中的摩擦力,并把这些摩擦力作为已知外力重新计算。为了求得更为精确的结果,可重复上述步骤,直至求得满意的结果。

9.3 自锁

在实际机械中,由于摩擦的存在,有些情况下,无论驱动力如何增大,机械都无法运转,这种现象称为机械的自锁。自锁现象在机械工程中具有重要意义。设计机械时,为使机械能够实现预期的运动,需要避免自锁的出现,以防机械在工作过程中停止运转。而在一些特殊场合,却可以利用机械的自锁特性实现一些功能。

9.3.1 运动副的自锁

连接构件间的运动副中存在两种力,即构件运动的驱动力和阻碍构件运动的摩擦力。如果无论驱动力增加到多大,都不能使构件运动,这种现象称为运动副的自锁。

如图 9-13 所示,滑块 1 与平台 2 构成移动副,驱动力 F 作用于滑块 1 上,β 为 F 与滑块 1 和平台 2 接触面的法线 $n-n$ 之间的夹角,φ 为摩擦角。现将力 F 分解为水平分力 F_t 和垂直分力 F_n,显然水平分力 F_t 是推动滑块 1 产生运动的有效分力,其值为

$$F_t = F\sin\beta = F_n\tan\beta \tag{9-31}$$

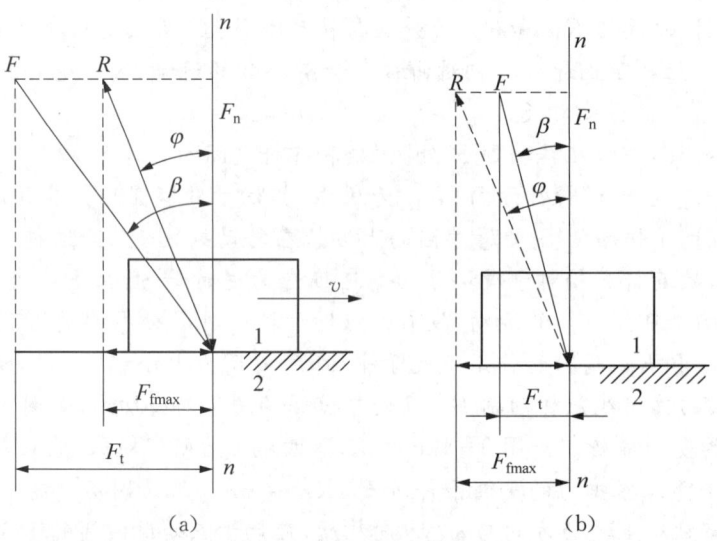

(a)　　　　　　　　(b)

图 9-13　移动副的自锁

而垂直分力 F_n 不仅不会使滑块产生运动,还将使滑块与平台间产生摩擦力以阻止滑块的运动,其所能引起的最大摩擦力为

$$F_{fmax} = F_n\tan\varphi \tag{9-32}$$

当 $\beta \leqslant \varphi$ 时,有

$$F_t \leqslant F_{fmax} \tag{9-33}$$

即不管驱动力 F 在其作用线方向上如何增大,驱动力的有效分力 F_t 总小于 F 所可能引起的最大摩擦力,因此滑块不会产生运动,出现自锁。

如图 9-14 所示为轴颈和轴承组成转动副,设作用在轴颈上的外载荷为一单力 F,当 $a <$

ρ，即力 F 的作用线在摩擦圆之内时，由于驱动力矩 $M=Fa$ 总小于由它本身产生的摩擦阻力矩 $M_f=F\rho$，故此时无论 F 如何增大（力臂 a 保持不变）也不能使轴颈转动，即出现了自锁现象。

可见，当作用于机械的驱动力增大时，如果该驱动力总小于等于由其自身所引起的最大摩擦力，则该机械将必然发生自锁现象。

机械是否发生自锁，与其驱动力 F 作用线的位置及方向有关。因此，移动副的自锁条件是作用在滑块上的驱动力 F 作用在摩擦角之内，即 $\beta\leqslant\varphi$；转动副的自锁条件是作用在轴颈上的驱动力为单力 F，且作用在摩擦圆之内，即 $a\leqslant\rho$。

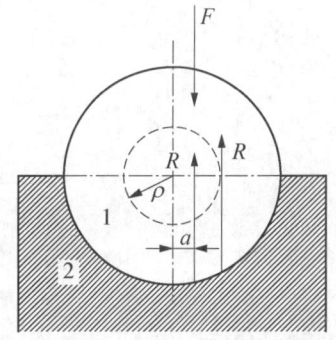

图 9-14 转动副的自锁

9.3.2 机械的自锁

一个机械是否发生自锁，可以通过分析组成机械的各环节的自锁情况来判断，只要组成机械的某一环节发生自锁，则该机械必发生自锁。当机械出现自锁情况时，无论驱动力如何增大都不能超过它所产生的摩擦阻力，此时驱动力所做的功总是小于等于由它所产生的摩擦阻力所做的功。当机械自锁时，机械的效率小于等于零。

设计机械时，可借助机械效率的计算式来判断机械是否发生自锁，以及分析自锁产生的条件。当 $\eta=0$ 时，机械处于临界自锁状态；若 $\eta<0$，则其绝对值越大，表明自锁越可靠。

当机械自锁时，机械已不能运动，这时它所能克服的生产阻抗力将小于等于零。这意味着只有当该阻抗力反向变为驱动力后，才能使机械运动。当驱动力任意增大时，可根据生产阻抗力是否小于等于零来判断机械是否处于自锁状态，并据此确定机械的自锁条件。

9.3.3 自锁机构

当驱动力作用在原动件上，从动件克服生产阻力做功时，该过程一般称为正行程或工作行程。

同样的机构，当作用在正行程中原动件上的驱动力施加在从动件上，原动件变为从动件时，称为机构的反行程。

反行程发生自锁的机构，称为自锁机构。自锁机构在机械工程领域有广泛的应用。

例 9-2 如图 9-15 所示为一偏心夹具，在对工件进行加工前，要压下手柄，将工件夹紧。当作用在手柄上的力 F 去掉后，为了使夹具不自动松开，则需要该夹具有自锁性。图中，1 为夹具体，2 为工件，3 为偏心圆盘，A 为偏心盘的几何中心，D 为偏心盘的外径，e 为偏心距，ρ 为偏心盘轴颈的摩擦圆半径，求该夹具的自锁条件。

解：当作用在手柄上的力 F 去掉后，偏心盘要有逆时针方向防松的趋势，由此可定出总反力 R_{23} 的方位。分别过点 O、A 作 R_{23} 的平行线。要偏心夹具反行程自锁，总反力 R_{23} 应穿过摩擦圆，即应满足条件

$$s-s_1 \leqslant \rho \quad (9-34)$$

由直角 $\triangle ABC$ 及 $\triangle OAE$ 可知

$$s_1 = \overline{AC} = \frac{D\sin\varphi}{2} \quad (9-35)$$

$$s = \overline{OE} = e\sin(\delta-\varphi) \quad (9-36)$$

式中，δ 为楔紧角，将式（9-35）、式（9-36）代入式（9-34），即得偏心夹具的自锁条件为

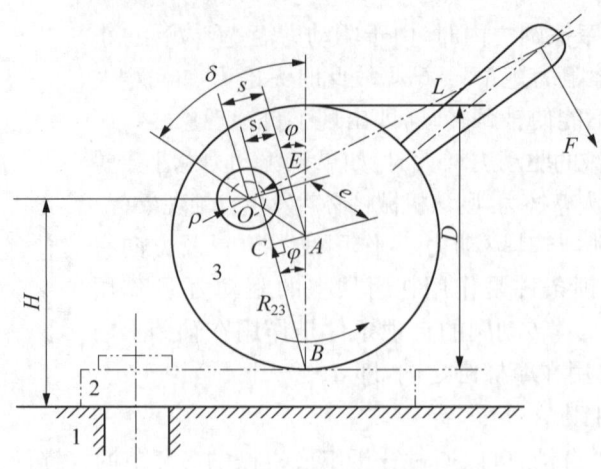

图 9-15 偏心夹具

$$e\sin(\delta-\varphi)-\frac{D\sin\varphi}{2}\leqslant\rho$$

思考与练习

1. 何谓机械效率？机械正反行程机械效率是否相同？请以斜面机构为例分析。

2. 串联、并联及混联机组的效率如何计算？

3. 何谓摩擦角？何谓当量摩擦系数？引入当量摩擦系数的目的是什么？

4. 如图 9-16 所示为曲柄滑块机构的三个不同位置，F 为作用在滑块上的驱动力，M 为作用在曲柄上的阻力矩。转动副和 B 上所画的虚线小圆为摩擦圆。试确定在此位置时，作用在连杆 AB 上的作用力的真实方向（构件质量及惯性力略去不计）。

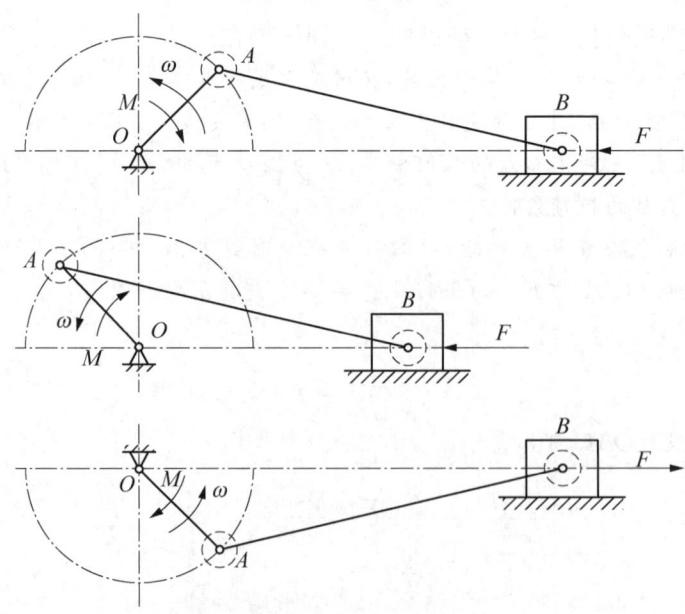

图 9-16 第 4 题图

5. 在如图 9-17 所示曲柄滑块机构中,各构件尺寸已知。曲柄 1 为主动件,且作用有驱动力矩 M_1,滑块上作用有工作阻力 P。在转动副 A、B、C 处画有较大的虚线圆为摩擦圆。试画出机构在图示位置曲柄 1 和连杆 2 的受力图。

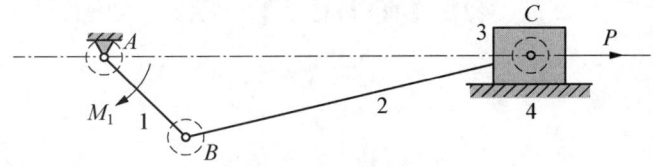

图 9-17 第 5 题图

6. 在如图 9-18 所示摆动从动件凸轮机构中,已知工作阻力 Q 作用在 BC 杆的中点,转动副 A、C 处较大的圆为摩擦圆,高副 B 处的摩擦角 φ 大小如图左上角所示。试在图上画出(并用规定符号标出)各运动副处的全反力作用线位置及方向,并写出确定驱动力矩 M_1 大小的表达式。

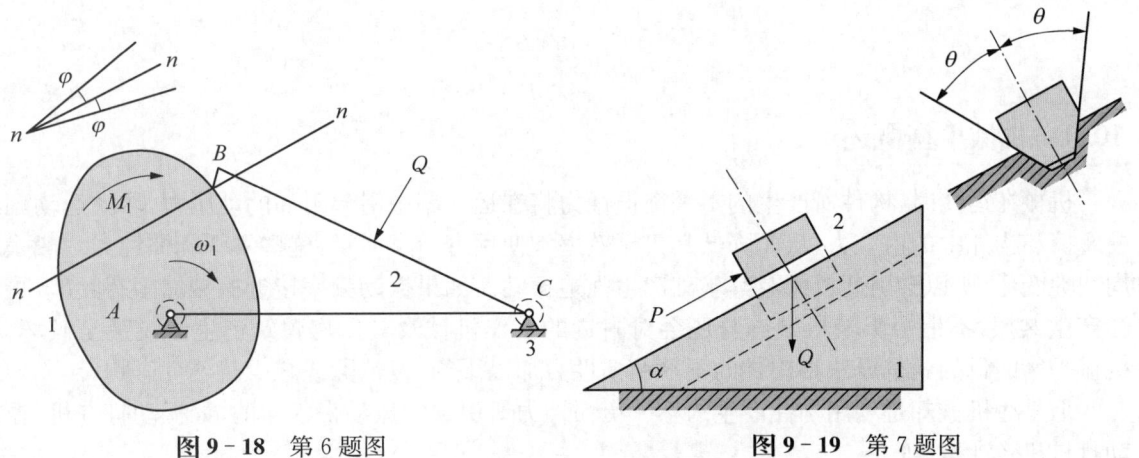

图 9-18 第 6 题图　　　　　　　　**图 9-19** 第 7 题图

7. 如图 9-19 所示,滑块 2 在斜槽面中滑动。已知滑块受重力 $Q=100\,\text{N}$,平面摩擦因数 $f=0.12$,槽面角 $\theta=30°$,斜面倾角 $\alpha=30°$。试求滑块上升时驱动力 P(平行于斜面)的大小及该斜面机构的效率。

8. 对于如图 9-20 所示螺旋千斤顶,若手柄长 $l=200\,\text{mm}$,矩形螺纹外径 $d_2=30\,\text{mm}$、内径 $d_1=24\,\text{mm}$,螺距 $P=4\,\text{mm}$,为单线螺纹。螺纹牙间的摩擦因数 $f=0.1$。若在手柄处加驱动力 $R=5\,\text{N}$,能顶起重物的重力 Q 为多大?并计算该起重装置的效率,判断能否自锁。

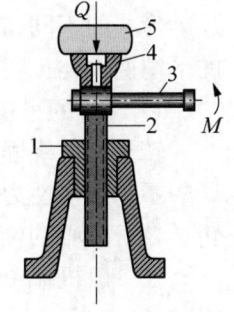

图 9-20 第 8 题图

第 10 章

机械的平衡

◎ 学习成果达成要求
1. 掌握机械平衡的目的和内容。
2. 掌握刚性转子的平衡计算。
3. 了解平面机构的平衡。

10.1 机械平衡概述

机械在运转时,构件所产生的不平衡惯性力将在运动副中引起附加的动压力,增大运动副中摩擦和构件中的内应力,从而降低其机械效率和使用寿命。而且,这些不平衡惯性力一般呈周期性变化,所以会引起机械及其基础产生强迫振动。如果振动频率接近机械的固有频率,将会产生共振,不但会影响机械本身还会对附近的工作机械及其厂房建筑产生影响甚至破坏。机械平衡的目的就是设法将构件的不平衡惯性力加以平衡,以消除或减少其不良影响。

但某些机械却是利用构件产生的不平衡惯性力所引起的振动来工作的,如振动打夯机、振动打桩机、按摩仪等。

机械平衡是现代机械的一个重要问题,对于高速高精密机械尤为重要。构件的结构及其运动形式的不同,其所产生的惯性力和平衡方法也不同。机械平衡一般分转子的平衡和机构的平衡两大类。

1) 转子的平衡

转子是指绕固定轴回转的构件,如发电机、电动机等机器都是以转子作为工作的主体。转子的不平衡惯性力可利用在其上增加或除去一部分质量的方法加以平衡,其实质是通过调节转子自身质心的位置来达到消除或减小惯性力的目的。转子又分为刚性转子和挠性转子。

在一般机械中,转动构件的刚性都比较好,同时共振转速较高,其实际工作转速通常都低于$(0.6 \sim 0.75)n_{c1}$,n_{c1}为转子的第一阶临界转速。此类在工作时产生的弹性变形很小的构件称为刚性转子,刚性转子的平衡是本章讨论的主要对象。刚性转子的平衡按理论力学中的力系平衡问题来解决,有静平衡和动平衡两种。如果只要求刚性转子的惯性力平衡,则称为刚性转子的静平衡;如果同时要求刚性转子的惯性力和惯性力矩平衡,则称为转子的动平衡。

有些机械(如航空涡轮发动机、汽轮机等)中的大型转子,其共振转速较低,而实际工作转速又往往很高。通常对于转速大于$(0.6 \sim 0.75)n_{c1}$的转子,在工作时将产生较大的弯曲变形,且其变形量随转速变化,这类转子称为挠性转子。挠性转子的平衡问题非常复杂,其平衡原理可利用弹性梁的横向振动理论,本书不做介绍。

2) 机构的平衡

若机构中含有做往复移动或平面复合运动的构件,其运动时产生的惯性力和惯性力矩无法在构件本身上平衡,而必须就整个机构加以研究,设法使各运动构件惯性力的合力和合力矩得到完全平衡或部分平衡,以消除或减小最终传到机械基础上的不平衡惯性力,这类平衡称为机构的平衡或机械在机座上的平衡。

10.2 刚性转子的平衡计算

10.2.1 静平衡计算

设盘状转子的轴向宽度为 b,直径为 D,对于轴向尺寸较小(宽径比 $b/D \leqslant 0.2$)的盘状转子,如齿轮、砂轮、盘形凸轮、叶轮、带轮等,它们的质量可以近似地认为分布在垂直于其回转轴线的同一平面内。若它们的质心不在回转轴线上,则当其转动时,偏心质量就会产生惯性力。因为这种不平衡现象在转子处于静态时即已表现出来,故称其为静不平衡转子。对这类转子进行静平衡时,可在转子上增加或减少一部分质量,使其质心与回转轴心重合,即可获得平衡。

如图 10-1a 所示为一盘状转子,通过分析可知转子上的偏心质量为 m_1、m_2,各自的向径为 r_1、r_2,若转子以角速度 ω 等速回转,则这些偏心质量产生的离心惯性力为

$$\boldsymbol{F}_i = m_i \omega^2 \boldsymbol{r}_i \quad (i = 1, 2) \tag{10-1}$$

它们构成同一平面内汇交于回转中心的力系,若它们的合力 $\sum \boldsymbol{F}_i$ 不等于零,则该力系不平衡。由汇交力系的平衡条件可知,欲使该力系平衡,可在同一回转面内加一平衡质量(图 10-1b) m_b,使其产生的离心惯性力 $\boldsymbol{F}_b$ 与各偏心质量产生的离心惯性力相平衡,即形成平衡力系,该转子就达到了平衡状态。故静平衡条件为

$$\sum \boldsymbol{F} = \sum \boldsymbol{F}_i + \boldsymbol{F}_b = 0 \quad (i = 1, 2) \tag{10-2}$$

设平衡质量 m_b 的向径为 $\boldsymbol{r}_b$,则有

$$m_1 \omega^2 \boldsymbol{r}_1 + m_2 \omega^2 \boldsymbol{r}_2 + m_b \omega^2 \boldsymbol{r}_b = 0 \quad (i = 1, 2) \tag{10-3}$$

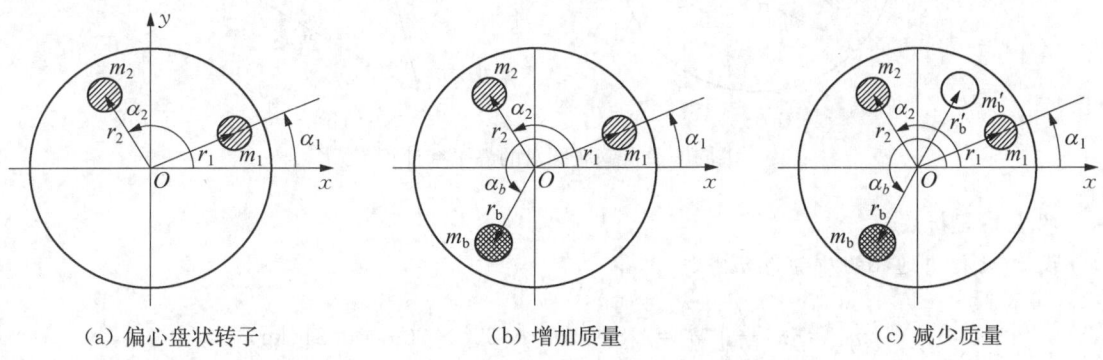

(a) 偏心盘状转子 (b) 增加质量 (c) 减少质量

图 10-1 刚性转子静平衡计算模型

即
$$m_1\boldsymbol{r}_1 + m_2\boldsymbol{r}_2 + m_b\boldsymbol{r}_b = 0 \tag{10-4}$$

式中，$m_i r_i$ 称为质径积。显然，上式只有平衡质径积 $m_b \boldsymbol{r}_b$ 未知，设 α_i 为偏心质量 m_i 的矢径 $\boldsymbol{r}_i$ 与 x 轴的夹角，有

$$\left.\begin{array}{l}(m_b r_b)_x = -(m_1 r_1 \cos\alpha_1 + m_2 r_2 \cos\alpha_2)\\ (m_b r_b)_y = -(m_1 r_1 \sin\alpha_1 + m_2 r_2 \sin\alpha_2)\end{array}\right\} \tag{10-5}$$

则平衡质量的质径积大小为

$$m_b r_b = \sqrt{(m_b r_b)_x^2 + (m_b r_b)_y^2} \tag{10-6}$$

根据转子的结构特点选定 r_b，就可以确定平衡质量 m_b，且相位角

$$\alpha_b = \arctan\left[\frac{(m_b r_b)_y}{(m_b r_b)_x}\right] \tag{10-7}$$

通常尽可能将 r_b 的值选大些，以便使 m_b 小些。显然，也可以在 r_b 的反方向 r_b' 处减少一部分质量 m_b' 来使回转件得到平衡（图 10-1c），只要保证 $m_b r_b = m_b' r_b'$ 即可。

利用矢量图解法也可以求解，选取质径积比例尺 μ_{mr}，依次首尾相接作已知矢量 $m_1\boldsymbol{r}_1$、$m_2\boldsymbol{r}_2$，然后用一矢量将 $m_2\boldsymbol{r}_2$ 的首与 $m_1\boldsymbol{r}_1$ 的尾相连，即得 $m_b\boldsymbol{r}_b$。如果选定 r_b，即可求出所需的平衡质量 m_b。

综上所述可得如下结论：

（1）转子静平衡的条件为：分布于转子上的各个偏心质量的离心惯性力之和为零或质径积的矢量和为零。

（2）对于静不平衡的转子，无论它有多少个偏心质量，只需要适当地增加或减少一个平衡质量即可获得平衡。故对于静不平衡的转子平衡质量只需一个，因此又称为单面平衡。

例 10-1 厚度 $\delta=20$ mm 的钢质圆盘（图 10-2a），在半径 $r_1=100$ mm 处有一直径 $d=50$ mm 的通孔，半径 $r_2=200$ mm 处有一质量为 0.2 kg 的重块，为使圆盘满足静平衡条件，拟在半径 $r_2=200$ mm 的圆周上再钻一通孔，试求此通孔的直径和位置。

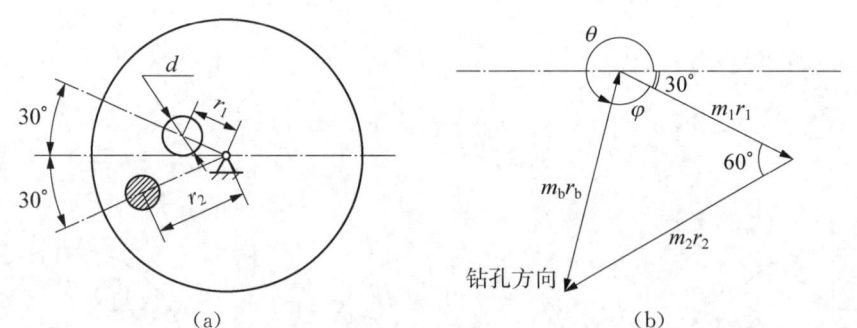

图 10-2 钢质圆盘的静平衡计算

解法 1：解析法。

设 r_1 处挖去通孔的质量为 m_1，则

$$m_1 = \rho\pi\left(\frac{d}{2}\right)^2\delta = 7.8\times10^{-6}\times25^2\times20\pi = 0.31\text{(kg)}$$

为了平衡，在 r_2 处增加重块质量为 m_b，则

$$(m_b r_b)_x = -(m_1 r_1 \cos\alpha_1 + m_2 r_2 \cos\alpha_2)$$
$$= -(-0.31 \times 100 \times \cos 150° + 0.2 \times 200 \times \cos 210°)$$
$$= 7.79 \text{(kg·mm)}$$
$$(m_b r_b)_y = -(m_1 r_1 \sin\alpha_1 + m_2 r_2 \sin\alpha_2)$$
$$= -(-0.31 \times 100 \times \sin 150° + 0.2 \times 200 \times \sin 210°)$$
$$= 35.5 \text{(kg·mm)}$$

则由 $m_b r_b = \sqrt{(m_b r_b)_x^2 + (m_b r_b)_y^2} = 36.34 \text{ kg·mm}$,有

$$m_b = \frac{m_b r_b}{r_2} = \frac{36.34}{200} = 0.18 \text{(kg)}$$

设孔的直径为 d_b,有

$$m_b = \rho \pi \left(\frac{d_b}{2}\right)^2 \delta = 7.8 \times 10^{-6} \times \left(\frac{d_b}{2}\right)^2 \times 20\pi = 0.18 \text{(kg)}$$

得
$$d_b = 38.33 \text{ mm}$$

$$\alpha_b = \arctan[(m_b r_b)_y/(m_b r_b)_x] = \arctan\left(\frac{35.5}{7.79}\right) = 77.6°$$

若挖孔来平衡,其位置在重块的反方向,$77.6° + 180° = 257.6°$。

解法 2：图解法。

矢径积：$m_1 r_1 = -0.31 \times 100 = -31 \text{ kg·mm}$,$m_2 r_2 = 0.2 \times 200 = 40 \text{(kg·mm)}$

根据静平衡条件：$m_1 \boldsymbol{r}_1 + m_2 \boldsymbol{r}_2 + m_b \boldsymbol{r}_b = 0$,取比例尺 $\mu_{mr} = 1 \frac{\text{kg·mm}}{\text{mm}}$,作矢量多边形,如图 10-2b 所示,测量得 $m_b r_b = 36.5 \text{ kg·mm}$、$\alpha_b = 257°$,同解析法类似求得 $m_b = 0.18 \text{ kg}$。

10.2.2 动平衡计算

对于轴向尺寸较大(宽径比 $b/d > 0.2$)的转子,如内燃机曲轴、双凸轮轴等(图 10-3),传子上不平衡质量不能视为集中在一个平面内,而是分布在多个平面内,所产生的离心惯性力不在同一回转平面,因而形成轴面惯性力矩,且该力矩的作用方位随转子的转动而变化。这种不平衡只有在转子运转时才能显现出来的,故称此类转子为动不平衡转子。

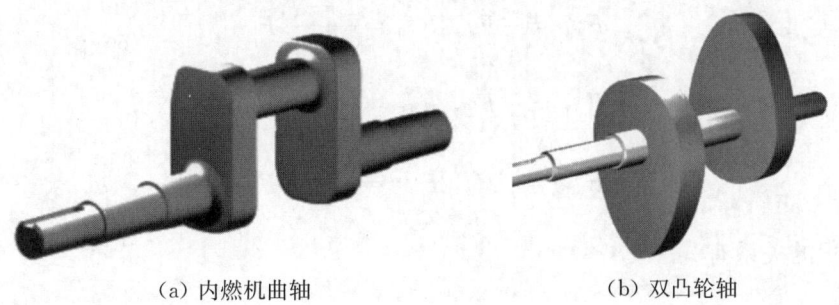

(a) 内燃机曲轴　　　　(b) 双凸轮轴

图 10-3　动不平衡转子

对这类转子进行动平衡设计时,通过选定两个回转平面作为平衡基面,再分别在这两个面上增加或除去适当的平衡质量,使转子各偏心质量产生的惯性力和惯性力矩同时得以平衡。因此,刚性转子的动平衡条件是：各偏心质量产生的惯性力的矢量和为零,以及这些惯性力所

构成的力矩矢量和也为零,即

$$\sum \boldsymbol{F}=0, \sum \boldsymbol{M}=0 \tag{10-8}$$

在图 10-4 所示转子中,已知各偏心质量 m_1、m_2、m_3 分别位于 1、2、3 平面内,它们的回转半径及与 x 方向夹角分别为 r_1、r_2、r_3 及 α_1、α_2、α_3。当转子以等角速度 ω 旋转时所产生的惯性力 $\boldsymbol{F}_1$、$\boldsymbol{F}_2$、$\boldsymbol{F}_3$ 形成一个空间力系,即

$$F_1 = m_1\omega^2 r_1, \ F_2 = m_2\omega^2 r_2, \ F_3 = m_3\omega^2 r_3$$

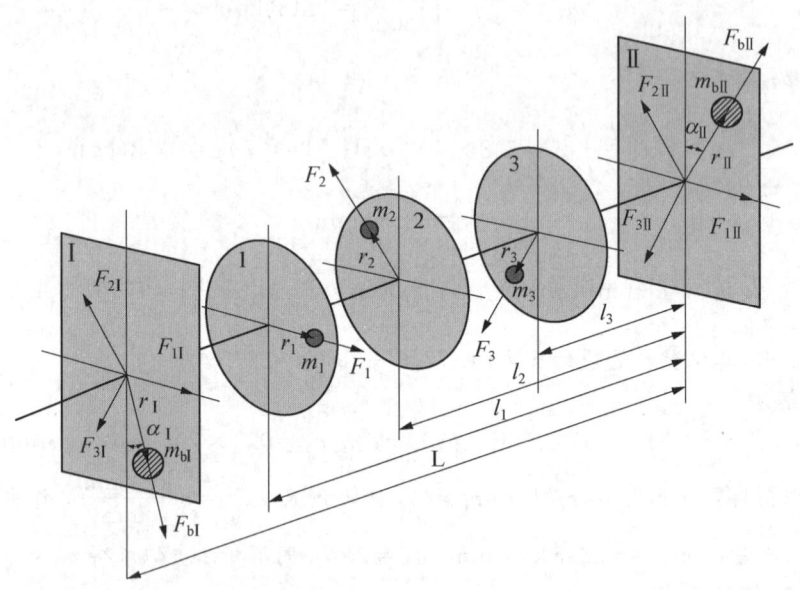

图 10-4　刚性转子的动平衡设计

一般求解方法是先将各平面的惯性力按理论力学的原理分解到两个平衡基面 Ⅰ 和 Ⅱ 上,然后使用静平衡设计的方法在两个平面 Ⅰ 和 Ⅱ 上分别进行静平衡设计。

如图 10-4 所示,F_1 分解为 $F_{1\text{Ⅰ}}$ 和 $F_{1\text{Ⅱ}}$,F_2 分解为 $F_{2\text{Ⅰ}}$ 和 $F_{2\text{Ⅱ}}$,F_3 分解为 $F_{3\text{Ⅰ}}$ 和 $F_{3\text{Ⅱ}}$,则有

$$F_{1\text{Ⅰ}} = \frac{l_1}{L}F_1, \ F_{1\text{Ⅱ}} = \frac{L-l_1}{L}F_1$$

$$F_{2\text{Ⅰ}} = \frac{l_2}{L}F_2, \ F_{2\text{Ⅱ}} = \frac{L-l_2}{L}F_2$$

$$F_{3\text{Ⅰ}} = \frac{l_3}{L}F_3, \ F_{3\text{Ⅱ}} = \frac{L-l_3}{L}F_3$$

得到各质径积的关系有

$$m_{1\text{Ⅰ}} r_{1\text{Ⅰ}} = \frac{l_1}{L}m_1 r_1, \ m_{1\text{Ⅱ}} r_{1\text{Ⅱ}} = \frac{L-l_1}{L}m_1 r_1$$

$$m_{2\text{Ⅰ}} r_{2\text{Ⅰ}} = \frac{l_2}{L}m_2 r_2, \ m_{2\text{Ⅱ}} r_{2\text{Ⅱ}} = \frac{L-l_2}{L}m_2 r_2$$

$$m_{3\text{Ⅰ}} r_{3\text{Ⅰ}} = \frac{l_3}{L}m_3 r_3, \ m_{3\text{Ⅱ}} r_{3\text{Ⅱ}} = \frac{L-l_3}{L}m_3 r_3$$

式中，$m_{iI}r_{iI}$ 和 $m_{iII}r_{iII}$ 分别表示 m_ir_i 在两个平衡基面 I 和 II 上的分量。

根据转子的结构选定 r_{bI} 和 r_{bII}，使用图解法或解析法都可以计算出平衡基面 I 及 II 内的平衡质量 m_{bI} 和 m_{bII}，从而实现整个转子动平衡的目的。

综上所述可得如下结论：

(1) 转子动平衡的条件：当转子转动时，转子分布在不同平面内的各个质量所产生的空间离心惯性力系的合力和合力矩均为零。

(2) 对于动不平衡的刚性转子，不论它有多少个偏心质量，以及分布在多少个回转平面内，都只需在选定的两个平衡基面内增加或除去一个适当的平衡质量，就可以使转子获得动平衡，所以动平衡又称为双面平衡。

(3) 动平衡同时满足静平衡的条件，也就是说经过动平衡的转子一定是静平衡；反之，经过静平衡的转子不一定是动平衡。

10.3 刚性转子的平衡实验

10.3.1 静平衡实验

经平衡计算在理论上已经平衡，但由于其制造精度和装配不精确、材质不均匀等原因，会产生新的不平衡。这种无法用计算来进行平衡，而只能借助于实验平衡。平衡实验是用实验的方法来确定出转子的不平衡量的大小和方位，然后利用增加或除去平衡质量的方法予以平衡。

对于宽径比 $b/d \leqslant 0.2$ 的刚性转子，要进行静平衡实验。静平衡实验设备比较简单，一般采用带有两根平行导轨的静平衡架。为减少轴颈与导轨之间的摩擦，导轨端口形状常做成刀口状或圆弧状。

如图 10-5 所示，将一个具有偏心质量的盘状转子 1 放在静平衡支架 2 上，偏心质量对其转动中心会产生一个重力矩 Gl，并驱动转子转动，直到质心位于正下方才会停止，此时重力矩为零。进行静平衡实验时，首先调整好支架的水平状态，然后将转子轴颈放置在支架的一端，轻轻使转子向另一端滚动，待其静止时，说明该位置时的质心位于转子轴线的下方，在其正上方作一标记。然后再使转子反方向滚动，在转子静止位置的上方仍作一标记，在两个标记之间加一配重或在相对轴心镜像处减一配重。再反复实验，直到该转子在任意位置都能静止，说明转子的质心与其回转轴线趋于重合。

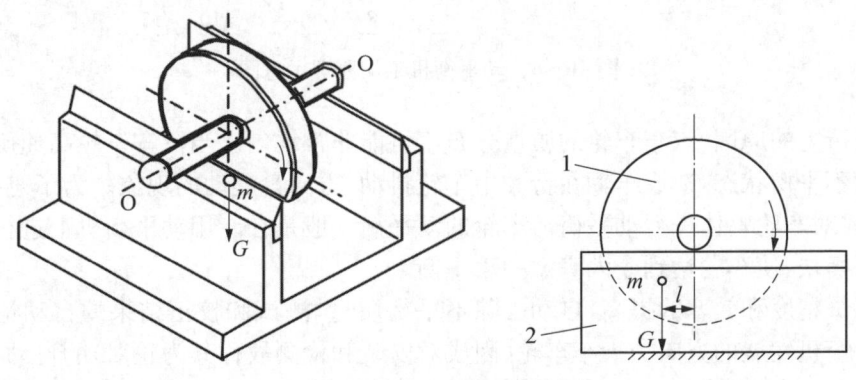

1—待平衡转子；2—刀口状平衡架

图 10-5 静平衡实验

由于轴颈和支架之间的摩擦会影响静平衡的精度,所以重要的盘状转子还要在动平衡机上进行静平衡实验。

10.3.2 动平衡实验

转子的动平衡实验一般需在专用的动平衡机上进行。动平衡机有各种不同的形式,各种动平衡机的构造及工作原理也不尽相同,有通用平衡机、专用平衡机(如陀螺平衡机、曲轴平衡机、涡轮转子平衡机、传动轴平衡机等),但其作用都是用来测定需加于两个平衡基面中的平衡质量的大小及方位,并进行校正。动平衡实验机主要由驱动系统、支撑系统、测量指示系统和校正系统等部分组成。当前工业上使用较多的动平衡机是根据振动原理设计的,测振传感器将因转子转动所引起的振动转换成电信号,通过电子线路加以处理和放大,最后用电子仪器显示出被试转子的不平衡质径积的大小和方位。

如图10-6所示是一种动平衡机的工作原理示意图。被试转子4放在两弹性支撑上,由电动机1通过带传动2和双万向联轴器3驱动。实验时,转子上的偏心质量使弹性支撑产生振动。此振动通过传感器5与6转变为电信号,两电信号同时传到解算电路7,它对信号进行处理,以消除两平衡基面之间的相互影响。用选择开关选择平衡基面Ⅰ或Ⅱ,再经选频放大器8,将信号放大,并由仪表9显示出该基面上的不平衡质径积的大小。而放大后的信号又经过整形放大器10转变为脉冲信号,并将此信号传输到鉴相器11的一端。鉴相器的另一端接收来自光电头12和整形放大器13的基准信号,它的相位与转子上的标记14相对应。鉴相器两端信号的相位差由相位表15读出。可以标记14为基准,确定出偏心质量的相位。用选择开关可对另一平衡基面进行平衡。

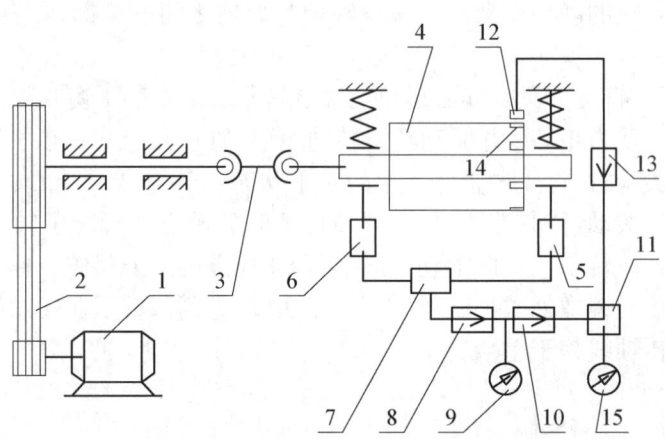

图10-6 动平衡机工作原理示意图

由于制造上的原因,汽车车轮的质量分布不可能非常均匀。当汽车车轮高速旋转起来后,就会形成动不平衡状态,造成车辆在行驶中车轮抖动、方向盘震动的现象。为了避免或消除这种现象,就要对车轮整体进行动平衡。车轮的动平衡一般是在专用动平衡机上进行的,通过增加适当的平衡块,使车轮达到令人满意的动平衡。

平衡测试精度和效率的提高,自动去除不平衡质量,测试和校正结果的自动记录和打印,是目前动平衡机发展的方向。火车车轮(因成对安装和检测故称其为轮对)的自动平衡校正检测线已应用于生产实际。

10.3.3 现场平衡

对于一些尺寸非常大或转速很高的转子，一般无法在专用动平衡机上进行平衡。即使可以平衡，但由于装运、蠕变和工作温度或电磁场的影响等原因，又会发生微小变形而造成不平衡。在这些情况下，一般可进行现场平衡。

现场平衡就是在现场通过直接测量机器中转子支架的振动，来确定其不平衡量的大小及方位，进而确定应增加或除去的平衡质量的大小及方位，使转子得以平衡。对转子实施现场平衡可以提高转子在实际工作条件下的平衡精度，有利于机器工作性能的提高，故日益得到重视和发展。

10.4 平面机构的平衡

10.4.1 平面机构的平衡条件

机构运动时，各运动构件所产生的惯性力可以合成为一个通过机构质心 S 处的总惯性力和一个总惯性力偶矩，这个总惯性力和总惯性力偶矩全部由基座承受。因此，为了消除机构在基座上引起的动压力，就必须设法平衡这个总惯性力和总惯性力偶矩。故机构平衡的条件是作用在机构质心的总惯性力和总惯性力偶矩分别为零，即

$$\sum \boldsymbol{F}_{\mathrm{I}}=0, \quad \sum \boldsymbol{M}_{\mathrm{I}}=0 \tag{10-9}$$

式中，$\sum \boldsymbol{F}_{\mathrm{I}}=\sum m_i \boldsymbol{a}_S$，其中，$\sum m_i$ 为机构中各构件的质量和，$\boldsymbol{a}_S$ 为机构总质心处的加速度。

实际平衡中，总惯性力偶矩对基座的影响应当与外加驱动力矩和阻抗力矩一并研究（因这三者都将作用到基座上），但是由于驱动力矩和阻抗力矩与机械的工作性质有关，单独平衡惯性力偶矩往往没有意义，故本章只讨论总惯性力的平衡问题。

机构的总质量 $\sum m_i$ 不可能为零，若使机构惯性力得以平衡，则机构的总质心处的加速度 $\boldsymbol{a}_S=0$。满足 $\boldsymbol{a}_S=0$ 的条件是机构总质心静止不动或做匀速直线运动，由于机构在运动过程中总质心的运动轨迹为封闭曲线，总质心不可能做匀速直线运动，故机构惯性力的平衡条件只能是总质心静止不动。

10.4.2 平面机构的平衡方法

1) 机构惯性力的完全平衡

对平面机构进行平衡时，可利用在运动构件上加减配重的方法，使机构总质心位于机架上并静止不动，称为机构惯性力的完全平衡。

(1) 利用对称机构平衡。在原有机构上添加相同的机构，使两部分相对于中心转动副完全对称，此时惯性力在中心转动副引起的动压力得到完全平衡，如图 10-7 所示。这种方法可以得到很好的平衡效果，但是使机构的结构变得复杂，增加了机构的体积和质量。

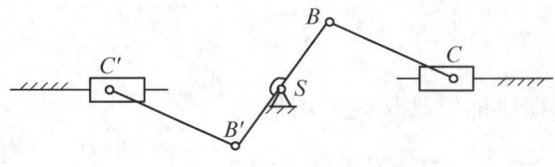

图 10-7 利用对称机构平衡

(2) 利用平衡质量平衡。如图10-8所示曲柄滑块机构中,在连杆 BC 延长线上安装配重 m_2',使连杆与滑块的质心位于曲柄和连杆的铰接点 B 处,在曲柄1的延长线上安装配重 m_1',使曲柄的质心位于 A 点,这样机构总质心位于固定点,对应总质心处的加速度为零。其中,

$$m_2' = \frac{m_3 l_2 + m_2 l_{S2}}{l_2'} \tag{10-10}$$

$$m_1' = \frac{(m_2' + m_2 + m_3)l_1 + m_1 l_{S1}}{l_1'} \tag{10-11}$$

从理论上讲,用这种方法可使机构的总惯性力得到完全平衡。若要完全平衡 n 个构件的单自由度机构的惯性力,则需要至少加 $n/2$ 个平衡质量,这样一来,机构的质量将大大增加,特别是在连杆上增加质量不利于机构的结构设计,因此,实际应用中往往不采用这种方法,而更多地采用部分平衡的方法。

2) 机构惯性力的部分平衡

(1) 利用平衡机构平衡。如图10-9a所示机构中,当曲柄 AB 转动时,滑块 C 和 C' 的加速度方向相反,运动过程所产生的惯性力方向也相反,因此可以互相抵消。但由于两滑块的运动规律不完全一致,所以只能抵消一部分惯性力,实现部分平衡。同样,图10-9b中也是通过增加曲柄摇杆机构 $AB'C'D$ 达到部分平衡的目的。

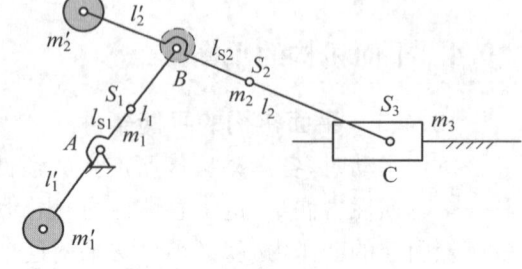

图10-8 利用平衡质量平衡

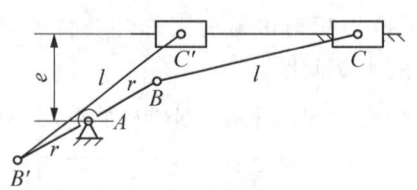

(a) 曲柄滑块的平衡

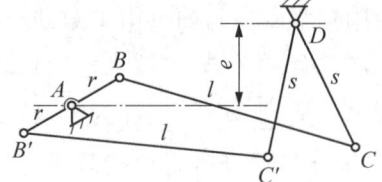

(b) 曲柄摇杆的平衡

图10-9 利用平衡机构进行部分平衡

(2) 利用平衡质量平衡。如图10-10所示为利用平衡质量对曲柄滑块机构进行部分平衡。先用质量代换,将连杆的质量 m_2 用集中于 B、C 两点的质量 m_{2B}、m_{2C} 来代换;曲柄的质量 m_1 用集中于 B、A 两点的质量 m_{1B}、m_{1A} 来代换。此时机构产生的惯性力只有两部分,集中在 B 点的质量 $m_B = m_{1B} + m_{2B}$ 产生的惯性力 F_{IB} 和集中在 C 点的质量 $m_C = m_{2C} + m_{3C}$ 产生的惯性力 F_{IC}。其中,$m_{2B} = \dfrac{m_2(l_2 - l_{S2})}{l_2}$,$m_{2C} = \dfrac{m_2 l_{S2}}{l_2}$,$m_{1B} = \dfrac{m_1 l_{S1}}{l_1}$。

为了平衡 F_{IB},只要在曲柄的延长线上增加一平衡质量 $m_1' = \dfrac{m_B l_1}{l_1'}$。而 F_{IC} 为往复惯性力,

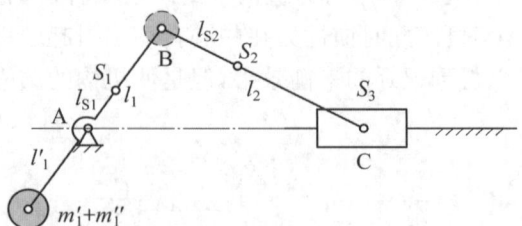

图10-10 利用平衡质量进行部分平衡

其大小随曲柄转角变化而变化,即

$$F_{IC} = m_C a_C \approx m_C \omega^2 l_1 \cos\varphi \tag{10-12}$$

为了平衡 F_{IC},可在曲柄延长线上再加一平衡质量 $m_1'' = \dfrac{m_C l_1}{l_1'}$。$m_1''$ 产生的离心惯性力可以分解为一个水平分力和一个垂直分力:

$$F_{IH}'' = m_1'' \omega^2 l_1' \cos(180°+\varphi) = -m_C \omega^2 l_1 \cos\varphi$$

$$F_{IV}'' = m_1'' \omega^2 l_1' \sin(180°+\varphi) = -m_C \omega^2 l_1 \sin\varphi$$

可见,其水平分力 F_{IH}'' 与往复惯性力 F_{IC} 平衡。但是,又多了一个新的不平衡惯性力,即垂直分力 F_{IV}''。该惯性力对机械的工作也很不利,为了减小此不利因素,可取

$$m_1'' = \dfrac{\left(\dfrac{1}{3} \sim \dfrac{1}{2}\right) m_C l_1}{l_1'} \tag{10-13}$$

该质量只平衡往复惯性力的一部分。但这样可以减小往复惯性力的不良影响,又可使在铅直方向产生新的不平衡惯性力不致太大,同时所需加的配重也较小,对机械的工作较为有利。

(3) 利用弹簧平衡。机构中设置附加弹簧可以改善机构的某些动力学特性问题,通过合理选择弹簧的刚度系数和弹簧的安装位置,可使连杆的惯性力得到部分平衡。与其他平衡质量的方法相比,具有结构简化、减少全机质量、安装调试方便等优点。

思考与练习

1. 为什么要进行机械平衡(从机械不平衡的危害角度)?

2. 机械平衡的目的是什么?分为哪几类?

3. 造成转子静不平衡的原因是什么?如何平衡?

4. 造成转子动不平衡的原因是什么?如何平衡?

5. 机构进行动平衡后是否还需要静平衡?

6. 经过平衡设计的刚性转子,在制造出来后是否还需要进行平衡实验,为什么?

7. 如图 10-11 所示盘形回转构件中,圆盘的半径 $r = 200\,\text{mm}$,宽度 $l_2 = 40\,\text{mm}$,质量 $m = 500\,\text{kg}$。圆盘上存在两偏心质量块,$m_1 = 10\,\text{kg}$,$m_2 = 20\,\text{kg}$,方位如图所示。若两支撑 A、B 间的距离 $l = 120\,\text{mm}$,支撑 B 至圆盘的距离 $l_1 = 80\,\text{mm}$,转轴的工作转速 $n = 3\,000\,\text{r/min}$。试确定:

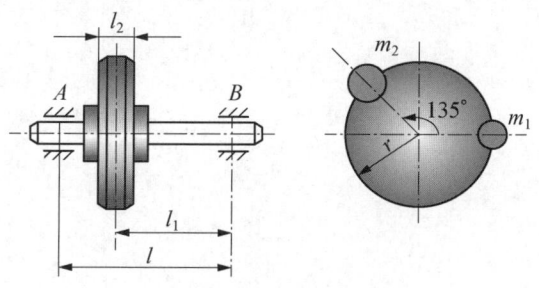

图 10-11 第 7 题图

(1) 作用在两支撑处的动反力的大小。

(2) 该回转构件的质心偏离其中心多少？

(3) 为消除动反力,应加平衡质量的质径积 m_b 的大小和方位角 θ_b。

8. 如图 10-12 所示均质圆盘中钻有四个圆孔,其直径及孔心至转轴 O 的距离分别为：$d_1 = 70\,\text{mm}$, $r_1 = 240\,\text{mm}$; $d_2 = 120\,\text{mm}$, $r_2 = 180\,\text{mm}$; $d_3 = 100\,\text{mm}$, $r_3 = 250\,\text{mm}$; $d_4 = 150\,\text{mm}$, $r_4 = 190\,\text{mm}$, 各孔的方位角如图所示。现为平衡,在圆盘上再钻一孔,其孔心至转轴 O 的距离为 $r_b = 300\,\text{mm}$。试求该圆孔直径 d_b 的大小和方位角 θ_b。

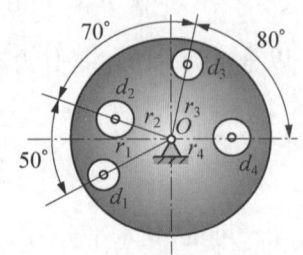

图 10-12 第 8 题图

9. 如图 10-13 所示盘形转子中,有四个偏心质量位于同一回转平面内,其质量大小及回转半径分别为 $m_1 = 5\,\text{kg}$, $m_2 = 7\,\text{kg}$, $m_3 = 8\,\text{kg}$, $m_4 = 10\,\text{kg}$; $r_1 = r_4 = 10\,\text{cm}$, $r_2 = 20\,\text{cm}$, $r_3 = 15\,\text{cm}$, 方位如图所示。又设平衡质量 m_b 的回转半径 $r_b = 15\,\text{cm}$, 试求平衡质量的大小及方位。

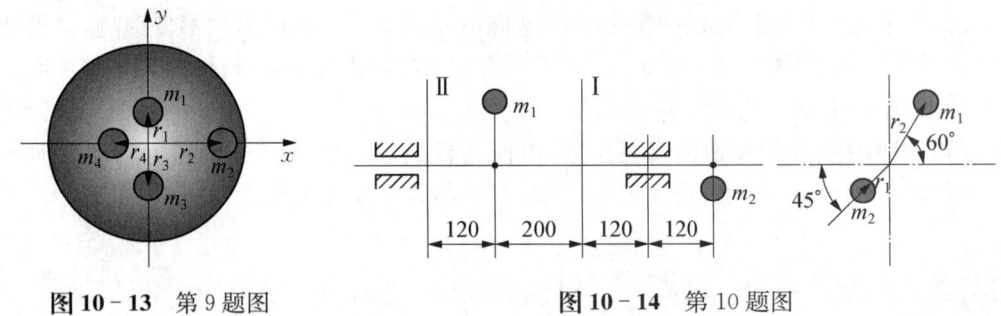

图 10-13 第 9 题图　　　　图 10-14 第 10 题图

10. 如图 10-14 所示转子,有两个不平衡质量 $m_1 = 10\,\text{kg}$, $m_2 = 4\,\text{kg}$, 回转半径分别为 $r_1 = 300\,\text{mm}$, $r_2 = 100\,\text{mm}$, 选取平衡平面 Ⅰ、Ⅱ, 尺寸如图所示, 若采用去重法进行平衡, 去除平衡质量的回转半径均取 300 mm, 试求两平衡质量的大小及方位。

第 11 章

机械系统动力学分析

◎ 学习成果达成要求

1. 了解作用在机械上的力,以及机构力分析的方法。
2. 理解机械运动方程的求解。
3. 掌握周期性速度波动调节方法,能够计算飞轮转动惯量。

11.1 机械动力学分析概述

机械在工作过程中受到不同性质的力的作用,这些力影响着机械的运动状态。同时,机械的运动也影响着机械的受力。机械系统中力和运动的相互作用决定了机械的工作状态。机械动力学主要研究机械在运动中的力以及在各种力作用下的机械运动,分析和评价机械的动力学性能,寻求提高机械动力学性能的方法和措施。

在研究机构的运动分析和力分析时,为了计算方便,一般都假设机构原动件的运动规律是已知的,且做等速运动。而实际上机构原动件的运动规律是由机构各构件的质量、转动惯量及作用在机构上的驱动力与工作阻力等参数决定的。工作过程中,原动件的速度和加速度等参数往往是随时间变化的。因此,为了对机构做精确的运动分析和力分析,首先要确定机构原动件真实的运动规律,这对于设计机械,尤其是对高速、高精度、重载、高自动化程度的机械是十分重要的环节。所以研究在外力作用下机械的真实运动规律是本章的第一个重点。

机械在运转过程中因原动件并非做等速运动,故会使机械出现速度波动,速度波动将导致在运动副中产生附加的动压力,并引起机械的振动,从而降低机械的寿命、效率和工作质量,因此需研究其波动和调节方法,以便设法将机械运动速度波动的程度限制在许可的范围之内。所以,研究机械运转的速度波动及其调节的方法是本章的另一个重点。

11.2 机械的力分析

11.2.1 作用在机械上的力

作用在机械上的力常见的有驱动力、阻抗力、重力、惯性力、摩擦力、介质阻力及在运动副中引起的约束反力等。当构件的自重及运动副中的摩擦力忽略不计时,则作用在机械上的力将只有原动机发出的驱动力和执行机构上承受的阻抗力(生产阻力)。

1) 驱动力

驱动机械运动的力称为驱动力,表示为 F_d。驱动力的特征是该力的方向与其作用点的速度方向相同或成锐角,它所做的功为正功,称为驱动功或输入功。

驱动力由原动机产生,其变化规律决定于原动机的机械特性。不同的原动机具有不同的机械特性,机械特性描述了原动机的驱动力与其运动参数(位移、速度或时间)之间的关系,表示为 $F=f(v)$ 或 $M=f(\omega)$。

作用在机械上的力常按原动机的机械特性来分类。图 11-1 表示了几种类型的机械特性:用重锤的机械特性为常数(图 11-1a),弹簧的机械特性是位移的线性函数(图 11-1b);内燃机的机械特性是位置的函数(图 11-1c),电动机的机械特性是速度的函数(图 11-1d)。

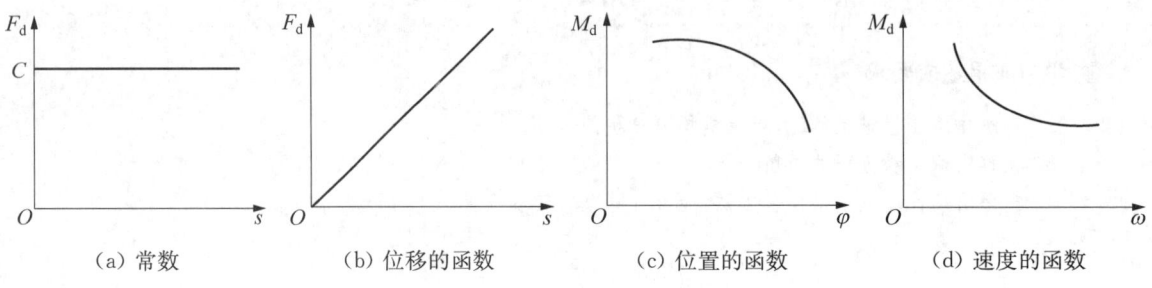

(a) 常数　　(b) 位移的函数　　(c) 位置的函数　　(d) 速度的函数

图 11-1　几种不同的机械特性

当用解析法研究机械在外力作用下的运动时,原动机发出的驱动力必须以解析式表达。为了简化计算,常将原动机的机械特性用简单的多项式来近似表示。

设某一交流异步电动机机械特性曲线如图 11-2 所示,其中,M_n 为额定转矩,ω_n 为额定角速度,ω_0 为同步角速度,这些参数可由电动机产品目录中查出。BC 的部分为工作段,常近似地以直线 NC 来代替,其上任意一点所确定的驱动力矩 M_d 可表达为:$M_d = M_n(\omega_0 - \omega)/(\omega_0 - \omega_n)$。

2) 阻抗力

阻碍机械运动的力称为阻抗力,表示为 F_r。阻抗力的特征是该力的方向与其作用点的速度方向相反或成钝角,它所做的功为负功,称为阻抗功。阻抗力可分为有效阻抗力和有害阻抗力两种。

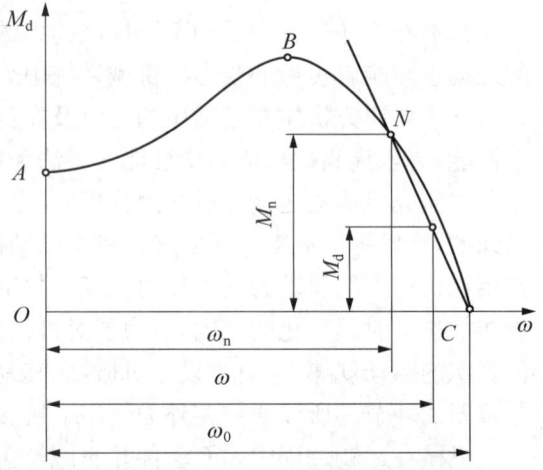

图 11-2　交流异步电动机机械特性曲线

有效阻抗力是机械为了完成生产工作而必须克服的阻力,又称为工作阻力,如机床加工零件时的切削阻力、起重机起吊重物的重力等都是有效阻抗力。克服有效阻抗力所做的功称为输出功或有效功。而有害阻抗力是机械在运转过程中所受到的非生产消耗的无用阻力,如摩擦阻力、介质阻力等。克服有害阻抗力所做的功称为损耗功。

机械的执行构件所承受的生产阻力的变化规律,常取决于机械工艺过程的特点。不同的

机械,其工作阻力的性质不相同。按其机械特性来分,生产阻力可分为以下几种:

(1) 常量,即 $F_r=C$。如起重机、轧钢机等机械的工作阻力(图11-3)。

(2) 执行构件位移的函数,即 $F_r=f(s)$。如抽水唧筒、内燃机活塞的工作阻力随位移而变化。

(3) 执行构件速度的函数,即 $F_r=f(\omega)$。如鼓风机、离心泵等机械的工作阻力均随叶片的转速而变化。

(4) 时间的函数,即 $F_r=f(t)$。如球磨机、揉面机等机械的工作阻力均随着时间发生变化。

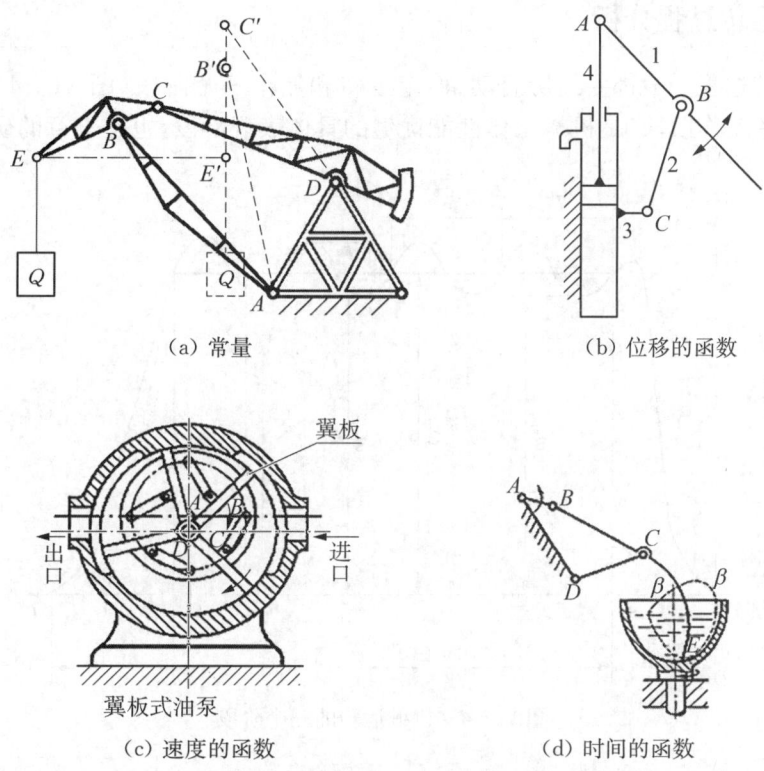

图 11-3 几种不同的工作阻力

机器做周期性运动时,重力作用在构件质心上,当质心上升时它为阻抗力,当质心下降时它为驱动力。在一个运动循环中重力所做的功为零。

惯性力是构件做变速运动时所产生的力,它作用在构件质心上,其方向与质心加速度方向相反。在一个运动循环中惯性力所做的功为零。

运动副反力是运动副中的反作用力,即运动副两元素接触处彼此的作用力,对整个机构而言它是内力,而对某一构件来说它是外力。机械工作时,它将使运动副中产生摩擦力而阻止机械的运动。

11.2.2 机械的力分析方法

机械的力分析可分为静力分析和动态静力分析。静力分析是不计惯性力所产生的动载荷而仅考虑静载荷的作用,适用于低速轻载机械。对于高速及重型机械,因其惯性力很大,故必须考虑惯性力的影响,这时需对机械作动态静力分析,即同时考虑作用在机械上的静载荷和惯性力(惯性力矩)所引起的动载荷。在这种情况下,根据理论力学的达朗贝尔原理,可将机构运转时产生的惯性力视为外加于产生该惯性力的构件上的力,这样,该动态机构可被认为处于静力平衡状态,即可用静力学方法对其进行受力分析。而这样的力分析称为动态静力分析。

对机构进行动态静力分析时,需先确定各构件的惯性力。但在设计机械时,因各构件的结构尺寸、材料、质量及转动惯量等参数尚未确定,故无法确定其惯性力。在此情况下,一般先对机构作静力分析及静强度计算,初步确定各构件的尺寸,并定出质量及转动惯量等参数,再对机构进行动态静力分析及强度计算,并据此对各构件尺寸作必要修正,直至获得满意的设计结果。

11.3 机械运转过程分析

机械的运转过程一般都要经历启动、稳定运转和停车三个阶段(图 11-4)。其中稳定运转阶段是机械的工作阶段,是机械工作性能优劣的具体表现阶段,也是本章的研究重点。

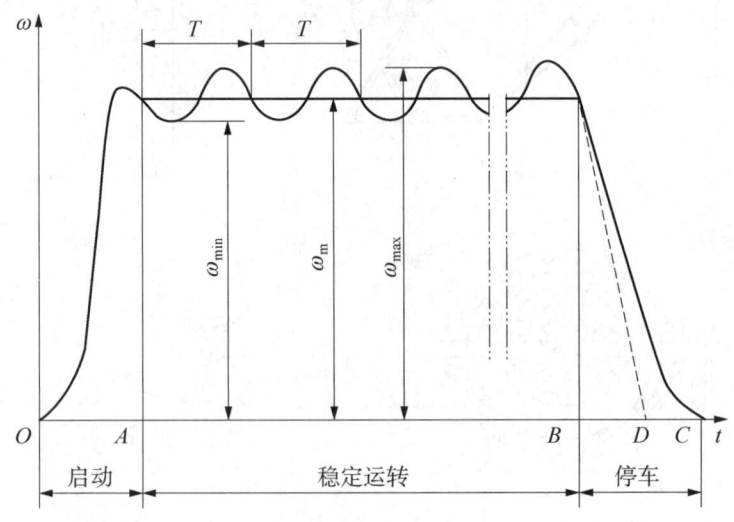

图 11-4 机械运转的三个阶段

1) 启动阶段

原动件的速度由零逐渐上升到正常工作转速的过程称为机械的启动阶段,该阶段中驱动力所做的功 W_d 大于阻力所做的功 W_r,两者之差为机械启动阶段的动能增量 ΔE,即

$$W_d = W_r + \Delta E \tag{11-1}$$

为减少机械启动的时间,一般在空载下启动,即 $W_r = 0$。驱动力做功全部转换为启动阶段的动能增量,则有

$$W_d = \Delta E \tag{11-2}$$

2) 稳定运转阶段

机械的原动件角速度保持常数或在正常工作速度的平均值上下做周期性的速度波动,此时称为稳定运转阶段。稳定运转阶段根据速度波动情况又分为等速稳定运转、周期变速稳定运转和非周期变速稳定运转。

当驱动力所做的功 W_d 和阻力所做的功 W_r 始终相等时,动能增量 ΔE 为零,原动件角速度 ω 保持不变,这种类型的机械稳定运转称为等速稳定运转。

在周期性变速稳定运转过程中,原动件的平均角速度为常数,角速度不是常数,而是周期性波动。某一时刻驱动力所做的功不等于阻力所做的功,但在一个运转周期的始末两点的角速度相等,说明两点的机械动能相等,或者说在一个运转周期的总驱动功与总阻抗功相等。

原动件角速度 ω 变化毫无规律的机械稳定运转,称为非周期变速稳定运转,本章不做研究。

3) 停车阶段

停车阶段是指机械由稳定运转的工作转速下降到零转速的过程。要停止机械运转必须首先撤销机械的驱动力,即 $W_d=0$。这时阻抗力所做的功用于克服机械在稳定运转过程中积累的惯性动能 ΔE,即 $W_r=\Delta E$。

由于停车阶段一般要撤去阻抗力,仅靠摩擦力做功去克服惯性动能导致停车时间过长。为了缩短停车时间,一般要在机械中安装制动器,加速消耗机械的惯性动能,减少停车时间。如图 11-4 所示,无制动器的停车时间在 C 点,加制动器的停车时间在 D 点。很明显,加装制动器会缩短停车时间。

11.4 机械系统的等效动力学模型

11.4.1 机械运动方程的一般表达

研究机械系统的真实运动规律,需要分析系统的功能关系,建立包含作用在机械上的力、各构件质量、转动惯量及其运动参数之间的函数关系,即机械运动方程。

若机械系统用一组独立的坐标(参数)就能完全确定系统的运动,则这组坐标称为广义坐标。对于只有一个自由度的机械,描述它的运动规律只需要一个广义坐标,即只需要确定出该坐标随时间变化的规律。

单自由度机械系统可以采用动能定理建立运动方程。根据动能定理,机械系统在某一时间(dt)内动能的增量(dE)应等于在该时间内作用于该机械系统的各外力所做的元功(dW)之和,即 $dE = dW$。

如果机械系统由 n 个构件组成,设机器中第 i 个构件的质量为 m_i,其质心 S_i 的速度为 v_{Si},各运动构件对其质心轴线的转动惯量为 J_{Si},角速度为 ω_i,则整个机械系统的总动能为

$$E = \sum_{i=1}^{n} \frac{1}{2} m_i v_{Si}^2 + \sum_{i=1}^{n} \frac{1}{2} J_{Si} \omega_i^2 \tag{11-3}$$

设作用在第 i 个构件上的外力和外力矩分别为 F_i、M_i,角速度为 ω_i。力 F_i 作用点的速度为 v_i,F_i 与 v_i 方向夹角为 α_i,则机构上所有外力在 dt 时间内做的功为

$$dW = \left[\sum_{i=1}^{n} (F_i v_i \cos\alpha_i \pm M_i \omega_i) \right] dt \tag{11-4}$$

M_i 和 ω_i 同向时取"+",否则取"-",则有

$$d\left[\sum_{i=1}^{n} \left(\frac{1}{2} m_i v_{Si}^2 + \frac{1}{2} J_{Si} \omega_i^2 \right) \right] = \left[\sum_{i=1}^{n} (F_i v_i \cos\alpha_i \pm M_i \omega_i) \right] dt \tag{11-5}$$

上式即为机械运动方程的一般表达式。

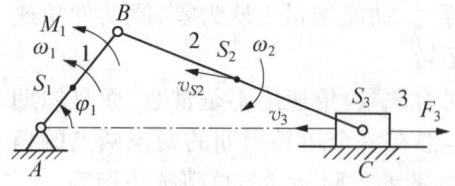

图 11-5 曲柄滑块机构

在如图 11-5 所示曲柄滑块机构中，曲柄 1 为原动件，角速度为 ω_1，质量为 m_1，其相对于质心 S_1 的转动惯量为 J_1；连杆 2 的角速度为 ω_2，质量为 m_2，其相对于质心 S_2 的转动惯量为 J_2，质心 S_2 速度为 v_2；滑块 3 的质量为 m_3，工作阻力 F_3，速度 v_3。则该曲柄滑块机构在 $\mathrm{d}t$ 瞬间动能增量为

$$\mathrm{d}E = \mathrm{d}\left(\frac{1}{2}J_1\omega_1^2 + \frac{1}{2}m_2v_2^2 + \frac{1}{2}J_2\omega_2^2 + \frac{1}{2}m_3v_3^2\right) \tag{11-6}$$

机构在 $\mathrm{d}t$ 瞬间所做功为

$$\mathrm{d}W = (M_1\omega_1 - F_3v_3)\mathrm{d}t = P\mathrm{d}t \tag{11-7}$$

则该曲柄滑块机构的机械运动方程为

$$\mathrm{d}\left(\frac{1}{2}J_1\omega_1^2 + \frac{1}{2}m_2v_2^2 + \frac{1}{2}J_2\omega_2^2 + \frac{1}{2}m_3v_3^2\right) = (M_1\omega_1 - F_3v_3)\mathrm{d}t \tag{11-8}$$

11.4.2 机械系统的等效动力学模型

对于单自由度的机械系统，可以用机械中一个构件的运动代替整个机械系统的运动，把复杂的机械系统的运动问题简化为一个简单等效构件的运动问题。这个能代替整个机械系统运动的构件称为等效构件。

为了使问题简化，常取机械系统中做简单运动的构件为等效构件，即取做定轴转动的构件或做往复移动的构件为等效构件。

图 11-5 中，选曲柄 1 为等效构件，曲柄转角 φ_1 为独立的广义坐标，式(11-8)可改写为

$$\mathrm{d}\left\{\frac{\omega_1^2}{2}\left[J_1 + J_2\left(\frac{\omega_2}{\omega_1}\right)^2 + m_2\left(\frac{v_2}{\omega_1}\right)^2 + m_3\left(\frac{v_3}{\omega_1}\right)^2\right]\right\} = \omega_1\left[M_1 - F_3\left(\frac{v_3}{\omega_1}\right)\right]\mathrm{d}t \tag{11-9}$$

设

$$J_e = J_1 + J_2\left(\frac{\omega_2}{\omega_1}\right)^2 + m_2\left(\frac{v_2}{\omega_1}\right)^2 + m_3\left(\frac{v_3}{\omega_1}\right)^2$$

$$M_e = M_1 - F_3\left(\frac{v_3}{\omega_1}\right)$$

则式(11-9)可以简化为

$$\mathrm{d}\left(J_e\frac{\omega_1^2}{2}\right) = M_e\omega_1\mathrm{d}t \tag{11-10}$$

式中，J_e 为具有转动惯量的量纲，称为等效转动惯量，是广义坐标 φ_1 的函数，可表示为 $J_e = J_e(\varphi_1)$；M_e 为具有力矩的量纲，称为等效力矩，是运动参数 φ_1、ω_1、t 的函数，可表示为 $M_e = M_e(\varphi_1, \omega_1, t)$。

因此，对一个单自由度机械系统的研究，可以简化为对一个具有等效转动惯量 $J_e(\varphi_1)$，在其上作用有等效力矩 $M_e(\varphi_1, \omega_1, t)$ 的假想构件的运动的研究，此时等效构件为转动构件(图 11-6a)。

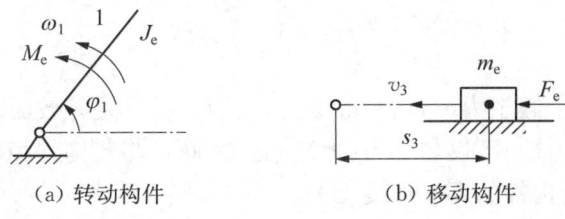

(a) 转动构件　　　　(b) 移动构件

图 11-6　等效构件

在图 11-5 中，选取滑块 3 为等效构件，滑块的位移 s_3 为独立的广义坐标，式(11-8)可改写为

$$d\left\{\frac{v_3^2}{2}\left[J_1\left(\frac{\omega_1}{v_3}\right)^2+J_2\left(\frac{\omega_2}{v_3}\right)^2+m_2\left(\frac{v_2}{v_3}\right)^2+m_3\right]\right\}=v_3\left[M_1\left(\frac{\omega_1}{v_3}\right)-F_3\right]dt \quad (11-11)$$

设

$$m_e=J_1\left(\frac{\omega_1}{v_3}\right)^2+J_2\left(\frac{\omega_2}{v_3}\right)^2+m_2\left(\frac{v_2}{v_3}\right)^2+m_3$$

$$F_e=M_1\left(\frac{\omega_1}{v_3}\right)-F_3$$

则式(11-11)可以简化为

$$d\left(m_e\frac{v_3^2}{2}\right)=F_e v_3 dt \quad (11-12)$$

式中，m_e 为具有质量的量纲，称为等效质量，是广义坐标 s_3 的函数，可表示为 $m_e=m_e(s_3)$；F_e 为具有力的量纲，称为等效力，是运动参数 s_3、v_3、t 的函数，可表示为 $F_e=F_e(s_3, v_3, t)$。

因此，对一个单自由度机械系统的研究，也可以简化为对一个具有等效转动惯量 $m_e(s_3)$、在其上作用有等效力 $F_e(s_3, v_3, t)$ 的假想构件的运动的研究，此时等效构件为移动构件(图 11-6b)。

建立机械系统等效动力学模型时，首先选取机械中待求速度的转动或移动构件为等效构件，并以其位置参数为广义坐标。其次，确定系统广义构件的等效转动惯量 J_e 或等效质量 m_e，以及等效力矩 M_e 或等效力 F_e。

对于式(11-5)描述的一般机械系统，取转动构件为等效构件时，其等效转动惯量为

$$J_e=\sum_{i=1}^{n}\left[m_i\left(\frac{v_{si}}{\omega}\right)^2+J_{si}\left(\frac{\omega_i}{\omega}\right)^2\right] \quad (11-13)$$

等效力矩为

$$M_e=\sum_{i=1}^{n}\left[F_i\cos\alpha_i\left(\frac{v_i}{\omega}\right)^2\pm M_{si}\left(\frac{\omega_i}{\omega}\right)\right] \quad (11-14)$$

取移动构件为等效构件时，其等效质量为

$$m_e=\sum_{i=1}^{n}\left[m_i\left(\frac{v_{si}}{v}\right)^2+J_{si}\left(\frac{\omega_i}{v}\right)^2\right] \quad (11-15)$$

等效力为

$$F_e = \sum_{i=1}^{n}\left[F_i\cos\alpha_i\left(\frac{v_i}{v}\right) \pm M_i\left(\frac{\omega_i}{v}\right)\right] \qquad (11-16)$$

等效力(力矩)是一个假想力(力矩);等效力(力矩)为正,是等效驱动力(力矩),反之,为等效阻力(力矩);等效力(力矩)不仅与外力(力矩)有关,而且与各构件相对于等效构件的速度比有关,而与机械系统驱动构件的真实速度无关。

等效质量(转动惯量)是一个假想质量(转动惯量);等效质量(转动惯量)不仅与各构件质量(转动惯量)有关,而且与各构件相对于等效构件的速度比平方有关,与机械系统驱动构件的真实速度无关。

J_e 或 m_e 的大小是根据等效构件与原机械系统动能相等的条件来确定;M_e 或 F_e 的大小是根据等效构件与原机械系统的瞬时功率相等的条件来确定。

例 11-1 如图 11-7 所示为齿轮-连杆机构。设已知轮 1 的齿数 $z_1=20$,转动惯量为 J_1;轮 2 的齿数为 $z_2=60$。它与曲柄 $2'$ 的质心在 B 点,其对 B 轴的转动惯量为 J_2,曲柄 $2'$ 长为 l;滑块 3 和构件 4 的质量分别为 m_3、m_4,其质心分别在 C 及 D 点。在轮 1 上作用有驱动力矩 M_1,在构件 4 上作用有阻抗力 F_4,现取曲柄 $2'$ 为等效构件,试求在图示位置时的 J_e 及 M_e。

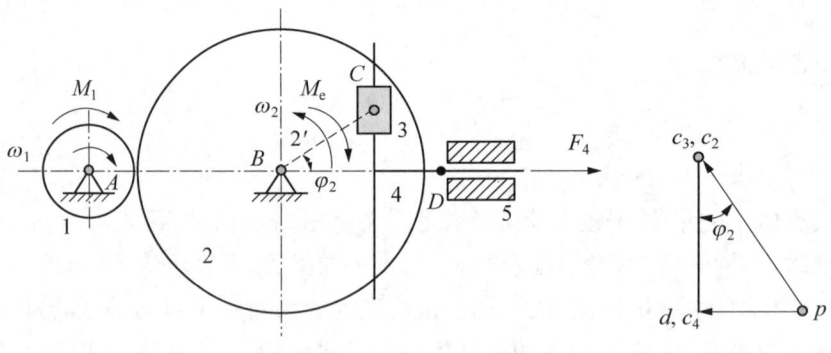

图 11-7 齿轮-连杆机构

解:根据等效转动惯量公式,若取曲柄 $2'$ 为等效构件,有

$$J_e = J_1\left(\frac{\omega_1}{\omega_2}\right)^2 + J_2 + m_3\left(\frac{v_3}{\omega_2}\right)^2 + m_4\left(\frac{v_4}{\omega_2}\right)^2$$

而由速度分析可知

$$v_3 = v_C = \omega_2 l, \quad v_4 = v_1\sin\varphi_2 = \omega_2 l\sin\varphi_2$$

故

$$J_e = J_1\left(\frac{z_2}{z_1}\right)^2 + J_2 + m_3 l^2 + m_4 l^2\sin^2\varphi_2 = 9J_1 + J_2 + m_3 l^2 + m_4 l^2\sin^2\varphi_2$$

根据等效力矩计算公式

$$M_e = F_4\cos\alpha_4\frac{v_4}{\omega_2} + M_1\frac{\omega_1}{\omega_2} = F_4 l\sin\varphi_2\cos 180° + M_1\frac{z_2}{z_1} = 3M_1 - F_4 l\sin\varphi_2$$

机械系统等效转化的原则如下:

(1) 等效构件的质量或者转动惯量所具有的动能应等于整个机械系统的总动能。
(2) 等效构件上的等效力或等效力矩所做的功(或所产生的功率)应等于整个机械系统所

有外力和外力矩所做的功(或所产生的功率)之和。

11.5 机械系统运动方程的求解

11.5.1 机械运动方程的建立

1) 动能形式的机械运动方程

取绕定轴转动的构件为等效构件,当等效构件由位置 1 转动到位置 2 时,运动方程为

$$\int_{\varphi_1}^{\varphi_2} M_e \mathrm{d}\varphi = \frac{1}{2} J_{e2} \omega_2^2 - \frac{1}{2} J_{e1} \omega_1^2 \qquad (11-17)$$

式中,φ_1、ω_1、J_{e1} 分别为等效构件在位置 1 时的转角、角速度和等效转动惯量;φ_2、ω_2、J_{e2} 分别为等效构件在位置 2 时的转角、角速度和等效转动惯量。

也可以表示为

$$\int_{\varphi_1}^{\varphi_2} M_{ed} \mathrm{d}\varphi - \int_{\varphi_1}^{\varphi_2} M_{er} \mathrm{d}\varphi = \frac{1}{2} J_{e2} \omega_2^2 - \frac{1}{2} J_{e1} \omega_1^2 \qquad (11-18)$$

式中,M_{ed}、M_{er} 分别为等效驱动力矩和等效阻力矩。

取移动构件为等效构件,当等效构件由位置 1 移动到位置 2 时,运动方程为

$$\int_{s_1}^{s_2} F_e \mathrm{d}s = \frac{1}{2} m_{e2} v_2^2 - \frac{1}{2} m_{e1} v_1^2 \qquad (11-19)$$

式中,s_1、v_1、m_{e1} 分别为等效构件在位置 1 时的位移、速度和等效质量;s_2、v_2、m_{e2} 分别为等效构件在位置 1 时的位移、速度和等效质量。

也可以表示为

$$\int_{s_1}^{s_2} F_{ed} \mathrm{d}s - \int_{s_1}^{s_2} F_{er} \mathrm{d}s = \frac{1}{2} m_{e2} V_2^2 - \frac{1}{2} m_e V_1^2 \qquad (11-20)$$

式中,F_{ed}、F_{er} 分别为等效驱动力和等效阻力。

2) 力矩形式的机械运动方程

当等效构件取绕定轴转动的构件时,式(11-10)可以写为

$$\mathrm{d}\left(J_e \frac{\omega_1^2}{2}\right) = M_e \mathrm{d}\varphi \qquad (11-21)$$

故

$$M_e = \frac{1}{2} \frac{\mathrm{d}}{\mathrm{d}\varphi}(J_e \omega^2) = \frac{\omega^2}{2} \frac{\mathrm{d}J_e}{\mathrm{d}\varphi} + J_e \omega \frac{\mathrm{d}\omega}{\mathrm{d}\varphi} = \frac{\omega^2}{2} \frac{\mathrm{d}J_e}{\mathrm{d}\varphi} + J_e \frac{\mathrm{d}\varphi}{\mathrm{d}t} \frac{\mathrm{d}\omega}{\mathrm{d}\varphi} = \frac{\omega^2}{2} \frac{\mathrm{d}J_e}{\mathrm{d}\varphi} + J_e \frac{\mathrm{d}\omega}{\mathrm{d}t} \qquad (11-22)$$

当等效构件取移动构件时,式(11-12)可以写为

$$F_e \mathrm{d}s = \mathrm{d}\left(\frac{1}{2} m_e v^2\right) \qquad (11-23)$$

故

$$F_e = \frac{1}{2}\frac{d}{ds}(m_e v^2) = \frac{v^2}{2}\frac{dm_e}{ds} + m_e v\frac{dv}{ds} = \frac{v^2}{2}\frac{dm_e}{ds} + m_e\frac{ds}{dt}\frac{dv}{ds} = \frac{v^2}{2}\frac{dm_e}{ds} + m_e\frac{dv}{dt}$$

(11-24)

11.5.2 机械运动方程的解法

当等效转动惯量和等效力矩是机构位置的函数时,如内燃机驱动活塞式压缩机的机械系统,此时宜采用动能形式的运动方程。假设初始条件为 $\varphi = \varphi_0, \omega = \omega_0, J = J_{e0}$。

根据式(11-13)有

$$\int_{\varphi_0}^{\varphi} M_e d\varphi = \frac{1}{2}J_e \omega^2 - \frac{1}{2}J_{e0}\omega_0^2 \tag{11-25}$$

则等效力矩所做的功为

$$W = \int_{\varphi_0}^{\varphi} M_e d\varphi = \frac{J_e \omega^2}{2} - \frac{J_{e0}\omega_0^2}{2} \tag{11-26}$$

则等效构件的角速度 ω 为

$$\omega = \sqrt{\frac{2}{J_e}\int_{\varphi_0}^{\varphi} M_e d\varphi + \frac{J_{e0}\omega_0^2}{J_e}} = \sqrt{\frac{2W + J_{e0}\omega_0^2}{J_e}} \tag{11-27}$$

等效构件的角加速度 a 为

$$a = \frac{d\omega}{dt} = \frac{d\omega}{d\varphi}\frac{d\varphi}{dt} = \omega\frac{d\omega}{d\varphi} \tag{11-28}$$

有时为了估算,假设 $M_e = $ 常数,$J_e = $ 常数,此时利用力矩形式[式(11-21)]得

$$J_e \frac{d\omega}{dt} = M_e$$

则等效构件的角加速度为

$$\alpha = \frac{d\omega}{dt} = \frac{M_e}{J_e} \tag{11-29}$$

如果已知边界条件为当 $t = t_0$ 时,$\varphi = \varphi_0$、$\omega = \omega_0$,则由上式积分可得等效构件的角速度为

$$\omega = \omega_0 + \alpha t \tag{11-30}$$

11.6 机械运转的速度波动

1) 周期性速度波动

当作用在机械系统中的等效驱动力和等效阻力是周期性函数时,机械运转的速度波动呈现周期性的特点。大多数机械在稳定运转过程中表现出周期性速度波动的特性。

机械产生周期性速度波动的原因在于机械系统的能量是周期性变化的。当等效转动构件转过任意 φ 角时,等效驱动力矩 $M_{ed}(\varphi)$ 和等效阻力矩 $M_{er}(\varphi)$ 所做功的增量为

$$\Delta W = \int_0^t (M_{ed} - M_{er}) d\varphi \tag{11-31}$$

在一个运转周期内的任一瞬间,等效驱动力矩所做的功并不等于等效阻力矩所做的功。分析图 11-8 中 bc 段曲线的变化可以看出,由于力矩 $M_{ed} > M_{er}$,因而机械系统的驱动功大于阻抗功,多余的功在图中以"+"号表示,称为盈功。

在这一阶段,等效构件的角速度由于动能的增加而上升。反之,在图中 cd 段,由于 $M_{ed} < M_{er}$,因而机械系统的驱动功小于阻抗功,不足的功在图中以"-"号表示,称为亏功。在这一运动过程中,等效构件的角速度由于动能的减少而下降。由此可知,机器运转中盈功、亏功的出现是导致运动件速度波动的根本原因。

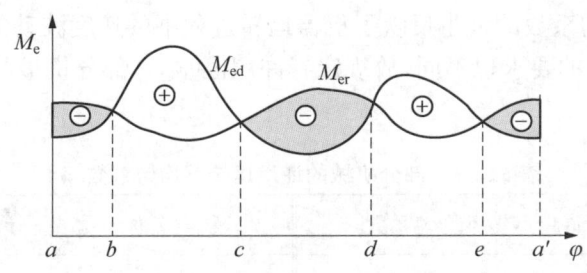

图 11-8　等效力矩与盈亏功

2) 非周期性速度波动

在机械运转过程中,由于机械等效驱动力或等效阻力的突变等原因,使机械动能的稳定关系遭到破坏,此时系统表现的速度波动称为非周期性速度波动。

如果机械系统在相当长一段运转时间内等效驱动力与等效阻力不相等,其运转速度会出现非周期性波动。例如,在内燃机驱动的发电机组中,由于用电负荷的突然减少,导致发电机组中的阻力矩也随之减小,而内燃机提供的驱动力矩没有改变,发电机转子的转速则越来越高,用电负荷的继续减少,将导致发电机转子的转速继续升高,有可能发生飞车事故。反之,若用电负荷的突然增加,导致发电机组中的阻力矩也随之增加,而内燃机提供的驱动力矩没有改变,发电机转子的转速降低,则用电负荷的继续增加,将导致发电机转子的转速继续降低,直至发生停车事故。因此,研究这种非周期性速度波动的调节方法也很有必要的。

调节非周期性速度波动需要采用专门的调速器。调速器是一种带有反馈环节的速度调节装置,通过实时监测机械系统的速度波动从而向系统额外地输入或输出能量,对速度进行调节。

11.7　机械周期性速度波动的调节

11.7.1　运动不均匀系数

对周期性变速稳定运转来说,尽管 ω_m 为常量,但是过大的速度波对机械的工作是不利的。它不仅会影响机械的工作质量,而且会影响机械的效率和寿命。所以必须设法加以控制和调节,将其控制在允许的范围之内。角速度 ω_m 的平均值可近似为

$$\omega_m = \frac{1}{2}(\omega_{max} + \omega_{min}) \tag{11-32}$$

式中,ω_{max} 表示一个周期内的最大转速;ω_{min} 表示一个周期内的最小转速。

角速度的差值 $\omega_{max} - \omega_{min}$ 可反映机械运转过程中速度波动的绝对量,但不能反映机械运

转的不均匀程度。例如，当 $\omega_{max} - \omega_{min} = 5 \text{ rad/s}$ 时，对于 $\omega_m = 10 \text{ rad/s}$ 和 $\omega_m = 100 \text{ rad/s}$ 的机械，低速机械的速度波动要明显一些。工程上利用速度波动的绝对量与平均角速度的比值来表示机械运转的不均匀程度，用 δ 表示，并称之为机械运转的不均匀系数，即

$$\delta = \frac{\omega_{max} - \omega_{min}}{\omega_m} \tag{11-33}$$

由式(11-33)可知，当 ω_m 一定时，δ 愈小，则差值 $\omega_{max} - \omega_{min}$ 也愈小，说明机器的运转愈平稳。

机器的运转不均匀系数的大小反映了机器运转过程中的速度波动的大小。对于不同的机器，因工作性质不同，δ 的要求也不同，故规定有许用值$[\delta]$。部分机械的许用运转不均匀系数$[\delta]$见表11-1。

表 11-1　部分机械的许用运转不均匀系数$[\delta]$

机器名称	许用运转不均匀系数$[\delta]$	机器名称	许用运转不均匀系数$[\delta]$
石料破碎机	$\frac{1}{20} \sim \frac{1}{5}$	造纸机、织布机	$\frac{1}{50} \sim \frac{1}{40}$
农业机械	$\frac{1}{50} \sim \frac{1}{5}$	压缩机	$\frac{1}{100} \sim \frac{1}{50}$
压力机、剪床、锻床	$\frac{1}{10} \sim \frac{1}{7}$	纺纱机	$\frac{1}{100} \sim \frac{1}{60}$
轧钢机	$\frac{1}{25} \sim \frac{1}{10}$	内燃机	$\frac{1}{150} \sim \frac{1}{80}$
金属切削机床	$\frac{1}{50} \sim \frac{1}{20}$	直流发电机	$\frac{1}{200} \sim \frac{1}{100}$
汽车、拖拉机	$\frac{1}{60} \sim \frac{1}{20}$	交流发电机	$\frac{1}{300} \sim \frac{1}{200}$
水泵、鼓风机	$\frac{1}{50} \sim \frac{1}{30}$	汽轮发电机	$\leqslant \frac{1}{200}$

设计时，机械运动的不均匀系数不能超过允许值。必要时，在机械中安装一个具有很大运动惯量的回转构件——飞轮，以调节周期性速度波动。

11.7.2　飞轮调速的基本原理

周期性速度波动的基本调节方法是安装飞轮。飞轮是指一种定轴转动的具有较大转动惯量的回转体，实质上相当于一个蓄能器，起到对系统能量削峰填谷的作用，从而把速度波动控制在允许的范围内。盈功时飞轮转速略增并将多余的功以动能的形式储存起来，使机械的速度上升较慢；亏功时飞轮转速略减并将储存的能量释放出来以补充驱动力的不足，使机械的速度下降较慢。

飞轮设计的核心就是确定飞轮的转动惯量。对于一个转动刚体飞轮，设其最大角速度 ω_{max}、最小角速度 ω_{min} 对应的机械的动能分别为最大动能 E_{max}、最小动能 E_{min}（图11-9）。E_{max} 与 E_{min} 之差表示一个周期内动能的最大变化量。根据能量守恒基本定律，它是由最大盈功或最大亏功转化而来的。机械在一个周期内动能的最大变化量称为最大盈亏功 ΔW_{max}，即

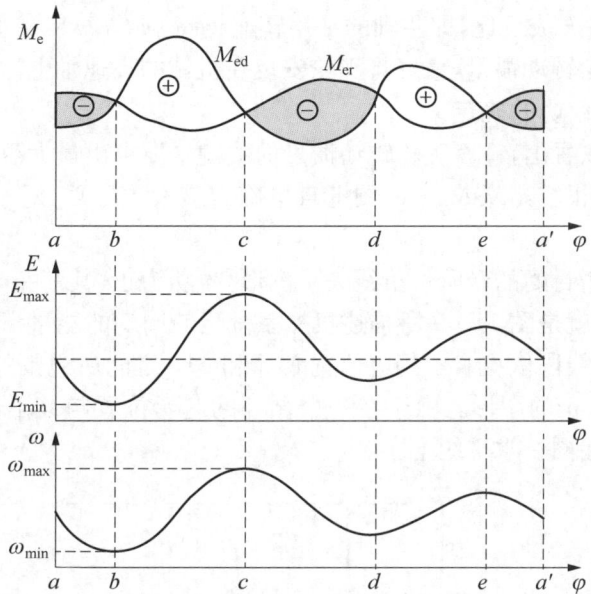

图 11-9 机械系统的运转周期($M_e-\varphi$、$E-\varphi$、$\omega-\varphi$)

$$\Delta W_{max} = E_{max} - E_{min} = \frac{1}{2}J_e(\omega_{max}^2 - \omega_{min}^2) = J_e\omega_m^2\delta \tag{11-34}$$

则可以求得系统的运动不均匀系数为

$$\delta = \frac{\Delta W_{max}}{J_e\omega_m^2} \tag{11-35}$$

如果不均匀系数大于许用值,可在机械的等效构件上添加一个飞轮,设飞轮转动惯量为 J_f,则有

$$\delta = \frac{\Delta W_{max}}{(J_e+J_f)\omega_m^2} \leqslant [\delta] \tag{11-36}$$

得出飞轮转动惯量的计算公式为

$$J_f \geqslant \frac{\Delta W_{max}}{[\delta]\omega_m^2} - J_e \tag{11-37}$$

如果原有等效转动惯量远远小于飞轮的转动惯量,则可以忽略不计,上式可写为

$$J_f \geqslant \frac{\Delta W_{max}}{[\delta]\omega_m^2} = \frac{900\Delta W_{max}}{[\delta]\pi^2 n^2} \tag{11-38}$$

如果飞轮没有安装在等效构件上,还需要另行做等效转换。

由上式可得以下结论:

(1) 当 ΔW_{max} 与 ω_m 一定时,J_f 与 $[\delta]$ 成反比。当许用不均匀系数取得很小时,飞轮的转动惯量就会很大。所以,过分追求机械运转的速度均匀性,将使飞轮过于笨重,增加成本。

(2) 当 J_f 与 ω_m 一定时,ΔW_{max} 与 δ 成正比,表明机械只要有盈亏功,不论飞轮有多大,δ

都不等于零;最大盈亏功愈大,机械运转愈不均匀。

(3) J_f 与 ω_m 的平方成反比,即主轴的平均转速越高,所需安装在主轴上的飞轮转动惯量越小。所以为减小飞轮转动惯量,最好将飞轮安装在机械的高速轴上。

11.7.3 最大盈亏功的确定

从式(11-38)可以看出,计算飞轮转动惯量的关键是要求出最大盈亏功。

一般情况下,可以很容易从 M_e-φ 图上直接确定最大盈亏功,对于复杂情况需用能量指示图来确定。

能量指示图是一个封闭的台阶形折线矢量图形,盈功为正,其箭头向上;亏功为负,箭头向下。如图 11-10 所示就是图 11-9 所描述机械系统运转周期的能量指示图,它是以 a 点为起点,按一定比例用向量线段依次表示相应位置 M_{ed} 和 M_{er} 之间所包围的面积 W_{ab}、W_{bc}、W_{cd}、W_{de} 和 $W_{ea'}$ 的大小和正负的图形。由于在一个循环的起始位置与终了位置处的动能相等,故能量指示图的首尾应在同一水平线上。

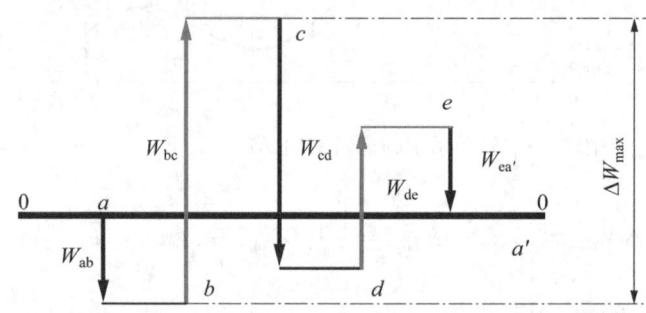

图 11-10 能量指示图

图中最高点 c 和最低点 b 分别表示最大动能和最小动能,对应于 ω_{max} 和 ω_{min},c、b 两个位置的距离就代表了最大盈亏功 ΔW_{max}。

例 11-2 某机组作用在主轴上的阻力矩变化曲线 M_r-φ 如图 11-11a 所示。已知主轴上的驱动力矩 M_d 为常数,主轴的平均角速度 $\omega_m = 25$ rad/s,机械运转速度不均匀系数 $\delta = 0.02$。

(1) 求驱动力矩;

(2) 求最大盈亏功;

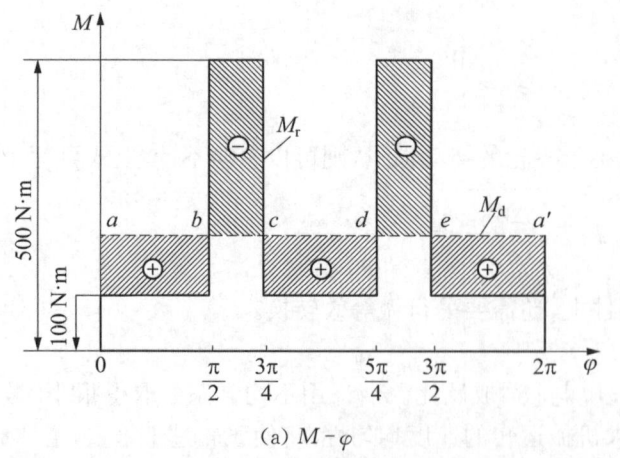

(a) M-φ

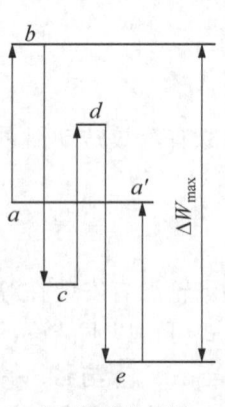

(b) 能量指示图

图 11-11 例 11-2 图

(3) 求安装在主轴上的飞轮转动惯量 J_{f1}；
(4) 若将飞轮安装在转速为主轴 3 倍的辅助轴上，求飞轮的转动惯量 J_{f2}。

解：(1) 求驱动力矩。给定 M_d 为常数，故 $M_d - \varphi$ 为一水平直线。在一个周期中驱动力矩所做的功应等于阻力矩所做的功，即

$$2\pi M_d = 100 \times 2\pi + 400 \times \frac{\pi}{4} \times 2$$

解得 $M_d = 100 \text{ N·m}$。

由此可作出 $M_d - \varphi$ 的水平直线(图 11-11a)。

(2) 求最大盈亏功。一个运转周期的起止点标注为 a、a'，曲线 $M_d - \varphi$ 与曲线 $M_r - \varphi$ 的交点标注为 b、c、d、e。将两曲线所围面积分为盈功和亏功，盈功用"+"标识，亏功用"−"标识。然后根据各区间盈亏功的数值大小按比例作能量指示图，如图 11-11b 所示。

首先自下而上作直线 ab 表示 ab 区间的盈功，其大小为 $\frac{100\pi}{2}$ N·m；其次向下作直线 bc 表示 bc 区间的亏功，其大小为 $\frac{-300\pi}{4}$ N·m；再向上作直线 cd 表示 cd 区间的盈功，其大小为 $\frac{100\pi}{2}$ N·m；向下作直线 de 表示 de 区间的亏功，其大小为 $\frac{-300\pi}{4}$ N·m；最后画上封闭矢量 ea'。由图可知，be 区间出现最大盈亏功，其值为

$$\Delta W_{\max} = |W_{bc}| + |W_{de}| - |W_{cd}| = \frac{300\pi}{4} + \frac{300\pi}{4} - \frac{100\pi}{2} = 314.16(\text{N·m})$$

(3) 安装在主轴上的飞轮转动惯量

$$J_{f1} = \frac{\Delta W_{\max}}{\omega_m^2 \delta} = \frac{314.16}{25^2 \times 0.02} = 211.13(\text{kg·m}^2)$$

(4) 安装在辅助轴上的飞轮转动惯量

$$J_{f2} = J_{f1}\left(\frac{\omega_m}{\omega_m'}\right)^2 = 211.13 \times \frac{1}{9} = 2.79(\text{kg·m}^2)$$

11.7.4 飞轮主要尺寸的确定

求出飞轮转动惯量之后，还要确定它的直径、宽度、轮缘厚度等有关尺寸。

如图 11-12 所示为带有轮辐的飞轮。这种飞轮一般较大，由轮毂、轮辐和轮缘三部分组成。其轮毂和轮辐的转动惯量较小，可忽略不计，而认为飞轮质量 m 集中于轮缘。设轮缘的平均直径为 D_m，则

$$J_f = m\left(\frac{D_m}{2}\right)^2 = \frac{mD_m^2}{4} \tag{11-39}$$

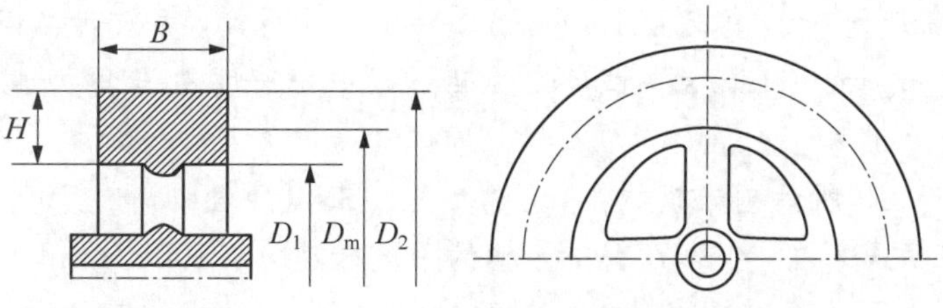

图 11-12 带有轮辐的飞轮

当按照机器的结构和空间位置选定轮缘的平均直径 D_m 之后,由式(11-39)便可求出飞轮的质量 m。设轮缘为矩形断面,它的体积、厚度、宽度分别为 V、H、B,材料的密度为 ρ,则

$$m = V\rho = \pi D_m H B \rho \tag{11-40}$$

一般情况下,对较大的飞轮,取 $H \approx 1.5B$;对较小的飞轮,取 $H \approx 2B$。选定飞轮的材料与比值 H 或 B 之后,另一个尺寸便可求出。

对于外径为 D 的实心圆盘式飞轮,由理论力学可知

$$J_f = \frac{1}{2} m \left(\frac{D}{2} \right)^2 = \frac{mD^2}{8} \tag{11-41}$$

选定圆盘材料和外径 D 之后,便可求出飞轮的宽度 B。

飞轮的转速越高,其轮缘材质产生的离心力越大,当轮缘材料所受离心力超过其材料的强度极限时,轮缘便会爆裂。在选择平均直径 D_m 和外圆直径 D 时,应使飞轮外圆的圆周速度不大于以下安全数值:对于铸铁飞轮,$V_{max} < 36$ m/s;对于铸钢飞轮,$V_{max} < 50$ m/s。

飞轮不一定是专门外加的构件,在实际机械中可利用增大带轮(或齿轮)的尺寸和质量的方式,使它们具有飞轮的效果。

思考与练习

1. 机器的运转过程一般分为哪几个阶段?在这几个阶段中输入功、损耗功、动能之间有何关系?有哪些特点?

2. 何谓周期性速度波动?何谓非周期性速度波动?它们各用何种方法加以调节?经过调节之后主轴能否获得匀速转动?

3. 何谓机器运转的平均速度和速度不均匀系数?

4. 何谓机械的等效动力学模型?建立时遵循的原则是什么?

5. 在机械系统的真实运动规律尚属未知的情况下,能否求出其等效力矩和等效转动惯量?计算等效力矩(或等效力)、等效转动惯量(或等效质量)时,各自应保证等效前后系统的什么不能改变?

6. 何谓最大盈亏功?如何确定其值?

7. 飞轮的调速原理是什么?为了减小飞轮的质量,飞轮最好安装在何处?

8. 已知某机械稳定运转时主轴的角速度 $\omega_s = 100$ rad/s,机械的等效转动惯量 $J_e = 0.5$ kg·m^2,制动器的最大制动力矩 $M_r = 20$ N·m(制动器与机械主轴直接相连,并取主轴为等效构件)。要求制动时间不超过 3 s,试检验该制动器是否能满足工作要求。

9. 设有一由电动机驱动的机械系统,以主轴为等效构件时,作用于其上的等效驱动力矩 $M = (10000 \sim 100\omega)$ N·m,等效阻抗力矩 $M_{er} = 8000$ N·m,等效转动惯量 $J_e = 8$ kg·m^2,主轴的初始角速度 $\omega_0 = 100$ rad/s。试确定运转过程中角速度 ω 与角加速度 α 随时间的变化关系。

10. 在如图 11-13 所示刨床机构中,已知空程和工作行程中消耗于克服阻抗力的恒功率分别为 $P_1 = 3611.7$ W 和 $P_2 = 3677$ W,曲柄的平均转速 $n = 100$ r/min。空程曲柄的转角为 $\varphi = 120°$。当机构的运动不均匀系数 $\delta = 0.05$ 时,试确定电动机所需的平均功率,并分别计算

在以下两种情况中的飞轮转动惯量 J（略去各构件的质量和转动惯量）：

(1) 飞轮装在曲柄轴上；

(2) 飞轮装在电动机轴上，电动机的额定转速 $n_n = 1440\ \text{r/min}$。（电动机通过减速器驱动曲柄，为简化计算，减速器的转动惯量忽略不计）

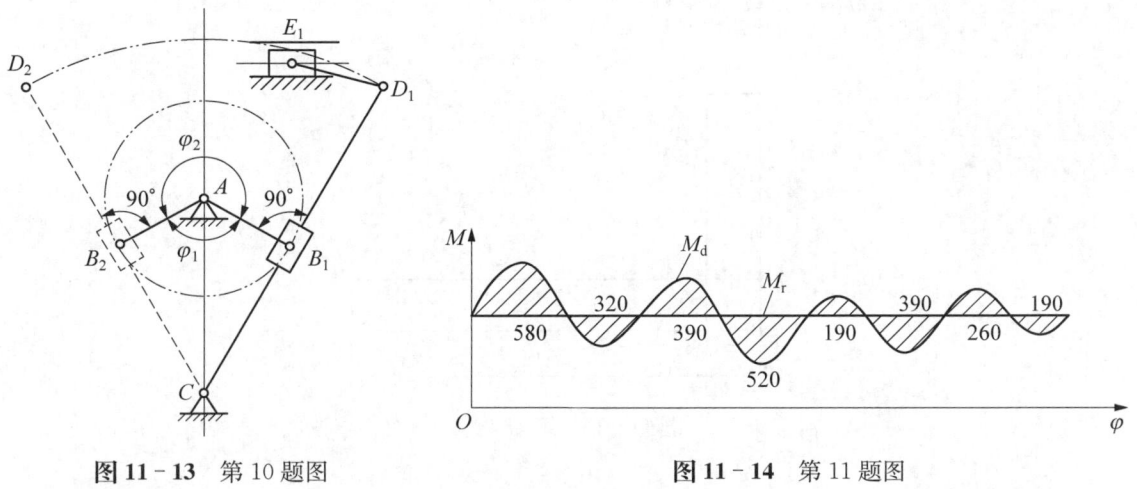

图 11-13　第 10 题图　　　　图 11-14　第 11 题图

11. 如图 11-14 所示为作用在多缸发动机曲轴上的驱动力矩 M_d 和阻力矩 M_r 的变化曲线，其中阻力矩为常数，两者围成的面积依次为 $+580\ \text{mm}^2$、$-320\ \text{mm}^2$、$+390\ \text{mm}^2$、$-520\ \text{mm}^2$、$+190\ \text{mm}^2$、$-390\ \text{mm}^2$、$+260\ \text{mm}^2$、$-190\ \text{mm}^2$，该图的比例尺 $\mu_M = 100\ \text{N}\cdot\text{m/mm}$、$\mu_\varphi = 0.01\ \text{rad/mm}$。设曲轴平均转速为 $120\ \text{r/min}$ 时角速度不超过平均速度的 $\pm 3\%$，求装在该曲轴上的飞轮转动惯量。

12. 在电动机驱动剪床的机组中，已知电动机的转速为 $1\,000\ \text{r/min}$。电动机通过联轴器与剪床主轴连接，作用在剪床主轴上的阻力矩 M_r 的变化规律如图 11-15 所示，设驱动力矩 M_d 为常数，除飞轮以外其他构件的转动惯量均可忽略不计，机械运转速度不均匀系数 $\delta = 0.04$。求：

(1) 驱动力矩 M_d 的数值；

(2) 安装在主轴上的飞轮转动惯量。

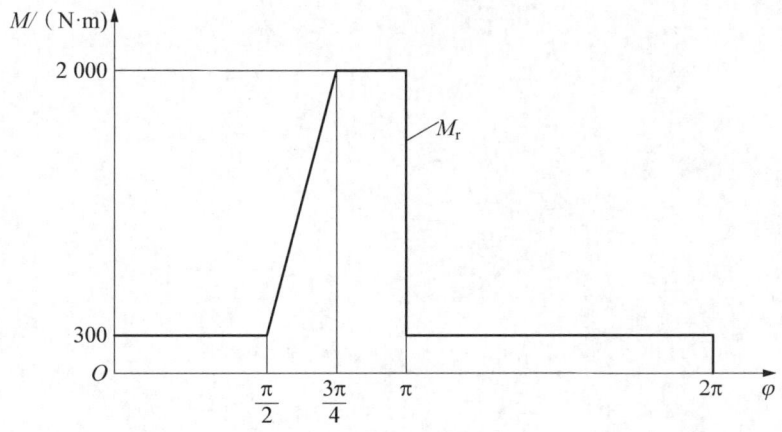

图 11-15　第 12 题图

13. 某机组主轴由发动机供给的驱动力矩 $M_d = \dfrac{1\,000}{\omega}$ N·m，阻力矩 M_r 的变化如图 11-16 所示，$t_1 = 0.1$ s、$t_2 = 0.9$ s。若忽略其他构件的转动惯量，试求在 $\omega_{max} = 200$ rad/s、$\omega_{min} = 100$ rad/s 的情况下，该机组主轴上应装飞轮的转动惯量。

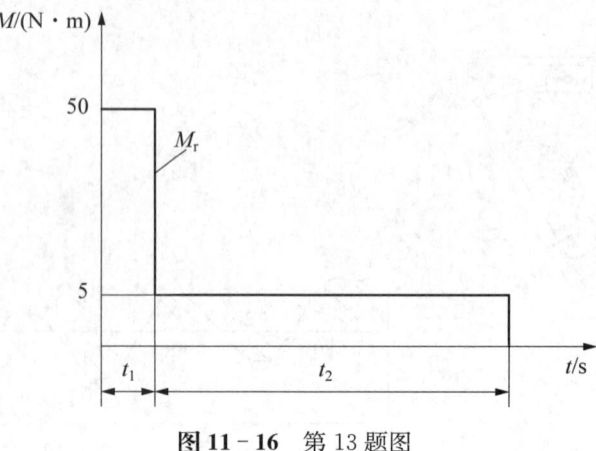

图 11-16　第 13 题图

第 12 章

机械系统方案设计

◎ 学习成果达成要求

1. 掌握机械系统运动方案的拟定过程。
2. 了解机构的组合方式及机构的选型。
3. 了解执行机构的协调和运动循环图。

12.1 机械系统方案设计概述

1) 机械系统运动方案设计的重要性

机械产品的设计过程是一个通过分析、综合与创新获得满足某些特定要求和功能的机械系统的活动过程。机械新产品或新系统的开发设计过程通常包括以下四个阶段：初期规划设计阶段、总体方案设计阶段、结构技术设计阶段和生产施工设计阶段。其中总体方案设计阶段是关键的一步，它对于机械产品的性能优劣、市场竞争力起着决定性作用，直接关系到机械产品的全局和设计过程的成败。因此，机械系统总体方案设计在整个机械设计过程中占有十分重要的地位。而方案设计的核心任务就是进行机械系统运动方案的设计。运动方案设计的优劣将直接影响机械产品的使用效果、结构繁简、成本高低等。

2) 机械系统运动方案设计的内容

机械系统运动方案设计就是针对机械系统运动部分的设计。运动方案设计的目的，就是通过调查研究进行机械产品规划、确定设计任务、明确设计要求和条件，在此基础上寻求问题的解法及原理方案构思，进行功能原理设计，拟定机械功能原理方案，选择机构类型，得出一组可行的机械系统运动方案，为下一步进行详细的结构设计做好原理方案方面的准备，也为最终进行评价、优选、决策提供可行性、先进性等相关技术原理方面详尽的科学依据。

12.2 机械系统运动方案设计

12.2.1 机械系统运动方案设计流程

任何产品的设计都是从需求到功能再到结构的映射过程。对于机械系统的运动方案设计，通常采用功能到行为再到结构的映射求解过程，其中行为指工艺动作，结构指广义机构或系统。

现代机械系统运动方案的设计过程中,功能分解和求解不再局限于传统机构,而是在广义机构范围内进行考虑,这使得工艺动作序列构思和求解空间扩大,特别是机械运动循环图的实现手段由传统的单纯机械式的机构拓展成高度柔性化的控制系统,机电一体化成为现代机器的显著特征。

机械系统运动方案设计的一般流程如图 12-1 所示。

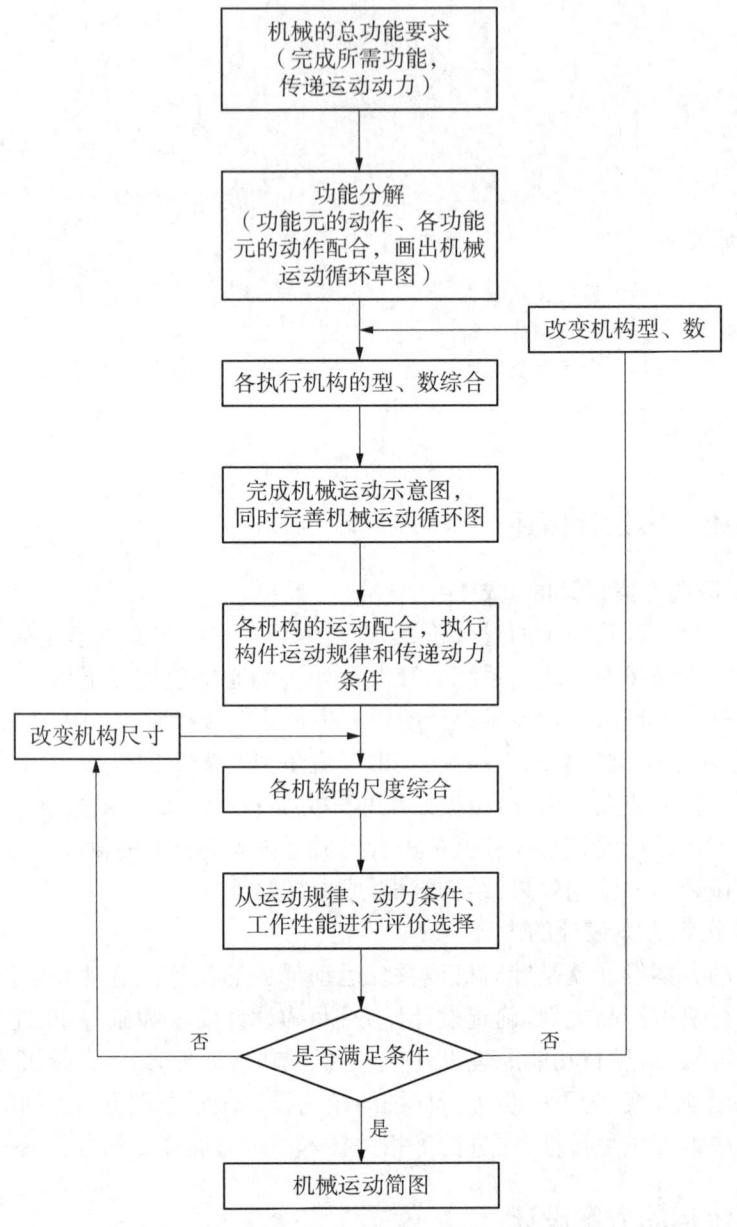

图 12-1 机械系统运动方案设计流程图

机械系统运动方案的构思、设计和拟定是一项创造性活动,设计者需要经历一个从无到有、从抽象到具体的复杂创造性思维过程。在这个过程中,设计者不仅需要熟练掌握机械设计理论和方法,而且要具备丰富的实践经验,尤其需要掌握创新设计理论和方法。

1) 制定总功能目标

设计机械产品时,首先应该根据设计对象的使用要求、市场需要、技术条件以及工作环境等情况,合理制定机械的总功能目标和原理。目标要明确、具体,同时要能发挥设计者的创造构思空间。

2) 机械功能原理设计

功能原理设计拟定实现这些总功能的工作原理和技术手段。机械产品的功能原理设计任务是针对某一确定的功能要求,去寻求某些物理效应并借助一些作用原理来求得实现该功能目标的解法原理。常用的功能原理有摩擦传动原理、机械推拉原理、材料变形原理、电磁传动原理、流体传动原理、光电原理等。

实现同一种功能要求,可以采用不同的工作原理。例如螺栓的螺纹可以车削、套丝,也可以搓丝。又如加工螺旋弹簧,可以采用绕制原理,也可以采用直接成型原理。采用不同的工作原理,机械的工艺动作不一样,机械的运动方案也就不同;即使采用同一种工作原理,也可以拟定出几种不同的机械运动方案。例如,在滚齿机上用滚刀切制齿轮和在插齿机上用插刀切制齿轮,虽同属范成加工原理,但由于所用刀具不同,两者的机械运动方案也就不同。

3) 机械运动规律设计

所谓运动规律设计,是指为了实现上述工作原理而选择何种运动规律,通过对工作原理所提出的工艺动作进行分解完成运动规律设计。工艺动作分解的方法不同,所得到的运动规律也不相同。例如,同是采用范成法加工齿轮,可以有不同的工艺动作分解方法:一种方法是把工艺动作分解成齿条插刀与轮坯的范成运动、齿条刀具上下往复的切削运动以及刀具的进给运动等,按照这种工艺动作分解方法,得到的是插齿机床的设计方案;另外一种方法是把工艺动作分解为滚刀与轮坯的连续转动(切削运动和范成运动合为一体)和滚刀沿着轮坯轴线方向的移动,按照这种工艺动作分解方法,就得到滚齿机床的方案。这些说明,实现同一工作原理,可以采用不同的工艺动作分解方法,因而得到不同的运动规律,最后设计出来的机械运动方案和机械系统也不一样。

4) 机构选型设计——工艺动作过程求解

在机械系统运动方案设计过程中,当把机械的整个工艺动作过程所需要的动作或功能分解成一系列基本动作或功能,并确定了完成这些动作或功能所需要的执行构件数目和各执行构件的基本运动形式、运动规律和执行动作之后,即可根据各基本动作和功能的要求,选择或创造合适的机构形式来实现这些动作。例如,为了实现刀具的上下往复运动,既可以用齿轮齿条机构、螺旋机构;也可以采用曲柄滑块机构、凸轮机构;还可以通过机构组合或结构变异创造发明新的机构等。在进行机构形式设计时不仅要考虑机构功能、结构、尺寸、动力特性、机械效率等多种因素,同时要考虑机械运动循环图所提出的运动协调配合要求。实现同一种运动规律,可以选用不同类型的机构,至此形成并绘制出多种备选的机械系统运动方案示意图。

对机器运动循环图进行时序优化,得到优化的时序关系。按真实尺寸比例画出各机构的简图并按时序关系组合在一起,就是机械运动简图。

综合以上内容,实现同一种功能要求,可以采用不同的工作原理;实现同一种工作原理,可以分解得到不同的运动规律;实现同一种运动规律,可以采用不同形式的机构。因此,为了实现同一种预期的功能要求,就可以得到很多种设计方案。机械系统运动方案设计所要研究的问题,就是如何合理地利用设计者的专业知识和分析能力,创造性地构思出各种可能的运动方案,并从中选出最佳设计方案。

12.2.2 机械系统运动方案设计考虑的要求和条件

1) 总体布局要求

动力源形式、传动机构与执行机构的总体布局，输入构件与输出构件的相对位置安排是机构选型和组合安排必须考虑的因素。例如，通常要求机械结构尽量紧凑，使机构的输出端尽可能靠近输入端。这时直接选用带有减速装置的原动机也是一种明智的考虑，甚至干脆选用低速电动机、步进电动机等。为了简化传动装置缩短传动链，设计者可以选择多气缸分别驱动方案，特别是当机器所在工作场所有气源时，选择气动方案更为有利。此外，有时为了简化机械系统运动方案和便于布局，可以选用输入轴与输出轴并不平行的空间齿轮机构，如交错斜齿轮机构和圆锥齿轮机构或空间凸轮机构、空间连杆机构等。

2) 运动规律要求

执行机构必须能实现输入机构运动形式的转换与执行构件所要求的运动规律。各种机构的适用工作速度是不完全相同的，这些工作速度范围是机构选型及组合安排的基本依据。

3) 运动精度要求

运动精度的高低对机构选型影响很大。例如，当对运动速度和运动时间要求很高时，就不宜采用液压和气压传动；如果对运动精度要求不高，则可采用近似直线运动代替直线运动，采用近似停歇来代替停歇，这样可使所选择的机构结构简单，易于设计、制造。

4) 承载能力要求

每种机构的承载能力和所能达到的最大工作速度是不同的，因而需要根据载荷的大小及动态特性等选用合适的机构。例如，高副机构用于运动副元素易磨损，承载能力较小；而低副机构由于运动副元素是平面或圆柱面，承载能力较大。对于执行构件做旋转运动的机构，其最大工作速度大于执行构件做往复摆动或往复移动的机构，因为后者的机构平衡比较困难，惯性动载荷往往不易克服。

5) 使用要求和工作条件

使用单位所提出的生产要求、生产车间的条件、使用和维修要求等，均对机构选型和组合安排有很大影响，所以必须给予足够重视。

6) 人-机系统的要求

机械与人的合理分工，机械操作的宜人性、安全可靠性等，也是在运动方案拟定时应考虑的重要因素，一旦忽略将严重影响机器的性能及其参与市场竞争的能力。

12.3 机构的选型及组合方式

12.3.1 机构选型设计方法

机构是机器运动功能实现的载体。所谓机构选型设计，就是根据机械系统的运动方案设计要求，从已有机构类型选择合适的机构（机构选型），或创造新的机构形式（即机构构型），以实现机器所要求的各种执行动作和运动形式。机构选型设计得合适与否，直接关系到机械运动方案的先进性、适用性和可靠性，因此它是机械系统运动方案设计中的重要部分，也是一项极具创造性的工作。

在机构选型的设计过程中，要求根据机构的运动形式、特点和适用性逆向求解执行机构。设计者不但要掌握一些常用机构的运动形式、特点和适用场合，而且要了解机构选型设计的基本原则和评价方法。

由原动件经传动系统到执行系统的整个机构系统的运动链设计中,问题的关键是如何把原动机的运动形式和运动参数转换为各种各样的执行机构的运动形式和运动参数。因此,机构选型设计的基本方法就是按照设计要求的运动形式选择合适的机构组合。

一个原动机往往要驱动多个执行构件完成动作,因此在原动机与执行构件之间必须采用具有不同功能的机构来进行运动形式和运动参数的转换,以实现执行构件的预期动作。因此,机器的运动变换必须首先进行功能分析,即对从原动机开始直到执行构件所形成的传动链两端的运动形式和运动参数进行分析,同时考虑在运动传递过程中轴线位置的配置等功能要求,最终确定各中间机构的基本功能。采用规定符号将整个运动链各部分的基本功能表示出来,再配上符合该功能的机构形式,这样就可以方便地进行机构选择或在此基础上进行机构的组合和创新。

机构的选型,首先根据已知的设计要求,按执行构件的运动形式及运动功能要求,先在基本机构中进行类比选择,当基本机构不能满足运动或动力要求时,才考虑对基本机构进行组合、变异等方法形成新的机构,或选用组合机构。有时很难找到满足工作要求的现有机构,这时要求改变机械的工作原理和工艺动作或创造新型机构。

12.3.2 基本机构及其运动特性

各种运动与实现对应运动要求的基本机构类型见表 12-1,各种功能要求与对应该要求的基本机构类型见表 12-2。

表 12-1 各种运动与实现对应运动要求的机构类型

运动形态	机 构 类 型
1. 转动转换为连续转动	齿轮机构、带传动机构、链传动机构、平行四边形机构、转动导杆机构、双转块机构等
2. 转动转换为往复摆动	曲柄摇杆机构、摆动导杆机构、摆动凸轮机构等
3. 转动转换为间歇转动	棘轮机构、槽轮机构、不完全齿轮机构、分度凸轮机构等
4. 转动转换为往复移动	齿轮齿条机构、曲柄滑块机构、正弦机构、凸轮机构、螺旋传动机构等
5. 转动转换为平面运动	平面连杆机构、行星轮系机构
6. 移动转换为连续转动	齿轮齿条机构(齿条主动)、曲柄滑块机构(滑块主动)、反凸轮机构
7. 移动转换为往复摆动	反凸轮机构、滑块机构(滑块主动)
8. 移动转换为移动	反凸轮机构、双滑块机构

表 12-2 各种功能要求与对应该要求的基本机构类型

功能要求	机 构 类 型
1. 轨迹要求	平面连杆机构、行星轮系机构
2. 自锁要求	蜗轮蜗杆机构、螺旋机构
3. 微位移要求	差动螺旋机构
4. 运动放大要求	平面连杆机构
5. 力的放大要求	平面连杆机构
6. 运动合成或分解	差动轮系与二自由度的其他机构

结合功能要求和各种基本机构能实现的运动要求,选择合适的机构实现运动方案的要求。同时,需要了解各种机构的性能和特点,以选择更加合适的机构来实现功能要求。以下为各种机构的特点和适用场合:

1) 连杆机构

连杆机构制造容易、承载能力大,但难以实现精确运动,适用于无严格运动规律的场合。连杆机构可以获得较大行程,但不能太大,否则机构尺寸会过于庞大。

2) 凸轮机构

凸轮机构能实现任意复杂的运动和各构件之间的运动协调,承载能力不大。凸轮机构的推杆行程一般较小,否则会使压力角过大或尺寸过大。

3) 齿轮机构

齿轮机构是现代机械中应用最广泛的传动机构之一,它可以用来传递空间任意两轴之间的运动和动力,具有传动功率范围大、效率高、传动比准确、使用寿命长、工作安全可靠等特点。

另外,齿轮齿条机构也可满足大行程的要求。

4) 蜗轮蜗杆机构

蜗轮蜗杆机构是由交错轴斜齿圆柱齿轮机构演化而来的,属于齿轮机构的一种特殊类型,是用来传递两交错轴之间的运动的一种齿轮机构。

蜗轮蜗杆机构常用于两轴交错、传动比大、传递功率不太大或间歇工作的场合。

5) 带传动

带传动是利用张紧在带轮上的柔性带进行运动或动力传递的一种机械传动,带传动常适用于大中心距的传动。

6) 链传动

链传动是通过链条将具有特殊齿形的主动链轮的运动和动力传递到具有特殊齿形的从动链轮的一种传动方式,链传动仅能用于两平行轴间的传动。

7) 螺旋传动

螺旋传动是靠螺旋与螺纹牙面旋合实现回转运动与直线运动转换的机械传动,可转变运动形式,转动变移动,传动比较大。

一般而言,上述机构中,除了凸轮机构能实现精确的曲线轨迹之外,其他机构都只能近似实现预定的曲线轨迹。

12.3.3 基本机构的组合方式

机构组合是指在机构选型的基础上,根据使用要求或工艺动作要求,将几个基本机构按一定的原则或规律组合成一个复杂的、新的机构系统。

为了实现执行机构的运动形式、运动参数以及运动协调关系,或者为了改善机械的动力特性,需要将选定的各种机构组合在一起。在以下几种情况下常常需要机构组合:

(1) 机构的工艺动作较复杂。若采用简单的、单一的基本机构无法实现复杂的工艺动作,这种情况下减小机构组合常采用并联式、复合式或叠加式的组合方式,组合时应注意各个子工艺动作协调配合问题。

(2) 所选择的机构其运动和动力特性不好,但又无更好的机构可选。这种情况下常用串联组合方式来改善机构的性能,如增程、增力、实现各种特殊运动要求等。

(3) 由于不具备某种动力源,或受其他条件的限制,只有进行机构组合才能实现所要求的工艺动作。

机构的组合方式可划分为以下四种：

1）机构的串联组合

前后几种机构依次连接的组合方式，称为机构的串联组合。

一般串联组合，后一级机构的主动件固连在前一级机构的一个连架杆上，如图12-2所示。

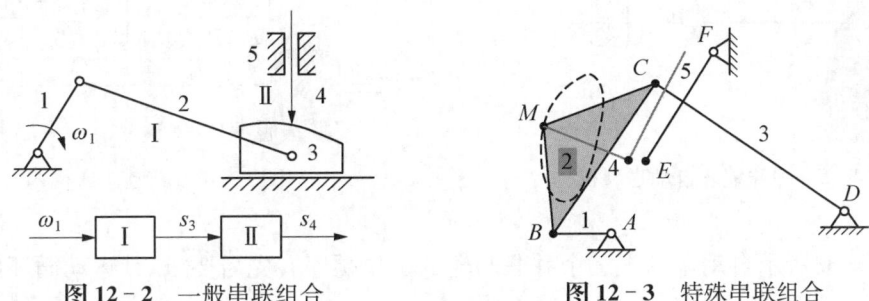

图12-2　一般串联组合　　　　图12-3　特殊串联组合

特殊串联组合，后一级机构的主动件串接在前一级机构的一个连杆上，如图12-3所示。

2）机构的并联组合

一个机构产生若干个分支后续机构，或若干个分支机构汇合后于一个后续机构的组合方式，称为机构的并联组合。

(1) 一般并联组合。指各分支机构间无任何严格的运动协调配合关系，各分支部分可独立设计。如图12-4所示为某航空发动机附件传动系统。

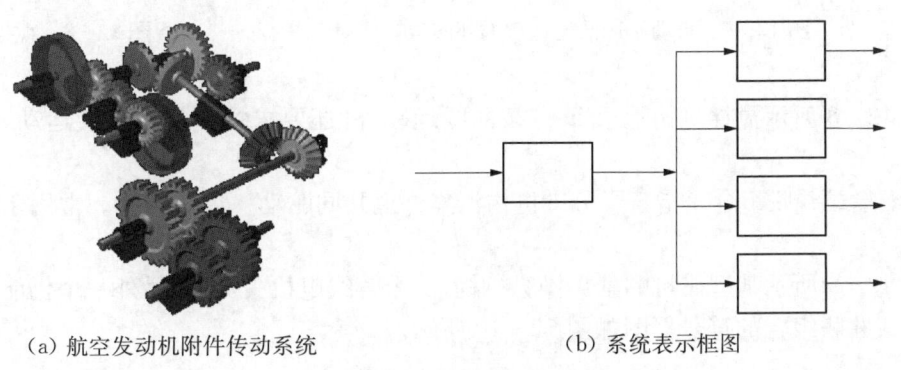

(a) 航空发动机附件传动系统　　　　(b) 系统表示框图

图12-4　一般并联组合

(2) 特殊并联组合。指各分支机构间有严格的运动协调配合关系。主要包括：有速比要求，各分支部分常共用一台原动机（或集中数控），各部分严格按速比设计；有轨迹配合要求，实现某些特殊运动轨迹；有时序要求，各分支机构在动作的先后次序上有严格的要求；有运动形式配合要求。

如图12-5所示联动凸轮机构中，两个分支凸轮共同驱动一个从动件，实现矩形轨迹完成送料。

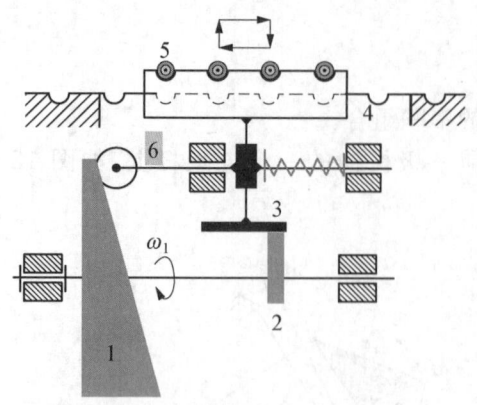

图 12-5 圆珠笔芯自动送料机构

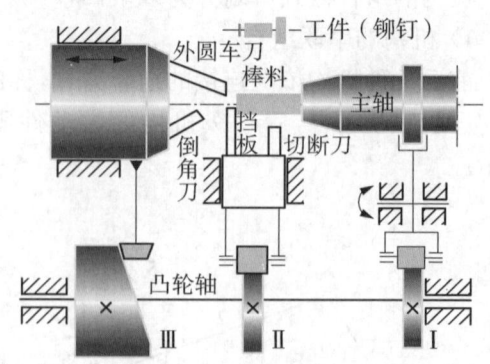

图 12-6 自动车床机构

如图 12-6 所示自动车床上三个并联凸轮的工作顺序有先后要求,其运动循环如图 12-7 所示。

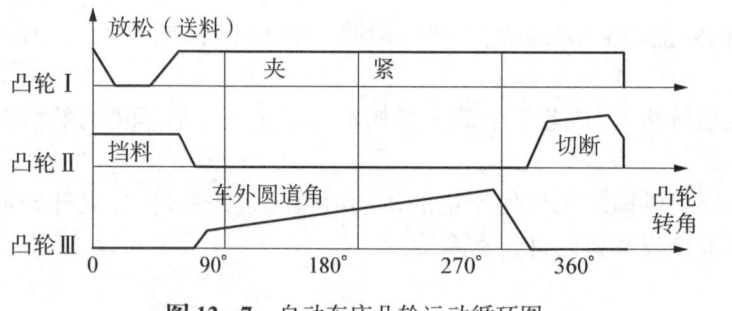

图 12-7 自动车床凸轮运动循环图

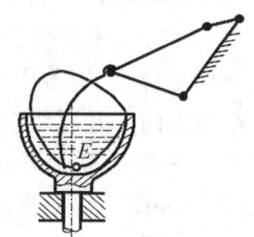

图 12-8 搅拌机构

如图 12-8 所示搅拌机构除了 E 点按曲线运动外,还要求搅拌釜做自旋运动,但两者无速比要求。

(3) 汇集式并联组合。指若干分支机构汇集一道共同驱动一后续机构。常用于重型机械传动。

如图 12-9 所示某型飞机的襟翼操纵机构,一个直线电机失灵后,另外一个仍能工作。汇集式并联组合的符号框图如图 12-10 所示。

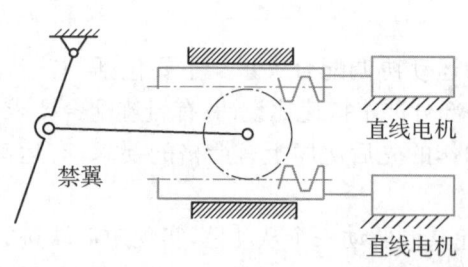

图 12-9 某型飞机的襟翼操纵机构

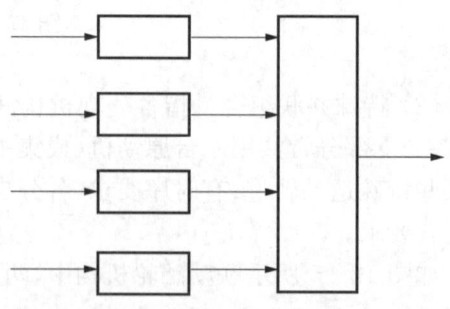

图 12-10 汇集式并联组合的符号框图

3) 机构的封闭式组合

将一个多自由度(通常为二自由度)的机构(称为基础机构)中的某两个构件的运动用另一机构(称为约束机构)将其联系起来,使整个机构成为一个单自由度机构的组合方式称为封闭式组合。根据被封闭构件的不同,又可分为以下两种:

(1) 一般封闭式组合。将基础机构的两个主动件或两个从动件用约束机构封闭起来的组合方式称为机构的一般封闭式组合。

如图 12-11 所示,差动轮系的系杆与四杆机构的曲柄固连,行星轮与连杆固连,形成一般封闭组合机构。

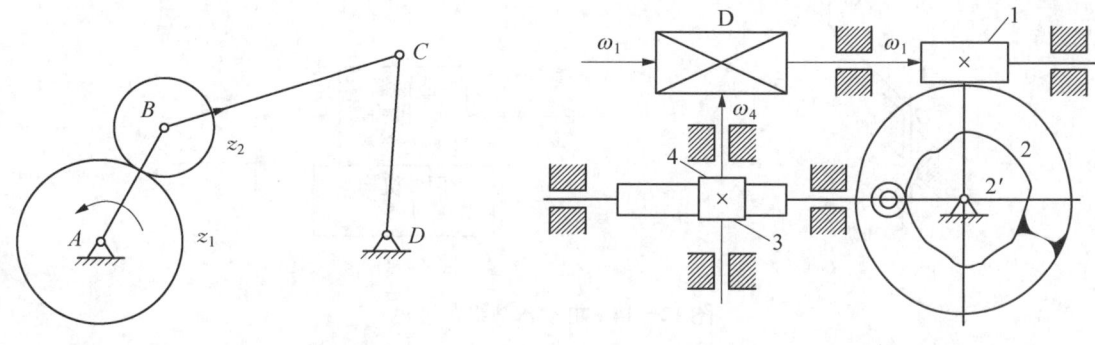

图 12-11 一般封闭式组合　　　　图 12-12 反馈封闭式组合

(2) 反馈封闭式组合。通过约束机构使从动件的运动反馈回基础机构的组合方式,称为反馈封闭式组合。如图 12-12 所示为滚齿机中校正机构,即蜗轮蜗杆机构。

如果由于制造误差等原因,使蜗轮 2 的运动输出精度达不到要求时,则可根据输出的误差,设计出与蜗轮 2 固装在同一轴上的凸轮 $2'$ 的轮廓曲线。当此凸轮 $2'$ 与蜗轮 2 一起转动时,将推动推杆 3 移动,而推杆 3 上齿条又推动齿轮 4 转动,齿轮 4 的转动则又通过差动机构 D 使蜗杆得到一附加转动,从而使蜗轮 2 的输出运动得到校正。

4) 机构的装载式组合

将一机构装载在另一机构的某一活动构件上的组合方式称为机构的装载式组合。它又可根据自由度的多少而分为如下两种:

(1) 单自由度的装载式组合。如图 12-13 所示摇头风扇的摇摆机构,风扇装载在双摇杆机构的一个摇杆上,构成单自由度的装载式组合机构。

(2) 二自由度的装载式组合。如图 12-14 所示电动木马组合机构,就是一种二自由度的装载式组合机构。图 12-14a 所示电动玩具马的主体运动机构,它能模仿马的奔驰运动形态。

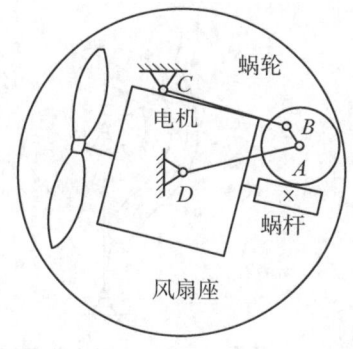

图 12-13 摇头风扇的摇摆机构

电动马由曲柄摇块机构装载在两杆机构绕 $O-O$ 轴转动的构件 4 上。两杆机构在此作为运载机构使马绕以 $O-O$ 轴为圆心的圆周向前奔驰;而曲柄摇块机构中导杆 2 的摇摆和伸缩则使马获得上跃、下窜、前俯后仰的动感姿态。图 12-14b 为其组合示意框图。

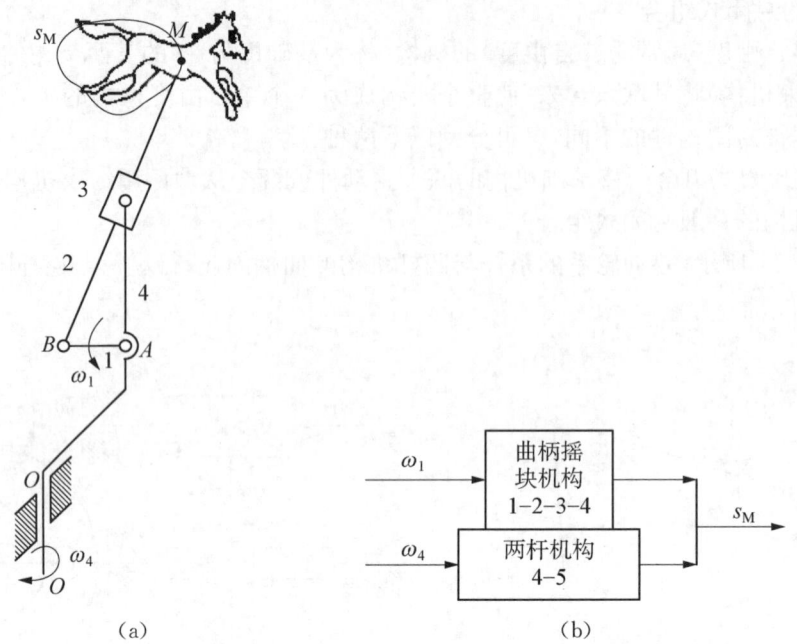

图 12-14 电动木马组合机构

12.3.4 机构的变异

当所选机构不能全面满足对机械提出的运动和动力要求时,或为了改善所选机构的性能或结构时,可以通过改变机构中某些构件的结构形状、运动尺寸、更换机架或原动件、增加辅助构件等方法以获得新的机构或特性,此称为机构的变异。

1) 改变构件结构形状

若将摆动导杆机构中的直线导槽改为圆弧导槽(图 12-15),运动到左极位时,可获得较长时间的停歇。

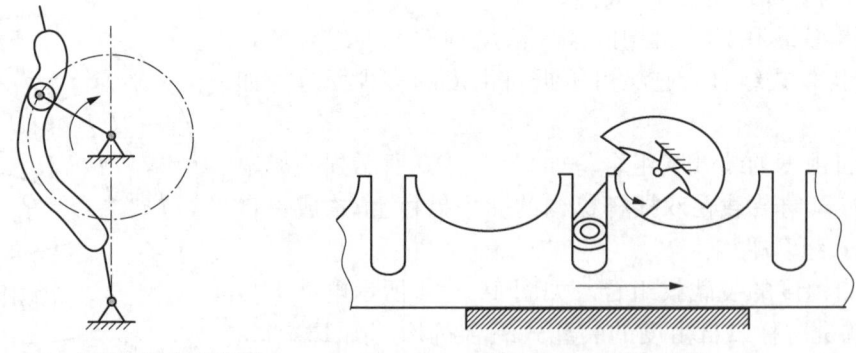

图 12-15 单侧停歇导杆机构　　图 12-16 槽条机构

2) 改变构件运动尺寸

槽轮直径变为无穷大、槽数无穷多时的槽条机构,如图 12-16 所示。

3) 选不同的构件作为机架

此方法又称为机构的倒置法,如图 12-17 所示。

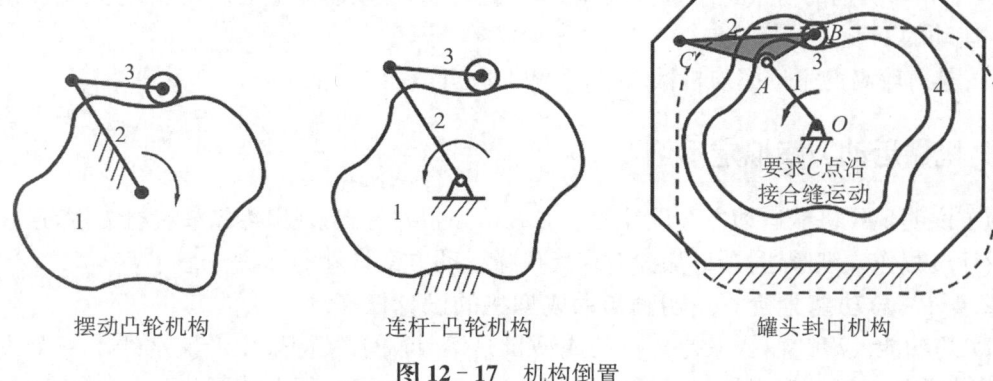

图 12-17　机构倒置

4）选不同的构件作为原动件

双摇杆机构中,选连杆作为原动件,可把风扇转子的旋转转化为连架杆的摇动,如图12-13所示。

5）利用最小阻力原理实现机构的变异

最小阻力定律为:在自由状态下,刚体总是沿阻力最小的方向运动。当原动件数目小于机构自由度数目时,机构遵循最小阻力原理,用此可以简化机构。

如图12-18所示送料机构,其自由度为2,理论上机构运动不确定。但利用最小阻力原理可实现运动的确定性要求。推程时因转动摩擦力比滑动摩擦力小而构件3先逆时针转动,碰到下挡销时止。这一过程使推爪向下运动,并插入工件的凹槽中。此后推杆、工件、滑块三者为一体,向左推送工件。回程时,推杆先顺时针转动,推杆与工件脱离,碰到上挡销时,推杆与滑块一起返回。

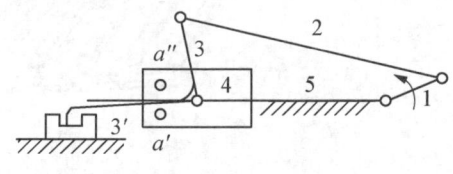

图 12-18　送料机构

12.3.5　机构选型设计的基本原则

(1) 依照生产工艺要求选择恰当的机构形式和运动规律。机构形式包括连杆机构、凸轮机构、齿轮机构、轮系和组合机构等。机构的运动规律包括位移、速度、加速度的变化特点,它与各构件间的相对尺寸有直接关系,选用时应做充分考虑,或按要求进行分析计算。

从生产工艺对从动件的运动特性、功能等方面的具体要求,选取极佳的机构形式,以实现生产中的连续或间歇运动,移动或摆动,等速或变速运动,直线轨迹或圆弧,圆或各种特殊曲线轨迹等。在功能上以完成转位、抓取、旋紧、检测、控制、调节、增力伸缩以及定位连锁、安全保险等要求。此外,从动件在工作循环中的速度、加速度的变化应符合要求,其功能动作误差应不超过允许限度,以利于保证产品质量,并具有足够的使用寿命。

(2) 结构简单、尺寸适度。在整体布局上占的空间小,达到布局紧凑,又能节约原材料。选择结构时也应考虑逐步实现结构的标准化、系列化,以降低成本。

(3) 制造加工容易。通过比较简单的机械加工,即可满足构件的加工精度与表面粗糙度的要求。还应考虑机器在维修时拆装方便,在工作中稳定可靠、使用安全,以及各构件在运转中振动轻微、噪声小等环保要求。

(4) 局部机构的选型应与动力机的运动方式、功率、转矩及其载荷特性能够相互匹配协调,与其他相邻机构的衔接正常,传递运动和力时可靠,运动误差应控制在允许范围内,绝对不能发生运动的干涉。

(5) 具有较高的生产率与机械效率,经济上有竞争能力。

12.4 机械运动方案拟定示例

为了说明现代机械运动方案设计的一般过程和主要步骤,现以冷霜灌装机为例,通过对其方案设计过程作详细阐述,帮助加深对现代机械运动方案设计的理解。

12.4.1 总功能分析——明确自动成型机的设计任务

(1) 总功能。滚针轴承保持架自动成型机是滚针轴承保持架生产流水线上一个主要机器,它把由前道工序冲出来的料片(图12-19a)自动弯曲成所要求的形状(图12-19b),然后送往下道工序,即自动焊接机进行焊接、整形。因此,该自动机必须具有输入保持架料片、输出保持架初始成品以及对保持架料片进行弯曲的总功能。

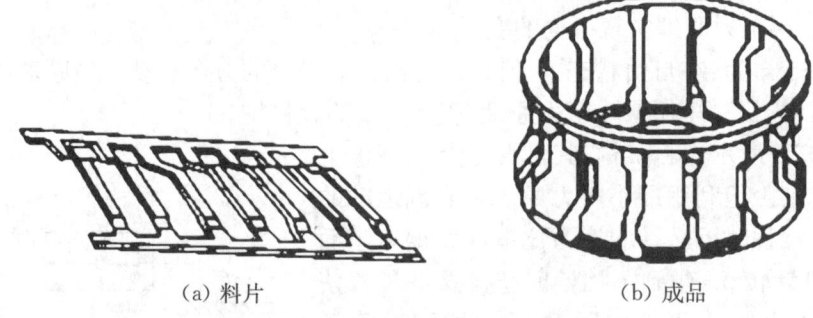

(a) 料片　　　　　　　　(b) 成品

图 12-19　滚针轴承保持架

(2) 产品规格。料片厚度 0.7 mm,弯曲成型后其外圆直径为 20.8 mm,宽度为 16.8 mm。

(3) 生产率。滚针轴承保持架自动成型机的生产率为 16~24 个/min。

(4) 执行动作。料片送入,下模上升,左、右模压入,上模压下。上、下、左、右四个模块脱开,保持架脱模并交给自动焊接机接料机械手,如图12-20所示。

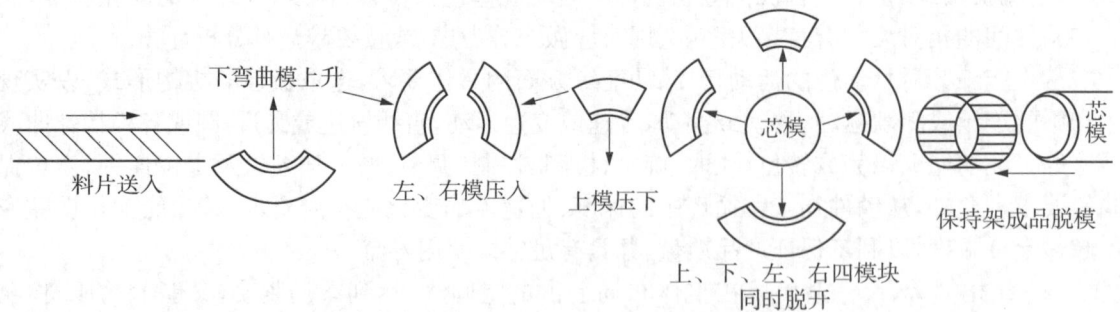

图 12-20　自动成型机执行动作和工艺过程

(5) 计数及安全装置。采用光电传感器、接近开关、微动开关等用作计数及安全保护装置的信号发生元件。

(6) 结构与环境。自动成型机要求机构紧凑、动作稳定、可靠、精确。周围环境要清洁,保持架料片及弯曲成型后的半成品不能沾灰尘,特别是不允许沾染油污,否则将影响产品的焊接质量。

12.4.2 自动成型机的功能分解

根据总体功能要求,把工艺动作用如图 12-21 所示树状功能图来描述。

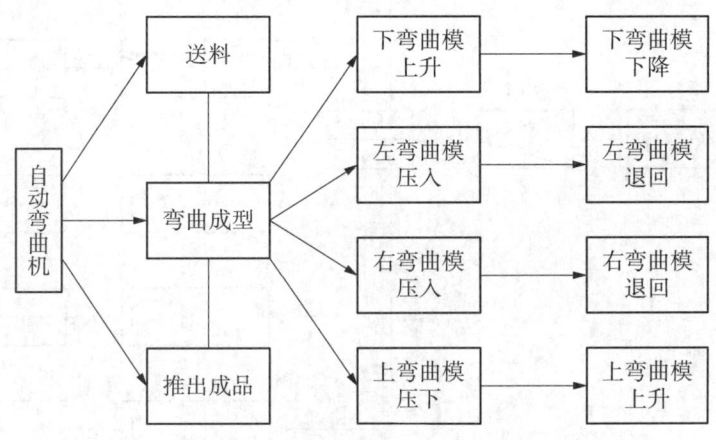

图 12-21 自动弯曲机树状功能图

12.4.3 自动成型机的运动转换功能图

1) 根据树状功能图,确定完成这些分功能的工作原理

(1) 送料。把前道工序冲床上冲下来的料片尽可能以匀速直线运动方式送至弯曲模,然后推头快速返回,为下一次送料做好准备。

(2) 弯曲成型。把弯曲模分成上下左右四块,从四个方向把料片压在芯模上,使其弯成圆柱形。四个模块的动作顺序是:下模首先上升把料片压在芯模上并把料片变成 U 形,接着左、右模同时压入,把料片紧紧压在芯模上,只留下一个尖顶,犹如一个桃子;最后上模压下,把尖顶压平,使料片与圆形芯模紧密地贴合在一起,并保压一段时间,然后,四个模块同时快速脱开,这时弯成圆形的料片产生一些反弹,使其与芯模松开。

(3) 卸料。已弯成圆形的保持架初始成品从芯模上脱出滑向自动焊接机的接料机械手。

2) 选择电动机

选择电动机 Y100L-4 作为原动机,其转速为 1420r/min,功率为 2.2kW。各执行构件的运动形式分别为:送料——往复直线运动;各弯曲模及卸料——间歇往复直线运动。

3) 确定传动链

分析电动机的运动参数与各执行构件的运动形式、运动参数;考虑总体布局,通过减速器、离合器、运动分支和变向,把电动机的转动通过传动机构转化为执行机构所要求实现的运动形式。

把上述传动链构思用运动转换功能图来表示,如图 12-22 所示。

12.4.4 自动成型机的形态学矩阵

根据图 12-22 所示自动弯曲机的运动转换功能图,把每一个矩形框中的基本运动转换功能作为列、以各自的功能载体作为行,构成一个矩阵,见表 12-3。

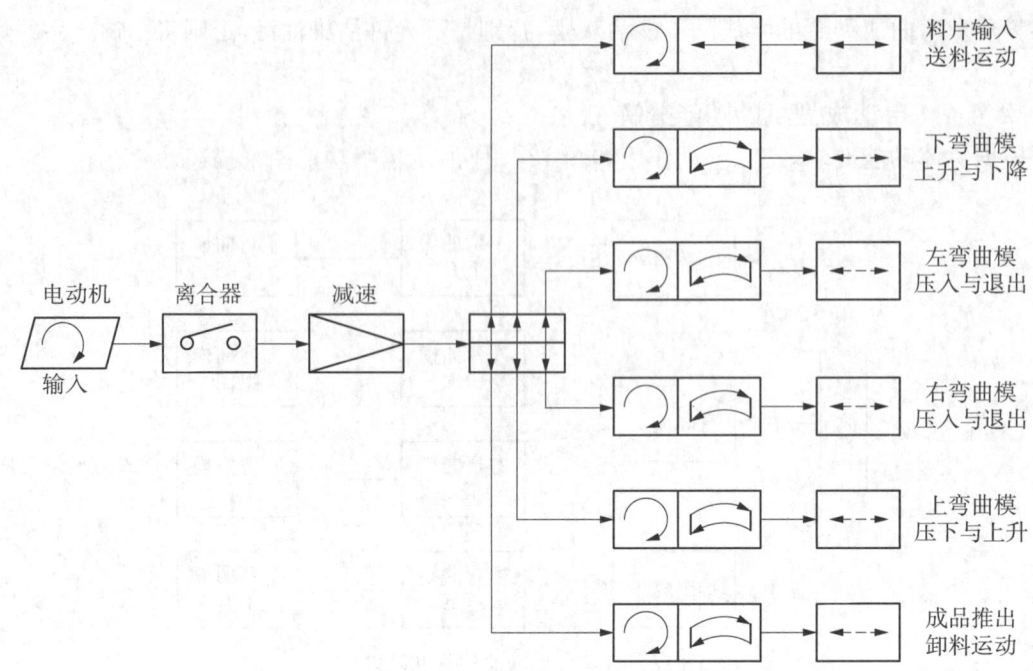

图 12-22 自动弯曲机的运动转换功能图

表 12-3 自动弯曲机形态学矩阵

分功能(功能 π)			分功能解(匹配机构或载体)		
			方案 1	方案 2	方案 3
离合器		A	电磁摩擦离合器	电磁牙嵌(尖齿)离合器	电磁牙嵌(梯形)离合器
减速		B	摆线针轮减速器	少齿差行星齿轮减速器	谐波减速器
减速		C	链传动	圆柱斜齿轮传动	同步带传动
送料		D	牛头刨床六杆机构	移动从动件圆柱凸轮机构	摆动从动件盘状凸轮+摇杆滑块机构
弯曲成型		E	摆动从动件盘状凸轮机构+摇杆滑块机构	移动从动件盘状凸轮机构	移动从动件圆柱凸轮机构
卸料		F	摆动从动件圆柱凸轮+摇杆滑块机构	不完全齿轮机构+偏置曲柄滑块机构	槽轮机构+曲柄滑块机构

对形态学矩阵求解,可得 N 种组合方案:

$$N = 3 \times 3 \times 3 \times 3 \times 3 \times 3 = 729(种)$$

从中可以筛选出以下三种方案：

① $A_1 + B_1 + C_1 + D_1 + E_1 + F_1$
② $A_2 + B_2 + C_1 + D_3 + E_2 + F_3$
③ $A_1 + B_3 + C_2 + D_1 + E_3 + F_2$

最后，根据实际使用环境、用户要求及专家评议确定采用方案①。

12.4.5 自动成型机的运动循环图

一部复杂的机械，通常由多个执行机构组合而成，各执行机构所要完成的工艺动作一般都是有序的、相互配合的，因此各执行机构必须按工艺动作序列的时间顺序、空间关系和相互配合关系来完成各自的动作，以完成预期的工作要求。描述各执行机构间运动协调配合关系的图，就是机械运动循环图，它可以指导各执行机构的设计、安装和调试。

在该自动弯曲机中，中心大齿轮是惰轮，主轴输入小齿轮通过中心大齿轮把运动分配给与中心大齿轮啮合的各周边小齿轮，这些小齿轮齿数与主轴输入小齿轮齿数相等，所以，它们的转角与主轴转角相等。实际上，这些周边小齿轮就是各执行机构的主动构件。以主轴转角 φ 为横坐标，各执行机构中执行构件的运动为纵坐标，选择形态学矩阵求解中的第一个方案，于是就可以把自动弯曲机中的送料、弯曲成型、卸料等各种动作之间相互协调配合的运动循环图绘制出来(图12-23)。

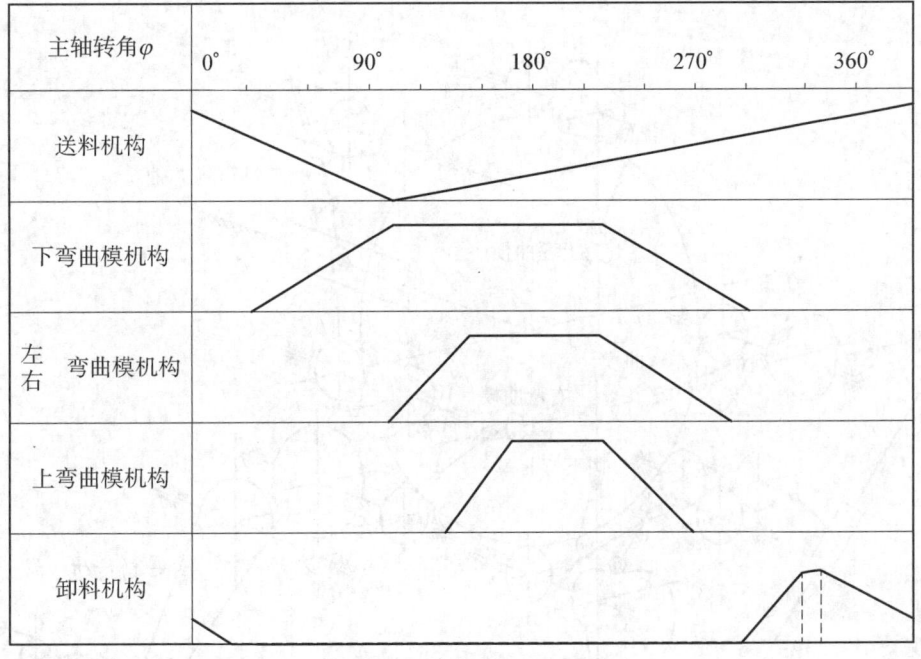

图 12-23 自动弯曲机运动循环图

12.4.6 自动弯曲机的运动示意图

根据原动机和执行构件的运动要求，通过机构选型来确定原动机和执行构件间的传动机构和执行机构。由于实现同一种运动可选用不同的机构形式，所以会产生多种设计方案。设计师从中选择一种或几种较优的方案,画出从原动机、传动机构到执行机构的机械运动方案示意图。这种示意图表示了机械运动配合情况和机构组成状况,代表了机械运动系统的方案。对于运动情况比较复杂的机械,还可以用轴测投影的方法绘制出立体的机械系统运动示意图。

根据各执行构件、原动件的运动参数以及各执行构件运动的协调配合要求,同时还要考虑动力性能要求,确定各机构中构件的几何尺寸(机构的运动尺寸)或几何形状(如凸轮的轮廓)等。在进行机构的尺度综合时要考虑机构的静态和动态误差的分析。

1) 送料运动

送料运动由如图 12-24 所示牛头刨床六杆机构来完成,该执行机构的滑块(推料头)在工作行程中近似做匀速直线运动。空回行程中返回速度快,具有急回特性,故能满足送料要求。

2) 弯曲成型运动

弯曲成型运动由图 12-24 的摆动从动件盘状凸轮机构加摇杆滑块机构完成。通过凸轮轮廓线设计能满足弯曲模压入、停顿、退回、停顿的要求。通过连杆、摇杆长度的调节以满足不同规格的保持加料片的弯曲成型要求,以及补偿运动副间隙、构件尺寸误差和零部件磨损后的调整要求。

3) 卸料运动

卸料运动由图 12-24 中的圆柱沟槽凸轮加上摆杆滑块机构完成。通过形封闭圆柱凸轮保证滑块(卸料套筒)把弯曲成圆形的保持架,从芯模上推出移交给从自动焊接机伸过来的接料机械手,然后自动退回等待下一次卸料。

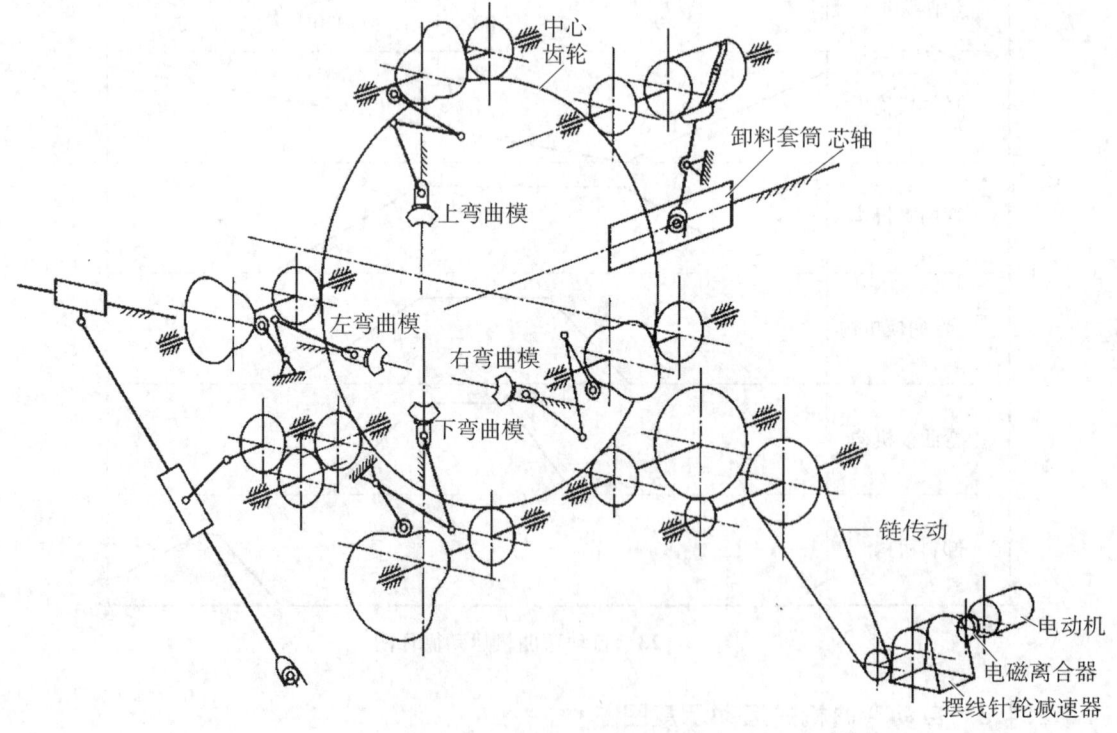

图 12-24 自动弯曲机的运动示意图

在这个例子中,不同机构的时序关系即运动循环图关系的保证,是通过传动主轴和传动机构来实现的,这些关系也可以通过多个电机的分散驱动和同步控制来实现,这其实是机电一体化技术对机械运动方案设计产生影响的一条基本途径。

思考与练习

1. 简述机械系统运动方案设计的一般流程。
2. 机械系统运动方案设计主要考虑哪些要求和条件?
3. 机构组合有哪些方式?试举例说明其特点。
4. 举例说明机构的变异方法。
5. 机械运动方案示意图和机械运动简图有什么区别?

第 13 章

机械创新设计实例

◎ 学习成果达成要求

1. 掌握机械创新设计流程,熟悉机械创新设计方案构思方法。
2. 能够对各类机构创新设计进行方案比较。
3. 了解机械创新机构设计与样机制作过程。

13.1 实例 1 小鸡破壳

13.1.1 项目背景

1) 项目设计的意义

孵化出壳是一个非常重要的阶段,是自然界特意设定的必要流程,对蛋生类动物的生存至关重要。蛋生类动物奋力从蛋壳里挣脱出来的过程,实际上就是身体不断得到充血、快速成长的过程。

鸡蛋作为最常见的蛋类,在人们日常生活中司空见惯,小鸡出壳这一行为具有仿生上的重要意义。本项目采用机构创新设计方法,模拟小鸡孵化出壳的整个过程,将机械设计与生物仿生完美地融合在一起,体现机械之美,展现自然之神奇。

2) 项目的市场应用价值分析

项目设计可应用于自然博物馆展览、课堂启蒙教具以及儿童玩具等多种场景。用机械中的机构组合与协调配合,再现生命诞生这一神奇过程,让观众对小鸡出壳这个过程有一个相对直观的感受,寓教于乐。

13.1.2 项目方案设计

1) 整体设计方案

该仿生鸡蛋不同于动物日常行为,作为展示设计,设计应满足循环运动的效果。

破壳前为身体蜷曲、腿部弯曲、翅膀收缩、头及脖子扭缩至体内侧,破壳时分四个运动阶段,小鸡用喙啄出裂缝后,扭头抬头顶开蛋壳、蛋壳张开、腿部伸直、翅膀张开,此后逆向复原重复运动。

破壳阶段小鸡全身运动部位都参与配合,以寻求合适的破壳位置、加强破壳力度。故以上几个动作可通过联动机构同时运行实现。

2) 机架设计方案

实际设计中小鸡翅膀、腿部、脖子及头部等都连接于躯体,故选择躯体作为机架最为合适,不仅便于连接各个运动部件,且其机械强度可承受各种载荷。躯体机架如图 13-1 所示。

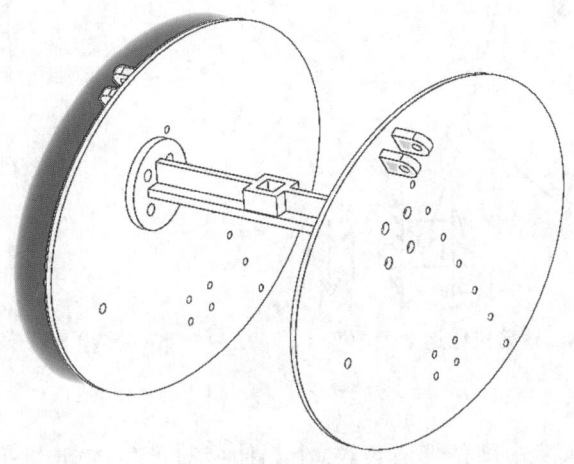

图 13-1 躯体机架

3) 翅膀设计方案

小鸡等鸟类动物翅膀运动由韧带拉动骨骼实现,如图 13-2 所示。该运动可通过连杆机构的联动实现,设置各杆的相对长度及连接位置,理想情况为当固定一杆时,拖动另一杆即可实现联动,如此杆的折叠即可模仿翅膀张闭动作。机构灵感来源为雨伞骨架机构,如图 13-3 所示。将杆一端铰链固定于主体上,另一端沿主体的某设定轨道做平移运动,即可折叠连杆。

图 13-2 翅膀运动

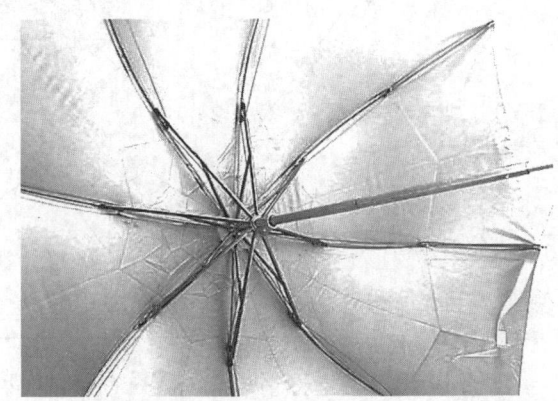

图 13-3 雨伞骨架机构

此设计运动简图如图 13-4 所示,可动构件数目 $n=7$,运动副为 9 个转动副和 1 个移动副,计算其自由度: $F=3n-2P_l-P_h=3\times 7-2\times 10-0=1$。

显然,只需一个原动件,机构即可具有确定运动。动力部分为躯体、滑块、腿部的共同约束,使滑块在躯体向上运动时也沿着滑轨向上运动,而后带动所有翅膀的联动,正转和反转实现翅膀的张开和闭合,翅膀运动模型如图 13-5 所示。

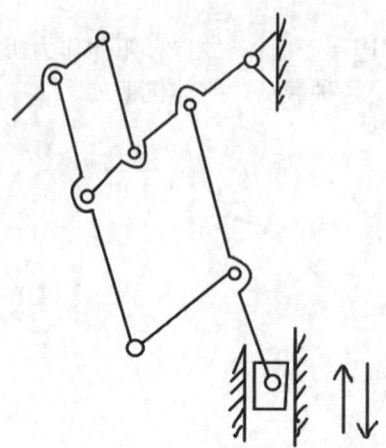
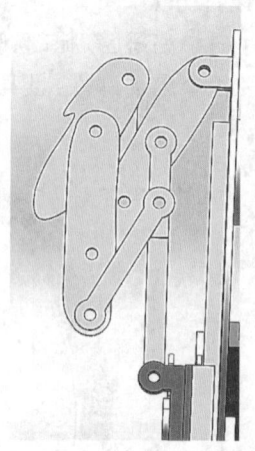

图 13-4　翅膀机构运动简图　　　　图 13-5　翅膀运动模型

4）开闭壳设计方案

破壳时，壳体在小鸡啄击部位形成裂纹，小鸡伸展时产生的外力将裂纹扩展，裂纹达到极限即可将蛋壳一分为二。

实现方式：将三个摇杆机构组合连接在齿轮上，蛋壳与连杆固定。齿轮转动时，蛋壳在上端连杆带动下向两边张开；下端连杆置于水平槽销副，齿轮转动时，下端连杆被带动沿水平方向运动，蛋壳在下端连杆带动下向两边推开，如图 13-6 所示。

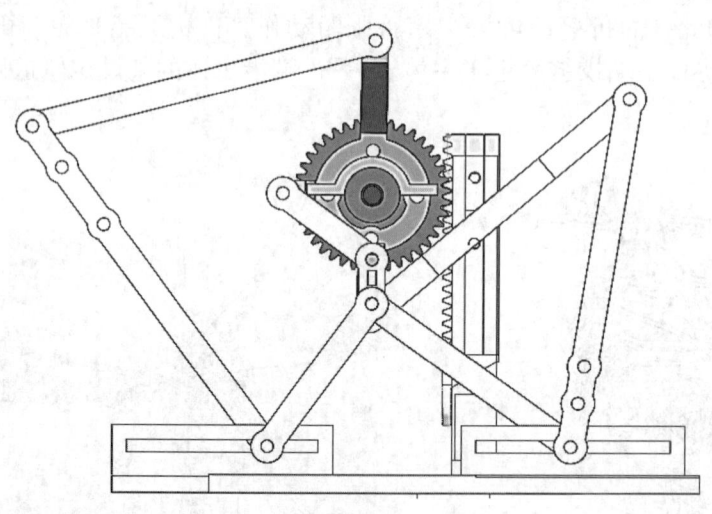

图 13-6　开闭壳机构

5）伸腿设计方案

小鸡伸腿和翅膀设计类似，在翅膀设计中，所用滑块位于躯体中下侧，故腿部杆件的平移运动可借用翅膀滑块，既能实现联动又可减少动力分配。躯体、滑块、腿部的共同约束使滑块在躯体向上运动时，能相对躯体沿着 60°滑轨向上运动，从而带动脚部杆件向上运动。而脚部底端由水平滑动导轨约束在底板上。因为小鸡始终站在地上，如此脚部仿真更加合理。滑块上下运动实现伸腿、缩腿，如图 13-7 所示。

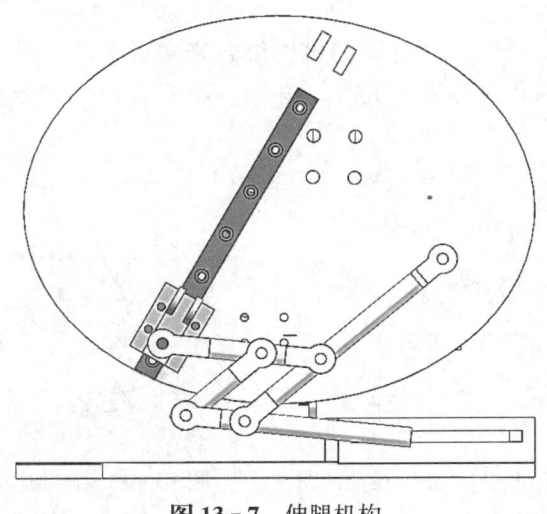
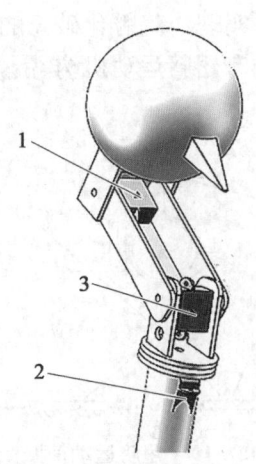

图 13-7　伸腿机构　　　　　　图 13-8　头部运动驱动

6) 头部设计方案

头部采用了单片机控制三个舵机以实现啄壳、扭头、伸头等三个动作。在运动一开始,舵机 1 带动头部做小幅度摆动以实现啄壳,舵机 2 带动颈部旋转实现扭头,而后舵机 3 带动颈部旋转抬头从而推开蛋壳,如图 13-8 所示。

7) 零部件的材料选择及制作

传动轴下轴和上光轴需要较高的刚度、尺寸精度,故用铝合金进行机加工。电机、舵机、电机支架、联轴器、轴承、键、滑块、滑轨、固定和连接所用的螺钉、螺丝、螺母等可以直接按所需参数购买。其余建模部分如翅膀、躯体、脚、头部、底板、底座等可用 3D 打印,材料为树脂。

13.1.3　机构创新与设计

1) 机构选型

齿轮齿条机构、摇杆机构、滑块滑轨机构、曲柄机构、连杆机构。

2) 机构组合与创新

齿轮齿条机构和三个摇杆机构组合实现蛋壳的张开闭合,滑块滑轨机构与连杆机构组合实现翅膀的张开闭合和腿部的伸张收缩。曲柄机构和齿轮齿条机构组合实现将电机的旋转运动转化为齿条的竖直运动,而后齿条带动整体运动。

3) 运动循环图设计

根据小鸡孵化破壳的整个生理过程,进行整个运动过程的功能分解和工艺过程规划,选择头部、蛋壳、腿部及翅膀作为四个执行构件,合理规划各个执行构件之间的运动协调来实现整个孵化破壳的过程。绘制出其运动循环示意图,如图 13-9 所示。

头部	摆动	扭、抬头	静止
蛋壳	啄壳	推壳	静止
腿部	静止	腿部伸直	静止
翅膀	静止	静止	张开

图 13-9　机构运动循环示意图

4) 主要机构的运动简图设计

为了实现小鸡孵化破壳的运动过程,需要选择合适的机构组合来实现运动要求。主要的实现机构有翅膀运动机构、蛋壳运动机构和腿部运动机构。图 13-10~图 13-12 分别为其运动简图。

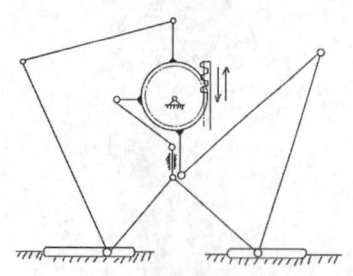
图 13-10 翅膀运动简图

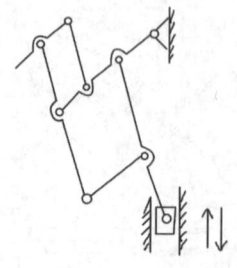
图 13-11 蛋壳运动简图

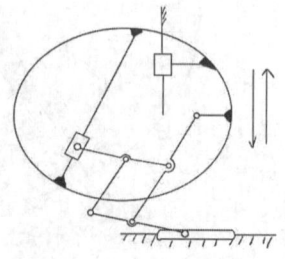
图 13-12 腿部运动简图

5) 整体结构布局

整颗鸡蛋为长轴 300 mm、短轴 246 mm 的椭圆。整体布局参照实际情况,翅膀和腿部收缩在主体的两侧,头部在主体前方并在闭壳时蜷缩,电机和齿轮齿条等动力元件置于主体内,蛋壳为左右均分的两半椭圆。

6) 零部件结构设计

头部、翅膀、蛋壳等零部件无需承受较大的载荷,设计时只需按实际小鸡外观进行结构设计;腿部零件受载相对前者较大,故设计时除考虑外观外还需考虑刚度等。曲柄、摇杆、连杆、横梁、传动轴下轴、上光轴等零部件用于传递运动,结构设计时考虑强度刚度、空间尺寸、便于加工、便于装配等因素。

7) 结构造型设计

采用机械结构传动时,零件不宜形状古怪,故造型设计对象主要为传动较少的零件,如蛋壳、头部、翅膀、主体等,蛋壳为两半椭圆,为啄壳时产生破壳的效果,事先将蛋壳设计成破碎状再通过弹性元件连接使小碎壳与大蛋壳可自动复原;头部造型在和实物相似基础上,翅膀分为细杆和粗杆,细杆表示韧带,粗杆表示骨骼,如此翅膀运动时如同韧带拉动骨骼。主体需与其他零件配合做上下运动,外形设计为椭圆形(图 13-13)。

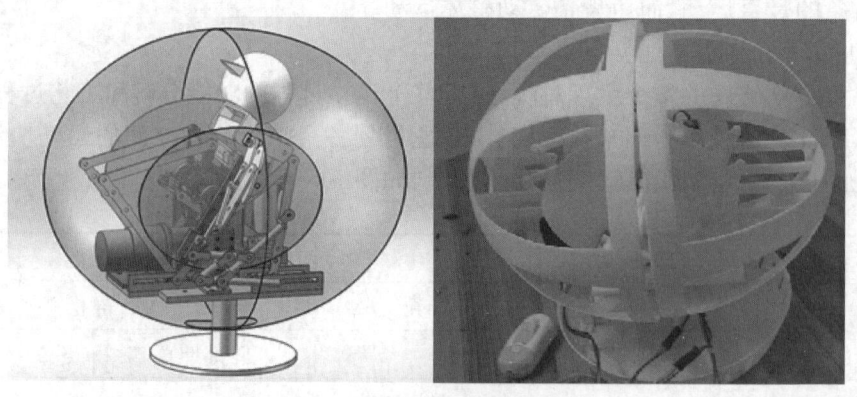
图 13-13 整体效果图及样机

13.1.4 项目创新点与特色

1) 项目创新点

(1) 齿轮齿条的使用传递了多个动力,能实现机构间的联动。

(2) 曲柄机构的改进实现了电机旋转转化为齿条直线往复运动。

2) 项目特色

仿生学越来越受关注,市面上有仿生机械鸟、仿生蛇、仿生鱼、仿生蝙蝠以及广为人知的机械狗等,对动物的模仿从未停止。但对卵生动物出生阶段的仿生常被忽视,出壳是一个非常重要的阶段,是自然界特意设定的必要流程,对蛋生类动物的生存至关重要。出于对生命的敬畏和对大自然的赞美,本项目设计并制作了这款仿生鸡蛋,用于模拟小鸡出壳的过程。

13.2 实例 2 仿生甲虫

13.2.1 项目背景

1) 项目设计的意义

智能机械是人类千百年来的愿望,这方面的研究必定会持久不懈地进行下去。人们不仅要研究生物系统在进化过程中逐渐形成的组织结构和机能,更要着重揭示其组织结构的原理,评定其机能关系、适应方式、存活方法和自我更新方法等。因为只有这些因素使生物系统在复杂的生存环境中具有高度的适应性和生命力。把生物系统中可能应用的优越结构和物理学的特性相结合,人类就可能得到在某些性能上比自然界形成的体系更为完善的仿生机械。

2) 项目的市场应用价值分析

仿生甲虫机器人的设计,是为了针对火灾、核辐射、矿难等极端环境的探测提供解决方案。例如,2011 年的日本福岛核事故发生之后,大量的核废料现场勘探、核设施拆除或维修前的勘探工作难以开展,因为在高放、中高放条件下短暂的辐照即可对人体造成巨大的杀伤,无法采用人工处理的方式,因此必须采用智能控制或抗辐加固的机器人进行作业。本项目方案可以协助解决人员无法到达现场或核废料搬运前勘探等工作的技术难题。

13.2.2 项目方案设计

1) 整体设计方案

本产品采用六足仿爬行昆虫式设计,六足甲虫由躯体和足两个基本部分组成。基于甲虫生物原型的身体和腿部结构特点,所设计的仿生甲虫六足机器人也由躯体和腿部两部分组成,采用正相对称分布。自然界中绝大部分甲虫的躯体都呈近似长椭圆形结构,根据这种结构特点,基于几何相似原则及机器人的结构仿生和功能仿生原理,设计了仿生甲虫六足机器人。

设计过程中,机器人机械结构尽量遵循结构仿生和功能仿生原则,腿部设计成运动轨迹固定的仿生机器腿结构,采用空间正弦运动。

该设计具有以下优点:减少运动过程中腿部之间的干涉碰撞;增加了机器人的运动稳定性。关节间连接构件采用性能良好的金属构件。整机的设计从结构上保证了仿生机器人能够有效地模拟甲虫的运动能力,这种结构可以保证在相对复杂的环境中完成相应的运动。系统通过控制两个电机的速度来实现甲虫的直行、转向、后退。整体设计方案如图 13-14 所示。

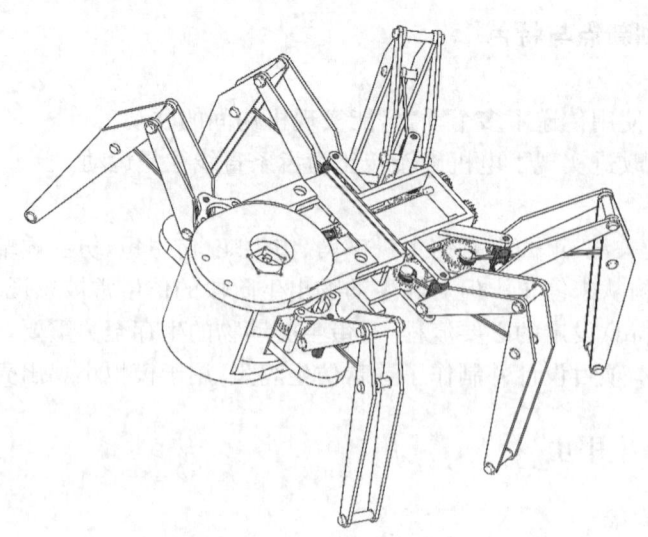

图 13-14　整体设计方案

2) 身体设计方案

甲虫分为头、身体两部分。甲虫的头部主要承载电机、电池等动力元件。身体部分主要负责承载传动部分的蜗杆和齿轮,同时具有连接和固定甲虫腿部的功能。

头部由两条腿和轴承组成,可实现转向功能。身体部分主要形状为矩形,在矩形的两条长边的边缘处伸出对称的呈放射状的四条支撑架,用来连接腿部。支撑架靠近矩形端有凸台,作用是固定传动部分的齿轮;支撑架的末端设有通孔,作用是固定腿部零件。中间矩形部分间隔一定距离处设有带孔挡板,用来确定传动部分中蜗杆的位置并使之固定。

3) 腿部设计方案

项目设计的甲虫六腿分别与身体部分的六条支撑架相连,且工作原理相同。每条腿分为两段,通过铰链连接,其中第二段腿部的偏中部与一根杆也通过铰链连接。杆的另一端固定在传动齿轮上,齿轮的转动会带动杆的运动,从而实现腿部的摆动和收缩运动。为保证腿部的稳定和规律运动,杆穿过一个支撑装置,该支撑装置通过通孔固定在身体的支撑架末端,同时,通过铰链与前半段腿部相连。此外,每边的三条腿长度各不相同,以更逼真地模拟甲虫的运动形态。腿部设计方案如图 13-15 所示。

传动蜗杆 2 与蜗轮 7 相互啮合,蜗轮 7 与转动块 8 通过卡扣 17 连接,使传动块 8 可以随蜗轮 7 转动的同时,又可以绕卡扣 17 转动。连接杆 9 自身两端存在开槽分别与转动块 8、甲虫小腿零件 10 连接,同时连接杆 9 通过固定块 18 限制运动方式,使连接杆 9 在运动的过程中始终通过固定块 18 的中心孔,以确定连接杆 9 的运动路线。连接杆与甲虫小腿零件 10 连接控制甲虫的腿部运动。

当传动蜗杆 2 被直流电机驱动时,蜗轮 7 带着转动块 8 进行转动。转动块 8 推动连接杆 9 运动,且绕卡扣 17 转动以适应连接杆 9 的运动方向。连接杆 9 在运动过程中受到固定块 18 的限制进行规律的周期运动,从而带动甲虫小腿零件 10 进行周期性的空间正弦运动。

4) 传动设计方案

电机带动两根后传动蜗杆,后传动蜗杆带动万向轴,万向轴带动前传动蜗杆。当甲虫头部发生转动与上下偏移时,可以通过万向轴的连接,接收由后传动蜗杆传递的动力,以适应甲虫

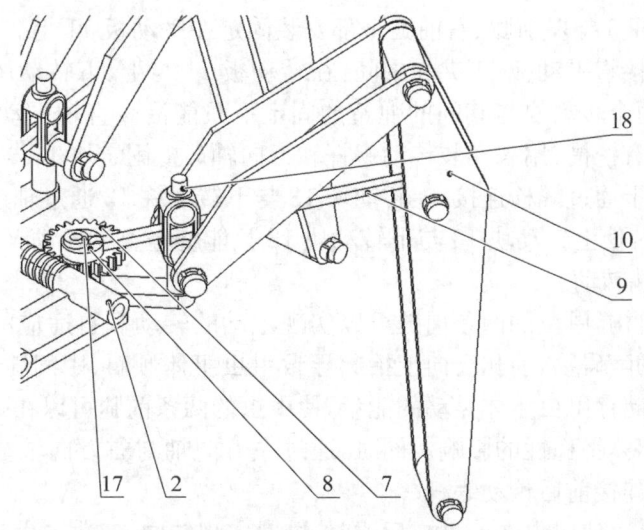

2—蜗杆；7—蜗轮；8—转动块；9—连接杆；10—小腿零件；17—卡扣；18—固定块

图 13-15　腿部设计方案

的转向需求与跨越障碍物的传动需求。

两根前传动蜗杆分别与一条腿进行配合，两根后传动蜗杆分别与两条腿进行配合。其中两条前腿主要担任转向与翻越障碍物的功能，两条后腿与两条中间腿主要担任动力输出的功能。由后传动蜗杆通过与蜗轮进行配合将动力传递到腿上，再由腿部的执行机构输出动力。其他腿部机构类似，分别与四根传动蜗杆进行配合。

左侧传动机构与右侧传动机构分别用两个直流电机进行控制，可以通过两个电机分别正反转的方式来控制仿生甲虫的转向与行进，分为前进、后退、原地左转与原地右转，负责四种仿生甲虫的基础行进方式。

5）前端设计方案

如图 13-16 所示，前端控制机构由六个零件组成。平动板 11 起到承载的作用，左前传动

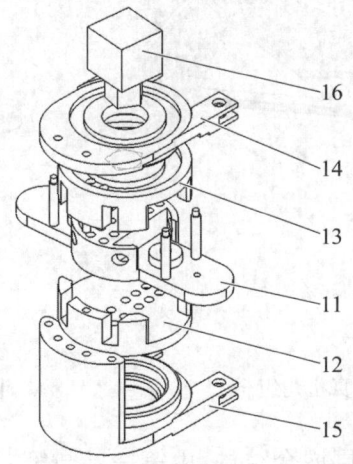

11—平动板；12—下转动块；13—上转动块；
14—上固定块；15—下固定块；16—电机

图 13-16　前端设计方案

蜗杆5、右前传动蜗杆6与左前腿、右前腿全部安装固定在平动板11上。上转动块13与下转动块12通过螺纹连接将平动板11夹在中间,在转动板11与上、下转动块的间隙通过弹簧连接,使平动板11在两个转动块与其间的弹簧的固定下只能沿竖直轴平动。同时上转动块13与下转动块12前后有挖槽,用来安装传动蜗杆和万向轴。上固定块14与下固定块15通过螺纹连接,并且与后躯干通过螺栓连接,上转动块13与下转动块12通过轴连接固定在上固定块14和下固定块15上,使上转动块13与下转动块12只能绕竖直轴转动。电机16与上转动块13连接主动控制前端转动。

通过前端控制机构,甲虫的两条前腿可以实现主动的转动和自适应的上下平动。当甲虫在前进的过程中接触障碍物,前腿会向上抬起导致甲虫躯体倾斜、中间腿悬空。因此,通过前端控制机构,由弹簧储存甲虫躯体晃动的能量,使甲虫的两条前腿可以在弹簧限度内进行上下平动而减少对甲虫躯体平稳性的影响。同时,通过左万向轴与右万向轴在前端控制机构进行转动与平动,平稳地连接前后传动蜗杆。

前端控制机构可以使甲虫在前进或后退时,同时实现转向,解决了由于多足结构导致的无法在行进中转向的难题。在面对小角度弯道时,可以在行进中转向;在面对大角度弯道时,可以原地转动。

13.2.3 机构创新与设计

1) 机构选型

根据甲虫运动的特点及运动的复杂性,本设计在选型设计时,选择了齿轮机构、摇杆机构、蜗轮蜗杆机构、空间四连杆机构、万向节机构,通过这些机构的组合实现仿生甲虫的各种运动要求。

2) 机构组合与创新

通过蜗轮、连杆与固定块的配合,实现了由蜗轮转动到腿部前端空间摆动的过渡,从而操控腿部机构实现步态仿真,如图13-17所示。

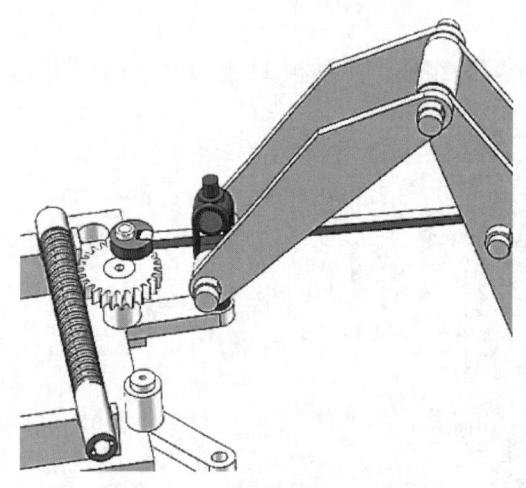

图13-17 步态仿真机构组合

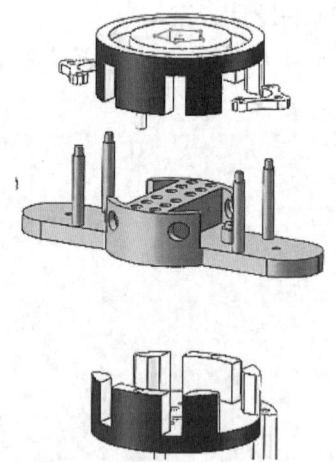

图13-18 三层嵌套机构

在前端运动机构中,使用三层嵌套结构,由第一层与第二层及其弹簧实现沿竖直轴的平动,由第二层与第三层结构实现绕竖直轴的转动,三层嵌套结构实现了竖直轴二自由度的灵活运动,如图13-18所示。

3) 总体设计

仿生甲虫整体实物装配图如图 13-19 所示。

图 13-19 作品整体装配实物图

13.2.4 项目创新点与特色

1) 项目创新点

（1）通过蜗轮、连杆与固定块的组合创新，实现了仿生甲虫的步态仿真。

（2）使用三层嵌套结构，实现竖直轴二自由度的灵活运动。

（3）采用分体万向轴结合棍状卡扣结构，以适应甲虫前端运动机构不同状态下的位置变化。

2) 项目特色

该仿生甲虫具有以下优点：通过机构的组合创新设计，减少了运动过程中腿部之间的干涉碰撞；整体结构设计保证了仿生甲虫运动的稳定性；关节间连接构件采用性能良好的金属构件以保证运动的可靠性。

该款仿生甲虫逼真地模拟了甲虫的各种运动功能，可以应用在相对复杂的环境中完成相应的工作需求，具有一定的实用价值。

思考与练习

1. 简述机械创新设计的一般流程。
2. 根据本章创新案例，归纳总结创新方案设计的拟定过程。
3. 在机械创新设计中，如何进行机构的创新？

参考文献

［1］ 张策.机械工程史[M].北京:清华大学出版社,2015.
［2］ 潘毓学.机械原理[M].武汉:华中科技大学出版社,2016.
［3］ 谢进,万朝燕,杜立杰.机械原理[M].北京:高等教育出版社,2010.
［4］ 宗望远,顾林.机械设计[M].武汉:华中科技大学出版社,2015.
［5］ 杨可桢,程光蕴,李仲生.机械设计基础[M].5版.北京:高等教育出版社,2006.
［6］ 黄华梁,彭文生.机械设计基础[M].3版.北京:高等教育出版社,2001.
［7］ 邹慧君,郭为忠.机械原理[M].北京:高等教育出版社,2016.
［8］ 陈秀宁.机械设计基础学习指导和考试指导[M].杭州:浙江大学出版社,2003.
［9］ 彭文生,黄华梁.机械设计教学指南[M].北京:高等教育出版社,2003.
［10］ 孙桓,葛文杰.机械原理[M].9版.北京:高等教育出版社,2021.
［11］ 郑树琴,洪业,李秀春.机械原理.北京:国防工业出版社,2016.
［12］ 赵自强,张春林.机械原理[M].2版.北京:机械工业出版社,2015.
［13］ 于靖军.机械原理[M].北京:机械工业出版社,2013.
［14］ 张三川.机械原理教程[M].郑州:郑州大学出版社,2009.
［15］ 李滨城,徐超.机械原理MATLAB辅助分析[M].2版.北京:化学工业出版社,2011.
［16］ 何丽红,朱理高.机械原理[M].北京:高等教育出版社,2020.
［17］ 张春林,赵自强.高等机构学[M].修订版.北京:机械工业出版社,2016.
［18］ 诺顿.机械设计[M].5版.黄平,等译.北京:机械工业出版社,2016.
［19］ 王新华,沈景凤,石云霞.机械设计基础[M].北京:化学工业出版社,2015.
［20］ 郑文纬,吴克坚.机械原理[M].北京:高等教育出版社,2018.
［21］ 丁晓红,熊敏,倪卫华.复杂机电系统综合设计[M].北京:化学工业出版社,2022.
［22］ 钱炜,丁晓红,沈伟,等.机械工程概论[M].上海:上海科学技术出版社,2023.
［23］ 高志强.简易矢量图法在现场动平衡的应用[J].风机技术,2013(6):91-94.
［24］ 邢冠梅,陈艳丽.机械原理与设计[M].上海:同济大学出版社,2018.
［25］ 杨杰,崔国华,李海涛,等.非轴对称复杂曲面回转件虚拟动平衡设计方法及试验[J].机械工程学报,2023(17):148-161.
［26］ 蒋月静,李海兵.旋转机械不平衡振动自适应控制方法仿真[J].计算机仿真,2023,40(1):484-488.
［27］ 张燕燕,康红伟.《机械设计课程设计》教学改革的实践与探索[J].实验科学与技术,2014,12(3):101-103.